普通高等教育"十二五"系列教材

（第二版）

混凝土及砌体结构

主　编　黄　炜　薛建阳
编　写　谢启芳　朱佳宁　丁怡洁
主　审　童岳生

中国电力出版社
CHINA ELECTRIC POWER PRESS

内 容 提 要

本书为普通高等教育"十二五"系列教材。全书分为 16 章，主要内容包括钢筋混凝土材料的物理力学性能、结构设计的基本原理、受弯构件正截面承载力、受弯构件斜截面承载力计算、受压构件承载力、受拉构件承载力、受扭构件承载力、混凝土结构的使用性能及耐久性、预应力混凝土构件、混凝土楼盖结构，单层厂房结构，框架结构、砌体材料及砌体的力学性能、无筋砌体构件承载力的计算、混合结构房屋墙体设计。本书根据全国高等院校土木工程专业指导委员会对土木工程专业学生的基本要求和审定的教学大纲并参照《混凝土结构设计规范》（GB 50010—2010）和《砌体结构设计规范》（GB 50003—2011）编写而成。全书内容精练、概念清楚、循序渐进；书中各类型例题均给出计算流程，章末附有小结、思考题及习题等内容。

本书可作为普通高等院校土木工程、工程管理、工程造价等专业的教材，也可供从事混凝土及砌体结构设计、施工、科研及管理人员参考。

图书在版编目（CIP）数据

混凝土及砌体结构/黄炜，薛建阳主编 .—2 版 .—北京：中国电力出版社，2014.4（2022.2 重印）

普通高等教育"十二五"规划教材

ISBN 978 - 7 - 5123 - 5308 - 4

Ⅰ.①混… Ⅱ.①黄…②薛… Ⅲ.①混凝土结构－高等学校－教材②砌体结构－高等学校－教材 Ⅳ.①TU37②TU36

中国版本图书馆 CIP 数据核字（2013）第 294093 号

中国电力出版社出版、发行

（北京市东城区北京站西街 19 号　100005　http：//www.cepp.sgcc.com.cn）

北京九州迅驰传媒文化有限公司印刷

各地新华书店经售

*

2010 年 8 月第一版

2014 年 4 月第二版　　2022 年 2 月北京第五次印刷

787 毫米×1092 毫米　16 开本　22.75 印张　553 千字

定价 40.00 元

前　言

　　为使读者了解新修订的国家标准内容，本书在第一版的基础上，根据《混凝土结构设计规范》（GB 50010—2010）、《工程结构可靠度设计统一标准》（GB 50153—2008）、《砌体结构设计规范》（GB 50003—2011）、《建筑结构荷载规范》（GB 50009—2012）进行了再版修订。本次再版修订工作，除了对第一版中的不妥之处进行修订外，主要做了下述工作：

　　补充了新牌号钢筋的强度指标以及所有钢筋混凝土结构用钢筋的最大力下的总伸长率限值等；修改和补充了极限状态的标志、极限状态设计表达式、作用组合的效应设计值的组合方法等；修改了构件斜截面受剪承载力计算公式和局部受压承载力计算公式；完善了考虑轴向压力在构件中产生二阶效应后控制截面弯矩设计值的计算方法；完善了拉、扭，以及拉、弯、剪、扭构件承载力计算方法；修改了钢筋混凝土构件裂缝宽度和受弯构件挠度的计算方法；修改和补充了预应力混凝土构件的张拉控制应力、预应力损失计算方法等；增加了混凝土普通砖等适用节能减排、成熟可行的新型砌体材料及提高砌体耐久性的有关规定；修订了部分砌体强度的取值方法，对砌体强度调整系数进行了简化；完善和补充了框架填充墙、夹心墙设计的构造要求。同时，按照新修订的相关内容，修改了书中的例题、习题和设计实例。

　　参加本书修订工作的人员有：黄炜（第1、4、6、10章）、薛建阳（第3、5章）、谢启芳（第2、14、15、16章）、朱佳宁（第7、8、9章）、丁怡洁（第11、12、13章）。全书最后由黄炜、薛建阳修改定稿。

　　在编写过程中，童岳生教授审阅了这本教材，提出了许多宝贵意见。另外，研究生张敏、张巍为本修订版绘制了部分插图并协助校核。在此一并表示衷心的感谢。

　　本书编写过程中，参考与引用了大量的参考文献，在此向文献的相关作者深表谢意！

　　由于时间仓促，水平所限，本修订版中一定会有不妥或疏误之处，敬请读者批评指正。

编　者

2013 年 10 月

第一版前言

为贯彻落实教育部《关于进一步加强高等学校本科教学工作的若干意见》和《教育部关于以就业为导向深化高等职业教育改革的若干意见》的精神，加强教材建设，确保教材质量，中国电力教育协会组织制订了普通高等教育"十一五"教材规划。该规划强调适应不同层次、不同类型院校，满足学科发展和人才培养的需求，坚持专业基础课教材与教学急需的专业教材并重、新编与修订相结合。本书为新编教材。

混凝土及砌体结构课程是土木工程相关专业的主要专业课之一，在培养学生独立分析和综合运用土木工程专业知识和基本能力方面起着重要作用。

全书共 16 章，分为三个部分：第一部分是混凝土构件设计基本原理。主要讲述钢筋混凝土材料的物理和力学性能，结构设计的基本原理，受弯构件、受压构件、受拉构件、受扭构件和预应力混凝土构件的受力性能、承载力与变形裂缝的计算方法、耐久性设计及构造措施等。第二部分是混凝土结构设计。主要讲述混凝土楼盖结构、单层厂房结构、多层框架结构的内力分析和设计计算方法等。混凝土楼盖结构的设计方法是混凝土受弯构件、受剪构件计算方法和构造措施的综合应用。单层工业厂房和多层框架结构的内力分析、构件设计及节点构造等反映了两种具有代表性房屋的结构设计方法。通过对房屋的结构布置、组成以及荷载传递路线的了解，可加深对房屋整体工作性质的理解；同时，这部分内容也是混凝土构件设计基本原理、计算方法及力学分析等知识在房屋设计中的具体应用。第三部分是砌体结构。讲述块体、砂浆及砌体的物理力学性能，砌体结构构件的承载力计算，并介绍混合结构房屋的墙体设计方法等。

本书内容精练、概念清楚、由浅入深、循序渐进。为使读者对设计计算方法的掌握更加系统化、形象化，本书各类型例题均给出计算流程；为引导学生对基本概念、基本内容的深入思考及巩固提高，本书章末附有小结、思考题及习题等内容。

参加本书编写工作的人员有：西安建筑科技大学黄炜（第 1、4、6、10 章）、薛建阳（第 3、5 章）、朱佳宁（第 7、8、9 章）、丁怡洁（第 11、12、13 章）、谢启芳（第 2、14、15、16 章）。全书由黄炜、薛建阳任主编。

资深教授赵鸿铁先生对全书进行了审阅，并提出许多宝贵的意见。西安建筑科技大学土木工程学院混凝土结构教研室全体同事在本书的编写过程中给予了热情支持和帮助。另外，吴浩珍、侯莉娜、张程华、王斌、薛伟伟、陈海燕等研究生为本书绘制了部分插图并协助校核。在此一并表示衷心的感谢。

编写过程中参考和引用了国内外近年正式出版的有关混凝土及砌体结构的设计规范、教材及论著等，在此谨向有关作者表示感谢。限于编者的水平和经验，书中难免有不妥之处，恳请广大读者和同行专家批评指正。

编 者

2010 年 4 月

目　　录

前言
第一版前言
第1章　绪论 ……………………………………………………………………… 1
　1.1　混凝土结构的基本概念 ……………………………………………… 1
　1.2　混凝土结构的优缺点 ………………………………………………… 2
　1.3　混凝土结构的发展与工程应用 ……………………………………… 3
　1.4　砌体结构的基本概念 ………………………………………………… 6
　1.5　本课程的主要内容及学习方法 ……………………………………… 8
　小结 ………………………………………………………………………… 9
　思考题 ……………………………………………………………………… 10
第2章　钢筋混凝土材料的物理力学性能 ………………………………… 11
　2.1　钢筋的物理力学性能 ………………………………………………… 11
　2.2　混凝土的物理力学性能 ……………………………………………… 14
　2.3　钢筋与混凝土的黏结 ………………………………………………… 21
　小结 ………………………………………………………………………… 24
　思考题 ……………………………………………………………………… 25
第3章　结构设计的基本原理 ……………………………………………… 26
　3.1　结构可靠度及结构安全等级 ………………………………………… 26
　3.2　荷载和材料强度的标准值 …………………………………………… 28
　3.3　概率极限状态设计法 ………………………………………………… 30
　3.4　极限状态设计表达式 ………………………………………………… 33
　小结 ………………………………………………………………………… 37
　思考题 ……………………………………………………………………… 38
第4章　受弯构件正截面承载力 …………………………………………… 39
　4.1　概述 …………………………………………………………………… 39
　4.2　正截面受弯性能的试验研究 ………………………………………… 40
　4.3　正截面受弯承载力分析 ……………………………………………… 44
　4.4　单筋矩形截面受弯承载力计算 ……………………………………… 48
　4.5　受弯构件的构造要求 ………………………………………………… 52
　4.6　双筋矩形截面受弯承载力计算 ……………………………………… 55
　4.7　T形截面受弯承载力计算 …………………………………………… 60
　小结 ………………………………………………………………………… 67
　思考题 ……………………………………………………………………… 67

习题 ··· 68

第5章　受弯构件斜截面承载力计算 ··· 69

　5.1　概述 ··· 69

　5.2　受弯构件受剪性能的试验研究 ·· 69

　5.3　受弯构件斜截面受剪承载力计算 ·· 74

　5.4　受弯构件斜截面受剪承载力的设计计算方法 ··························· 78

　5.5　受弯构件斜截面受弯承载力和构造措施 ································· 85

　5.6　钢筋的构造要求 ·· 89

　小结 ·· 91

　思考题 ··· 91

　习题 ·· 92

第6章　受压构件承载力 ··· 93

　6.1　概述 ··· 93

　6.2　轴心受压构件正截面受压承载力 ·· 93

　6.3　偏心受压构件正截面破坏形态 ··· 99

　6.4　偏心受压构件的二阶效应 ··· 101

　6.5　矩形截面非对称配筋偏心受压构件正截面承载力计算 ·············· 104

　6.6　矩形截面对称配筋偏心受压构件正截面承载力计算 ················· 112

　6.7　偏心受压构件斜截面受剪承载力 ··· 117

　小结 ··· 118

　思考题 ·· 119

　习题 ··· 120

第7章　受拉构件承载力 ·· 122

　7.1　概述 ·· 122

　7.2　轴心受拉构件正截面受拉承载力 ··· 122

　7.3　偏心受拉构件正截面受拉承载力 ··· 123

　7.4　偏心受拉构件斜截面受剪承载力 ··· 127

　小结 ··· 127

　思考题 ·· 128

　习题 ··· 128

第8章　受扭构件承载力 ·· 129

　8.1　概述 ·· 129

　8.2　纯扭构件的受力性能及承载力计算 ······································· 129

　8.3　弯剪扭构件承载力 ·· 133

　8.4　压弯剪扭构件的承载力 ·· 137

　8.5　受扭构件的构造要求 ··· 137

　小结 ··· 140

　思考题 ·· 140

习题 ·· 140

第9章　混凝土结构的使用性能及耐久性 ························ 142

9.1　概述 ·· 142

9.2　钢筋混凝土构件的裂缝宽度验算 ·· 142

9.3　受弯构件挠度验算 ··· 148

9.4　混凝土结构的耐久性 ··· 153

小结 ·· 156

思考题 ·· 157

习题 ·· 157

第10章　预应力混凝土构件 ·· 158

10.1　预应力混凝土的基本知识 ·· 158

10.2　预应力混凝土的材料 ··· 160

10.3　施加预应力的方法 ··· 161

10.4　张拉控制应力和预应力损失 ·· 163

10.5　预应力混凝土轴心受拉构件 ·· 170

10.6　预应力混凝土构件的构造要求 ··· 178

小结 ·· 180

思考题 ·· 181

第11章　混凝土楼盖结构 ·· 183

11.1　概述 ·· 183

11.2　单向板肋梁楼盖 ·· 184

11.3　双向板肋梁楼盖 ·· 198

11.4　单向板肋梁楼盖设计实例 ·· 201

11.5　楼梯 ·· 213

小结 ·· 216

思考题 ·· 216

第12章　单层厂房结构 ·· 217

12.1　概述 ·· 217

12.2　单层厂房结构的组成和布置 ·· 218

12.3　排架内力分析 ··· 228

12.4　单层厂房主要构件设计 ··· 234

小结 ·· 242

思考题 ·· 243

第13章　框架结构 ··· 244

13.1　框架结构体系及布置 ··· 244

13.2　现浇钢筋混凝土框架结构内力与位移的近似计算方法 ·················· 245

13.3　框架结构荷载效应组合及最不利内力 ·· 250

13.4　框架结构构件设计及构造要求 ··· 251

小结 ·· 254

思考题 ··· 254

第 14 章　砌体材料及砌体的力学性能 ·· 255

14.1　砌体材料 ·· 255

14.2　砌体的类型 ··· 259

14.3　砌体的物理力学性能 ·· 261

小结 ·· 271

思考题 ··· 272

第 15 章　无筋砌体构件承载力的计算 ·· 273

15.1　受压构件 ·· 273

15.2　局部受压 ·· 280

15.3　轴心受拉、受弯和受剪构件 ··· 290

小结 ·· 292

思考题 ··· 293

习题 ·· 293

第 16 章　混合结构房屋墙体设计 ·· 295

16.1　混合结构房屋的结构布置 ··· 295

16.2　房屋的静力计算方案 ·· 298

16.3　刚性方案房屋墙、柱的计算 ··· 302

16.4　弹性与刚弹性方案房屋墙、柱的计算 ·· 307

16.5　混合结构房屋的构造要求 ··· 310

小结 ·· 322

思考题 ··· 322

习题 ·· 323

附录 1　《混凝土结构设计规范》（GB 50010—2010）附表 ································· 324

附录 2　等截面等跨连续梁在常用荷载作用下的内力系数表 ································· 333

附录 3　双向板计算系数表符号说明 ·· 341

附录 4　框架柱反弯点高度比 ·· 346

参考文献 ··· 353

第1章 绪 论

1.1 混凝土结构的基本概念

混凝土是由水泥、石子、砂子和水按一定比例拌和，经振捣密实，凝固后形成的人工石材。以混凝土为主要材料制成的结构称为混凝土结构，包括素混凝土结构、钢筋混凝土结构、预应力混凝土结构、型钢混凝土结构及配置各种纤维的混凝土结构等。由无筋或仅配置构造钢筋的混凝土制成的结构称为素混凝土结构；由配置普通受力钢筋、钢筋网或钢筋骨架的混凝土制成的结构称为钢筋混凝土结构；由配置预应力受力钢筋，通过预应力张拉工艺建立预加应力的混凝土制成的结构称为预应力混凝土结构；型钢混凝土结构又称钢骨混凝土结构，是指以型钢或钢板焊成的钢骨架为主作为配钢的混凝土结构。这些结构广泛应用于建筑、道路、桥梁、隧道、矿井、水利、港口等工程中。

钢筋混凝土结构由钢筋和混凝土两种物理和力学性质完全不同的材料组成。钢筋的抗拉能力很强，混凝土的抗压能力较强而抗拉能力却很弱。在钢筋混凝土结构中，主要是利用混凝土的抗压能力、钢筋的抗拉能力，使其协调工作，以满足工程结构的使用要求。如图 1-1 所示为两根截面尺寸、跨度、混凝土强度完全相同的简支梁，图 1-1（a）所示为素混凝土简支梁。当荷载较小时，截面上的应变如同弹性材料的梁一样，沿截面高度呈直线分布；随着荷载不断增大，当截面受拉区边缘纤维拉应变达到混凝土抗拉极限应变时，该处混凝土被拉裂，裂缝沿截面高度方向迅速开展，试件随即发生断裂破坏。这种破坏由混凝土的抗拉强度控制，抗压强度得不到充分利用，其破坏荷载值很小，具有突然性。

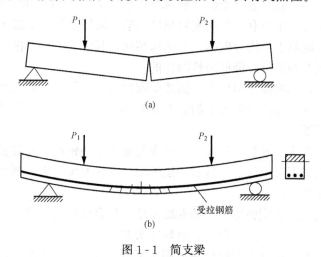

图 1-1 简支梁

（a）素混凝土梁；（b）钢筋混凝土梁

图 1-1（b）所示为钢筋混凝土简支梁，在截面受拉区配有适量的受拉钢筋。当受拉区混凝土开裂后，受拉区的拉应力主要由钢筋承受，中和轴以上受压区的压应力仍由混凝土承

受。此时，荷载还可以继续增加，直到受拉区的钢筋达到屈服强度；随后荷载仍可继续上升，受压区混凝土压应力不断提高，直至受压区混凝土被压碎，梁即告破坏。梁破坏前，其变形和裂缝均具有较为充分的发展，呈现出明显的破坏预兆，且这种梁的极限承载力大大超过同等条件的素混凝土梁。

钢筋混凝土是由钢筋和混凝土两种材料组成的，钢筋和混凝土这两种物理和力学性能差别很大的材料之所以能够有效地结合在一起而共同工作，主要依赖于下述三个条件：

（1）钢筋和混凝土之间存在着黏结力，使两者能够有效地结合在一起。在外荷载作用下，结构中的钢筋与混凝土协调变形，共同工作。黏结力是这两种不同性质材料能够共同工作的基础。

（2）钢筋和混凝土两种材料的温度线膨胀系数相近。钢筋为 1.2×10^{-5}，混凝土为 $(1.0 \sim 1.5) \times 10^{-5}$，因此，当温度变化时，不会产生较大的相对变形而破坏两者之间的黏结力。

（3）钢筋埋置于混凝土中，混凝土对钢筋可起到保护作用，使钢筋不容易发生锈蚀，保证结构的耐久性；同时，受压时不易压曲失稳，并在遭受火灾时不致因钢筋的迅速软化而导致结构整体破坏。

此外，为了提高混凝土结构的抗裂性和耐久性，可在加载前采用张拉钢筋的方法使混凝土截面内产生预压应力，以全部或部分抵消荷载作用下的拉应力，即为预应力混凝土结构；也可在混凝土中加入各种纤维（如钢纤维、碳纤维等），形成纤维加强混凝土结构。

1.2　混凝土结构的优缺点

1. 混凝土结构的主要优点

（1）就地取材。砂、石是混凝土的主要成分，均可就地取材。在工业废料（例如矿渣、粉煤灰等）较多的地方，也可利用工业废料制成人造骨料用于混凝土结构中。

（2）承载力高。混凝土结构与砌体、木结构相比，其承载力高。在一定条件下，可以用来代替钢结构，达到节约钢材、降低造价的目的。

（3）耐久性。在钢筋混凝土结构中，钢筋受到混凝土的保护不易锈蚀，故混凝土结构具有良好的耐久性。对处于侵蚀性环境下的混凝土结构，经过合理的设计及采取有效措施后，一般也可满足工程需要。

（4）耐火性。混凝土为不良导热体，埋置在混凝土中的钢筋受高温影响远较暴露的钢结构小。只要钢筋表面的混凝土保护层具有一定厚度，则在发生火灾时钢筋不会迅速软化，这样可以避免结构发生倒塌。

（5）整体性。现浇或装配整体式钢筋混凝土结构具有良好的整体性，从而使结构的刚度及稳定性较好，有利于抗震、抵抗振动和爆炸冲击波等。

（6）节约钢材。钢筋混凝土结构合理地利用了材料的性能，发挥了钢筋与混凝土各自的优点，与钢结构相比能节约钢材并降低造价。

（7）可模性。新搅拌的混凝土具有可塑性，因此，可根据需要制成任意形状和尺寸的结构，有利于建筑造型。

（8）保养费低。钢筋混凝土结构很少需要维修，不同于钢、木结构需要经常性的保养。

2. 混凝土结构的缺点

（1）自重大。混凝土结构自身重力较大，故所能负担的有效荷载相对较小。这对于大跨度结构、高层建筑结构等都是不利的。另外，自重大会使结构的地震作用加大，故对结构抗震也不利。

（2）抗裂性差。钢筋混凝土结构在正常使用情况下构件截面受拉区通常存在裂缝，如果裂缝过宽，则会影响结构的耐久性和应用范围，还会使使用者产生不安全感。

（3）脆性较大。与钢结构和木结构相比，混凝土的性质较脆，其脆性随着强度等级的提高而增大。

此外，混凝土结构施工工序复杂，周期较长，需要大量模板支撑，且受季节气候的影响大，新旧混凝土不易连接，如遇损伤则修复困难，隔热、隔声性能也比较差。

然而，随着科学技术的不断发展，混凝土结构的缺点正在逐渐被克服或有所改进。例如采用轻质、高强混凝土及预应力混凝土，可减小结构自身重力并提高其抗裂性能；采用可重复使用的钢模板，会降低工程造价；采用预制装配式结构，可以改善混凝土结构的制作条件，少受或不受气候条件的影响，并能提高工程质量及加快施工进度等。

1.3　混凝土结构的发展与工程应用

1.3.1　混凝土结构的发展阶段

钢筋混凝土结构与砖石砌体结构、钢、木结构相比，历史并不长，自 19 世纪中期出现，至今约 160 年的历史，但已在土木工程各个领域均取得了飞速的发展和广泛的应用。混凝土结构的发展可大致划分为四个阶段。

第一阶段：1850～1920 年。1824 年英国人 J. 阿斯普汀（J. Asptin）发明了波特兰水泥，1856 年转炉炼钢成功，为钢筋混凝土的发明提供了充分而坚实的物质基础。当时由于钢筋和混凝土的强度都很低，仅能建造一些小型的梁、板、柱和基础等构件；钢筋混凝土本身的计算理论尚未建立，结构设计按弹性理论进行。

第二阶段：1920～1950 年。这一阶段钢筋和混凝土的强度有所提高。1928 年法国工程师弗雷西内（E. Freyssinet）成功研制了预应力混凝土，为钢筋混凝土结构向大跨度、高层发展提供了可能。这时已经建成各种空间结构；在计算理论上已开始考虑材料的塑性，按破损阶段进行构件截面设计。

第三阶段：1950～1980 年。由于材料强度的提高，混凝土的应用范围进一步扩大。世界上相继建造了一大批超高层建筑、大跨度桥梁、特长跨海隧道、高耸结构等大型工程，混凝土高层建筑的高度已达 262m，各种现代化施工方法普遍采用，同时广泛采用预制构件；在计算理论上结构构件设计已过渡到按极限状态的设计方法。

第四阶段：1980 年至今。尤其是近 10 余年来，钢筋混凝土结构在世界范围内获得飞速发展。计算机辅助设计和绘图的程序化，改进了设计方法并提高了设计质量，大大减轻了设计工作量。半概率极限状态设计法已经逐步被近似概率设计法取代，非线性有限元分析方法的广泛应用，推动了混凝土强度理论和本构关系的深入研究。混凝土材料的制作技术已进入高科技时代，高性能混凝土在国外已得到较大发展，并在工程中应用，使混凝土结构更适于向大跨、超高层发展。各种特殊用途的混凝土不断研制成功并获得应用，如钢纤维混凝土和聚合物混凝土，防射线、耐热、耐火、耐磨、耐腐蚀、防渗透、保温等有特殊要求的混凝土。钢材的发展以提高其屈服强度和综合性能为主，使钢筋具有更高强度、耐腐蚀、较高延性和较好的防火性能。

1.3.2　混凝土结构的工程应用

混凝土结构广泛应用于土木工程的各个领域，下面简要介绍其主要应用情况。

混凝土强度随科学技术的发展而不断提高，目前 C50～C80 混凝土甚至更高强度等级的混凝土的应用已较为普遍。各种特殊用途的混凝土不断研制成功并获得应用，例如超耐久性混凝土的耐久性年限可达 500 年；耐热混凝土可达 1800℃ 的高温；钢纤维混凝土和聚合物混凝土，防射线、耐磨、耐腐蚀、防渗透、保温等有特殊要求的混凝土也开始大量应用于实际工程中。

房屋建筑中的住宅和公共建筑，广泛采用钢筋混凝土楼盖和屋盖。高层建筑中混凝土结构的应用也甚为广泛。特别指出的有：图 1-2（a）为阿联酋迪拜塔，160 层，高 828m，当今世界最高建筑物，共使用 33 万 m^3 混凝土、3.9 万 t 钢材及 14.2 万 m^2 玻璃；图 1-2（b）为台北 101 大厦，地上 101 层，地下 5 层，高 508m，为世界第二高楼；图 1-2（c）为上海环球金融中心，地上 101 层，地下 3 层，高度 492.5m，结构形式为钢-混凝土混合结构，比目前已建成的中国台北 101 大厦主楼主体高度高出 12m（台北 101 大厦实体高度加天线高度为 508m），为世界第三高楼。

(a)　　　　　　　　　　(b)　　　　　　　　　　(c)

图 1-2　世界著名高层建筑

(a) 阿联酋迪拜塔；(b) 台北 101 大厦；(c) 上海环球金融中心

预应力混凝土箱形截面斜拉桥或钢与混凝土组合梁斜拉桥是当前大跨桥梁的主要结构形式之一。我国建成的杭州湾跨海大桥全长 36km，是世界上最长、工程量最大的跨海大桥，大桥的结构为双塔钢筋混凝土斜拉桥，大桥设南、北两个航道，双向 6 车道，设计时速 100km，设计使用寿命 100 年。

另外，电视塔、水塔、水池、烟囱、仓库等特殊构筑物也普遍采用混凝土结构。同时，混凝土结构已从工业与民用建筑、交通设施、水利水电建筑和基础工程扩大到了近海工程、海底建筑、地下建筑、核电站安全壳等领域，甚至已开始构思和实验用于月球建筑。随着轻质高强材料的使用，在大跨度、高层建筑中的混凝土结构会越来越多。

1.3.3 混凝土结构的新进展

钢筋混凝土和预应力混凝土结构除在一般工业与民用建筑中得到了极为广泛的应用外，当前令人瞩目的是它在高层建筑、大跨桥梁及高耸结构应用中日新月异的发展，混凝土结构在所用材料和配筋方式上都有许多新进展，形成了一批新的混凝土结构形式，如高性能混凝土、纤维增强混凝土及钢与混凝土组合结构等。

1. 高强混凝土结构

我国《混凝土结构设计规范》（GB 50010—2010）将混凝土强度等级超过 C50 的混凝土划为高强混凝土。高强混凝土的强度高、变形小、耐久性好，适应现代工程结构向大跨、重载、高耸发展和承受恶劣环境条件的需要。配置高强混凝土必须采用很低的水灰比并应掺入粉煤灰、矿渣、沸石灰、硅粉等混合料。在混凝土中加入高效减水剂可有效地降低水灰比；掺入粉煤灰、矿渣、沸石灰则能有效地改善混凝土拌和料的工作度，提高硬化后混凝土的力学性能和耐久性；硅粉对提高混凝土的强度最为有效并使混凝土具有耐磨和耐冲刷的特性。

高强度混凝土在受压时表现出较小的塑性和更大的脆性，在结构构件计算方法和构造措施上与普通强度混凝土具有一定差别，故在某些结构的应用上受到限制。如有抗震设防要求的混凝土结构，混凝土强度等级不宜超过 C60（设防烈度为 9 度时）和 C70（设防烈度为 8 度时）。

2. 纤维增强混凝土结构

在普通混凝土中掺入适当的各种纤维材料而形成纤维增强混凝土，其抗拉、抗剪、抗折强度及抗裂、抗冲击、抗疲劳、抗震、抗爆等性能均有较大提高，因而获得较大发展和应用。

目前应用较多的纤维材料有钢纤维、合成纤维、玻璃纤维和碳纤维等（见图 1-3）。钢纤维混凝土是将短的、不连续的钢纤维均匀乱向地掺入普通混凝土之中制成的，分为无筋钢纤维混凝土结构和钢纤维钢筋混凝土结构。钢纤维混凝土结构的应用非常广泛，如机场的飞机跑道、地下人防工程、地下泵房、水工结构、桥梁与隧道工程等。合成纤维（尼龙基纤维、聚丙烯纤维等）可以作为主要加筋材料，以提高混凝土的抗拉和韧性等结构性能，主要用于各种水泥基板材，也可以作为一种次要加筋材料，用于提高水泥混凝土材料的抗裂性等。碳纤维具有轻质、高强、耐腐蚀、施工便捷等优点，已广泛用于建筑、桥梁结构的加固补强以及机场飞机跑道工程等。

3. 钢与混凝土组合结构

用型钢（轧制型钢或焊接型钢）、圆钢管、方钢管或压型钢板与混凝土组合成整体，共同工作的结构，称为钢与混凝土组合结构。国内外常用的组合结构有压型钢板与混凝土组合楼板、钢与混凝土组合梁、型钢混凝土结构、钢管混凝土结构和外包钢混凝土结构五大类。

钢与混凝土组合结构除具有钢筋混凝土结构的优点外，还具有抗震性能好、施工方便、能充分发挥材料性能等优点，因而得到了广泛应用。在各种结构体系，如框架、框架-剪力墙、剪力墙、框架-核心筒等结构体系中的板、梁、柱、墙均可采用组合结构。例如，美国

图 1-3 各种纤维材料
(a) 钢纤维；(b) 合成纤维；(c) 玻璃纤维；(d) 碳纤维

近年建成的太平洋第一中心大厦（44 层）和双联广场大厦（58 层）的核心筒大直径柱子，以及北京环线地铁站柱，都采用了钢管混凝土结构；上海金茂大厦外围柱以及上海浦东环球金融中心大厦的外框架柱，也采用了型钢混凝土柱。

1.4　砌体结构的基本概念

1.4.1　砌体结构的基本概念

砌体结构是指由块体（各种砖、各种砌块或石材）及砂浆砌筑而成的墙、柱作为建筑物主要受力构件的结构。由于过去大量应用的是砖砌体和石砌体，所以习惯上也称为砖石结构。

砌体结构在我国有着非常悠久的应用历史。早在五千多年前就已出现石砌的祭坛和围墙，到了西周时期（公元前 1097～前 771 年），已烧制出黏土瓦和铺地砖。秦汉时代，我国的砖瓦生产已很发达，著名的"秦砖汉瓦"在一定程度上代表了当时的科技发展水平。古代的砌体结构主要用于陵墓、城墙、佛塔、石拱桥、佛殿等。驰名中外的万里长城（见图 1-4）堪称砌体结构的典范。河北赵县的安济桥，建于隋朝，至今已有 1400 多年的历史，是世界上最早的一座空腹式石拱桥，在材料使用、结构受力、经济美观等诸方面都达到了很高的水平。西安的大雁塔（见图1-5）、小雁塔、开封的嵩岳寺塔、南京灵谷寺的无梁殿等砌体结构古建筑，在我国文明史上都占有一席之地。

图1-4　万里长城

图1-5　大雁塔

1.4.2　砌体结构的优缺点及应用范围

砌体结构之所以不断发展，成为世界上应用最广泛的结构形式之一，其重要原因在于砌体结构具有以下优点：

（1）就地取材。砌体结构材料来源广泛，石材、黏土、砂等均是天然材料，分布地域广，价格也较水泥、钢材、木材便宜。此外，工业废料如煤矸石、粉煤灰、页岩等都是制作块材的原料，用于生产砖或砌块不仅可以降低造价，也有利于保护环境。

（2）耐久性和耐火性好。处于正常环境下的砌体结构具有良好的耐久性、很好的耐火性、较好的化学稳定性和大气稳定性等。因此，砌体结构的使用年限长，并且在发生火灾时一般可以避免结构倒塌。

（3）保温、隔热、隔音性好。砌体结构所用砖的蓄湿性、透气性较好，有利于调节室内的空气湿度，使人感到舒适。

（4）造价低。采用砌体结构较钢筋混凝土结构可以节约水泥、钢材和木材，并且砌筑时不需要模板及特殊的技术设备。

（5）施工方便。新砌筑的砌体即可受一定荷载，因而可以连续施工。当采用空心砌块或大型板材作墙体时可减轻结构自重，加快施工进度，进行工业化生产和施工。

除以上优点外，砌体结构有以下缺点：

（1）自重大。一般砌体的强度低，建筑物中墙、柱的截面尺寸较大，材料用量较多，因而结构的自重大。为减小构件的截面尺寸，减轻结构自重，应加强轻质高强砌体材料的研究，如采用空心砖、提高砖的抗压强度等。

（2）强度低。由于砌体是由块体通过灰缝的砂浆黏结而成，而砌筑砂浆与块体之间的黏结力较弱，故无筋砌体的抗压强度较好，但抗拉和抗剪强度均很低，抗震及抗裂性能较差。因此，应研制推广高黏结性能砂浆，必要时采用配筋砌体，并加强砌体结构抗震、抗裂的构造措施。

（3）劳动强度大。砌体结构基本上都是采用手工方式砌筑，劳动量大，生产效率低，且手工操作铺砌的灰缝较难保证均匀饱满。因此，有必要进一步推广砌块、振动砖墙板和混凝土空心墙板等工业化施工方法，以逐步克服这一缺点。

（4）占用大量农田。砖砌体结构的黏土砖用量很大，占用农田过多，影响农业生产。据统计，全国每年生产黏土砖上千亿块，毁坏农田近10万亩，使我国人口多、耕地少的矛盾更显突出。因此，必须大力发展砌块、煤矸石砖、粉煤灰砖等黏土砖的替代品。

目前我国砌体结构主要用于以下方面：

（1）多层住宅、办公楼等民用建筑的基础、墙、柱等构件大量采用砌体结构，在抗震设防烈度6度区，烧结普通砖砌体住宅可建到7层，在非抗震设防区或采用配筋砌体结构，可建高度更高。

（2）跨度小于24m，且高度较小的俱乐部、食堂，以及跨度在15m以下的中、小型工业厂房常采用砌体结构作为承重墙、柱及基础。

（3）小型烟囱、料仓、地沟、管道支架和水池等结构常采用砌体结构。

（4）小型挡土墙、涵洞、桥梁、墩台、隧道和各种地下渠道，也常采用砌体结构。

1.4.3 砌体结构的发展方向

砌体结构由于诸多的优点，在土木工程今后相当长的时期内仍占有重要地位。随着科学技术的发展，砌体结构也会快速发展，砌体结构发展的方向着重在以下几个方面：

（1）加强砌体材料研究，使砌体向轻质高强方向发展。

（2）加强配筋砌体的研究，提高砌体的抗震性能。

（3）利用工业废料、生活垃圾等制造建筑砖，逐渐取代以黏土为主要原料的各种砖块。

（4）革新砌体结构的施工技术，提高生产效率和减轻劳动强度。

（5）进一步加强砌体结构的试验和理论研究，不断提高砌体结构的设计水平和施工水平。

1.5 本课程的主要内容及学习方法

1.5.1 课程主要内容

本课程共分三部分。

第一部分是混凝土构件设计基本原理。主要讲述钢筋混凝土材料的物理和力学性能，混凝土结构设计的基本原则，受弯构件、受剪构件、受压构件、受拉构件、受扭构件和预应力混凝土构件的受力性能，承载力和变形裂缝的计算方法，耐久性设计及构造措施等。

第二部分是混凝土结构设计。主要讲述混凝土楼盖结构、单层厂房结构、多层框架结构的内力分析和设计计算方法等。混凝土楼盖结构的设计是混凝土受弯构件、受剪构件计算方法和构造措施的综合应用，与其相匹配的还编写有现浇混凝土楼盖结构的设计例题。单层工业厂房和多层框架结构的内力分析、构件设计及节点构造等反映了两种具有代表性房屋的结构设计方法。通过对房屋的结构布置、组成以及荷载传递路线的了解，可加深对房屋整体工作性质的理解；同时，这部分内容也是混凝土构件设计基本原理、计算方法及力学分析等知识在房屋设计中的具体应用。

第三部分是砌体结构。讲述块体、砂浆及砌体的物理力学性能，砌体结构构件的承载力计算，并介绍了混合结构房屋的墙体设计方法等。

1.5.2 课程特点与学习方法

本课程主要讲述混凝土及砌体结构的基本理论和设计方法。由于钢筋混凝土是由非线性且拉压强度相差悬殊的混凝土和钢筋组合而成，受力性能复杂，而砌体的受力性能更为复杂，所以本课程具有不同于一般材料力学和结构力学的一些特点，学习时应予以注意。

（1）钢筋混凝土构件是由钢筋和混凝土两种材料组成的构件，且混凝土是非均匀、非连续、非弹性材料；砌体构件由块体和砂浆组成，也是非均匀、非连续和非弹性材料。因此，材料力学公式一般不能直接用来计算钢筋混凝土及砌体构件的承载力和变形，但材料力学解决问题的基本方法，即由材料的物理关系、变形的几何关系和受力的平衡关系建立基本方程的手段，同样适用于混凝土及砌体构件，只是在具体应用时应考虑钢筋混凝土及砌体各自的特性。

（2）钢筋混凝土及砌体结构的计算理论和计算方法是建立在大量试验基础上的。根据构件受力性能试验，研究其破坏机理和受力性能，建立物理和数学模型，并根据试验数据拟合出半理论半经验公式。因此，学习时一定要深刻理解构件的破坏机理和受力性能，特别要注意构件计算方法的适用条件和应用范围。

（3）进行混凝土结构设计时离不开计算，但是，现行规范的计算方法主要考虑荷载效应及地震作用，工程中一些难以计算但影响不大的问题往往通过经验和构造措施来解决，如混凝土收缩、温度影响以及地基不均匀沉降等。构造措施是长期工程实践经验的积累，也是试验研究与理论分析的成果。在本课程中，有很多内容是介绍规范规定的构造要求，学习时，对于各种构造措施必须给予足够的重视。

（4）构件和结构设计是一个综合性问题，设计过程包括结构方案、构件选型、材料选择、配筋构造、施工方案等，同时还需要考虑安全适用和经济合理。设计中许多数据可能有多种选择方案，因此设计结果并不唯一。最终设计结果应经过各种方案的比较，考虑使用、材料、造价、施工等各项指标的可行性，才能确定一个较为合理的设计结果。

（5）本课程的实践性很强，其基本原理和设计方法必须通过构件设计来掌握，并在设计过程中逐步熟悉和正确运用我国有关的设计规范和标准。本课程的内容主要与《混凝土结构设计规范》（GB 50010—2010）、《工程结构可靠度设计统一标准》（GB 50153—2008）、《建筑结构荷载规范》（GB 50009—2012）和《砌体结构设计规范》（GB 50003—2011）等有关。规范是国家颁布的具有法律约束力的文件，是进行结构设计的技术规定和标准。应用规范的目的是为了贯彻国家的技术经济政策，保证设计质量，达到设计方法的统一性。而设计工作是一项创造性工作，一方面在混凝土结构设计工作中必须按照规范进行，另一方面只有深刻理解规范的理论依据，才能更好地应用规范，充分发挥设计者的主动性和创造性。混凝土结构是一门比较年轻和迅速发展的学科，许多计算方法和构造措施还不一定尽善尽美，也正因为如此，各国每隔一段时间都要对其结构设计标准或规范进行修订，使之更加完善合理。因此，设计工作也不应被规范束缚，在经过各方面的可靠性论证后，应积极采用先进的理论和技术。

小 结

（1）混凝土结构是以混凝土为主要材料制成的结构，充分发挥了钢筋和混凝土两种材料各自的优点。在混凝土中配置适量的钢筋后，可使构件的承载力大大提高，构件的受力性能也得到显著改善。

（2）钢筋和混凝土两种材料能够有效地结合在一起而共同工作，主要基于三个条件：钢筋与混凝土之间存在黏结力；两种材料的温度线膨胀系数很接近；混凝土对钢筋起保护作用。这是钢筋混凝土结构得以实行并获得广泛应用的根本原因。

（3）砌体结构是指用砖、石或砌块为块体，用砂浆砌筑而成的结构。砌体按照所采用块体的不同可分为砖砌体、石砌体和砌块砌体三大类。

（4）混凝土及砌体结构有很多优点，同时也各存在一些缺点。应通过合理的设计，充分发挥其优点，克服其缺点。

（5）本课程主要讲述混凝土结构构件设计、混凝土结构设计和砌体结构设计，与材料力学既有联系又有区别，学习时应注意比较。

思　考　题

（1）试分析素混凝土梁与钢筋混凝土梁在承载力和受力性能方面的差异。

（2）钢筋与混凝土为什么能够共同工作？

（3）混凝土结构有哪些优点和缺点，如何克服这些缺点？

（4）混凝土结构经历了哪几个发展阶段？

（5）什么是砌体结构，砌体按照所采用块体的不同可分为哪几类？

（6）砌体结构有哪些优点和缺点，如何克服这些缺点？

（7）本课程主要包括哪些内容？学习时应注意哪些问题？

第2章 钢筋混凝土材料的物理力学性能

2.1 钢筋的物理力学性能

2.1.1 钢筋的成分、级别和品种

1. 钢材的成分

混凝土结构中使用的钢筋，按化学成分可分为碳素钢及普通低合金钢两大类。碳素钢中铁元素约占 98%～99%，碳和其他元素约占 1%～2%，其他元素包括硅、锰、硫、磷、氮、氧等。碳素钢按含碳量的多少又分为低碳钢（含碳量＜0.25%）、中碳钢（含碳量为0.25%～0.6%）和高碳钢（0.6%～1.4%），含碳量越高强度越高，但塑性和可焊性会降低。在碳素钢中加入适量合金元素（含量在 5% 以内），则制成为低合金钢，可改善钢筋的力学性能。常用的合金元素有锰、硅、钒、钛、铬等。为了节约合金资源，近年来研制开发出了细晶粒钢筋，这种钢筋不需要添加或只需添加很少的合金元素，通过控制轧钢的温度形成细晶粒的金相组织来达到与添加合金元素相同的效果。

2. 钢筋的级别和品种

《混凝土结构设计规范》（GB 50010—2010）规定：用于钢筋混凝土结构的钢筋和预应力混凝土结构中非预应力钢筋，可采用热轧钢筋；用于预应力混凝土结构的预应力钢筋，宜采用预应力钢丝、钢绞线和预应力螺纹钢筋。

热轧钢筋由低碳钢、普通低合金钢或细晶粒钢在高温状态下轧制而成，其强度由低到高分为 HPB300（φ）、HRB335（Φ）、HRBF335（Φ^F）、HRB400（Φ）、HRBF400（Φ^F）、RRB400（Φ^R）、HRB500（Φ）和 HRBF500（Φ^F）八个等级。其中 HPB300 级为低碳钢筋，外形为光面圆形的光圆钢筋；HRB335、HRB400 和 HRB500 级为普通低合金钢筋；HRBF335、HRBF400 和 HRBF500 级为细晶粒钢筋，与普通低合金钢筋一样，均为表面轧有月牙肋的变形钢筋；RRB400 级为轧制钢筋经高温淬火的余热处理钢筋，余热处理后强度提高，但其延性、可焊性降低。

2.1.2 钢筋的力学性能

1. 钢筋的应力-应变关系

根据钢筋在受拉时应力-应变曲线特点，可将钢筋分为有明显流幅和无明显流幅两类。

（1）有明显流幅的钢筋。热轧钢筋属于有明显流幅的钢筋，也称为软钢，其拉伸试验的典型应力-应变关系曲线，如图 2-1 所示，从中可看出有明显流幅钢筋的工作特性可以分为以下几个阶段：

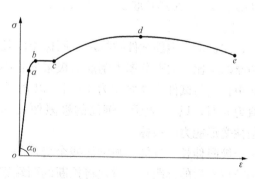

图 2-1 有明显流幅钢筋的应力-应变曲线

1）弹性阶段（ob 段）。在应力未超过 b 点之前，随着钢筋应力的增加，钢筋应变也增加，且在此阶段如卸载，应变中的绝大部分仍能恢复。其中 oa 段应力-应变曲线为直线，应力和应变成正比，因此 a 点应力称为比例极限。oa 段的斜率称为弹性模量。

2）屈服阶段（bc 段）。在应力超过 b 点后，钢筋开始塑流，应力-应变曲线接近于水平线，即应力不增加而应变不断发展，直到 c 点，形成屈服平台 bc 段。在开始进入屈服阶段时，曲线波动较大，随后逐渐趋于平稳，其应力最高点和最低点分别称为屈服上限和屈服下限，但取值一般以屈服下限为依据，称为屈服强度 f_y。bc 段的应变幅度称为流幅。

3）强化阶段（cd 段）。屈服阶段之后，随着应变的增加应力开始增加，应力和应变又呈曲线关系，钢筋进入了强化阶段，直至曲线最高处的 d 点，这点的应力称为抗拉强度或极限强度 f_u。

4）颈缩阶段（de 段）。当应力达到极限强度后，截面开始出现横向收缩，截面面积明显缩小，进入颈缩阶段，最后在 e 点钢筋断裂。

软钢有两个强度指标：一是屈服强度，它是结构设计时钢筋强度取值的依据，因为当应力超过屈服点后，钢筋将产生很大的而且卸载后不可以恢复的变形，因此设计中取屈服强度为钢筋允许达到的最大应力；另一个强度指标是极限强度，一般作为钢筋的实际破坏强度。

为了简化计算，通常在屈服点之前假设钢筋为完全弹性的，在屈服点之后忽略钢筋的强化作用，假设为完全塑性的，从而把钢筋视为理想的弹-塑性材料，其应力-应变关系如图 2-2 所示。

钢筋在单向受压时的受力性能基本上和单向受拉相同，因此一般取相同的应力-应变关系。

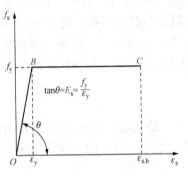

图 2-2　理想弹-塑性材料的
应力-应变关系

（2）无明显流幅的钢筋。预应力螺纹钢筋和各类钢丝属于无明显流幅的钢筋，也称为硬钢。从图 2-3 所示可以看出，这类钢筋没有明显的屈服强度和屈服阶段，塑性变形小，但抗拉强度或极限强度高。为表达统一，通常对这种钢筋人为规定屈服强度，称为条件屈服强度。条件屈服强度是以卸载后残余应变为 0.2% 所对应的应力定义的，以符号 f_y 或 $\sigma_{0.2}$ 表示，根据试验结果，$\sigma_{0.2}=(0.8\sim0.9)\sigma_b$。为简化计算，《混凝土结构设计规范》（GB 50010—2010）取 $\sigma_{0.2}=0.85\sigma_b$。

2. 钢筋的塑性指标

（1）伸长率。钢筋试件被拉断后原标距间长度的伸长值和原标距比值的百分率为钢筋的极限伸长率。当试件原标距长度与试件直径之比为 10 时，以 δ_{10} 表示；当该比值为 5 时，以 δ_5 表示。钢筋的极限伸长率是反映材料塑性变形能力的指标。

由于极限伸长率仅能反映钢筋残余变形的大小，且量测钢筋拉断后的标距长度时须将拉断的两端钢筋对合后再量测而容易产生人为误差。因此《混凝土结构设计

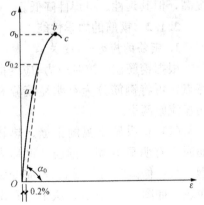

图 2-3　无明显流幅钢筋的
应力-应变曲线

规范》（GB 50010—2010）将钢筋最大力下的总伸长率 δ_{gt} 作为控制钢筋延性的指标。试验量测时，标距长度取至钢筋断口-颈缩区域以外。最大力下总伸长率 δ_{gt} 不受断口-颈缩区域局部变形的影响，反映了钢筋拉断前达到最大力（极限强度）时的均匀应变，故又称为均匀伸长率。

最大力下的总伸长率（均匀伸长率）可表示为

$$\delta_{gt}=\left(\frac{L-L_0}{L_0}+\frac{\sigma_b}{E_s}\right)\times100\% \tag{2-1}$$

式中　L_0——试验前标距距离；

　　　L——试验后标距距离；

　　　σ_b——钢筋的最大拉应力（极限强度）；

　　　E_s——钢筋的弹性模量。

式（2-1）中，表达式括号中第一项反映了钢筋的塑性变形，第二项反映了钢筋在最大拉应力下的弹性变形。《混凝土结构设计规范》（GB 50010—2010）要求普通钢筋及预应力筋在最大力下的总伸长率不应小于表 2-1 规定的数值。

表 2-1　　　　　　　　普通钢筋及预应力筋在最大力下的总伸长率限值

钢筋品种	普通钢筋			预应力筋
	HPB300	HRB335、HRBF335、HRB400、HRBF400、HRB500、HRBF500	RRB400	
δ_{gt}（%）	10.0	7.5	5.0	3.5

（2）冷弯性能。在材料试验机上，通过冷弯冲头加压，将试样弯曲 180°或规定的角度（如图 2-4 所示），用放大镜检查试样表面，如无裂纹、分层等现象出现，则认为材料之冷弯性能合格。冷弯性能不仅能直接检验钢筋的弯曲变形能力或塑性性能，还能暴露钢筋内部的冶金缺陷（如硫、磷偏析和硫化物与氧化物的掺杂情况），在一定程度上也是鉴定焊接性能的指标，因此冷弯性能是衡量钢筋力学性能的综合指标。

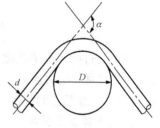

图 2-4　钢筋的冷弯

2.1.3　钢筋的冷加工

为了节约钢材和扩大钢筋的应用范围，常常对热轧钢筋进行冷拉、冷拔等机械加工。冷加工后，钢筋的力学性能发生了较大变化，故需对这类钢筋进行研究。

1. 钢筋的冷拉

冷拉是在常温下用机械方法将有明显流幅的钢筋拉到超过屈服强度，然后卸载至零。冷拉后，在自然条件下放置一段时间或进行人工加热后再进行拉伸，钢筋的屈服点比原来的屈服点有所提高，这种现象称为时效硬化。钢筋经冷拉和时效硬化后，能提高屈服强度、节约钢材，但冷拉后钢筋的塑性有所降低。为了保证钢筋在强度提高的同时又具有一定的塑性，冷拉时应同时控制应力和应变。另外，在焊接时的高温作用下，冷拉钢筋的冷拉强化效应完全消失，因此，钢筋应先焊接，然后进行冷拉。冷拉只能提高钢筋的抗拉强度。

2. 钢筋的冷拔

冷拔钢筋是将钢筋用强力拔过比它本身直径还小的硬质合金拔丝模，这时钢筋同时受到纵向拉力和横向压力的作用，截面变小而长度拔长。经过几次冷拔，钢丝的强度比原来有很大提高，但塑性降低很多。冷拔同时提高抗拉及抗压强度。

2.1.4 混凝土结构对钢筋的基本性能要求

（1）适当的屈强比。屈服强度与极限抗拉强度之比称为屈强比，它代表了钢筋的强度储备，也在一定程度上代表了结构的强度储备。屈强比小，则结构的安全储备大；但比值太小则钢筋强度的有效利用率低，所以钢筋应具有适当的屈强比。

（2）足够的塑性。在工程设计中，要求混凝土结构承载能力极限状态为具有明显预兆的塑性破坏，避免脆性破坏，抗震结构则要求具有足够的延性，这就要求其中的钢筋具有足够的塑性。另外，在施工时钢筋要弯转成型，因而应具有一定的冷弯性能。

（3）可焊性。要求钢筋具备良好的焊接性能，在焊接后不应产生裂纹及过大的变形，以保证焊接接头性能良好。

（4）耐久性和耐火性。细直钢筋尤其是冷加工钢筋和预应力钢筋容易遭受腐蚀而影响表面与混凝土的黏结性能，甚至削弱截面，降低承载力。环氧树脂涂层钢筋或镀锌钢丝可提高钢筋的耐久性，但降低了钢筋与混凝土间的黏结性能，设计时应注意这种不利影响。

热轧钢筋的耐火性能最好，冷拉钢筋次之，预应力钢筋最差。设计时应注意设置必要的混凝土保护层厚度以满足对构件耐火极限的要求。

（5）与混凝土良好的黏结。为了保证钢筋与混凝土共同工作，要求钢筋与混凝土之间必须有足够的黏结力。钢筋表面的形状是影响黏结力的重要因素。

此外，在寒冷地区还要求钢筋应具备抗低温性能，以防止钢筋低温冷脆而致破坏。

2.2 混凝土的物理力学性能

混凝土的物理力学性能包括混凝土的强度、变形、碳化、耐腐蚀、耐热、防渗等。本节主要介绍混凝土的强度和变形问题。

2.2.1 混凝土的强度

1. 立方体抗压强度

我国《混凝土结构设计规范》（GB 50010—2010）规定用边长 150mm 的标准立方体试件在标准条件（温度 $20℃±3℃$，相对湿度 $≥90\%$）下养护 28d 后，用标准试验方法（中心加载，加载速度为 $0.15～0.25N/mm^2$，试件上、下表面不涂润滑剂）测得的破坏时的平均压应力作为混凝土的立方体抗压强度。混凝土立方体抗压强度不仅与材料的组成成分、养护条件、龄期和试验方法等因素有关，而且与试件的尺寸有关。试验表明，试件尺寸越大，实测破坏强度越低，反之越高。立方体抗压强度有时也采用边长为 200mm 或 100mm 的立方体试件，但对这些非标准尺寸试件的试验结果应分别乘以截面尺寸修正系数 1.05 或 0.95。

试验方法对混凝土的立方体抗压强度有较大影响。实际上，在上述立方体抗压强度试验中，混凝土并不是处于单轴受力状态，如图 2-5 所示。试件在实验机上受压时，纵向压缩，横向膨胀，但是由于实验机垫板与试件接触面上的摩擦力作用，混凝土的横向膨胀受到约束，这相当于在试件的两端施加了"套箍"约束，而端部的约束作用可以延缓裂缝的发展，提高试件测得的抗压强度。

　　混凝土强度等级是按照立方体抗压强度标准值确定的。混凝土立方体抗压强度标准值是按照上述立方体抗压强度试验方法得到的具有95%保证率的抗压强度值，记为$f_{cu,k}$。《混凝土结构设计规范》（GB 50010—2010）按照立方体抗压强度标准值，把混凝土的强度等级分为14级，以"C＋立方体抗压强度标准值"表示，即C15、C20、C25、C30、C35、C40、C45、C50、C55、C60、C65、C70、C75、C80，其中C50及其以下为普通混凝土，C50以上为高强混凝土。

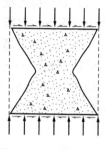

图 2-5　混凝土立方体试件破坏情况

　　2. 轴心抗压强度

　　为了减小端部摩擦力的影响，使试件的受力状态更能反映混凝土的实际工作状态，采用棱柱体试件测定混凝土抗压强度，即轴心抗压强度 f_c。《混凝土结构设计规范》（GB 50010—2010）规定采用 150mm×150mm×300mm 的棱柱体作为标准试件，按上述立方体试验的相同规定所得的破坏时的平均应力作为棱柱体抗压强度，亦即混凝土轴心抗压强度。

　　《混凝土结构设计规范》（GB 50010—2010）取混凝土轴心抗压强度平均值 μ_{f_c} 与立方体抗压强度平均值 $\mu_{f_{cu}}$ 的关系为

$$\mu_{f_c} = 0.88\alpha_{c1}\alpha_{c2}\mu_{f_{cu}} \tag{2-2}$$

式中　　α_{c1}——棱柱体强度与立方体强度的比值，对混凝土强度等级为 C50 及以下取 0.76，对 C80 取 0.82，中间按线性规律变化取值；

　　　　α_{c2}——混凝土的脆性折减系数，对混凝土强度等级为 C40 及以下取 1.0，对 C80 取 0.87，中间按线性规律变化取值；

　　　　0.88——考虑结构中混凝土强度与试件混凝土之间的差异而采取的修正系数。

　　有时，试验研究采用圆柱体做试件，其抗压强度用 f'_c 表示。

　　3. 轴心抗拉强度

　　由于混凝土抗拉强度很低，在试验中完全形成均匀拉伸并非易事，稍有误差对试验结果的影响就很大。因此，目前还没有一种统一的标准试验方法。常用的有直接受拉试验、劈裂试验和弯折试验三种。

　　由于直接受拉试验对中比较困难，很容易产生偏心受拉影响抗拉强度的测试结果，导致试验结果离散性很大。而采用弯折试验时，由于混凝土的塑性性能，也不能根据测试结果推出真实的混凝土抗拉强度。故国内外多采用立方体或圆柱体试件的劈裂强度试验来测定混凝土的抗拉强度。

　　《混凝土结构设计规范》（GB 50010—2010）取混凝土轴心抗拉强度平均值 μ_{f_t} 与立方体抗压强度平均值 $\mu_{f_{cu}}$ 的关系为

$$\mu_{f_t} = 0.88 \times 0.395\alpha_{c2}\mu_{f_{cu}}^{0.55} \tag{2-3}$$

　　4. 复合应力状态下混凝土的强度

　　实际混凝土结构构件大多是处于复合应力状态，例如框架柱既受到轴向力作用又受到弯矩和剪力的作用，梁柱节点区混凝土的受力状态就更为复杂，即处于复合应力状态之下。研究混凝土在复合应力状态下的强度，不仅对认识混凝土强度理论有重要的意义，对工程实践也有重要的意义。

（1）双轴应力状态。在两个平面作用着法向应力 σ_1 和 σ_2，第三个平面上应力为零的双向应力状态下，混凝土强度的二向破坏包络图如图 2-6 所示。一旦超出包络线就意味着材料发生破坏。图中第三象限为双向受拉区，σ_1、σ_2 相互影响不大，不同应力比值 σ_1/σ_2 下的双向受拉强度均接近于单向受拉强度；第一象限为双向受压区，大体上一向的强度随另一向压力的增加而增加，混凝土双向受压强度比单向受压强度最多可提高约 27%；第二、四象限为拉-压应力状态，此时混凝土的强度均低于单向拉伸或压缩时的强度。

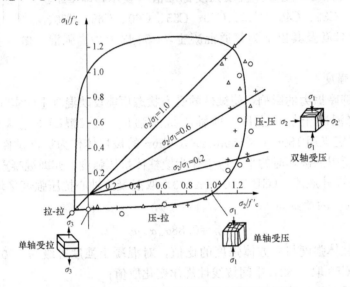

图 2-6　双向应力状态下混凝土的强度曲线

（2）剪应力和法向应力共同作用下的复合受力情况。在一个单元体上，如果除作用有剪应力 τ 外，并在一个面上同时作用着法向应力 σ，就形成拉剪或压剪复合应力状态，如图 2-7 所示。从图中可以看出，混凝土抗剪强度随拉应力的增大而减小；随着压应力的增大而增大，但当压应力大于 $0.6f_c$ 时（f_c 为抗压强度），由于微裂缝的发展，抗剪强度反而随压应力的增加而降低。由于剪应力的存在，混凝土的抗压强度低于单向抗压强度。

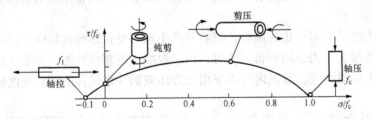

图 2-7　混凝土在法向应力和剪应力组合的强度

（3）三轴应力状态。当混凝土处于三向受压应力状态时，最大主压应力方向的强度由于受到侧向压应力的约束作用有较大的提高，而且混凝土的极限压应变也大大提高，其幅度随另外两个方向的压应力的比值和大小而异，如图 2-8 所示。根据试验结果，混凝土圆柱体在等侧向压应力 σ_r 作用下的轴向抗压强度 f_{cl} 可以表示为

$$f_{cl} = f'_c + \beta\sigma_r \tag{2-4}$$

式中　f'_c——无侧限时的混凝土圆柱体抗压强度；

　　　β——侧向压力效应系数，对普通混凝土（C15～C50）一般取 4，对高强混凝土
　　　　　（C80）可取 3.4，其间按线性内插法确定。

2.2.2　混凝土的变形性能

1. 混凝土在单调短期加载下的变形性能

混凝土受压应力-应变关系曲线一般采用棱柱体或圆柱体试件来测定，从图 2-9 给出的混凝土棱柱体在轴心受压时典型的应力-应变曲线可以看出，曲线由上升段和下降段两部分组成。

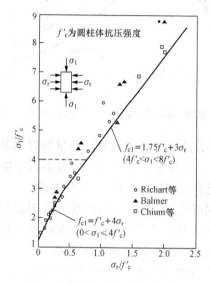

图 2-8　混凝土的三轴受压强度

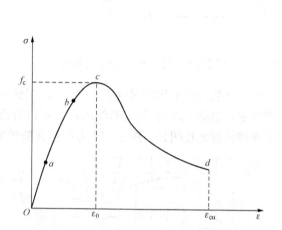

图 2-9　混凝土受压时典型应力-应变曲线

在上升段，当混凝土的应力小于（0.3～0.4）f_c（图中 oa 段）时，应力-应变关系接近于直线，可近似认为混凝土处于弹性阶段，故 a 点相当于混凝土的弹性极限；随着应力的增大，内部微裂缝扩展，混凝土表现出越来越明显的塑性，应力-应变关系偏离直线，应变的增长速度比应力增长快；随着应力的进一步增大，当应力约为（0.8～1.0）f_c（图中 bc 段）时，应变增长速度进一步加快，应力-应变曲线的斜率急剧减小，混凝土内部微裂缝进入非稳定发展阶段；随后，混凝土应力达到峰值，发挥出受压时的最大承载力，即轴心抗压强度 f_c，相应的应变 ε_0 称为峰值应变。

在下降段，裂缝迅速发展，混凝土内部结构的损坏越来越严重，试件截面的平均应力逐渐下降，曲线不断向下弯曲，直到曲线凸凹发生改变以后，曲线逐渐平缓，直至混凝土破坏（图中 d 点）。

影响混凝土应力-应变曲线的因素很多，如混凝土强度、实验方法以及组成材料的性质和配合比等。图 2-10 为不同强度混凝土的应力-应变曲线。由图可见，混凝土强度对上升段曲线特征的影响较小，随着混凝土强度的提高，应力峰值点相应的应变略有提高；但对下降段曲线特征的影响较大，混凝土强度越高，曲线下降段越陡，延性越差。随加载应变速度的降低，应力峰值略有降低，但相应的峰值应变增大，并且下降段曲线较平缓。图 2-11 为强度相同的混凝土在不同应变速度下的应力-应变曲线。由图可知，随加载应变速度的降低，

应力峰值略有降低，但相应的峰值应变增大，并且下降段曲线较平缓。

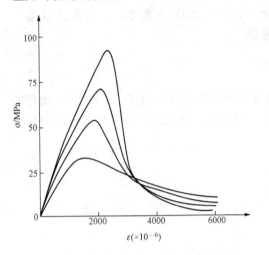

图 2-10　不同强度混凝土的应力-应变曲线

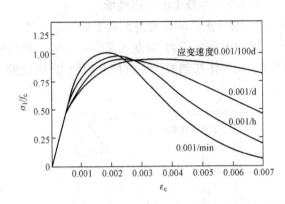

图 2-11　混凝土在不同应变速度下的应力-应变曲线

　　横向钢筋的约束作用对混凝土的应力-应变曲线有明显的影响。随着配箍量的增加及箍筋的加密，混凝土应力-应变曲线的峰值不仅有所提高，而且峰值应变的增大及曲线下降段的下降减缓都比较明显。图 2-12 为用螺旋筋约束混凝土的圆柱体的应力-应变曲线。

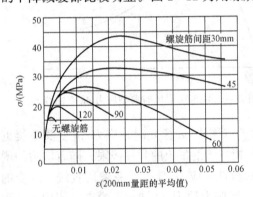

图 2-12　用螺旋筋约束的混凝土圆柱体的应力-应变曲线

　　由于混凝土应力-应变关系受多种因素的影响，因此描述混凝土受压应力-应变曲线的数学模型的形式很多，表达形式也繁简不一。

　　2. 混凝土在多次重复荷载作用下的变形

　　对混凝土棱柱体试件加载，使其压应力达到某一数值 σ，然后卸载至零，如此重复循环，称多次重复荷载。

　　混凝土的疲劳是在荷载重复作用下产生的，混凝土在荷载重复作用下引起的破坏称为疲劳破坏。疲劳现象在工程结构中常见，如钢筋混凝土吊车梁受到重复荷载的作用，钢筋混凝土道桥受到车辆震动的影响，港口海岸的混凝土结构受到波浪冲击而损伤，都属于疲劳破坏现象。

　　混凝土的疲劳强度用疲劳试验测定。疲劳试验采用 100mm×100mm×300mm 的棱柱体，使混凝土试件承受 200 万次或以上循环荷载而发生破坏的最大压应力值称为混凝土的疲劳抗压强度。

　　图 2-13 是混凝土棱柱体在多次重复荷载作用下的应力-应变关系曲线。从图中可以看出，对混凝土棱柱体试件，当一次加载应力 σ_1（或 σ_2）小于混凝土疲劳强度 f_c^f 时，混凝土在经过一次加载循环后，将有一部分塑性变形不能恢复。其加载应力-应变关系曲线形成了一个环状 $OABO$，在多次重复荷载循环过程中，其塑性变形将逐步积累，但随着循环次数的增加，每次产生的塑性变形将逐渐减少，应力-应变关系曲线环越来越密合，经过多次重复后这个曲线就闭合成一条直线，此后混凝土接近于弹性工作，加载卸载几百万次混凝土也不

会破坏。试验表明，其闭合直线基本上和一次加载时的应力-应变的原点切线平行。

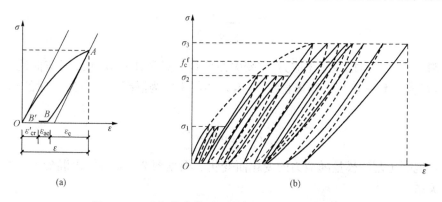

图 2-13　重复荷载作用下混凝土的应力-应变曲线

（a）混凝土一次加载卸载的应力-应变曲线；（b）混凝土多次重复加载卸载的应力-应变曲线

如果选择一个高于混凝土疲劳强度 f_c^f 的加载应力 σ_3，刚开始加载时混凝土应力-应变关系曲线凸向应力轴，在重复荷载过程中逐渐变成直线，在经过多次重复加载卸载后，其应力-应变关系曲线逐渐凸向应变轴，以至加载不能形成封闭环，这标志着混凝土内部微裂缝的发展加剧趋近于破坏。对应于应力 σ_3 的割线斜率也随加载重复次数的增加而有所减小，荷载重复到一定次数时，混凝土试件会因为严重开裂或变形过大而导致破坏。

3. 混凝土的变形模量

由于混凝土的非线性性质，在荷载作用下，它的应力和应变的比值不是常数，因此反映混凝土应力和应变关系的变形模量的表示方式有多种。

（1）初始弹性模量（简称弹性模量）。通过混凝土应力-应变关系曲线的原点（图 2-14 中的 O 点），对曲线作切线，该切线的斜率即为混凝土的初始弹性模量 E_c，简称弹性模量。假设在任一应力 σ_c 作用下，如图 2-14 所示，混凝土的总应变为 ε_c，其中包括弹性应变 ε_e 和塑性应变 ε_p，则有

$$E_c = \frac{\sigma_c}{\varepsilon_e} = \tan\alpha_0 \qquad (2-5)$$

根据大量对比试验结果的统计分析，《混凝土结构设计规范》（GB 50010—2010）规定

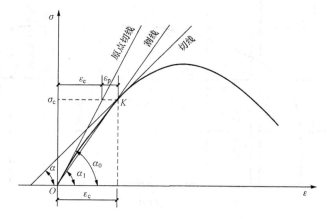

图 2-14　混凝土变形模量的表示方法

混凝土弹性模量（N/mm²）按下式计算

$$E_c = \frac{10^5}{2.2 + \frac{34.7}{f_{cu,k}}} \qquad (2-6)$$

（2）割线模量。连接混凝土应力-应变关系曲线原点和任一应力 σ_c 对应曲线上的点（图 2-14 中的 K 点）作一割线，则该直线（OK）的斜率即为混凝土应力为 σ_c 时的割线模量 E_c'，即

$$E_c' = \tan\alpha_1 = \frac{\sigma_c}{\varepsilon_c} \qquad (2-7)$$

显然，混凝土割线模量随应力的变化而变化。根据图 2-14 可推出混凝土割线模量和弹性模量的关系

$$E_c' = \frac{\sigma_c}{\varepsilon_c} = \frac{\varepsilon_e}{\varepsilon_c} \cdot \frac{\sigma_c}{\varepsilon_e} = \lambda E_c \qquad (2-8)$$

上式中，$\lambda = \frac{\varepsilon_e}{\varepsilon_c}$ 为弹性系数，它随应力增大而减小。当 $\sigma = 0.5 f_c$ 时，λ 的平均值为 0.85；当 $\sigma = 0.8 f_c$ 时，λ 值约为 $0.4 \sim 0.7$。混凝土强度越高，λ 值越大，弹性特征较为明显。

（3）切线模量。过混凝土应力-应变关系曲线的任一应力 σ_c 相应的点（图 2-14 中的 K 点）作曲线的切线，则该切线的斜率即为混凝土应力为 σ_c 时的切线模量 E_t，即

$$E_t = \tan\alpha = \frac{d\sigma}{d\varepsilon}\bigg|_{\sigma = \sigma_c} \qquad (2-9)$$

4. 荷载长期作用下混凝土的变形性能-徐变

在不变的应力长期持续作用下，混凝土的变形随时间徐徐增长的现象称为混凝土的徐变。

（1）徐变曲线。棱柱体受压时典型的徐变曲线如图 2-15 所示，它具有以下特点：

1）在荷载作用期间，应变由两部分构成，加载瞬间产生的瞬时应变 ε_{ela} 和随时间增长的徐变应变 ε_{cr}。ε_{cr} 开始增加较快，以后逐渐增速缓慢并趋于稳定。徐变应变大约为瞬时应变的 $1 \sim 4$ 倍。

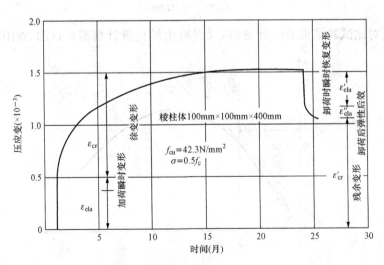

图 2-15 混凝土的徐变

2）卸载后，瞬时要恢复的一部分应变称为瞬时恢复应变 ε'_{ela}，另一部分为弹性后效 ε''_{da}，经历一段时间得以恢复；剩下不能恢复的部分为遗留在混凝土中的残余应变 ε'_{cr}。

（2）影响徐变的主要因素。

1）应力水平。应力越大，徐变越大。当 $\sigma \leqslant 0.5f_c$ 时，徐变与应力成正比，称为线性徐变。线性徐变约一年后趋于稳定，一般经历三年左右终止。当 $\sigma > 0.5f_c$ 时，徐变增长大于应力增长，出现非线性徐变。当应力过高时，非线性徐变将不收敛，可直接引起构件破坏。

2）混凝土龄期。加载时混凝土龄期越小，徐变越大。

3）材料配合比。水泥用量越多，徐变越大；水灰比越大，徐变也越大；而骨料的强度、弹性模量越高，则徐变越小。

4）温度、湿度。养护温度高、湿度大，水泥水化作用充分，徐变就小；构件工作温度越高，湿度越低，徐变就越大。

（3）徐变对结构的影响。徐变使构件的变形增大，对结构的影响主要在于：受弯构件的挠度增大；柱的附加偏心距增大；预应力混凝土引起预应力损失；构件截面上的应力重分布。

5. 混凝土的收缩与膨胀

混凝土在结硬过程中，体积会发生变化。当混凝土在空气中结硬时其体积要缩小，这种现象称为混凝土的收缩；而混凝土在水中结硬时体积会膨胀，称为混凝土的膨胀。收缩又由凝缩和干缩两部分构成，前一部分是水泥凝胶体在结硬过程中本身的体积收缩，后一部分是自由水分蒸发引起的收缩。

试验表明，混凝土的收缩与很多因素有关，如：水泥用量越多，水灰比越大，收缩越大；高标号水泥制成的试样，收缩量大；养护条件好，收缩量小；骨料弹性模量大，收缩量小；振捣密实，收缩量小；使用环境湿度大，收缩量小；构件体积与表面积之比大，收缩量小。

混凝土的收缩对构件有害。它可使构件产生裂缝，影响正常使用；在预应力结构中，混凝土收缩可引起预应力损失。实际工程中，应设法减小混凝土中的收缩，避免其不利影响。

2.3　钢筋与混凝土的黏结

2.3.1　黏结的作用

钢筋混凝土受力后会沿钢筋与混凝土接触面上产生剪应力，这种剪应力称为黏结应力。黏结是钢筋和混凝土能够形成整体、共同工作的基础。若构件中的钢筋和混凝土之间无黏结，钢筋端部无锚固，则在荷载作用下，钢筋与混凝土之间就不能传递应力、协调变形、共同受力。

黏结作用可以用钢筋及其周围混凝土之间产生的黏结应力来说明。根据受力性质的不同，钢筋与混凝土之间的黏结应力可分为钢筋端部的锚固黏结应力和裂缝间的局部黏结应力，如图 2-16 所示。锚固黏结应力是钢筋伸入支座或支座负筋截断时，必须有足够的锚固长度，通过这段长度上的黏结力的积累，才能保证钢筋在混凝土中建立起所需发挥的拉力，否则将发生锚固破坏。裂缝间的局部黏结应力是在相邻两个开裂截面之间产生的，钢筋应力的变化受到黏结应力的影响，黏结应力使相邻两个裂缝之间混凝土参与受拉。局部黏结应力的丧失会使构件的刚度降低和裂缝的开展。

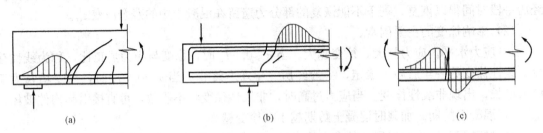

图 2-16　钢筋与混凝土之间黏结应力示意图

(a)、(b) 锚固黏结应力；(c) 局部黏结应力

2.3.2　黏结机理和影响黏结强度的因素

钢筋与混凝土的黏结力，主要由三部分组成：

(1) 钢筋与混凝土接触面上由化学作用而产生的化学胶着力。化学胶着力一般很小，仅在受力阶段的局部无滑移区域起作用，当接触面发生相对滑移时，胶着力消失。

(2) 混凝土收缩握裹钢筋而产生的摩阻力。摩阻力是由于混凝土凝固时收缩，对钢筋产生垂直于摩擦面的压应力。光面钢筋与混凝土的黏结力主要是摩阻力。

(3) 钢筋表面凹凸不平与混凝土之间产生的机械咬合力。咬合力是变形钢筋黏结力的主要组成部分。

光面钢筋和变形钢筋黏结机理的主要差别在于，光面钢筋黏结力主要来自胶着力和摩阻力，而变形钢筋的黏结力主要来自机械咬合作用。这种差别可理解为类似于钉入木料中的普通钉和螺丝钉的差别。

黏结强度是指钢筋与混凝土黏结失效时的黏结应力。影响钢筋与混凝土黏结强度的因素很多，主要有：

(1) 混凝土强度。黏结强度随混凝土强度的提高而提高，但不成正比。

(2) 钢筋表面形状。变形钢筋黏结强度大于光圆钢筋。

(3) 保护层厚度、钢筋间距。保护层厚度太薄，可能使钢筋外围混凝土因产生径向劈裂而使黏结强度降低；钢筋间距太小，可能出现水平劈裂而使整个保护层剥落，使黏结强度显著降低。

(4) 横向钢筋。如梁中的箍筋，可以延缓径向劈裂裂缝向构件表面发展，并可限制到达构件表面的劈裂裂缝宽度，从而提高黏结强度。因此，在较大直径钢筋的锚固区和搭接长度范围内，以及当一排的并列钢筋根数较多时，均设置一定数量的附加箍筋，以防止混凝土保护层的劈裂崩落。

(5) 浇注位置。混凝土浇筑深度超过 300mm 时，由于混凝土的泌水下沉、气泡逸出，使其与"顶部"水平钢筋之间产生空隙层，从而削弱了钢筋与混凝土的黏结力。

2.3.3　钢筋的锚固与搭接

1. 保证黏结的构造措施

由于黏结破坏机理复杂，影响黏结的因素很多，工程结构中黏结受力的多样性，目前尚无比较完整的黏结力计算理论。《混凝土结构设计规范》（GB 50010—2010）采用不进行黏结计算，用构造措施来保证混凝土与钢筋黏结的方法。

保证黏结的构造措施有如下几个方面：

（1）对不同等级的混凝土和钢筋，要保证最小搭接长度和锚固长度；

（2）为了保证混凝土及钢筋之间有足够的黏结，必须满足钢筋最小间距和混凝土保护层最小厚度的要求；

（3）在钢筋的搭接接头范围内应加密箍筋；

（4）为了保证足够的黏结在钢筋端部应设置弯钩。

此外，在浇筑大深度混凝土时，为防止在钢筋底面出现沉淀收缩和泌水，形成疏松空隙层，削弱黏结，对高度较大的混凝土构件应分层浇筑或二次浇捣。

钢筋表面粗糙程度影响摩擦阻力，从而影响黏结强度。轻度锈蚀的钢筋，其黏结强度比新轧制的无锈钢筋要高，比除锈处理的钢筋更高。所以，一般除重锈钢筋外，可不必除锈。

2. 受拉钢筋的锚固长度

为了保证钢筋与混凝土之间有可靠的黏结，钢筋必须有一定的锚固长度。钢筋的基本锚固长度取决于钢筋强度及混凝土抗拉强度，并与钢筋的外形有关。为了充分利用钢筋的抗拉强度，《混凝土结构设计规范》（GB 50010—2010）规定纵向受拉钢筋的锚固长度作为钢筋的基本锚固长度 l_{ab}，它与钢筋强度、混凝土抗拉强度、钢筋直径及外形有关。当计算中充分利用钢筋的抗拉强度时，受拉钢筋的基本锚固长度应按下式计算

$$l_{ab}=\alpha \frac{f_y}{f_t}d \tag{2-10}$$

式中　l_{ab}——受拉钢筋的基本锚固长度；

f_y——钢筋的抗拉强度设计值；

f_t——混凝土轴心抗拉强度设计值，当混凝土强度等级高于 C60 时，按 C60 取值；

d——锚固钢筋的直径；

α——锚固钢筋的外形系数，按表 2-2 取用。

表 2-2　　　　　　　　锚固钢筋的外形系数 α

钢筋类型	光圆钢筋	带肋钢筋	螺旋肋钢丝	三股钢绞线	七股钢绞线
α	0.16	0.14	0.13	0.16	0.17

注　光圆钢筋末端应做 180°弯钩，弯后平直段长度不应小于 3d，但作受压钢筋时可不做弯钩。

上式所得锚固长度为受拉钢筋的基本锚固长度，当锚固条件不同或采取不同的埋置方式和构造措施时，锚固长度应根据锚固条件按下式计算，且不应小于 200mm。

$$l_a=\zeta_a l_{ab} \tag{2-11}$$

式中　l_a——受拉钢筋的锚固长度；

ζ_a——锚固长度修正系数，按《混凝土结构设计规范》（GB 50010—2010）相关规定取用，当锚固条件多于一项时，修正系数可按连乘计算，但不应小于 0.6。

当锚固长度不足时，可采用钢筋末端弯钩或机械锚固措施，主要有钢筋末端弯钩、贴焊钢筋、穿孔塞焊锚板和螺栓锚头，如图 2-17 所示。采取弯钩或机械锚固后，其锚固长度（包括弯钩或锚固端头在内的投影长度）可取基本锚固长度的 60%。

3. 受压钢筋的锚固长度

钢筋受压后的镦粗效应提高了界面摩擦力和咬合力，同时钢筋端头的支顶作用也大大改

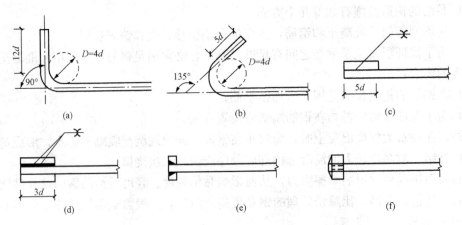

图 2-17　弯钩和机械锚固的形式及构造措施

(a) 90°弯钩；(b) 135°弯钩；(c) 一侧贴焊锚筋；

(d) 两侧贴焊锚筋；(e) 穿孔塞焊锚板；(f) 螺栓锚头

善了受压锚固的受力状态。因此，受压钢筋的锚固长度应小于受拉钢筋的锚固长度。当计算中充分利用受压钢筋的抗压强度时，其锚固长度不应小于相应受拉钢筋锚固长度的 70%。受压钢筋不应采用末端弯钩和一侧贴焊锚筋的锚固措施。

4. 钢筋的搭接与连接

钢筋长度不够时，或需要采用施工缝或后浇带等构造措施时，钢筋就需要搭接。搭接是指将两根钢筋的端头在一定长度内并放，并采用适当的绑扎将一根钢筋的力传给另一根钢筋。力的传递可以通过各种连接接头实现。由于钢筋通过连接接头传力总不如整体钢筋，所以钢筋搭接的原则是：接头应设置在受力较小处，同一根钢筋上应尽量少设接头，机械连接接头能产生较牢固的连接力，所以应优先采用机械连接。搭接长度的有关规定详见《混凝土结构设计规范》（GB 50010—2010）。

5. 并筋

为解决粗钢筋及配筋密集引起设计、施工的困难，受力钢筋可采用并筋（钢筋束）的配筋方式。直径 28mm 及以下的钢筋并筋数量不应超过 3 根；直径 32mm 的钢筋并筋数量宜为 2 根；直径 36mm 及以上的钢筋不应采用并筋。

并筋应按单根等效钢筋进行计算，等效钢筋的等效直径应按截面面积相等的原则换算确定。并筋等效直径的概念适用于与钢筋间距、保护层厚度、钢筋锚固长度、搭接接头面积百分率、搭接长度以及裂缝宽度验算等有关的计算及构造规定。相同直径的二并筋等效直径可取为 1.41 倍单根钢筋直径；三并筋等效直径可取为 1.73 倍单根钢筋直径。二并筋可按纵向或横向的方式布置；三并筋宜按品字形布置，并均按并筋的重心作为等效钢筋的重心。

小　　　结

(1) 用于钢筋混凝土结构的普通钢筋主要为热轧钢筋，它属有明显流幅的钢筋（软钢）；用于预应力混凝土结构的预应力钢筋主要为预应力钢丝、钢绞线和预应力螺纹钢筋，它们属于没有明显流幅的钢筋（硬钢）。

　　（2）可以采用冷加工的方法提高热轧钢筋的强度，以便节省钢材。冷拉只能提高钢筋的抗拉强度，冷拔则可同时提高抗拉及抗压强度。

　　（3）钢筋有两个强度指标：屈服强度（软钢）或条件屈服强度（硬钢），极限强度。屈服强度是结构设计时钢筋强度取值的依据。钢筋也有两个塑性指标：伸长率和冷弯性能。

　　（4）混凝土简单受力状态下的强度有立方体抗压强度、轴心抗压强度和轴心抗拉强度。立方体抗压强度及其标准值只用作材料性能的基本代表值，其他强度均可与其建立相应的换算关系。结构设计要用到的强度指标为轴心抗压强度和轴心抗拉强度。

　　（5）混凝土的受压破坏实质是由垂直于压力作用方向的横向胀裂造成的，因此混凝土双轴受压和三轴受压时强度提高，而一向受压另一向受拉时强度降低。

　　（6）混凝土的应力-应变关系从一开始就是非线性的，只是当应力很小时可近似地视为线弹性的，且受混凝土强度、实验方法、组成材料等因素的影响。混凝土的应力-应变关系还与荷载作用时间有关，在不变的应力长期持续作用下，混凝土的变形随时间将徐徐增长，即徐变。徐变和收缩对混凝土结构的性能有重要影响，设计时应避免其不利影响。

　　（7）钢筋与混凝土之间良好的黏结是两种材料共同工作的基础。黏结力主要由三部分组成：化学胶着力、摩阻力和机械咬合力。影响钢筋与混凝土黏结强度的因素主要有：混凝土强度、钢筋表面形状、保护层厚度、钢筋间距及横向钢筋等。应采取措施保证钢筋与混凝土之间的黏结。

思　考　题

　　（1）钢筋有哪些形式？钢筋冷加工的方法有哪几种？冷拉和冷拔后钢筋的力学性能有何变化？

　　（2）软钢和硬钢的应力-应变曲线有何不同？二者的强度取值有何不同？《混凝土结构设计规范》（GB 50010—2010）中将热轧钢筋按强度分为几种？

　　（3）钢筋有哪些主要力学性能指标？各性能指标如何确定？

　　（3）钢筋混凝土结构对钢筋的性能有何要求？

　　（4）混凝土的立方体抗压强度标准值 $f_{cu,k}$、轴心抗压强度标准值 f_{ck} 是如何确定的？它们之间有何关系？

　　（5）混凝土的强度等级是根据什么确定的？《混凝土结构设计规范》（GB 50010—2010）规定的混凝土强度等级有哪些？

　　（6）混凝土的轴心受压应力-应变曲线有何特点？影响该曲线形状的主要因素有哪些？

　　（7）混凝土的变形模量和弹性模量是如何确定的？

　　（8）何谓混凝土的徐变变形？其变形特点是什么？产生徐变的原因有哪些？影响混凝土徐变的主要因素有哪些？徐变对结构有何影响？如何减少徐变？

　　（9）什么是混凝土的收缩变形？说明产生收缩变形的原因及其影响因素？混凝土的收缩变形对结构有何影响？减小混凝土收缩的措施有哪些？徐变和收缩有何区别？

　　（10）什么是钢筋和混凝土之间的黏结力？影响钢筋与混凝土黏结强度的主要因素有哪些？要保证钢筋和混凝土之间有足够的黏结力要采取什么措施？

第3章 结构设计的基本原理

3.1 结构可靠度及结构安全等级

3.1.1 结构上的作用、作用效应、结构抗力

1. 结构上的作用

结构上的作用是指施加在结构上的集中力或分布力和引起结构外加变形或约束变形的原因（如地基变形、温度变化、混凝土收缩、焊接变形或地震等）。前者以力的形式作用于结构上，称为直接作用，也称为荷载；后者以变形的形式作用在结构上，称为间接作用。

结构上的作用按随时间的变化，可分为：

（1）永久作用。在设计所考虑的时期内始终存在且其量值变化与平均值相比可以忽略不计的作用，或其变化是单调的并趋于某个限值的作用。如结构自重、土压力、预应力等。

（2）可变作用。在设计使用年限内其量值随时间变化，且其变化与平均值相比不可忽略不计的作用。如楼面活荷载、风荷载、雪荷载、吊车荷载等。

（3）偶然作用。在设计使用年限内不一定出现，而一旦出现其量值很大，且持续时间很短的作用。如爆炸、撞击、罕遇地震等。

所谓设计使用年限，是指设计规定的结构或结构构件不需进行大修即可按预定目的使用的年限，即结构在规定的条件下所应达到的使用年限，它不等同于结构的实际寿命或耐久年限。当结构的使用年限超过设计使用年限后，并不意味该结构立即报废不能使用了，而是说它的失效概率可能较设计预期值增大，但仍可继续使用或经必要的加固处理后，仍可继续使用。结构的设计使用年限，对临时性建筑结构为 5 年，易于替换的结构构件为 25 年，普通房屋和构筑物为 50 年，标志性建筑和特别重要的建筑结构为 100 年。

按随空间的变化，可分为：

（1）固定作用。在结构上具有固定分布的作用。当固定作用在结构某点上的大小和方向确定后，该作用在整个结构上的作用即得以确定。例如，房屋建筑楼面上位置固定的设备荷载、屋面上的水箱等。

（2）自由作用。在结构上给定的范围内具有任意空间分布的作用。例如，楼面的人员荷载等。

按结构的反应特点，可分为：

（1）静态作用。使结构产生的加速度可以忽略不计的作用。

（2）动态作用。使结构产生的加速度不可忽略不计的作用。

静态作用与动态作用划分的原则，不在于作用本身是否具有动力特性，而主要在于它是否使结构产生不可忽略的加速度。例如民用建筑楼面上的一般活荷载应属于静态作用。

2. 作用效应

直接作用或间接作用作用在结构或结构构件上，由此引起的内力（如轴力、剪力、弯矩、扭矩）、变形（如挠度、转角）和裂缝等，称为作用效应。当作用为直接作用（即荷载）

时，其效应也称为荷载效应，通常用 S 表示。荷载与荷载效应之间一般呈线性关系，二者均为不确定的随机变量或随机过程。

3. 抗力

抗力是指结构或结构构件承受作用效应（即内力、变形和裂缝）的能力，如构件的承载能力、刚度等。由于影响抗力的主要因素，如材料性能（强度、变形模量等）、几何参数（构件尺寸等）和计算模式的精确性（抗力计算所采用的基本假设和计算公式不够精确等）都是不确定的随机变量，因此由这些因素综合而成的抗力 R 也是随机变量。

3.1.2　结构的预定功能

结构在规定的设计使用年限内应满足下列功能要求：

（1）能承受在施工和使用期间可能出现的各种作用；

（2）保持良好的使用性能；

（3）具有足够的耐久性能；

（4）当火灾发生时，在规定的时间内可保持足够的承载力；

（5）当发生爆炸、撞击、人为错误等偶然事件时，结构能保持必需的整体稳固性，不出现与起因不相称的破坏后果，防止出现结构的连续倒塌。

在上述 5 项功能中，第（1）、（4）、（5）项是对结构安全性的要求，第（2）项是对结构适用性的要求，第（3）项是对结构耐久性的要求，安全性、适用性、耐久性三者可概括为对结构可靠性的要求。

所谓足够的耐久性能，是指结构在规定的工作环境中，在预定时期内，其材料性能的劣化不致导致结构出现不可接受的失效概率。从工程概念上讲，足够的耐久性能就是指在正常维护条件下结构能够正常使用到规定的设计使用年限。

3.1.3　结构可靠度和安全等级

结构可靠性是指结构在规定的时间内，在规定的条件下，完成预定功能的能力。

所谓"规定的时间"，是指"设计使用年限"。"规定的条件"，是指正常设计、正常施工和正常使用的条件，即不考虑人为过失的影响。人为过失应通过其他措施予以避免。

结构可靠度是指结构在规定的时间内，在规定的条件下，完成预定功能的概率，即结构可靠度是结构可靠性的概率度量和定量描述。

结构可靠度设计的基本原则是使设计符合技术先进、经济合理、安全适用、确保质量的要求。

建筑结构设计时，应根据结构破坏可能产生的后果（危及人的生命、造成经济损失、对社会或环境产生影响等）的严重性，采用不同的安全等级。建筑结构安全等级的划分应符合表 3 - 1 的要求。

表 3 - 1　　　　　　　　　　　　　建筑结构的安全等级

安全等级	破坏后果	建筑物类型
一级	很严重	重要的结构
二级	严重	一般的结构
三级	不严重	次要的结构

建筑结构中各类结构构件的安全等级，宜与结构的安全等级相同，对其中部分结构构件的安全等级可进行调整，但不得低于三级。

3.2　荷载和材料强度的标准值

3.2.1　荷载标准值

1. 荷载的统计特性

我国对建筑结构的各种恒荷载、几种主要民用房屋（包括办公楼、住宅、商店等）的楼面活荷载、风荷载和雪荷载等进行了大量的调查和实测工作，将所取得的资料和数据进行统计后，得到了这些荷载的概率分布和统计参数。

（1）永久荷载。建筑结构中的屋面、楼面、墙体、梁、柱等构件以及找平层、保温层、防水层等的自重都是永久荷载，通常称为恒荷载。其值不随时间变化或变化很小。统计分析表明，永久荷载这一随机变量符合正态分布。

（2）可变荷载。建筑结构的楼面活荷载、风荷载、雪荷载以及吊车荷载等均为可变荷载。其数值在设计基准期内随时间而变化，且其变化与平均值相比不可忽略不计。可变荷载随时间的变异可统一用随机过程来描述。对可变荷载随机过程的样本函数经处理后，可得到各种可变荷载在任意时点的概率分布和在设计基准期内最大值的概率分布。根据实测资料的统计分析，其概率分布一般符合极值Ⅰ型分布。

所谓设计基准期，是指为确定可变作用等的取值而选用的时间参数，它不等同于结构的设计使用年限。《工程结构可靠性设计统一标准》（GB 50153—2008）规定，房屋建筑结构的设计基准期为 50 年。

2. 荷载标准值

荷载标准值是建筑结构按极限状态设计时采用的荷载基本代表值。荷载标准值可由设计基准期最大荷载概率分布的某一分位值确定，若荷载概率分布为正态分布，则如图 3-1 中的 P_k。荷载标准值理论上应为结构在使用期间，在正常情况下，可能出现的具有一定保证率的偏大荷载值。例如，若取荷载标准值为

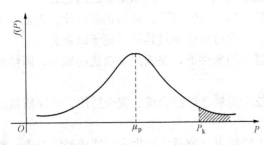

图 3-1　荷载标准值的概率含义

$$P_k = \mu_p + 1.645\sigma_p \qquad (3-1)$$

则 P_k 具有 95% 的保证率，即在设计基准期内超过此标准值的荷载出现的概率为 5%。式（3-1）中 μ_p 为荷载平均值，σ_p 为荷载标准差。

永久荷载标准值可按结构设计规定的尺寸和材料容重平均值确定。对于自重变异不大的材料和构件，一般取其概率分布的平均值作为荷载标准值。对于某些自重变异较大的材料或结构构件（如现场制作的保温材料、混凝土薄壁构件等），其自重的标准值应根据荷载对结构的不利状态，取上限值或下限值。

根据统计资料，可变荷载标准值，例如我国办公楼、住宅楼面均布活荷载标准值取为 2.0×10^3 MPa，对于办公楼楼面活荷载相当于设计基准期最大荷载平均值加 3.16 倍标准差，对于住宅楼面活荷载相当于设计基准期最大荷载平均值加 2.38 倍标准差。风荷载标准值是

由建筑物所在地的基本风压乘以风压高度变化系数、风载体型系数和风振系数确定的，其中基本风压是以当地比较空旷、平坦地面上离地 10m 高处统计得到的 50 年一遇 10min 平均最大风速 v_0（m/s）为标准，按 $v_0^2/1600$ 确定的。雪荷载标准值是由建筑物所在地的基本雪压乘以屋面积雪分布系数确定的。而基本雪压是以当地一般空旷、平坦地面上统计得到的 50 年一遇最大雪压确定的。

荷载标准值可由我国《建筑结构荷载规范》（GB 50009—2012）查得。

3.2.2　材料强度标准值

1. 材料强度的变异性及其统计特性

材料强度的变异性，主要是指材质以及工艺、加载、尺寸等因素引起的材料强度的不确定性。例如，按同一标准生产的钢材或混凝土，各批次的强度常发生变化，即使是同一炉钢轧成的钢筋或同一次搅拌而得的混凝土试件，按照统一方法测得的强度也不完全相同。统计资料表明，钢筋强度和混凝土强度，以及各类砌体强度的概率分布均符合正态分布。

2. 材料强度标准值

材料强度的标准值是按极限状态设计时采用的材料强度的基本代表值，应根据符合规定质量的材料强度的概率分布的某一分位值确定，若为正态分布，如图 3-2 中的 f_k。材料强度标准值是材料强度概率分布中具有一定保证率的偏低的材料强度值。由于钢筋和混凝土强度均服从正态分布，故它们的强度标准值可统一表示为

$$f_k = \mu_f - \alpha \sigma_f \qquad (3-2)$$

式中　α——与材料实际强度低于材料强度标准值的概率有关的保证率系数；

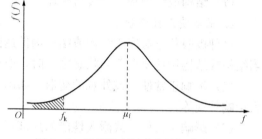

图 3-2　材料强度标准值的概率含义

　　μ_f——材料强度平均值；

　　σ_f——材料强度标准差。

《混凝土结构设计规范》（GB 50010—2010）规定，钢筋强度的标准值应具有不小于95％的保证率，其取值如下：

（1）对有明显屈服点的普通钢筋，采用屈服强度作为强度标准值 f_{yk}。在结构抗倒塌设计中，还应考虑钢筋极限强度标准值 f_{stk}。

（2）对无明显屈服点的各类预应力筋（预应力钢丝、钢绞线、预应力螺纹钢筋），一般采用抗拉强度 σ_b 作为极限强度标准值 f_{ptk}。在钢筋标准中一般取 0.002 残余应变所对应的应力 $\sigma_{p0.2}$ 作为条件屈服强度标准值 f_{pyk}。

混凝土强度的标准值为具有 95％保证率的强度值，它等于混凝土强度的平均值减去1.645 倍标准差。

砌体强度的标准值，可取其概率分布的 0.05 分位值，它等于砌体强度的平均值减去1.645 倍标准差。

钢筋和混凝土材料强度的标准值可由《混凝土结构设计规范》（GB 50010—2010）查得。

3.3　概率极限状态设计法

3.3.1　结构的极限状态

整个结构或结构的一部分超过某一特定状态就不能满足设计规定的某一功能要求，此特定状态为该功能的极限状态。极限状态可分为以下两类。

1. 承载能力极限状态

这种极限状态对应于结构或结构构件达到最大承载力或不适于继续承载的变形的状态。当结构或结构构件出现下列状态之一时，应认为超过了承载能力极限状态：

（1）结构构件或连接因超过材料强度而破坏，或因过度变形而不适于继续承载；

（2）整个结构或其一部分作为刚体失去平衡（如倾覆等）；

（3）结构转变为机动体系；

（4）结构或结构构件丧失稳定（如压屈等）；

（5）结构因局部破坏而发生连续倒塌；

（6）地基丧失承载能力而破坏（如失稳等）；

（7）结构或结构构件的疲劳破坏。

2. 正常使用极限状态

这种极限状态对应于结构或结构构件达到正常使用或耐久性能的某项规定限值的状态。当结构或结构构件出现下列状态之一时，应认为超过了正常使用极限状态：

（1）影响正常使用或外观的变形，如吊车梁变形过大导致吊车不能正常行驶、梁挠度过大影响外观等；

（2）影响正常使用或耐久性能的局部损坏，如水池开裂漏水不能正常使用、梁裂缝过宽导致钢筋锈蚀等；

（3）影响正常使用的振动，如由于机器振动而导致结构的振幅超过按正常使用要求所规定的限值等；

（4）影响正常使用的其他特定状态，如相对沉降量过大等。

3.3.2　结构的设计状况

建筑结构设计时，应根据结构在施工和使用中的环境条件和影响，区分下列 4 种设计状况：

（1）持久设计状况。在结构使用过程中一定出现，且持续期很长的设计状况。其持续期一般与设计使用年限为同一数量级。适用于结构使用时的正常情况，如房屋结构承受家具和正常人员荷载的状况。

（2）短暂设计状况。在结构施工和使用过程中出现概率较大，而与设计使用年限相比，其持续期很短的设计状况。适用于结构出现的临时情况，包括结构施工和维修时的情况，如结构施工时承受堆料荷载的状况。

（3）偶然设计状况。在结构使用过程中出现概率很小，且持续期很短的设计状况。适用于结构出现的异常情况，如结构遭受火灾、爆炸、撞击等作用的状况。

（4）地震设计状况。结构遭受地震时的设计情况，在抗震设防地区必须考虑地震设计情况。

对以上 4 种设计状况，均应进行承载能力极限状态设计，以确保结构的安全性。对持久设计状况，尚应进行正常使用极限状态设计，以保证结构的适用性和耐久性。对短暂设计状况和地震设计状况，可根据需要进行正常使用极限状态设计；对偶然设计状况，可不进行正常使用极限状态设计。

3.3.3 结构的功能函数和极限状态方程

影响结构可靠的各种作用、材料性能、几何参数、计算公式精确性等一般均具有随机性，称为基本变量，记为 $X_i(i=1, 2, \cdots, n)$。结构和构件所处的状态如何，是否能达到设计所要求的预定功能，这可用包括各有关基本变量 X_i 在内的结构的功能函数来表达，即

$$Z=g(X_1, X_2, \cdots, X_n) \tag{3-3}$$

当

$$Z=g(X_1, X_2, \cdots, X_n)=0 \tag{3-4}$$

时，称为极限状态方程。

当仅有作用效应 S 和结构抗力 R 两个基本变量时，结构的功能函数可写为

$$Z=g(R, S)=R-S \tag{3-5}$$

通过功能函数 Z 可以判断结构所处的状态：

当 $Z>0$ 时，结构处于可靠状态；

当 $Z<0$ 时，结构处于失效状态；

当 $Z=0$ 时，结构处于极限状态。即当基本变量满足极限状态方程

$$Z=R-S=0 \tag{3-6}$$

时，结构达到极限状态，如图 3-3 所示。

3.3.4 结构可靠度的计算

1. 结构的失效概率

基本变量 R 与 S 都是随机变量，因此如果要绝对地保证 R 总大于 S 是不可能的。当结构不能完成预定功能，即功能函数 $Z=R-S<0$ 时，相应的概率即为失效概率，用 p_f 表示。

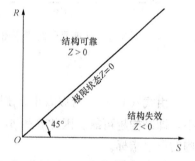

图 3-3 结构所处的状态

若基本变量 R 与 S 相互独立，均服从正态分布，其概率密度函数如图 3-4 所示。则功能函数 $Z=R-S$ 也是随机变量且服从正态分布，如图 3-5 所示，其平均值 $\mu_Z=\mu_R-\mu_S$，标准差 $\sigma_Z=\sqrt{\sigma_R^2+\sigma_S^2}$。其中 μ_R、μ_S 分别为结构抗力和荷载效应的平均值，σ_R、σ_S 分别为结构抗力和荷载效应的标准差。结构的失效概率 p_f 可表示为

$$p_f = P(Z<0) = \int_{-\infty}^{0} f(Z)\mathrm{d}Z = \int_{-\infty}^{0} \frac{1}{\sigma_Z \sqrt{2\pi}} \exp\left[-\frac{1}{2}\left(\frac{Z-\mu_Z}{\sigma_Z}\right)^2\right]\mathrm{d}Z \tag{3-7}$$

为便于查表，将 $N(\mu_Z, \sigma_Z)$ 化成标准正态分布 $N(0, 1)$。引入标准化变量 t

$$t = \frac{Z-\mu_Z}{\sigma_Z} \tag{3-8}$$

则 $\mathrm{d}Z=\sigma_Z\mathrm{d}t$，$Z=\mu_Z+t\sigma_Z<0$ 相应于 $t<-\dfrac{\mu_Z}{\sigma_Z}$。因此，式（3-7）可改写为

$$p_f = P\left(t<-\frac{\mu_Z}{\sigma_Z}\right) = \int_{-\infty}^{-\frac{\mu_Z}{\sigma_Z}} \frac{1}{\sqrt{2\pi}} \exp\left(-\frac{t^2}{2}\right)\mathrm{d}t = \Phi\left(-\frac{\mu_Z}{\sigma_Z}\right) \tag{3-9}$$

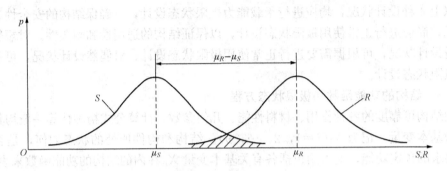

图 3-4　R 和 S 的概率密度函数

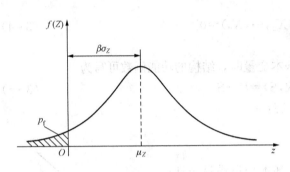

图 3-5　功能函数的概率密度函数

式中，$\Phi(\cdot)$ 为标准正态分布函数，可由数学手册中查表求得，且有

$$\Phi\left(-\frac{\mu_Z}{\sigma_Z}\right)=1-\Phi\left(\frac{\mu_Z}{\sigma_Z}\right) \quad (3-10)$$

2. 可靠指标

令

$$\beta=\frac{\mu_Z}{\sigma_Z}=\frac{\mu_R-\mu_S}{\sqrt{\sigma_R^2+\sigma_S^2}} \quad (3-11)$$

则式（3-9）可写为

$$p_f=\Phi\left(-\frac{\mu_Z}{\sigma_Z}\right)=\Phi(-\beta) \quad (3-12)$$

由式（3-12）可以看出，β 与 p_f 具有数值上的对应关系（见表 3-2）。β 越大，p_f 就越小，即结构越可靠。因此 β 和 p_f 一样，也可作为衡量结构可靠性的一个指标，故称 β 为结构的可靠指标。

用失效概率 p_f 来衡量结构可靠度，不但合理而且物理意义明确，但 p_f 的计算相对复杂。所以我国规范采用可靠指标 β 来衡量结构的可靠度。β 可根据统计资料所得有关荷载效应 S 和结构抗力 R 的概率分布及相关统计参数（平均值、标准差）求得。

表 3-2　　　　可靠指标 β 与失效概率 p_f 的对应关系

β	2.7	3.2	3.7	4.2
p_f	3.5×10^{-3}	6.9×10^{-4}	1.1×10^{-4}	1.3×10^{-5}

3. 设计可靠指标

设计规范规定的、作为设计结构或结构构件时所应达到的可靠指标，称为设计可靠指标 $[\beta]$，它是根据可靠度要求确定的，又称目标可靠指标，在理论上应根据各种结构构件的重要性（结构若发生破坏，对生命财产的危害程度以及社会影响）、破坏性质（延性、脆性）及失效后果，用优化方法分析确定。一般采用"校准法"，即通过对原有规范可靠度的反演计算和综合分析，确定以后设计时所采用的结构构件的可靠指标。结构构件在达到承载能力极限状态时的设计可靠指标如表 3-3 所示，其中延性破坏是指结构构件在破坏前有明显的变形或其他预兆，而脆性破坏是指结构构件在破坏前无明显的变形或其他预兆。显然，延性破坏的危害相对较小，故 [β] 值相对低一些；脆性破坏的危害较大，因此 [β] 值相对高一些。

表 3 - 3 结构构件承载能力极限状态的设计可靠指标

破坏类型＼安全等级	一级	二级	三级
延性破坏	3.7	3.2	2.7
脆性破坏	4.2	3.7	3.2

结构构件正常使用极限状态的设计可靠指标，根据其作用效应的可逆程度宜取 0～1.5。

3.4 极限状态设计表达式

长期以来，工程技术人员已习惯采用以基本变量标准值（如荷载标准值、材料强度标准值等）和分项系数（如荷载分项系数、材料分项系数等）表达的实用设计表达式。考虑到这一习惯及应用上的方便，规范没有直接根据设计可靠指标 [β] 进行结构设计，而采用的是以基本变量标准值和分项系数形式表达的极限状态设计表达式，其中各分项系数是根据结构构件基本变量的统计特性，以结构可靠度的概率分析为基础经优选确定的，它们起着相当于设计可靠指标 [β] 的作用。

3.4.1 承载能力极限状态设计表达式

1. 设计表达式

（1）混凝土或砌体结构构件应采用下列承载能力极限状态设计表达式：

$$\gamma_0 S \leqslant R \qquad (3-13)$$

式中 γ_0——结构重要性系数，在持久设计状况和短暂设计状况下，对安全等级为一级的结构构件不应小于 1.1，对安全等级为二级的结构构件不应小于 1.0，对安全等级为三级的结构构件不应小于 0.9；对偶然设计状况和地震设计状况应取 1.0。

S——作用组合的效应（如轴力、弯矩）设计值；对持久设计状况和短暂设计状况应按作用的基本组合计算；对地震设计状况应按作用的地震组合计算。

R——结构或结构构件的抗力设计值。

（2）对持久设计状况、短暂设计状况和地震设计状况，当用内力的形式表达时，混凝土结构构件应采用下列承载能力极限状态设计表达式：

$$\gamma_0 S \leqslant R \qquad (3-14)$$
$$R = R(f_c, f_s, a_k, \cdots)/\gamma_{Rd} \qquad (3-15)$$

式中 $R(\cdot)$——结构构件的抗力函数；

f_c, f_s——混凝土、钢筋的强度设计值；

a_k——几何参数的标准值，当几何参数的变异性对结构性能有明显的不利影响时，应增减一个附加值；

γ_{Rd}——结构构件的抗力模型不定性系数；静力设计取 1.0，对不确定性较大的结构构件根据具体情况取大于 1.0 的数值；抗震设计应用承载力抗震调整系数 γ_{RE} 代替 γ_{Rd}。

（3）对二维、三维混凝土结构构件，当按弹性或弹塑性方法分析并以应力形式表达时，可将混凝土应力按区域等代成内力设计值，按公式（3-14）和式（3-15）进行计算；也可直接采用多轴强度准则进行设计验算。

（4）对偶然作用下的结构进行承载能力极限状态设计时，式（3-14）中的作用效应设计值 S 按偶然组合计算，结构重要性系数 γ_0 取不小于 1.0 的数值；式（3-15）中混凝土、钢筋的强度设计值 f_c、f_s 改用强度标准值 f_{ck}、f_{yk}（或 f_{pyk}）。

当进行偶然作用下结构防连续倒塌验算时，作用宜考虑结构相应部位倒塌冲击引起的动力系数。在抗力函数计算中，混凝土强度取强度标准值 f_{ck}；普通钢筋强度取极限强度标准值 f_{stk}，预应力筋强度取极限强度标准值 f_{ptk} 并考虑锚具的影响。宜考虑偶然作用下结构倒塌对结构几何参数的影响。必要时尚应考虑材料性能在动力作用下的强化和脆性，并取相应的强度特征值。

2. 作用组合的效应设计值 S

在结构设计时，对不同的设计状况应采用不同的作用组合。

对持久设计状况和短暂设计状况，应采用作用的基本组合。当作用与作用效应按线性关系考虑时，作用组合的效应设计值 S 应从下列组合中取最不利值确定：

$$S = \sum_{i \geqslant 1} \gamma_{Gi} S_{G_{ik}} + \gamma_P S_P + \gamma_{Q_1} \gamma_{L1} S_{Q_{1k}} + \sum_{j>1} \gamma_{Q_j} \psi_{cj} \gamma_{Lj} S_{Q_{jk}} \tag{3-16}$$

$$S = \sum_{i \geqslant 1} \gamma_{G_i} S_{G_{ik}} + \gamma_P S_P + \gamma_L \sum_{j \geqslant 1} \gamma_{Q_j} \psi_{cj} S_{Q_{jk}} \tag{3-17}$$

式中　　$S_{G_{ik}}$——第 i 个永久作用标准值的效应；

　　　　　S_P——预应力作用有关代表值的效应；

　　　　S_{Q1k}——第 1 个可变作用（主导可变作用）标准值的效应；

　　　　$S_{Q_{jk}}$——第 j 个可变作用标准值的效应；

　　　　γ_{G_i}——第 i 个永久作用的分项系数；

　　　　　γ_P——预应力作用的分项系数；

　　　　γ_{Q_1}——第 1 个可变作用（主导可变作用）的分项系数；

　　　　γ_{Q_j}——第 j 个可变作用的分项系数；

γ_{L1}，γ_{Lj}——第 1 个和第 j 个考虑结构设计使用年限的荷载调整系数，应按表 3-4 采用，对设计使用年限与设计基准期相同的结构，应取 $\gamma_L = 1.0$；

　　　　　ψ_{cj}——第 j 个可变作用的组合值系数。

系数 γ_{G_i}、γ_P、γ_{Q_1} 和 γ_{Q_j} 应按表 3-5 的规定采用。

表 3-4　　　　　　　　房屋建筑考虑结构设计使用年限的荷载调整系数 γ_L

结构的设计使用年限（年）	γ_L
5	0.9
50	1.0
100	1.1

注　对设计使用年限为 25 年的结构构件，γ_L 应按各种材料结构设计规范的规定采用。

表 3-5　　　　　　　　　　　房屋建筑结构作用的分项系数

作用分项系数	适用情况	当作用效应对承载力不利时		当作用效应对承载力有利时
		对式（3-16）	对式（3-17）	
γ_G		1.2	1.35	$\leqslant 1.0$
γ_P		1.2		1.0
γ_Q		1.4		0

对偶然设计状况，应采用作用的偶然组合。当作用与作用效应按线性关系考虑时，作用组合的效应设计值可按下式计算

$$S = \sum_{i \geq 1} S_{G_{ik}} + S_P + S_{A_d} + (\psi_{f1} \text{ 或 } \psi_{q1}) S_{Q_{1k}} + \sum_{j > 1} \psi_{qj} S_{Q_{jk}} \tag{3-18}$$

式中　S_{A_d}——偶然作用设计值的效应；

　　　ψ_{f1}——第 1 个可变作用的频遇值系数；

　ψ_{q1}，ψ_{qj}——第 1 个和第 j 个可变作用的准永久值系数。

3. 荷载分项系数

（1）永久荷载分项系数和可变荷载分项系数。在结构设计中，如按荷载标准值进行设计，会造成结构可靠度的严重差异和不足，因而引入荷载分项系数予以调整。荷载分项系数有两种，即永久荷载分项系数 γ_G 和可变荷载分项系数 γ_Q，它主要考虑了各类荷载的变异性不同。具体取值见表 3-5。可变荷载分项系数 γ_Q，一般情况下应取 1.4；对工业建筑楼面结构，当可变荷载标准值大于 $4kN/m^2$ 时，取 1.3。

（2）荷载设计值。荷载设计值为荷载标准值与荷载分项系数的乘积。

（3）可变荷载的组合值系数 ψ_c，可变荷载的组合值 $\psi_c Q_k$。结构上有时会作用几个可变荷载，如楼面活荷载、风荷载、雪荷载等。由概率分析可知，各可变荷载同时达到其最大值的概率很小，在设计中若采用各荷载效应设计值叠加，则可能造成结构可靠度不一致，因而对可变荷载引入组合值系数 ψ_c 予以调整，$\psi_c Q_k$ 称为可变荷载的组合值。

《建筑结构荷载规范》（GB 50009—2012）规定，当按式（3-16）或式（3-17）计算荷载效应组合值时，除风荷载取 $\psi_c = 0.6$ 外，大部分可变荷载取 $\psi_c = 0.7$，个别可变荷载取 $0.9 \sim 0.95$（如对于书库、贮藏室的楼面活荷载，取 $\psi_c = 0.9$）。

4. 材料分项系数

结构构件的抗力设计值 R 按构件截面尺寸以及材料的强度等进行计算。为充分考虑材料的离散性和施工中不可避免的偏差带来的不利影响，结构按承载能力极限状态设计时，将材料强度的标准值除以一个大于 1 的系数，即得材料强度设计值，相应的系数称为材料分项系数，即

$$f_c = \frac{f_{ck}}{\gamma_c}, \quad f_s = \frac{f_{sk}}{\gamma_s}, \quad f = \frac{f_k}{\gamma_f} \tag{3-19}$$

式中　f_c，f_s，f——混凝土、钢筋、砌体的强度设计值；

　　　f_{ck}，f_{sk}，f_k——混凝土、钢筋、砌体的强度标准值；

　　　γ_c，γ_s，γ_f——混凝土、钢筋、砌体的材料分项系数。γ_c 取 1.40；对热轧钢筋（包括

HPB300，HRB335，HRBF335，HRB400、HRBF400 级钢筋），γ_s 取 1.10，对 500MPa 级钢筋（包括 HRB500、HRBF500 级钢筋）取 1.15，对预应力筋（包括预应力钢丝、钢绞线、预应力螺纹钢筋）取值一般取不小于 1.20；在一般情况下 γ_f 宜按施工质量控制等级考虑，B 级取 1.6，C 级取 1.8，A 级取 1.5。

3.4.2 正常使用极限状态设计表达式

1. 可变荷载的频遇值和准永久值

在设计基准期内被超越的总时间占设计基准期的比率较小（一般取不大于 0.1）的荷载值；或被超越的频率限制在规定频率内的荷载值，称为频遇值。可通过频遇值系数（$\psi_f \leqslant 1$）对荷载标准值的折减来表示。它主要用于正常使用极限状态的频遇组合中。

在设计基准期内被超越的总时间占设计基准期的比率较大（一般约取 0.5）的荷载值，称为准永久值，可通过准永久值系数（$\psi_q \leqslant 1$）对荷载标准值的折减来表示。荷载准永久值主要用于正常使用极限状态的准永久组合和频遇组合中。准永久值反映了可变荷载的一种状态，在结构设计时，准永久值主要用于考虑荷载长期效应的影响。

2. 正常使用极限状态设计表达式

按正常使用极限状态设计时，应验算结构构件的变形、裂缝宽度和自振频率等。由于正常使用极限状态要求的设计可靠指标较小（$[\beta]$ 在 0~1.5 之间取值），因此设计时均应采用相应的荷载代表值，对材料强度取标准值。同时，由于荷载短期作用和长期作用对于结构构件正常使用性能的影响不同，因此在进行正常使用极限状态设计时，可根据不同情况采用荷载效应的标准组合、频遇组合或准永久组合，或按荷载的准永久组合并考虑长期作用的影响，或标准组合并考虑长期作用影响，按下列极限状态设计表达式进行验算

$$S \leqslant C \tag{3-20}$$

式中 S——正常使用极限状态荷载组合的效应设计值；

C——结构构件达到正常使用要求所规定的变形、应力、裂缝宽度和自振频率等的限值。

当荷载与荷载效应按线性关系考虑时，正常使用极限状态荷载组合的效应设计值 S 应符合下列规定：

（1）标准组合

$$S = \sum_{i \geqslant 1} S_{G_{ik}} + S_P + S_{Q_{1k}} + \sum_{j > 1} \psi_{cj} S_{Q_{jk}} \tag{3-21}$$

（2）频遇组合

$$S = \sum_{i \geqslant 1} S_{G_{ik}} + S_P + \psi_{f1} S_{Q_{1k}} + \sum_{j > 1} \psi_{qj} S_{Q_{jk}} \tag{3-22}$$

（3）准永久组合

$$S = \sum_{i \geqslant 1} S_{G_{ik}} + S_P + \sum_{j \geqslant 1} \psi_{qj} S_{Q_{jk}} \tag{3-23}$$

标准组合宜用于不可逆正常使用极限状态；频遇组合宜用于可逆正常使用极限状态；准永久组合宜用在当长期效应是决定性因素时的正常使用极限状态。

混凝土结构构件正常使用极限状态的验算应包括以下内容：

（1）对需要控制变形的构件，应进行变形验算。钢筋混凝土受弯构件的最大挠度应按荷

载的准永久组合，预应力混凝土受弯构件的最大挠度应按荷载的标准组合，并均应考虑荷载长期作用影响进行计算，其计算值不应超过规范规定的挠度限值。

（2）对不允许出现裂缝的构件，应进行混凝土拉应力验算。严格要求不出现裂缝的构件，按荷载标准组合计算时，构件受拉边缘混凝土不应产生拉应力。一般要求不出现裂缝的构件，按荷载标准组合计算时，构件受拉边缘混凝土拉应力不应大于混凝土抗拉强度的标准值。

（3）对允许出现裂缝的构件，应进行受力裂缝宽度验算。对钢筋混凝土构件，按荷载准永久组合并考虑长期作用影响计算时，构件的最大裂缝宽度不应超过规范规定的最大裂缝宽度限值。对预应力混凝土构件，按荷载标准组合并考虑长期作用影响计算时，构件的最大裂缝宽度不应超过规范规定的最大裂缝宽度限值；对二 a 类环境的预应力混凝土构件，尚应按荷载准永久组合计算，且构件受拉边缘混凝土的拉应力不应大于混凝土的抗拉强度标准值。

（4）对舒适度有要求的楼盖结构，应进行竖向自振频率验算。对混凝土楼盖结构，应根据使用功能的要求进行竖向自振频率验算，并宜符合下列要求：住宅和公寓不宜低于 5Hz；办公楼和旅馆不宜低于 4Hz；大跨度公共建筑不宜低于 3Hz。

小　　结

（1）结构设计的本质就是要科学地解决好结构物的可靠与经济之间的矛盾。结构可靠度是结构可靠性（安全性、适用性、耐久性）的概率度量。设计基准期是为确定可变作用等的取值而选用的时间参数。设计使用年限是设计规定的结构或结构构件不需进行大修即可按预定的功能使用的年限。设计基准期与设计使用年限是两个不同的概念，且均不等同于结构的实际寿命或耐久年限。

（2）作用于结构上的荷载可以分为永久荷载、可变荷载和偶然荷载。荷载的代表值，包括荷载标准值、组合值、频遇值和准永久值。其中标准值是荷载的主要代表值，其他代表值都可在标准值的基础上乘以相应的系数后得到。永久荷载应采用标准值作为代表值；可变荷载应采用标准值、组合值、频遇值或准永久值作为代表值。

（3）极限状态分为承载能力极限状态和正常使用极限状态。在极限状态设计法中，以结构的失效概率或可靠指标来度量结构的可靠度，并且建立结构可靠度与结构极限状态之间的数学关系，这就是概率极限状态设计法。我国目前采用以概率理论为基础的极限状态设计表达式来进行工程设计。

（4）承载能力极限状态的荷载组合，应采用基本组合（对持久设计状况和短暂设计状况）、偶然组合（对偶然设计状况）或地震组合（对地震设计状况）。对正常使用极限状态的荷载组合，按荷载的持久性和不同的设计要求采用三种组合，即标准组合、频遇组合和准永久组合。

（5）钢筋和混凝土强度，以及砌体强度的概率分布都基本符合正态分布，钢筋强度标准值应具有不小于 95% 保证率，混凝土强度标准值具有 95% 保证率，砌体强度的标准值可取其概率分布的 0.05 分位值。钢筋、混凝土和砌体的强度设计值是用各自材料的强度标准值除以大于 1 的材料分项系数而得到。

思 考 题

(1) 什么是结构的预定功能？什么是结构可靠度？

(2) 什么是设计基准期？什么是设计使用年限？

(3) 什么是结构的极限状态？极限状态分为哪两类？

(4) 什么是结构上的作用和作用效应？

(5) 结构的功能函数是如何表达的？当功能函数 $Z>0$、$Z<0$ 及 $Z=0$ 时，各表示什么状态？

(6) 何谓荷载标准值？何谓可变荷载的准永久值？

(7) 什么是材料强度的标准值？从概率意义上讲，它们是如何取值的？

(8) 可靠指标 β 与失效概率 p_f 之间的关系是怎样的？

(9) 如结构的安全等级为二级，则延性破坏结构的设计可靠指标 $[\beta]=$？脆性破坏结构的设计可靠指标 $[\beta]=$？它们的失效概率各为多少？

(10) 可变荷载的荷载分项系数一般是如何取值的？

(11) 钢筋、混凝土和砌体的强度标准值与强度设计值之间的关系是怎样的？

第4章 受弯构件正截面承载力

4.1 概　　述

受弯构件是土木工程结构中应用最为广泛的一种构件，主要指各种类型的梁和板，例如建筑结构中混凝土肋形楼盖的梁、板以及现浇混凝土楼梯，预制空心板和槽形板，预制 T 形和 I 形截面梁，板式桥承重板，梁式桥的主梁和横梁等。受弯构件中梁的截面形式一般有矩形、T 形、I 形、双 T 形和箱形等；板的截面形式，常用的为矩形和槽形等，如图 4-1 所示。

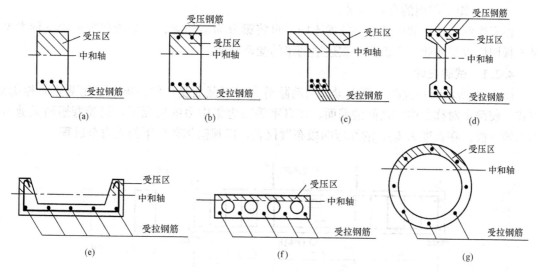

图 4-1　受弯构件的截面形式

（a）单筋矩形梁；（b）双筋矩形梁；（c）T 形梁；（d）I 形梁；
（e）槽形板；（f）空心板；（g）环形梁

混凝土受弯构件在外荷载作用下，其截面内将产生弯矩 M 和剪力 V。弯矩 M 的作用将使受弯构件的截面存在受拉区和受压区。由于混凝土的抗拉强度很低，故往往先在受拉区出现法向裂缝，也称为竖向裂缝，如图 4-2 所示。竖向裂缝出现后，受拉区纵向钢筋负担由截面弯矩所引起的拉力。当荷载增大到一定数值时，最大弯矩截面处的纵向受拉钢筋屈服，接着受压区混凝土被压碎，该竖向裂缝所在的正截面（即与构件计算轴线相垂直的截面），

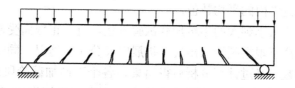

图 4-2　受弯构件的竖向裂缝及斜裂缝

因受弯而发生破坏，这时的状态即是截面的受弯承载力极限状态，截面所承受的弯矩即为受弯构件正截面受弯承载力。本章将主要讨论受弯构件在弯矩作用下正截面的受力性能和承载力计算等问题。另外，受弯构件截面在弯矩和剪力的共同作用下，因主拉应力作用还会引起斜裂缝。

4.2　正截面受弯性能的试验研究

根据试验可知，受弯构件中纵向受拉钢筋相对数量的多少，对其正截面的受力性能，尤其是受弯破坏的特征有很大影响。纵向受拉钢筋相对数量一般用配筋率 ρ 来表示。纵向钢筋配筋率是指纵向受拉钢筋截面面积 A_s 与梁或板截面有效面积 bh_0 的比值，即

$$\rho = A_s/bh_0 \tag{4-1}$$

式中　b——矩形截面的宽度；

　　　h_0——矩形截面的有效高度。

根据受弯构件正截面破坏特征的不同，可将梁分为适筋梁、超筋梁和少筋梁三种类型。对于板同样也是如此。下面主要叙述适筋梁的受弯性能。

4.2.1　试验设计

图 4-3 所示为一混凝土简支梁。为消除剪力对正截面受弯的影响，采用两点对称加载方式，使两个对称集中力之间的截面，在自重等效为集中力的情况下，只受弯矩而无剪力，称为纯弯段。在长度为 $l_0/3$ 的纯弯曲段布置仪表，以观察加载后梁的受力全过程。

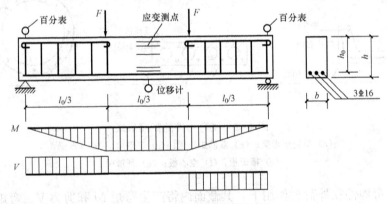

图 4-3　正截面受弯性能试验

为了研究试验梁正截面的受弯性能，在纯弯段沿截面高度布置若干应变片，量测混凝土的纵向应变沿截面高度的分布；在受拉钢筋上布置应变片，量测钢筋的受拉应变；在跨中和支座处分别安装位移计，量测跨中的挠度。因为量测变形的仪表总是有一定的标距，因而所量测的数值为在标距范围内的平均数值。

试验时采用荷载值由小到大的逐级加载试验方法，直至正截面受弯破坏而告终。在整个试验过程中，不仅要注意观察裂缝的出现、扩展以及分布等情况，同时还要根据各级荷载作用下所测得的仪表读数，经过计算分析后得出梁在各个不同加载阶段时的受力与变形情况。图 4-4 为所试验梁的跨中挠度 f、钢筋纵向应力 σ_s 随截面弯矩增加而变化的关系。

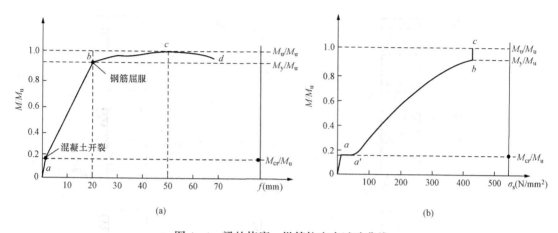

图 4-4　梁的挠度、纵筋拉应力试验曲线

（a）梁跨中挠度 f 实测图；（b）纵向钢筋应力 σ_s 实测图

4.2.2　适筋梁正截面受力的三个阶段

试验表明，适筋梁正截面受弯全过程分为三个阶段，如图 4-5 所示。

1. 弹性阶段（Ⅰ阶段）

由于荷载较小，混凝土处于弹性工作阶段，正截面上各点的应力及应变均很小，应变沿梁截面高度为直线变化，即截面应变分布符合平截面假定，受压区和受拉区混凝土应力图形为三角形。该阶段，由于整个截面参与受力，截面抗弯刚度较大，梁的挠度和截面曲率很小，受拉钢筋应力也很小，且与弯矩近似成正比。

当荷载继续增大，由于混凝土的抗拉强度远小于其抗压强度，故在受拉区边缘混凝土首先表现出应变较应力增长速度为快的塑性特征。应变增长速度加快，受拉区混凝土发生塑性变形。当构件受拉区边缘混凝土拉应变达到混凝土的极限拉应变时，受拉区应力图形接近矩形的曲线变化，构件处于即将开裂的临界状态，称为第Ⅰ阶段末，以Ⅰ$_a$ 表示，相应的弯矩为开裂弯矩。此时受压区混凝土仍处于弹性阶段工作，受压区应力图形接近三角形。

第Ⅰ阶段结束的标志是构件受拉区边缘混凝土拉应变刚好达到混凝土的极限拉应变，为构件即将开裂的临界状态。因此，可将Ⅰ$_a$ 状态作为受弯构件抗裂计算的依据。

2. 带裂缝工作阶段（Ⅱ阶段）

梁达到开裂状态的瞬间，将在其纯弯段中抗拉能力最薄弱的某一截面处首先出现一条垂直于梁轴线的竖向裂缝而进入带裂缝工作的第Ⅱ阶段。

在裂缝截面处，受拉区混凝土一开裂即退出工作，原来承担的拉应力由钢筋承担，使钢筋拉应力突然增大很多，截面中和轴上移。此后，随着荷载的增加，梁受拉区不断出现新的裂缝，受拉区混凝土逐步退出工作，钢筋的应力、应变增加速度明显加快，截面的抗弯刚度逐步降低。当应变量测标距较大，跨越了几条裂缝时，实测的平均应变沿梁截面高度的变化规律仍符合平截面假定。

受压区混凝土压应力随着荷载的增加而不断增大，混凝土塑性变形有了明显的发展，压应力图形逐渐呈曲线变化。弯矩再增加，截面曲率加大，主裂缝开展越来越宽，当截面弯矩增大到纵向受拉钢筋应力刚刚达到其屈服强度 f_y 时，第Ⅱ阶段结束，称为第Ⅱ阶段末，以Ⅱ$_a$ 表示。

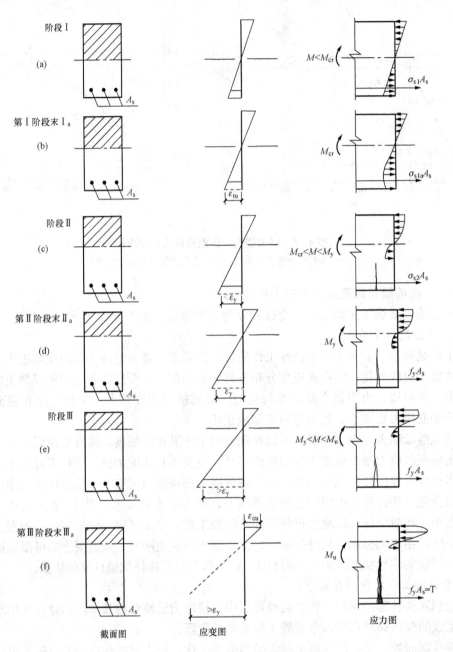

图 4-5　混凝土适筋梁工作的三个阶段

阶段Ⅱ是一般混凝土梁的正常使用工作阶段，因此可作为梁在正常使用阶段变形和裂缝开展宽度验算的依据。

3. 破坏阶段（Ⅲ阶段）

纵向受力钢筋屈服后，正截面进入第Ⅲ工作阶段。

在此阶段纵向受拉钢筋进入屈服状态后，截面曲率和梁的挠度将突然增大，裂缝宽度随之迅速扩展并沿梁高向上延伸，中和轴继续上移，受压区高度进一步减小。此时受压区边缘混凝土边缘纤维压应变迅速增长，其塑性特征将表现得更为充分，压应力图形更为丰满。

当弯矩增加至受压边缘混凝土压应变达到极限压应变 ε_{cu} 时，混凝土被压碎，截面破坏时的状态为第三阶段末，以Ⅲ$_a$表示，此时的弯矩为极限弯矩。

第三阶段的破坏标志是受压区外边缘混凝土的压应变达到极限压应变 ε_{cu}，混凝土被压碎，构件破坏。因此，可将Ⅲ$_a$状态作为受弯构件正截面承载能力的计算依据。

表 4-1 简要地列出了适筋梁正截面受弯三个受力阶段的主要特点。

表 4-1　　　　　　　**适筋梁正截面受弯三个受力阶段的主要特点**

主要特点 ＼ 受力阶段	第Ⅰ阶段（未开裂阶段）	第Ⅱ阶段（带裂缝工作阶段）	第Ⅲ阶段（破坏阶段）
裂缝	没有裂缝	出现裂缝，且向上延伸	裂缝宽度扩展且向上延伸
弯矩—截面曲率图形	大致呈直线	曲线	接近水平的曲线
混凝土应力图形	受压区为直线；受拉区前期为直线，后期为曲线	受压区高度减小，应力图形为曲线，应力峰值在受压区边缘；受拉区大部分退出工作	受压区高度进一步减小，应力图形为较丰满曲线，应力峰值在边缘内侧；受拉区绝大部分退出工作
纵向受拉钢筋应力（MPa）	$\sigma_{s1} \leqslant (20 \sim 30)$	$(20 \sim 30) < \sigma_{s2} < f_y$	$\sigma_{s3} = f_y$
截面弯矩	$M \leqslant M_{cr}$	$M_{cr} < M \leqslant M_y$	$M_y < M \leqslant M_u$
设计计算应用	Ⅰ$_a$状态用于抗裂验算	Ⅱ阶段用于裂缝宽度及变形验算	Ⅲ$_a$状态用于正截面受弯承载力计算

4.2.3　正截面受弯的三种破坏状态

试验表明，当混凝土和钢筋的强度等级确定以后，根据 ρ 的大小不同，可将受弯构件正截面受弯破坏形态分为适筋破坏、超筋破坏和少筋破坏三种，如图 4-6 所示。与之相应的梁称为适筋梁、超筋梁和少筋梁。

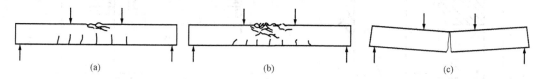

图 4-6　梁的弯曲破坏
(a) 适筋梁；(b) 超筋梁；(c) 少筋梁

1. 适筋梁破坏

当配筋率 ρ 适中时，梁发生适筋破坏形态，即在整个加载过程中梁经历了比较明显的三个受力阶段，其主要特点是纵向受拉钢筋先屈服，受压区混凝土随后才压碎。

在适筋破坏形态中，由于纵向受拉钢筋从屈服到梁发生完全破坏之前要产生较大的塑性变形，所以梁的挠度和裂缝宽度较大，有明显的破坏预兆，说明这种破坏形态在其截面承载力没有明显变化的情况下具有良好的变形能力，即具有较好的延性，因此属于延性破坏类型。故适筋梁破坏是梁正截面受弯承载力极限状态设计的依据。

2. 超筋梁破坏

当截面纵向受拉钢筋的配筋率过大时发生超筋梁破坏。其特点主要是受压区混凝土先压碎而纵向受拉钢筋不屈服。

梁发生超筋破坏时，受拉钢筋尚处于弹性阶段，因此裂缝宽度较小且延伸不高，不能形成一条开裂较大的主裂缝，梁的挠度也相对较小，其破坏过程短暂且无明显预兆，属于脆性破坏类型。这种破坏没有充分利用受拉钢筋的作用，而且破坏突然，故从安全与经济角度考虑，在实际工程设计中应避免采用超筋梁。超筋梁正截面受弯承载力取决于混凝土抗压强度。

3. 少筋梁破坏

当截面纵向受拉钢筋的配筋率过小时发生少筋梁破坏。

少筋梁的破坏特点是受拉区混凝土达到抗拉强度出现裂缝后，裂缝截面的混凝土退出工作，拉应力全部转移给受拉钢筋，由于钢筋配置过少，受拉钢筋会立即屈服，并很快进入强化阶段，甚至拉断，梁的变形和裂缝宽度急剧增大，其破坏性质与素混凝土梁类似，属于脆性破坏。破坏时受压区混凝土的抗压性能没有得到充分发挥，承载力极低，因此设计时一定不允许采用少筋梁。少筋梁正截面受弯承载力取决于混凝土抗拉强度。

4.3　正截面受弯承载力分析

4.3.1　基本假定

根据适筋梁受弯构件正截面受弯性能的试验研究，对正截面受弯承载力的分析采取下列四点基本假定。

（1）截面应保持平面，即平截面假定。构件正截面在梁弯曲变形后保持平面，即截面上的应变沿截面高度为线性分布，如图 4-7（b）所示。

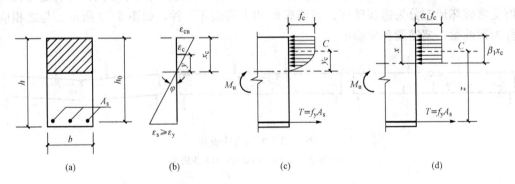

图 4-7　破坏状态时矩形截面受弯构件截面应力和应变分析
（a）截面；（b）截面应变图；（c）截面应力图；（d）截面等效应力图

　　试验研究表明，梁截面出现裂缝后，直至受拉钢筋达到屈服强度，在跨过几条裂缝的标距内量测平均应变，其应变分布基本符合平截面假定。平截面假定是简化计算的一种手段。

　　（2）不考虑混凝土的抗拉强度，截面受拉区的拉应力全部由纵向受拉钢筋承担。这是因为大部分受拉区混凝土开裂后退出工作，离中和轴较近的混凝土所承受的拉力很小，同时作用点又靠近中和轴，产生的弯矩很小。

　　（3）混凝土压应力与压应变之间的关系曲线如图 4-8 所示，其表达式为：

当 $\varepsilon_c \leqslant \varepsilon_0$（上升段）时

$$\sigma_c = f_c[1 - (1 - \varepsilon_c/\varepsilon_0)^n] \qquad (4-2)$$

当 $\varepsilon_0 \leqslant \varepsilon_c \leqslant \varepsilon_{cu}$（水平段）时

$$\sigma_c = f_c \qquad (4-3)$$

$$n = 2 - 1/60 \times (f_{cu,k} - 50) \qquad (4-4)$$

$$\varepsilon_0 = 0.002 + 0.5(f_{cu,k} - 50) \times 10^{-5} \qquad (4-5)$$

$$\varepsilon_{cu} = 0.0033 - (f_{cu,k} - 50) \times 10^{-5} \qquad (4-6)$$

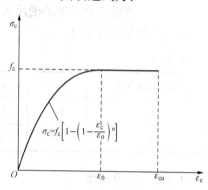

图 4-8　混凝土应力-应变曲线

式中　σ_c——混凝土压应变为 ε_c 时的混凝土压应力；

　　　　f_c——混凝土轴心抗压强度设计值，按附表 1-10 采用；

　　　　ε_0——混凝土应力刚达到 f_c 时的混凝土压应变，当计算的 ε_0 值小于 0.002 时，取 0.002；

　　　　ε_{cu}——正截面的混凝土极限压应变，当处于非均匀受压时，按式（4-6）计算，如计算的 ε_{cu} 的值大于 0.0033，取 0.0033；当处于轴心受压时取 ε_0；

　　　　$f_{cu,k}$——混凝土立方体抗压强度标准值；

　　　　n——系数，当计算的 n 值大于 2.0 时，取 2.0。

对于各强度等级的混凝土，按上式计算公式所得 n，ε_0，ε_{cu} 的结果列于表 4-2。

表 4-2　　　　　　　　　　　混凝土应力-应变曲线参数

混凝土强度等级	≤C50	C60	C70	C80
n	2	1.83	1.67	1.5
ε_0	0.002	0.002 05	0.0021	0.002 15
ε_{cu}	0.0033	0.0032	0.0031	0.003

　　（4）纵向钢筋的应力值等于钢筋应变与其弹性模量的乘积，但其绝对值不应大于其相应的强度设计值。纵向受拉钢筋的极限拉应变取为 0.01。

4.3.2　受压区等效矩形应力图形

　　根据上述基本假定第三条，运用数学积分的方法，可求出受压区混凝土第Ⅲ阶段末理论应力图形的合力及其作用点位置。实际上，在建立正截面承载力的计算公式中，只要能够确定受压区混凝压应力合力 C 的大小及其作用点位置就足够了，无须知道压应力曲线方程。因此，为了简化计算，可取受压区混凝土等效矩形应力图形来代替受压区混凝土曲线应力图形。但必须满足两点等效原则：一要保证受压区混凝土压应力合力 C 的大小不变；二要保证受压区混凝土压应力合力 C 的作用点位置不变。这样才能确保等效前后的计算结果保持不变，如图 4-7 （c）、（d）所示。

设曲线应力图形的实际受压区高度为 x_c，等效矩形应力图形的受压区高度为 x，受压区混凝土等效矩形应力图的应力值为 $\alpha_1 f_c$，则有

$$x = \beta_1 x_c \qquad (4-7)$$

式中　α_1——受压区混凝土等效矩形应力图的应力值与混凝土轴心抗压强度设计值的比值；

　　　　β_1——等效矩形应力图形的受压区高度（即等效受压区高度，简称受压区高度）x 与曲线应力图形的受压区高度 x_c 的比值（即实际受压区高度）。

α_1，β_1 的取值见表 4-3。

表 4-3　　　　　　　　　　　　　　　　系数 α_1，β_1 值

混凝土强度等级	≤C50	C55	C60	C65	C70	C75	C80
α_1	1.0	0.99	0.98	0.97	0.96	0.95	0.94
β_1	0.8	0.79	0.78	0.77	0.76	0.75	0.74

4.3.3　界限条件

1. 适筋梁与超筋梁的界限条件

（1）相对受压区高度。是指截面受压区高度 x 与有效高度 h_0 的比值，用 ξ 表示，即

$$\xi = \frac{x}{h_0} \qquad (4-8)$$

（2）界限破坏。是指适筋梁与超筋梁之间的界限破坏，其特点是纵向受拉钢筋屈服的同时，受压区混凝土边缘应变达到极限压应变 ε_{cu}。

（3）相对界限受压区高度 ξ_b。是指截面发生界限破坏时的相对受压区高度，用 ξ_b 表示，即 $\xi_b = \frac{x_b}{h_0}$。

如图 4-9 所示，在平截面假定的基础上，根据相对受压区高度 ξ 的大小即可判别受弯构件正截面的破坏类型如下：

1）若 $\xi > \xi_b$，即受拉区钢筋未达到屈服，受压区混凝土先达到极限压应变，为超筋梁破坏。

2）若 $\xi < \xi_b$，即受拉区钢筋先屈服，然后受压区混凝土达到极限压应变，为适筋梁破坏。

3）若 $\xi = \xi_b$，即受拉区钢筋屈服的同时受压区混凝土刚好达到其极限压应变，发生界限破坏。

设钢筋屈服时的应变为 ε_y，界限破坏截面实际受压区高度为 x_{cb}，则有

$$\frac{x_{cb}}{h_0} = \frac{\varepsilon_{cu}}{\varepsilon_{cu} + \varepsilon_y} \qquad (4-9)$$

将 $x_b = \beta_1 x_{cb}$ 代入式（4-9），得

$$\frac{x_b}{\beta_1 h_0} = \frac{\varepsilon_{cu}}{\varepsilon_{cu} + \varepsilon_y} \qquad (4-10)$$

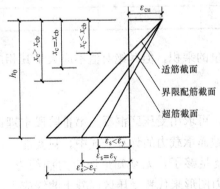

图 4-9　适筋梁、超筋梁、界限配筋梁
　　　　破坏时的正截面平均应变图

将 $\xi_b=\dfrac{x_b}{h_0}$，$\varepsilon_y=\dfrac{f_y}{E_s}$ 代入式（4-10），得

$$\xi_b=\frac{\beta_1}{1+\dfrac{f_y}{\varepsilon_{cu}E_s}} \tag{4-11}$$

由上式算得的 ξ_b 值见表 4-4。

表 4-4 　　　　　　　　　　　相对界限受压区高度 ξ_b

钢筋级别	屈服强度 $f_y/(N/mm^2)$	ξ_b						
		≤C50	C55	C60	C65	C70	C75	C80
HPB300	270	0.576	0.566	0.556	0.547	0.537	0.528	0.518
HRB335、HRBF335	300	0.550	0.541	0.531	0.522	0.512	0.503	0.493
HRB400、HRBF400、RRB400	360	0.518	0.508	0.499	0.490	0.481	0.472	0.463
HRB500、HRBF500	435	0.482	0.473	0.464	0.455	0.447	0.438	0.429

（4）最大配筋率。是指适筋梁配筋率的上限值，用 ρ_{max} 表示。当纵向受拉钢筋配筋率 ρ 大于最大配筋率 ρ_{max} 时，截面发生超筋梁破坏。

根据式（4-1），并由图 4-10 建立的力平衡方程式 $\alpha_1 f_c bx=A_s f_y$ 得

$$\rho=\frac{A_s}{bh_0}=\frac{x}{h_0}\frac{\alpha_1 f_c}{f_y}=\xi\frac{\alpha_1 f_c}{f_y} \tag{4-12}$$

当 $\xi=\xi_b$ 时，与之相对应的配筋率即最大配筋率，即

$$\rho_{max}=\xi_b\frac{\alpha_1 f_c}{f_y} \tag{4-13}$$

在受弯承载力计算中，适筋梁配筋率应满足

$$\rho=\frac{A_s}{bh_0}\leqslant\rho_{max}=\xi_b\frac{\alpha_1 f_c}{f_y} \tag{4-14}$$

2. 适筋梁与少筋梁的界限条件

最小配筋率 ρ_{min} 是适筋梁与少筋梁的界限。

最小配筋率 ρ_{min} 是根据梁破坏时所能承受的弯矩极限值 M_u 等于同截面素混凝土梁所能承受的弯矩 M_{cr}（M_{cr} 为按阶段 I$_a$ 计算的开裂弯矩）而确定的，而且在实际中又考虑了混凝土强度的离散性、混凝土收缩和温度应力等不利影响。《混凝土结构设计规范》（GB 50010—2010）规定受弯构件按下式计算其受拉钢筋的最小配筋率

$$\rho_{min}=\max\left\{0.2\%,0.45\frac{f_t}{f_y}\right\} \tag{4-15}$$

为防止少筋梁破坏，对矩形或 T 形截面，其最小受拉钢筋面积为

$$A_{s,min}=\rho_{min}bh \tag{4-16}$$

当受弯构件截面为 I 形或倒 T 形时，其最小受拉钢筋面积应考虑受拉翼缘悬出部分的面积，即 $A_{s,min}=\rho_{min}[bh+(b_f-b)h_f]$。

4.4　单筋矩形截面受弯承载力计算

4.4.1　基本计算公式及适用条件

1. 基本计算公式

单筋矩形截面受弯构件的正截面受弯承载力的计算简图如图 4-10 所示。

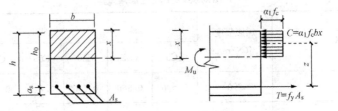

图 4-10　单筋矩形截面受弯构件的正截面受弯承载力的计算简图

由力的平衡条件 $\sum X = 0$，得

$$\alpha_1 f_c b x = f_y A_s \tag{4-17}$$

由力矩平衡条件 $\sum M = 0$，得

$$M \leqslant M_u = \alpha_1 f_c b x \left(h_0 - \frac{x}{2} \right) = f_y A_s \left(h_0 - \frac{x}{2} \right) \tag{4-18}$$

式中　M——弯矩设计值；

　　　M_u——正截面受弯承载力设计值；

　　　α_1——受压区混凝土等效矩形应力图的应力值与混凝土轴心抗压强度设计值的比值，按表 4-3 采用；

　　　f_c——混凝土轴心抗压强度设计值，按附表 1-10 采用；

　　　f_y——钢筋的抗拉强度设计值，按附表 1-3 采用；

　　　b——截面宽度；

　　　A_s——受拉区纵向钢筋的截面面积；

　　　x——按等效矩形应力图形计算的受压区高度，简称混凝土受压区高度；

　　　h_0——截面有效高度，即受拉钢筋合力点至截面受压区边缘之间的距离。

由图 4-10 可知

$$h_0 = h - a_s \tag{4-19}$$

式中　h——截面高度；

　　　a_s——受拉钢筋合力点至截面受拉边缘的距离，$a_s = c + \dfrac{d_1}{2} + d_2$，其中 c 为箍筋的混凝土保护层厚度，按附表 1-17 采用，d_1 为受拉钢筋直径，d_2 为箍筋直径。当环境类别为一类且采用常用钢筋直径时，实用中的 a_s 不必仔细计算，一般可直接按下述数值采用：

梁的受拉钢筋为一排时　　　　　$a_s = 40\text{mm}$

梁的受拉钢筋为两排时　　　　　$a_s = 65\text{mm}$

板　　　　　　　　　　　　　　$a_s = 20\text{mm}$

当混凝土强度等级不大于 C25 时，a_s 应再增加 5mm。

2. 基本公式的适用条件

（1）为防止超筋破坏，应满足

$$\xi \leqslant \xi_b \tag{4-20}$$

或

$$x \leqslant x_b = \xi_b h_0 \tag{4-21}$$

或

$$\rho = \frac{A_s}{bh_0} \leqslant \rho_{max} = \xi_b \frac{\alpha_1 f_c}{f_y} \tag{4-22}$$

若将 $x = \xi_b h_0$ 代入式（4-18），则单筋矩形截面适筋梁最大承载力 $M_{u,max}$ 为

$$M_{u,max} = \alpha_1 f_c bh_0^2 \xi_b(1 - 0.5\xi_b) \tag{4-23}$$

（2）为防止少筋破坏，应满足

$$\rho \geqslant \rho_{min} \frac{h}{h_0} \text{（近似取 } \rho \geqslant \rho_{min}\text{）} \quad \text{或} \quad A_s \geqslant A_{s,min} = \rho_{min} bh \tag{4-24}$$

应当指出，配筋率 ρ 是以 bh_0 为基准，而最小配筋率 ρ_{min} 是以 bh 为基准。但因 bh 与 bh_0 相差甚小，故一般也可用 ρ 和 ρ_{min} 直接判别，当然也可采用 A_s 与 $A_{s,min}$ 的对比来判别。

4.4.2　基本公式中引入计算系数及其应用

1. 计算系数

应用基本公式进行截面设计时，一般需求解二次方程式，计算过程比较麻烦。为了简化计算，可根据基本公式给出一些计算系数，并将其加以适当演变，从而使计算过程得到简化。

取计算系数

$$\alpha_s = \xi(1 - 0.5\xi) \tag{4-25}$$

$$\gamma_s = 1 - 0.5\xi \tag{4-26}$$

则基本公式可改写为

$$\alpha_1 f_c bh_0 \xi = f_y A_s \tag{4-27}$$

$$M \leqslant M_u = \alpha_1 f_c bx\left(h_0 - \frac{x}{2}\right) = \alpha_1 f_c bh_0^2[\xi(1 - 0.5\xi)] = \alpha_1 f_c \alpha_s bh_0^2 \tag{4-28}$$

或

$$M \leqslant M_u = f_y A_s\left(h_0 - \frac{x}{2}\right) = f_y A_s h_0(1 - 0.5\xi) = f_y A_s h_0 \gamma_s \tag{4-29}$$

式（4-28）中的 $\alpha_s bh_0^2$ 可认为是受弯承载力极限状态时的截面抵抗矩，因此可将 α_s 称为截面抵抗矩系数；式（4-29）中的 $h_0 \gamma_s$ 是截面受弯承载力极限状态时拉力合力与压力合力之间的距离，故称 γ_s 为截面内力臂系数。此外，对于材料强度等级给定的截面，配筋率 ρ 越大，则 ξ 和 α_s 越大，但 γ_s 越小。

根据式（4-25）及式（4-26），ξ、α_s 及 γ_s 之间的关系也可写成

$$\xi = 1 - \sqrt{1 - 2\alpha_s} \tag{4-30}$$

$$\gamma_s = \frac{1 + \sqrt{1 - 2\alpha_s}}{2} \tag{4-31}$$

从式（4-25）及式（4-26），或者式（4-30）及式（4-31）可以看出，计算系数 α_s 及 γ_s 仅与相对受压区高度 $\xi = x/h_0$ 有关，并且三者之间存在着一一对应的关系。在具体应用时，可直接应用上述公式及平衡条件（即式（4-28）、式（4-29））进行计算。

下面按截面设计及截面复核两种情况，分别说明利用计算系数及平衡条件进行计算的具体步骤。

2. 截面设计

已知弯矩设计值 M、混凝土强度等级和钢筋种类、构件截面尺寸 b 及 h 等，要求计算所需的受拉钢筋截面面积 A_s。主要计算步骤如下：

（1）根据材料强度等级查出其强度设计值 f_y、f_c，并利用平衡条件计算出系数 α_s。

$$\alpha_s = \frac{M}{\alpha_1 f_c b h_0^2} \tag{4-32}$$

（2）计算 ξ 并验算上限条件。由公式 $\xi = 1 - \sqrt{1 - 2\alpha_s}$，验算 $\xi \leqslant \xi_b$；若不满足，可采用增加梁高、提高混凝土强度等级、改为双筋截面等措施后重新计算。

（3）计算钢筋截面面积 A_s。

$$A_s = \frac{\alpha_1 f_c b \xi h_0}{f_y} \tag{4-33}$$

（4）验算下限条件。

应满足 $A_s \geqslant A_{min} = \rho_{min} b h$

若不满足   取 $A_s = \rho_{min} b h$

（5）选配钢筋，确定钢筋直径、根数（或间距）。

也可按下述步骤求解：

（1）计算 α_s。

$$\alpha_s = \frac{M}{\alpha_1 f_c b h_0^2}$$

（2）计算 ξ 并验算上限条件。由公式 $\xi = 1 - \sqrt{1 - 2\alpha_s}$，验算 $\xi \leqslant \xi_b$；若不满足，可采用增加梁高、提高混凝土强度等级、改为双筋截面等措施后重新计算。

（3）计算 γ_s。

$$\gamma_s = \frac{1 + \sqrt{1 - 2\alpha_s}}{2}$$

（4）计算钢筋截面面积。

$$A_s = \frac{M}{f_y \gamma_s h_0} \tag{4-34}$$

（5）选配钢筋，确定钢筋直径、根数（或间距）。

（6）验算实配钢筋的下限条件。

应满足 $A_s \geqslant A_{min} = \rho_{min} b h$

若不满足   取 $A_s = \rho_{min} b h$

【例 4-1】 已知一钢筋混凝土简支梁的截面尺寸 $b = 200mm$，$h = 500mm$，环境类别为一类，混凝土强度等级为 C30，钢筋采用 HRB400 级，弯矩设计值 $M = 114.93 kN \cdot m$，假设钢筋为一排布置，要求确定受拉钢筋面积。

解 （1）确定计算参数。查附表 1-3，HRB400 级钢筋：$f_y = 360 N/mm^2$；查附表 1-10，C30 混凝土：$f_c = 14.3 N/mm^2$，$f_t = 1.43 N/mm^2$；查表 4-3，$\alpha_1 = 1.0$；查表 4-4，$\xi_b = 0.518$。钢筋为一排布置，则 $h_0 = 500 - 40 = 460mm$。

（2）计算 ξ 并验算上限条件，计算 γ_s。

$$\alpha_s = \frac{M}{\alpha_1 f_c b h_0^2} = \frac{114.93 \times 10^6}{1.0 \times 14.3 \times 200 \times 460^2} = 0.190$$

$$\xi = 1 - \sqrt{1 - 2\alpha_s} = 0.213 < \xi_b = 0.518$$

$$\gamma_s = \frac{1 + \sqrt{1 - 2\alpha_s}}{2} = 0.894$$

（3）计算钢筋面积 A_s。

$$A_s = \frac{M}{f_y \gamma_s h_0} = \frac{114.93 \times 10^6}{360 \times 0.894 \times 460} = 776 (\text{mm}^2)$$

选用钢筋 4 Φ 16，实配钢筋面积 $A_s = 804 \text{mm}^2 > 776 \text{mm}^2$，并且可以采用一排布置。

（4）验算下限条件。

$$0.45 \frac{f_t}{f_y} = 0.45 \times \frac{1.43}{360} = 0.179\% < 0.2\%$$

$$A_{s,\min} = \rho_{\min} bh = 0.2\% \times 250 \times 500 = 250 \text{mm}^2 < A_s = 804 \text{mm}^2$$

满足要求。

3. 截面复核

已知材料强度等级、构件截面尺寸及纵向受拉钢筋面积 A_s，求该截面所能负担的极限弯矩 M_u。这时的主要计算步骤如下。

（1）验算配筋下限。

$$A_s \geqslant A_{\min} = \rho_{\min} bh$$

若不满足，其极限弯矩 M_u 应按素混凝土截面和钢筋混凝土截面分别计算抵抗弯矩值，并取较小者。

（2）计算相对受压区高度。

$$\xi = \frac{A_s f_y}{\alpha_1 f_c b h_0}$$

（3）讨论 ξ，求出受弯承载力 M_u。

若 $\xi \leqslant \xi_b$，则

$$M_u = \alpha_1 f_c b h_0^2 \xi (1 - 0.5\xi)$$

若 $\xi > \xi_b$，取 $\xi = \xi_b$，得

$$M_u = \alpha_1 f_c b h_0^2 \xi_b (1 - 0.5\xi_b)$$

（4）验算截面是否安全。若满足 $M \leqslant M_u$，认为截面满足受弯承载力要求，截面安全。

【例 4 - 2】 已知梁的截面尺寸为 $b = 250 \text{mm}$，$h = 500 \text{mm}$，配有纵向受拉钢筋 3 Φ 18，$A_s = 763 \text{mm}^2$，混凝土强度等级为 C20，承受弯矩设计值 $M = 90 \text{kN} \cdot \text{m}$，环境类别为一类，验算此梁截面是否安全。

解 （1）确定计算参数。查附表 1 - 3，HRB400 级钢筋：$f_y = 360 \text{N/mm}^2$；查附表 1 - 10，C20 混凝土：$f_c = 9.6 \text{N/mm}^2$，$f_t = 1.1 \text{N/mm}^2$；查表 4 - 3，$\alpha_1 = 1.0$；查表 4 - 4，$\xi_b = 0.518$。

对于环境类别为一类的 C20 混凝土梁，箍筋（假设为 Φ 10）保护层最小厚度为 25mm，故

$$a_s = 25 + \frac{18}{2} + 10 = 44 (\text{mm}), h_0 = 500 - 44 = 456 (\text{mm})$$

（2）验算配筋下限。

$$0.45 \frac{f_t}{f_y} = 0.45 \times \frac{1.1}{360} = 0.138\% < 0.2\%$$

$$A_{s,min} = \rho_{min} bh = 0.2\% \times 250 \times 500 = 250 \text{mm}^2 < A_s = 763 \text{mm}^2$$

满足下限要求。

（3）计算相对受压区高度 ξ。

$$\xi = \frac{A_s f_y}{\alpha_1 f_c bh_0} = \frac{763 \times 360}{1.0 \times 9.6 \times 250 \times 456} = 0.251$$

（4）讨论 ξ，求出受弯承载力 M_u。

$$\xi < \xi_b = 0.518$$

$$M_u = \alpha_1 f_c bh_0^2 \xi(1 - 0.5\xi) = 1.0 \times 9.6 \times 250 \times 456^2 \times 0.251 \times (1 - 0.5 \times 0.251)$$
$$= 110 \text{kN} \cdot \text{m}$$

（5）验算截面是否安全。$M_u > M = 90 \text{kN} \cdot \text{m}$，梁截面安全。

4.5 受弯构件的构造要求

一个完整的结构设计，应该既有可靠的计算分析，又有合理的构造措施，两者相辅相成。计算配筋满足构件的强度要求，构造布置则可保证计算条件的实现，满足构件刚度、稳定性及施工方面的要求。

4.5.1 截面尺寸

1. 板的厚度

板的厚度应满足强度和刚度的要求，由工程实践知，板的厚度对整个建筑物混凝土用量的影响很大。因此，选择板厚时，除了满足上述两个条件外，还应考虑经济效果和施工方便。现浇板还应满足表 4-5 的最小厚度要求。

表 4-5   现浇钢筋混凝土板的最小厚度

板的类别		最小厚度（mm）	板的类别		最小厚度（mm）
单向板	屋面板	60	密肋楼板	面板	50
	民用建筑楼板	60		肋高	250
	工业建筑楼板	70	悬臂板（根部）	悬臂长度≤500mm	60
	行车道下的楼板	80		悬臂长度1200mm	100
双向板		80	无梁楼板		150

2. 梁的截面尺寸

梁的截面尺寸除了满足强度条件外，还应满足刚度要求和施工上的方便。根据设计经验，梁截面尺寸可参考表 4-6 选用。

表 4-6		钢筋混凝土梁截面尺寸的一般规定	
梁的种类	截面高度	截面类型	截面宽度
多跨连续主梁	$h=(1/14\sim1/10)l$	矩形	$b=(1/3\sim1/2)h$
多跨连续次梁	$h=(1/18\sim1/14)l$		
单跨简支梁	$h=(1/16\sim1/10)l$	T形	$b=(1/4\sim1/2.5)h$
悬臂梁	$h=(1/8\sim1/5)l$		

注 l 为梁的计算跨度。

为了方便施工，便于模板周转，梁高一般取 50mm 的模数递增，对于较大的梁（如 $h>$ 800mm），取 100mm 的模数递增。常用的梁高 h 有 250，300，350，…，750，800，900，1000mm 等。通常梁截面宽度 b 取 120，150，180，200，220，250，300，350mm 等。

4.5.2 受弯构件的钢筋

受弯构件的钢筋有两类，即受力钢筋和构造钢筋。受力钢筋是由承载力计算确定的钢筋，构造钢筋是考虑在计算中未估计的影响（如温度变化、混凝土收缩应力等）和施工必须设置的钢筋。

1. 板

板的配筋见图 4-11。

（1）板的受力钢筋。

钢筋级别：常用级别为 HPB300、HRB335、HRBF335、HRB400、HRBF400 和 RRB400 级。

钢筋直径：常用直径为 8、10、12、14mm。为了使板内钢筋受力均匀，配置时应尽量采用小直径的钢筋。为了便于施工，避免在施工中不同直径的钢筋混淆，在同一块板中钢筋直径差应不小于 2mm。

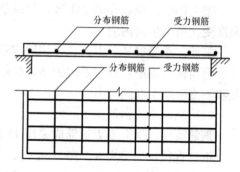

图 4-11 板的配筋示意图

钢筋间距：为了使板内钢筋能够正常的分担内力，便于浇筑混凝土，保证钢筋周围混凝土的密实性，钢筋间距不宜过大，也不宜过小。钢筋间距一般在 70~200mm 之间。

（2）板的分布钢筋。

对于单向板，除沿受力方向布置受力钢筋外，尚应在垂直受力方向布置分布钢筋。

分布钢筋的作用是将荷载均匀的传递给受力钢筋，承担因混凝土收缩及温度变化产生的应力，并在施工中固定受力钢筋的位置。

分布钢筋常用级别为 HPB300、HRB335、HRBF335 级。钢筋直径常用为 6、8mm。

分布钢筋布置在受力钢筋的内侧，与受力钢筋垂直。单位长度上分布钢筋的截面面积不宜小于单位宽度上受力钢筋截面面积的 15%，且不宜小于该方向板截面面积的 0.15%。分布钢筋的间距不宜大于 250mm，直径不宜小于 6mm。对于集中荷载较大的情况，分布钢筋的截面面积应适当增加，其间距不宜大于 200mm。在温度、收缩应力较大的现浇板区域，应在板的表面双向配置防裂构造钢筋，其配筋率均不宜小于 0.10%，间距不宜大于 200mm。

钢筋混凝土板内一般不配置箍筋，因为设计计算和实际经验表明，板内剪力很小，不需要依靠箍筋抗剪，同时板厚较小也难以设置箍筋。

2. 梁

梁内一般配置的几种钢筋如图 4 - 12 所示。

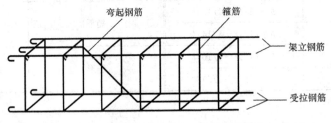

图 4 - 12　受弯构件中的钢筋骨架

纵向受力钢筋：承受梁截面弯矩所引起的拉力或压力。在梁受拉区布置的钢筋称为纵向受拉钢筋，以承担拉力。有时由于弯矩较大，在受压区亦布置纵筋，协助混凝土共同承担压力。

弯起钢筋：将纵向受拉钢筋在支座附近弯起而成，用以承受弯起区段截面的剪力。弯起后钢筋顶部的水平段可以承受支座处的负弯矩所引起的拉力。

架立钢筋：设置在梁受压区，与纵筋、箍筋一起形成钢筋骨架，并能承受梁内因收缩和温度变化所产生的内应力。

箍筋：承受梁的剪力，此外能固定纵向钢筋位置。

侧向构造钢筋：增加梁内钢筋骨架的刚性，增加梁的抗扭能力，并承受侧向发生的温度及收缩变形所引起的应力。

（1）纵向受力钢筋。

钢筋级别：纵向受力钢筋应采用 HRB400、HRB500、HRBF400、HRBF500 级。

钢筋直径：当梁高 $h \geqslant 300\text{mm}$ 时，不应小于 10mm；当梁高 $h < 300\text{mm}$ 时，不应小于 8mm。常用直径为 12、14、16、18、20、22、25mm。

钢筋间距：为了便于浇筑混凝土，保证钢筋周围混凝土的密实性，纵向钢筋的净间距应满足图 4 - 13 所示的要求。

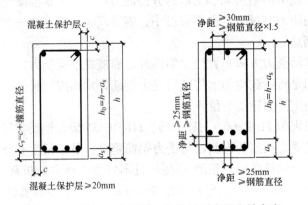

图 4 - 13　梁钢筋净间距、保护层厚度及有效高度

在满足钢筋净间距的前提下，当纵筋数量较多时，纵筋可能配置两排或多于两排。当梁的下部纵向钢筋配置多于两排时，两排以上钢筋水平方向的中距应比下面两排的中距增大一

倍。钢筋应上、下对齐，不能错列，以便混凝土的浇筑密实。

（2）构造钢筋。

1）架立钢筋。梁内架立钢筋的直径：当梁的跨度小于 4m 时，直径不宜小于 8mm；当梁的跨度为 4～6m 时，直径不应小于 10mm；当梁的跨度大于 6m 时，直径不宜小于 12mm。

2）侧向构造钢筋。当梁的腹板高度 $h_w \geqslant 450mm$ 时，在梁的两个侧面应沿高度配置纵向构造钢筋，每侧纵向构造钢筋（不包括梁上、下部受力钢筋及架立钢筋）的截面面积不应小于腹板截面面积 bh_w 的 0.1%，且其间距不宜大于 200mm。腹板高度 h_w 的取值：对矩形截面取截面有效高度，对 T 形截面取截面有效高度减去翼缘高度。

4.5.3 钢筋的保护层

混凝土保护层厚度：最外层钢筋的外边缘至混凝土表面的垂直距离，用 c 表示。混凝土保护层厚度 c 应符合附表 1-17 的规定。另外，受力钢筋的保护层厚度不应小于钢筋的公称直径 d。其作用是保护钢筋，防止钢筋锈蚀，满足构件耐久性和防火性的要求，保证钢筋与混凝土较好的黏结。混凝土保护层厚度与构件的环境类别（环境类别的概念见第 9 章）、构件种类、混凝土强度等级有关。

在梁中一般均配置箍筋，故纵向受力钢筋的实际保护层厚度 $c_s = c +$ 箍筋直径，$c_s \geqslant d$，如图 4-13 所示。

4.5.4 截面有效高度

截面有效高度 h_0 是指构件受拉钢筋合力重心到截面受压区外边缘的距离。

1. 板

板的有效高度等于板厚减去混凝土的保护层厚度，再减去板中受力钢筋的半径。

2. 梁

梁截面有效高度 h_0 是指梁纵向受拉钢筋合力重心到截面受压区外边缘的距离，见图4-13。

$$h_0 = h - a_s$$

式中 a_s——纵向受拉钢筋合力重心至截面受拉边缘的距离。

当受拉钢筋为单排布置时，$h_0 = h - a_s = h - \left(c + \dfrac{d_1}{2} + d_2\right)$，式中各物理量符号含义详见式（4-19）。

4.6 双筋矩形截面受弯承载力计算

4.6.1 概述

双筋截面是指同时在受拉区和受压区配置受力钢筋的截面。截面上压力由混凝土和受压钢筋一起承担，拉力由受拉钢筋承担。双筋截面梁可以提高构件截面的承载力与延性，相应地减少梁截面高度，可以减少构件在荷载长期作用下的徐变。但采用双筋截面梁一般不够经济，工程上常在下列情况下采用双筋截面：

（1）当弯矩设计值过大，超过了单筋矩形截面适筋梁所能承受的最大弯矩，而截面尺寸及混凝土强度等级又都受到限制不能增大时，可设计成双筋截面梁。

（2）在不同荷载组合情况下，梁的同一截面内承受异号弯矩时。

（3）当因某种原因截面受压区已存在的钢筋面积较大时，宜考虑其受压作用而按双筋梁计算。

4.6.2　受压钢筋的应力

受压钢筋的强度能得到充分利用的充分条件是构件达到承载能力极限状态时，受压钢筋应有足够的应变，使其达到屈服强度。

当截面受压区边缘混凝土的极限压应变为 ε_{cu} 时，根据平截面假定，可求得受压钢筋合力点处的压应变 ε'_s，即

$$\varepsilon'_s = \left(1 - \frac{\beta_1 a'_s}{x}\right)\varepsilon_{cu} \tag{4-35}$$

式中，a'_s 为受压钢筋合力点至截面受压区边缘的距离。

若取 $x = 2a'_s$，$\varepsilon_{cu} \approx 0.0033$，$\beta_1 \approx 0.8$，则受压钢筋应变为

$$\varepsilon'_s = 0.0033 \times \left(1 - \frac{0.8a'_s}{2a'_s}\right) \approx 0.002$$

若取钢筋的弹性模量　　　　　$E'_s = 2 \times 10^5\,\text{N/mm}^2$

$$\sigma'_s = E'_s \varepsilon'_s = 2 \times 10^5 \times 0.002 = 400\text{MPa}$$

此时，对于我国常用的有屈服点的普通钢筋，其应力应能达到强度设计值。由上述分析可知，受压钢筋应力达到屈服强度的充分条件是

$$x \geqslant 2a'_s \tag{4-36}$$

4.6.3　基本公式及适用条件

1. 基本公式

双筋矩形截面受弯构件正截面受弯计算简图如图 4-14 所示。

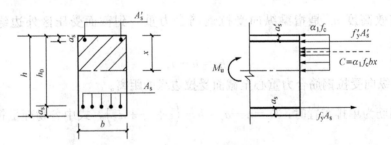

图 4-14　双筋矩形截面计算简图

由力的平衡条件 $\sum X = 0$，可得

$$\alpha_1 f_c bx + f'_y A'_s = f_y A_s \tag{4-37}$$

由对受拉钢筋合力点取矩的力矩平衡条件 $\sum M = 0$，可得

$$M \leqslant M_u = \alpha_1 f_c bx\left(h_0 - \frac{x}{2}\right) + f'_y A'_s(h_0 - a'_s) \tag{4-38}$$

式中　f'_y——受压钢筋的抗压强度设计值；

　　　A'_s——受压钢筋的截面面积；

　　　a'_s——受压钢筋合力点至截面受压区边缘的距离；

其他符号意义同单筋矩形截面。

2. 适用条件

在应用基本公式时,必须满足以下适用条件,即

(1) 为防止出现超筋破坏,应满足

$$\xi \leqslant \xi_b \quad \text{或者} \quad x \leqslant x_b = \xi_b h_0 \tag{4-39}$$

(2) 为保证受压钢筋应力能够达到抗压强度设计值,应满足

$$\xi \geqslant \frac{2a'_s}{h_0} \quad \text{或者} \quad x \geqslant 2a'_s \tag{4-40}$$

在上述基本公式中,将 $x = \xi h_0$ 代入,同时利用式(4-25)所示的 α_s 与 ξ 的关系式,还可将基本公式写成

$$\alpha_1 f_c b \xi h_0 + f'_y A'_s = f_y A_s \tag{4-41}$$

$$M \leqslant M_u = \alpha_1 f_c \alpha_s b h_0^2 + f'_y A'_s (h_0 - a'_s) \tag{4-42}$$

写成这样形式的基本公式,往往在应用中比较方便。

4.6.4 双筋矩形截面的计算方法

4.6.4.1 截面设计

设计双筋截面时,一般是已知梁设计弯矩、截面尺寸、材料强度。计算时可能会遇到以下两种情况。

1. 第一种情况

求受拉钢筋和受压钢筋的面积,设计步骤如下。

(1) 判断是否采用双筋截面。

根据单筋矩形截面适筋梁公式计算 $\alpha_s = \dfrac{M}{\alpha_1 f_c b h_0^2}$,满足 $\alpha_s > \alpha_{sb}$ 时(即 $\xi > \xi_b$),应采用双筋截面,否则按单筋截面计算。

(2) 计算钢筋面积。基本公式中有三个未知数:ξ,A_s 和 A'_s,有多组解。需要补充一个条件,即经济条件,使总用钢量最小,充分利用混凝土的抗压能力。

设 $\xi = \xi_b$,则由式(4-42)得

$$A'_s = \frac{M - \alpha_{sb} b h_0^2 \alpha_1 f_c}{f'_y (h_0 - a'_s)} \tag{4-43}$$

则由式(4-41)得

$$A_s = \frac{\alpha_1 f_c b h_0 \xi_b + f'_y A'_s}{f_y} \tag{4-44}$$

【例 4-3】 已知梁的截面尺寸为 $b \cdot h = 200\text{mm} \times 500\text{mm}$,混凝土强度等级为 C40,钢筋采用 HRB400,弯矩设计值 $M = 350\text{kN} \cdot \text{m}$,环境类别为一类,$a_s = 65\text{mm}$,$a'_s = 40\text{mm}$,求截面所需纵向受力钢筋面积 A_s 及 A'_s。

解 (1) 确定计算参数。查附表 1-3,HRB400 级钢筋:$f_y = 360\text{N/mm}^2$,$f'_y = 360\text{N/mm}^2$;查附表 1-10,C40 混凝土:$f_c = 19.1\text{N/mm}^2$;查表 4-3,$\alpha_1 = 1.0$;查表 4-4 得,$\xi_b = 0.518$。$h_0 = 500 - 65 = 435\text{mm}$。

(2) 判断是否采用双筋截面。

$$\alpha_s = \frac{M}{\alpha_1 f_c b h_0^2} = \frac{350 \times 10^6}{1.0 \times 19.1 \times 200 \times 435^2} = 0.484$$

$$\xi = 1 - \sqrt{1 - 2\alpha_s} = 0.821 > \xi_b = 0.518$$

此时，如果按单筋矩形截面设计，将会出现 $\xi > \xi_b$ 的超筋情况。在不加大截面尺寸，不提高混凝土强度等级的情况下，应按双筋矩形截面进行设计。

（3）计算钢筋面积。

取 $\xi = \xi_b$，则

$$A_s' = \frac{M - \alpha_{sb}bh_0^2\alpha_1 f_c}{f_y'(h_0 - a_s')} = \frac{M - \alpha_1 f_c bh_0^2 \xi_b(1 - 0.5\xi_b)}{f_y'(h_0 - a_s')}$$

$$= \frac{350 \times 10^6 - 1.0 \times 19.1 \times 200 \times 435^2 \times 0.518(1 - 0.5 \times 0.518)}{360 \times (435 - 40)}$$

$$= 510(\text{mm}^2)$$

$$A_s = \frac{\alpha_1 f_c bh_0\xi_b}{f_y} + A_s'\frac{f_y'}{f_y}$$

$$= \frac{1.0 \times 19.1 \times 200 \times 435 \times 0.518}{360} + 510 \times \frac{360}{360}$$

$$= 2901(\text{mm}^2)$$

（4）选筋。

受拉钢筋选用 6 Φ 25 的钢筋，$A_s = 2945\text{mm}^2$；受压钢筋选用 3 Φ 16 的钢筋，$A_s' = 603\text{mm}^2$。

2. 第二种情况

已知在受压区配置了受压钢筋 A_s'，求受压钢筋 A_s。设计步骤如下。

未知数有两个：ξ 和 A_s，可用基本式（4-41）、式（4-42）求解。

（1）计算相对受压区高度 ξ。

由式（4-42）可得

$$\alpha_s = \frac{M - A_s' f_y'(h_0 - a_s')}{\alpha_1 f_c bh_0^2} \tag{4-45}$$

$$\xi = 1 - \sqrt{1 - 2\alpha_s}$$

（2）讨论 ξ，计算受拉钢筋截面面积 A_s。

1）若 $\frac{2a_s'}{h_0} \leqslant \xi \leqslant \xi_b$，则满足基本式（4-41）、式（4-42）的适用条件，用基本公式求解 A_s。

$$A_s = \frac{\alpha_1 f_c b\xi h_0 + A_s' f_y'}{f_y} \tag{4-46}$$

2）若 $\xi < \frac{2a_s'}{h_0}$，则表明受压钢筋 A_s' 在破坏时不能达到屈服强度，此时不能用基本公式求解 A_s。

按以下近似方法计算：取 $\xi = \frac{2a_s'}{h_0}$，即近似认为混凝土压应力合力作用点通过受压钢筋合力作用点，这样计算误差小。对混凝土压应力合力作用点取矩，得

$$M \leqslant M_u = A_s f_y(h_0 - a_s') \tag{4-47}$$

$$A_s = \frac{M}{f_y(h_0 - a_s')} \tag{4-48}$$

3）若 $\xi > \xi_b$，则表明给定的受压钢筋 A_s' 不足，仍会出现超筋截面，此时按 A_s' 未知的情

况进行计算。

【例 4 - 4】 已知条件同 [例 4 - 3]，但在受压区已配置 3 ⌀ 20 钢筋，$A_s' = 942\text{mm}^2$，求受拉钢筋面积 A_s。

解 （1）求相对受压区高度 ξ。

$$h_0 = h - a_s = 500 - 65 = 435(\text{mm})$$

$$\alpha_s = \frac{M - f_y' A_s'(h_0 - a_s')}{\alpha_1 f_c b h_0^2} = \frac{350 \times 10^6 - 942 \times 360 \times (435 - 40)}{1 \times 19.1 \times 200 \times 435^2} = 0.299$$

$$\xi = 1 - \sqrt{1 - 2\alpha_s} = 1 - \sqrt{1 - 2 \times 0.299} = 0.366$$

（2）求受拉钢筋面积。

$$\frac{2a_s'}{h_0} = \frac{80}{435} = 0.184 < \xi < \xi_b = 0.518$$

$$A_s = \frac{\alpha_1 f_c b \xi h_0 + f_y' A_s'}{f_y} = \frac{1.0 \times 19.1 \times 200 \times 0.366 \times 435 + 942 \times 360}{360} = 2631(\text{mm}^2)$$

选用 6 ⌀ 25 的钢筋，实配 $A_s = 2945\text{mm}^2$。

4.6.4.2 截面复核

通常已知梁的截面尺寸，材料强度等级和弯矩设计值，以及截面配筋。求双筋截面受弯承载力 M_u 或在给出设计弯矩的情况下验算截面安全。步骤如下。

（1）求相对受压区高度 ξ，由基本公式可得

$$\xi = \frac{f_y A_s - f_y' A_s'}{\alpha_1 f_c b h_0} \tag{4-49}$$

（2）讨论 ξ，求截面承载力 M_u。

1）若 $\dfrac{2a_s'}{h_0} \leqslant \xi \leqslant \xi_b$，用基本式（4 - 42）求解 M_u。

$$M_u = \alpha_1 f_c b h_0^2 \xi(1 - 0.5\xi) + f_y' A_s'(h_0 - a_s') \tag{4-50}$$

2）若 $\xi < \dfrac{2a_s'}{h_0}$，用基本式（4 - 47）求解 M_u。

$$M_u = f_y A_s (h_0 - a_s') \tag{4-51}$$

3）若 $\xi > \xi_b$，则应取 $\xi = \xi_b$，用式（4 - 42）求解 M_u。

$$M_u = \alpha_1 f_c b h_0^2 \xi_b (1 - 0.5\xi_b) + f_y' A_s'(h_0 - a_s') \tag{4-52}$$

【例 4 - 5】 已知梁截面尺寸 $b = 250\text{mm}$，$h = 400\text{mm}$，受拉钢筋采用 4 ⌀ 20 的钢筋，$A_s = 1256\text{mm}^2$，受压钢筋采用 2 ⌀ 14 的钢筋，$A_s' = 308\text{mm}^2$，混凝土强度等级 C30，环境类别为一类，要求承受的弯矩设计值 $M = 125\text{kN} \cdot \text{m}$，验算此截面是否安全。

解 （1）确定计算参数。查附表 1 - 3，HRB400 级钢筋：$f_y = 360\text{N/mm}^2$，$f_y' = 360\text{N/mm}^2$；查附表 1 - 10，C30 混凝土：$f_c = 14.3\text{N/mm}^2$；查表 4 - 3，$\alpha_1 = 1.0$；查表 4 - 4，$\xi_b = 0.518$。

环境类别为一类的 C30 混凝土保护层最小厚度 c 为 20mm，故

$$a_s = 20 + \frac{20}{2} + 10 = 40(\text{mm}), \quad a_s' = 20 + \frac{14}{2} + 10 = 37(\text{mm})$$

$$h_0 = 400 - 40 = 360(\text{mm})$$

（2）计算受压区高度 ξ。

$$\xi = \frac{f_y A_s - f_y' A_s'}{\alpha_1 f_c b h_0} = \frac{360 \times 1256 - 360 \times 308}{1.0 \times 14.3 \times 250 \times 360} = 0.265$$

（3）讨论 ξ，求截面承载力 M_u。

$$\frac{2a_s'}{h_0} = \frac{2 \times 37}{360} = 0.206 < \xi < \xi_b = 0.518$$

$$\begin{aligned} M_u &= \alpha_1 f_c b h_0^2 \xi (1 - 0.5\xi) + A_s' f_y' (h_0 - a_s') \\ &= 1.0 \times 14.3 \times 250 \times 360^2 \times 0.265 \times (1 - 0.5 \times 0.265) + 308 \times 360 \times (360 - 37) \\ &= 142 (\text{kN} \cdot \text{m}) \end{aligned}$$

（4）验算截面是否安全。

$$M_u > M = 125 \text{kN} \cdot \text{m}，故截面安全。$$

4.7　T形截面受弯承载力计算

4.7.1　T形截面梁的应用

在矩形截面受弯构件承载力计算中，受拉区混凝土开裂后退出工作，如果把受拉区两侧

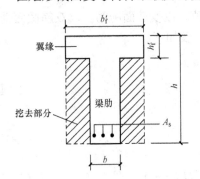

翼缘

梁肋

挖去部分

A_s

b

图 4-15　T形截面的形成

的混凝土挖去一部分，余下部分只要能够布置受拉钢筋以及抵抗截面的剪力就可以了，这样就形成了 T 形截面。它和原来矩形截面相比，其受弯承载力计算完全相同，而且节省了混凝土用量，减轻了自重。

T 形截面伸出部分 $(b_f' - b) \cdot h_f'$ 称为翼缘，中间部分 $b \cdot h$ 称为腹板或者梁肋。位于截面受压区的翼缘总宽度为 b_f'，翼缘高度为 h_f'，截面的总高度为 h，如图 4-15 所示。T 形截面梁在工程中应用广泛，如在现浇整体式肋梁楼盖中，梁和楼板浇筑在一起，梁的截面为 T 形截面；另外，吊车梁、槽型板、空心板

都可按 T 形截面来设计，如图 4-16 所示。

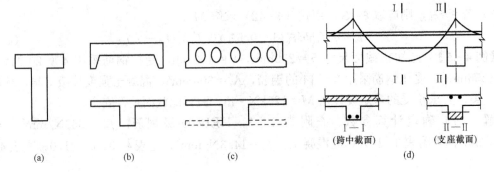

（a）　　　　　　（b）　　　　　　（c）　　　　　　（d）

（跨中截面）　　（支座截面）

Ⅰ—Ⅰ　　　　　Ⅱ—Ⅱ

图 4-16　各类 T 形截面举例

4.7.2　T形截面翼缘的计算宽度

试验和理论分析表明，T 形截面梁翼缘内的压应力分布是不均匀的，且分布宽度与诸多因素有关。实用上为了简化计算，通常采用与实际分布情况等效的翼缘宽度，称为翼缘的计

算宽度或有效翼缘宽度，并用符号 b_f' 表示。在翼缘计算宽度 b_f' 范围内，压应力的分布是均匀的，在此范围以外不予考虑，见图 4-17。对于预制的 T 形截面梁，即独立 T 形截面梁，设计时应使实际翼缘宽度不超过 b_f'。表 4-7 列出了《混凝土结构设计规范》（GB 50010—2010）规定的翼缘计算宽度 b_f'，计算 T 形截面梁翼缘宽度 b_f' 时应取表中各项的最小值。

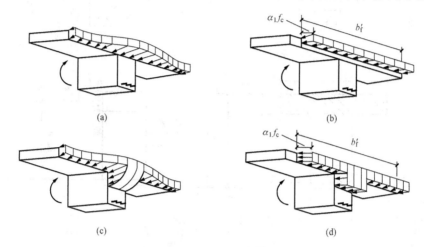

图 4-17　T 形截面梁受压区实际应力分布和计算宽度

表 4-7　　　　　　　　　　　T 形、I 形、倒 L 形截面受弯构件翼缘计算宽度取值

情　　况		T 形、I 形截面		倒 L 形截面
		肋形梁（板）	独立梁	肋形梁（板）
1	按计算跨度 l_0 考虑	$l_0/3$	$l_0/3$	$l_0/6$
2	按梁（肋）净距 s_n 考虑	$b+S_n$	—	$b+S_n/2$
3	按翼缘高度 h_f' 考虑 $h_f'/h_0 \geqslant 0.1$	—	$b+12h_f'$	—
	$0.1 > h_f'/h_0 \geqslant 0.05$	$b+12h_f'$	$b+6h_f'$	$b+5h_f'$
	$h_f'/h_0 < 0.05$	$b+12h_f'$	b	$b+5h_f'$

注　1. b 为腹板宽度；
　　2. 肋形梁在梁跨内设有间距小于纵肋间距的横肋时，可不遵守表列情况 3 的规定；
　　3. 对加腋的 T 形、I 形、倒 L 形截面，当受压区加腋的高度 $h_h \geqslant h_f'$ 且加腋的宽度 $b_h \leqslant 3h_h$ 时，其翼缘计算宽度可按表列情况 3 的规定分别增加 $2b_h$（T 形、I 形截面）和 b_h（倒 L 形截面）；
　　4. 独立梁受压区的翼缘板在荷载作用下经验算沿纵肋方向可能产生裂缝时，其计算宽度应取腹板宽度 b。

4.7.3　基本公式及适用条件

1. T 形截面梁的分类及判别条件

（1）T 形截面梁的分类：

1）第一类 T 形截面：中和轴在翼缘内，即 $x \leqslant h_f'$，受压区为矩形，如图 4-18（a）所示；

2）第二类 T 形截面：中和轴在翼缘外，即 $x > h_f'$，受压区为 T 形，如图 4-18（b）所示。

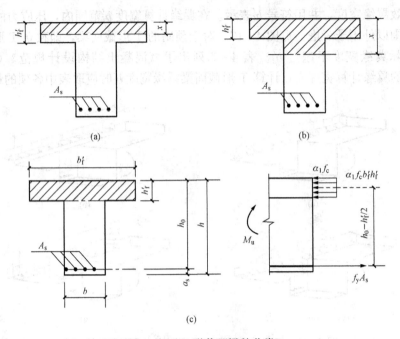

图 4-18 T 形截面梁的分类

(a) 第一类 T 形截面；(b) 第二类 T 形截面；(c) 两类 T 形截面的分界情况

（2）判别条件。

当中和轴位置刚好位于翼缘的下边缘，即 $x=h'_f$ 时，如图 4-18（c）所示，则为两类 T 形截面的分界情况。此时，根据截面力的平衡条件和力矩平衡条件可得

$$f_y A_s = \alpha_1 f_c b'_f h'_f \tag{4-53}$$

$$M_u = \alpha_1 f_c b'_f h'_f \left(h_0 - \frac{h'_f}{2} \right) \tag{4-54}$$

上述两个界限条件，即式（4-53）及式（4-54），是判别两类 T 形截面的基础。显然，对截面设计的问题，

若 $M \leqslant \alpha_1 f_c b'_f h'_f \left(h_0 - \dfrac{h'_f}{2} \right)$，属第一类 T 形截面；

若 $M > \alpha_1 f_c b'_f h'_f \left(h_0 - \dfrac{h'_f}{2} \right)$，属第二类 T 形截面。

对截面复核问题，

若 $\alpha_1 f_c b'_f h'_f \geqslant f_y A_s$，属第一类 T 形截面；

若 $\alpha_1 f_c b'_f h'_f < f_y A_s$，属第二类 T 形截面。

2. 基本公式及适用条件

（1）第一类 T 形截面梁的基本公式及适用条件。

第一类 T 形截面中和轴在翼缘内，即 $x \leqslant h'_f$，受压区形状为矩形，所以第一类 T 形截面承载力计算与截面尺寸为 $b'_f \cdot h$ 的矩形截面承载力计算完全相同，其计算简图如图 4-19 所示。

计算公式为

$$\alpha_1 f_c b'_f x = f_y A_s \tag{4-55}$$

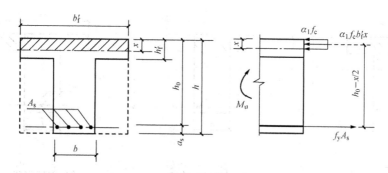

图 4 - 19　第一类 T 形截面计算简图

$$M \leqslant M_u = \alpha_1 f_c b_f' x \left(h_0 - \frac{x}{2} \right) \tag{4-56}$$

引入计算系数后，上式写为

$$\alpha_1 f_c b_f' h_0 \xi = f_y A_s \tag{4-57}$$

$$M \leqslant M_u = \alpha_s \alpha_1 f_c b_f' h_0^2 \tag{4-58}$$

适用条件：

1) 为了防止超筋破坏，要求

$$\xi \leqslant \xi_b \quad 或 \quad x \leqslant x_b = \xi_b h_0 \tag{4-59}$$

由于第一类 T 形截面的 $\xi = x/h_0 \leqslant h_f'/h_0$，同时一般 T 形截面的 h_f'/h 又较小，故适用条件 (4-59) 通常都能满足，实用上可不必验算。

2) 为了防止少筋破坏，要求

$$A_s \geqslant A_{s,\min} = \rho_{\min} bh \tag{4-60}$$

对于单筋 T 形截面，适用条件 (4-60) 也可写成

$$\rho \geqslant \rho_{\min} \frac{h}{h_0} \tag{4-61}$$

其中配筋率 ρ 是相对于梁肋部分而言的，即 $\rho = A_s/bh_0$，而不是相对于 $b_f' h_0$。这是因为最小配筋率是根据钢筋混凝土截面与同样大小的素混凝土截面梁的极限弯矩相等这一原则确定的，而后者主要取决于截面受拉区的形状。因此，在验算适用条件时，采用肋宽 b 来确定 T 形截面的配筋率是合理的。

对于 I 形截面梁或箱形截面梁，应按式 (4-62) 计算 $A_{s,\min}$；对于现浇整体式肋形楼盖中的梁，其支座处的截面在受弯承载力计算时应取为矩形截面，而实际形状为倒 T 形截面，因此该截面的 $A_{s,\min}$ 也应按式 (4-62) 计算。

$$A_{s,\min} = \rho_{\min} [bh + (b_f - b) h_f] \tag{4-62}$$

(2) 第二类 T 形截面梁的基本公式及适用条件。

第二类 T 形截面梁的中和轴位置在其梁肋内，即受压区高度 $x > h_f'$。此时，受压区形状为 T 形，其计算简图如图 4-20 所示。根据截面的静力平衡条件，可得其基本公式为

$$\alpha_1 f_c bx + \alpha_1 f_c (b_f' - b) h_f' = f_y A_s \tag{4-63}$$

$$M \leqslant M_u = \alpha_1 f_c bx \left(h_0 - \frac{x}{2} \right) + \alpha_1 f_c (b_f' - b) h_f' \left(h_0 - \frac{h_f'}{2} \right) \tag{4-64}$$

引入计算系数后，上式写为

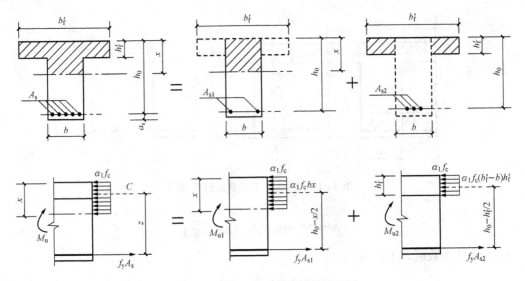

图 4-20　第二类 T 形截面计算简图

$$\alpha_1 f_c bh_0 \xi + \alpha_1 f_c (b_f'-b)h_f' = f_y A_s \tag{4-65}$$

$$M \leqslant M_u = \alpha_s \alpha_1 f_c bh_0^2 + \alpha_1 f_c (b_f'-b)h_f'\left(h_0-\frac{h_f'}{2}\right) \tag{4-66}$$

适用条件：

1) 为了防止超筋破坏，要求

$$\xi \leqslant \xi_b \quad 或 \quad x \leqslant x_b = \xi_b h_0 \tag{4-67}$$

2) 为了防止少筋破坏，要求

$$A_s \geqslant A_{s,\min} = \rho_{\min} bh \tag{4-68}$$

在第二类 T 形截面中，因受压区面积较大，故所需的受拉钢筋面积亦较多，因此一般可不验算第二个适用条件。

4.7.4　T 形截面梁的计算方法

1. 截面设计

截面设计问题通常已知材料强度等级，截面尺寸及弯矩设计值 M，求所需的受拉钢筋面积 A_s。设计步骤如下：

(1) 判断 T 形截面类型。

$M \leqslant \alpha_1 f_c b_f' h_f'\left(h_0-\dfrac{h_f'}{2}\right)$ 属第一类 T 形截面；

$M > \alpha_1 f_c b_f' h_f'\left(h_0-\dfrac{h_f'}{2}\right)$ 属第二类 T 形截面。

(2) 第一类 T 形截面。其计算方法与 $b_f'\times h$ 的单筋矩形截面承载力计算完全相同。

1) 计算系数 α_s。

$$\alpha_s = \frac{M}{\alpha_1 f_c b_f' h_0^2} \tag{4-69}$$

2) 计算系数 ξ。

$$\xi = 1 - \sqrt{1-2\alpha_s} \tag{4-70}$$

3）计算钢筋截面面积 A_s。

$$A_s = \alpha_1 f_c b_f' h_0 \xi / f_y \qquad (4-71)$$

4）验算实配 $A_s \geqslant A_{s,\min} = \rho_{\min} bh$，若不满足，取 $A_s = \rho_{\min} bh$。

（3）第二类 T 形截面。

1）计算受压区高度 ξ。

$$\alpha_s = \frac{M - \alpha_1 f_c (b_f' - b) h_f' \left(h_0 - \dfrac{h_f'}{2}\right)}{\alpha_1 f_c b h_0^2} \qquad (4-72)$$

$$\xi = 1 - \sqrt{1 - 2\alpha_s}$$

2）讨论 ξ，计算钢筋截面面积 A_s。

若 $\xi \leqslant \xi_b$，由公式（4-65）计算钢筋截面面积

$$A_s = \alpha_1 f_c b h_0 \xi / f_y + \alpha_1 f_c (b_f' - b) h_f' / f_y \qquad (4-73)$$

若 $\xi > \xi_b$，可采用增加梁高、提高混凝土强度等级、改为双筋 T 形截面等措施后重新计算。

【例 4-6】 已知 T 形截面梁，$b = 350\text{mm}$，$h = 750\text{mm}$，$b_f' = 600\text{mm}$，$h_f' = 100\text{mm}$，弯矩设计值 $M = 710\text{kN·m}$，混凝土强度等级为 C30，钢筋采用 HRB400 级，求所需的受拉钢筋面积 A_s。

解 （1）确定计算参数。查附表 1-3，HRB400 级钢筋：$f_y = 360\text{N/mm}^2$；查附表 1-10，C30 混凝土：$f_c = 14.3\text{N/mm}^2$；查表 4-3，$\alpha_1 = 1.0$；查表 4-4 得，$\xi_b = 0.518$。

假设受拉钢筋排成两排，故 $h_0 = h - a_s = 750 - 65 = 685$（mm）

（2）判断截面类型。

$$\alpha_1 f_c b_f' h_f' \left(h_0 - \frac{h_f'}{2}\right) = 1.0 \times 14.3 \times 600 \times 100 \times \left(685 - \frac{100}{2}\right)$$

$$= 545(\text{kN·m}) < 710\text{kN·m}$$

属于第二类 T 形截面。

（3）计算受压区高度 ξ，并验算适用条件。

$$\alpha_s = \frac{M - \alpha_1 f_c (b_f' - b) h_f' \left(h_0 - \dfrac{h_f'}{2}\right)}{\alpha_1 f_c b h_0^2}$$

$$= \frac{710 \times 10^6 - 1.0 \times 14.3 \times (600 - 350) \times 100 \times \left(685 - \dfrac{100}{2}\right)}{1.0 \times 14.3 \times 350 \times 685^2}$$

$$= 0.206$$

$$\xi = 1 - \sqrt{1 - 2\alpha_s} = 1 - \sqrt{1 - 2 \times 0.206} = 0.233 < \xi_b = 0.518$$

（4）计算受拉钢筋截面面积。

$$A_s = \frac{\alpha_1 f_c (b_f' - b) h_f' + \alpha_1 f_c b \xi h_0}{f_y}$$

$$= \frac{1.0 \times 14.3 \times (600 - 350) \times 100 + 1.0 \times 14.3 \times 350 \times 0.233 \times 685}{360}$$

$$= 3212(\text{mm}^2)$$

（5）受拉钢筋选为 6 $\underline{\Phi}$ 28，$A_s = 3695\text{mm}^2$。

2. 截面复核

截面复核问题，由于 T 形截面截面尺寸、混凝土强度等级、钢筋级别、截面配筋为已知，故求正截面受弯承载力 M_u。计算步骤如下。

(1) 判别 T 形截面类型。

$\alpha_1 f_c b_f' h_f' \geqslant A_s f_y$，为第一类 T 形截面；

$\alpha_1 f_c b_f' h_f' < A_s f_y$，为第二类 T 形截面。

(2) 第一、第二类 T 形截面。

1) 若为第一类 T 形截面，按 $b_f' \times h$ 的矩形截面验算承载力，此处不再赘述。

2) 若为第二类 T 形截面，步骤如下述：

a. 利用式（4-65）求出 ξ

$$\xi = \frac{f_y A_s - \alpha_1 f_c (b_f' - b) h_f'}{\alpha_1 f_c b h_0} \tag{4-74}$$

b. 计算受弯承载力 M_u

若 $\xi \leqslant \xi_b$，则 M_u 采用式（4-66）计算；

若 $\xi > \xi_b$，则取 $\xi = \xi_b$，

$$M_u = \alpha_1 f_c b h_0^2 \xi_b (1 - 0.5\xi_b) + \alpha_1 f_c (b_f' - b) h_f' \left(h_0 - \frac{h_f'}{2} \right) \tag{4-75}$$

【例 4-7】 已知 T 形截面梁尺寸 $b = 350\text{mm}$，$h = 700\text{mm}$，$b_f' = 650\text{mm}$，$h_f' = 100\text{mm}$，截面受拉钢筋采用 6 ⊈ 25 的钢筋，$A_s = 2945\text{mm}^2$，混凝土强度等级 C30，梁截面承受的弯矩设计值 $M = 700\text{kN} \cdot \text{m}$，验算此截面是否安全。

解 (1) 确定计算参数。查附表 1-3，HRB400 级钢筋：$f_y = 360\text{N/mm}^2$；查附表 1-10，C30 混凝土：$f_c = 14.3\text{N/mm}^2$；查表 4-3，$\alpha_1 = 1.0$；查表 4-4，$\xi_b = 0.518$。

据题意受拉钢筋排成两排，故

$$h_0 = h - a_s = 700 - 65 = 635 (\text{mm})$$

(2) 判断截面类型。

$$\alpha_1 f_c b_f' h_f' = 1.0 \times 14.3 \times 650 \times 100 = 929.5\text{kN} < f_y A_s = 360 \times 2945 = 1060(\text{kN})$$

故属于第二类 T 形截面梁。

(3) 计算受压区高度 ξ，并验算适用条件

$$\xi = \frac{A_s f_y - \alpha_1 f_c (b_f' - b) h_f'}{\alpha_1 f_c b h_0}$$

$$= \frac{360 \times 2945 - 1.0 \times 14.3 \times (650 - 350) \times 100}{1.0 \times 14.3 \times 350 \times 635} = 0.199 < \xi_b = 0.518$$

(4) 计算受弯承载力 M_u。

$$M_u = \alpha_1 f_c (b_f' - b) h_f' \left(h_0 - \frac{h_f'}{2} \right) + \alpha_1 f_c b \xi h_0^2 (1 - 0.5\xi)$$

$$= 1.0 \times 14.3 \times (650 - 350) \times 100 \times \left(635 - \frac{100}{2} \right)$$

$$+ 1.0 \times 14.3 \times 350 \times 0.199 \times 635^2 \times (1 - 0.5 \times 0.199)$$

$$= 613(\text{kN} \cdot \text{m}) < M = 700\text{kN} \cdot \text{m}$$

故截面不安全。

小　　结

（1）梁、板是典型的钢筋混凝土受弯构件。混凝土受弯构件的破坏有两种可能：一是沿正截面破坏；二是沿斜截面破坏。前者是沿法向裂缝（竖向裂缝）截面的弯曲破坏，后者是沿斜裂缝截面的剪切破坏或弯曲破坏。本章内容主要是正截面受弯极限状态承载力的分析和计算，同时也叙述了相关的主要构造。

（2）纵向受拉钢筋配筋率对混凝土受弯构件正截面弯曲破坏的特征影响很大。根据配筋率的不同，可将混凝土受弯构件正截面弯曲破坏形态分为三种，即适筋截面的延性破坏、超筋截面的脆性破坏和少筋截面的脆性破坏。应掌握适筋、超筋、少筋三种梁的破坏特征，并从其破坏过程、性质和充分利用材料强度等方面理解设计成适筋受弯构件的必要性及适筋梁的配筋率范围。

（3）适筋梁的整个受力过程按其特点及应力状态等可分为三个阶段。阶段 I 为未出现裂缝阶段，其最后状态 I_a 可作为构件抗裂要求的控制。阶段 II 为带裂缝工作阶段，一般混凝土受弯构件的正常使用就处于这个阶段的范围内，据以计算构件的裂缝宽度及挠度。阶段 III 为破坏阶段，其最后状态 III_a 为受弯构件承载力极限状态，据以计算正截面受弯承载力。

（4）受弯构件正截面承载力计算包括单筋矩形截面、双筋矩形截面和 T 形截面三方面内容，分为截面设计和截面复核两类问题，计算时必须要注意基本公式适用条件的验算。

（5）受弯构件中受拉钢筋的最小配筋率按构件全截面面积扣除位于受压区翼缘面积后的截面面积计算。受弯构件中受拉钢筋的最大配筋率是根据相对界限受压区高度而求得，与钢筋种类和混凝土强度等级有关，同时最大配筋率还与单筋或双筋，矩形或 T 形截面等有关。

（6）注意受弯构件纵向钢筋的构造问题。在设计中应保证钢筋的混凝土保护层厚度，钢筋之间的净距离等。钢筋需绑扎或焊接成钢筋骨架，以保证浇筑混凝土时钢筋的正确位置，因此除受力钢筋外尚须有构造钢筋，例如箍筋、腰筋和架立钢筋。

思　考　题

（1）钢筋混凝土受弯构件正截面有哪几种破坏形态？各种破坏形态的特点是什么？

（2）适筋梁从开始加载直至正截面受弯破坏经历了哪几个阶段，各阶段的主要特点是什么？与计算有何联系？

（3）少筋梁为什么会突然破坏，从梁的受弯而言，最小配筋率根据什么原则确定？

（4）为什么超筋梁的纵向钢筋应力较小且不会屈服，试用截面力的平衡及平截面假定予以说明。

（5）何谓界限破坏？何谓相对界限受压区高度 ξ_b？如何计算？

（6）适筋梁的配筋率有一定的范围，在这个范围内配筋率的改变对构件性能有何影响？

（7）什么是受压区混凝土等效应力图形，怎样从受压区混凝土的实际应力图形求得？

（8）单筋矩形截面受弯构件受弯承载力计算公式是如何建立的，适用条件是什么？

（9）如何定义纵向受拉钢筋的保护层厚度？其作用是什么？如何取值？

（10）梁、板应满足哪些截面尺寸和配筋构造要求？

（11）板中分布钢筋的作用是什么？如何布置分布钢筋？

（12）在什么情况下采用双筋梁？其计算应力图形如何确定？双筋梁中的纵向受压钢筋与单筋梁中的架立钢筋有何区别，双筋梁中是否还有架立钢筋？

（13）双筋梁的基本公式为什么要有适用条件 $x \geqslant 2a_s'$？$x < 2a_s'$ 时应如何计算？

（14）T 形截面的翼缘计算宽度的取值与什么有关？

（15）根据中和轴位置的不同，T 形截面梁的承载力计算分为哪几个类型？截面设计和承载力复核时应如何判别？

（16）T 形截面梁的承载力计算公式与单筋矩形截面梁、双筋矩形截面梁承载力的计算公式有何异同？

习　题

（1）已知梁截面尺寸 $b \cdot h = 200\text{mm} \times 450\text{mm}$，环境类别为一类，混凝土强度等级为 C30，钢筋采用 HRB400 级，截面弯矩设计值为 $M = 30\text{kN} \cdot \text{m}$，$a_s = 45\text{mm}$。求截面所需钢筋面积。

（2）一简支梁截面尺寸 $b \cdot h = 250\text{mm} \times 500\text{mm}$，混凝土强度等级为 C25，钢筋采用 3 Φ 18，环境类别为一类，求此截面所能负担的极限弯矩 M_u。

（3）已知梁截面尺寸 $b \cdot h = 200\text{mm} \times 450\text{mm}$，环境类别为一类，混凝土强度等级为 C25，钢筋采用 HRB400 级，截面弯矩设计值为 $M = 170\text{kN} \cdot \text{m}$。计算所需的纵向受力钢筋数量。

（4）已知矩形截面梁的截面尺寸为 $b \cdot h = 250\text{mm} \times 500\text{mm}$，环境类别为一类，混凝土的强度等级为 C30，钢筋用 HRB400 级，$a_s = a_s' = 40\text{mm}$，受压区已配有钢筋 2 Φ 14，计算中考虑其受压作用，弯矩设计值为 $M = 195\text{kN} \cdot \text{m}$，求纵向受拉钢筋的面积 A_s。

（5）受压区已配有钢筋 2 Φ 20，并且在计算中考虑其受压作用，其他条件与习题（4）相同。试计算所需的纵向受拉钢筋面积 A_s。

（6）已知梁截面 $b \cdot h = 200\text{mm} \times 400\text{mm}$，混凝土强度等级为 C30，受拉钢筋采用 3 Φ 25，受压钢筋为 2 Φ 16，弯矩设计值 $M = 90\text{kN} \cdot \text{m}$，环境类别为二类 b，复核此截面是否安全？

（7）T 形截面梁，$b_f' = 500\text{mm}$，$h_f' = 100\text{mm}$，$b = 200\text{mm}$，$h = 500\text{mm}$，环境类别为一类，混凝土强度等级为 C30，钢筋采用 HRB400 级，受压翼缘已配置钢筋 2 Φ 20（$A_s' = 628\text{mm}^2$，$a_s' = 40\text{mm}$），计算中考虑其受压作用。截面弯矩设计值 $M = 240\text{kN} \cdot \text{m}$，试计算所需的受拉钢筋面积 A_s。

（8）T 形截面梁，$b_f' = 500\text{mm}$，$h_f' = 100\text{mm}$，$b = 250\text{mm}$，$h = 600\text{mm}$，混凝土强度等级为 C30，受拉钢筋采用 6 Φ 25，截面弯矩设计值 $M = 350\text{kN} \cdot \text{m}$，环境类别为一类，复核此截面是否安全？

第 5 章　受弯构件斜截面承载力计算

5.1　概　　述

受弯构件截面上除了作用有弯矩 M 外，一般还同时作用有剪力 V。试验研究表明，受弯构件在弯矩和剪力共同作用的区段，常常会出现斜裂缝，并有可能沿斜截面发生破坏。斜截面的破坏往往带有脆性破坏性质，没有明显的预兆，在工程设计中应当避免。因此在设计时必须进行斜截面承载力计算。

斜截面承载力包括斜截面受剪承载力和斜截面受弯承载力两个方面。其中，斜截面受剪承载力是通过计算来保证，而斜截面受弯承载力则通常由满足构造要求来保证。

为了防止构件发生斜截面的受剪破坏，应使构件具有合适的截面尺寸及混凝土强度等级，并配置必要的箍筋。箍筋不仅能提高构件的斜截面受剪承载力，而且还能与梁中的纵筋（包括架立钢筋）绑扎或焊接在一起，形成具有一定刚性的钢筋骨架，从而使各种钢筋在施工时保持正确的位置。当构件上作用的剪力较大时，还可设置斜钢筋。斜钢筋一般是由梁内部分纵向钢筋弯起而形成，称为弯起钢筋。箍筋和弯起钢筋统称为腹筋（图 5-1）。

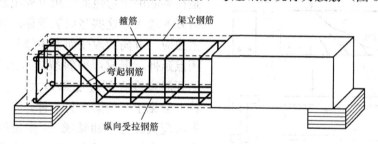

图 5-1　梁内钢筋

5.2　受弯构件受剪性能的试验研究

5.2.1　无腹筋简支梁的受剪性能

在实际工程中，钢筋混凝土受弯构件内一般均需配置腹筋。但为了了解构件斜裂缝出现的原因及其开展过程，先研究无腹筋梁的受剪性能。

1. 斜裂缝出现前的应力状态

图 5-2 为一矩形截面的钢筋混凝土简支梁，承受两个对称集中荷载作用的情况。其中 BC 段只有弯矩作用，称为纯弯段。AB、CD 段同时有弯矩和剪力作用，称为弯剪段。

当荷载较小、梁内尚未出现斜裂缝之前，可将混凝土梁视为匀质弹性体，按材料力学公式分析其截面应力及分布。梁的主应力迹线如图 5-2（a）所示，图中实线表示主拉应力，虚线表示主压应力。随着荷载的增加，梁内各点的主应力也有所增大。当主拉应力超过混凝土在拉压复合受力时的抗拉强度时，将出现斜裂缝。试验研究表明，在集中荷载作用下，无

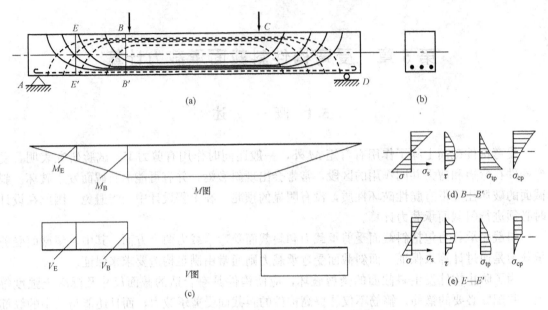

图 5-2　无腹筋梁斜裂缝出现前的应力状态

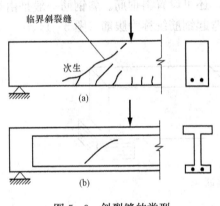

图 5-3　斜裂缝的类型

腹筋简支梁的斜裂缝形成主要有两种形态：一种是在梁底由于弯矩的作用首先出现竖向裂缝，随荷载的增大，这些竖向裂缝逐渐向上发展，并随主拉应力方向的改变而发生倾斜，向集中荷载作用点延伸，形成弯剪斜裂缝（图 5-3（a）），它的开展宽度在裂缝底部最大，呈上细下宽的形状，常见于一般梁。另一种是在梁中和轴附近首先出现大致与中和轴成 45°倾角的斜裂缝，随荷载的增大，裂缝沿主压应力方向分别向支座和集中荷载作用点延伸，称为腹剪斜裂缝（图 5-3（b）），这种裂缝呈两端尖、中间大的枣核形，在薄腹梁更易发生。

2. 斜裂缝形成后的受力状态

无腹筋梁出现斜裂缝后，梁的应力状态发生了很大变化，即发生了应力重分布，这时材料力学的计算方法已不再适用。

将一无腹筋简支梁（图 5-4（a））沿斜裂缝 $AA'B$ 切开，并取脱离体如图 5-4（b）所示。在该脱离体上，作用有由荷载产生的剪力 V_A，而斜截面 $AA'B$ 上的抗力有以下几部分：斜裂缝上混凝土残余面 AA' 承受的剪力 V_c 和压力 D_c，纵向钢筋的拉力 T_s，斜裂缝两边由于上、下相对错动而使纵向钢筋传递的剪力（称为销栓作用）V_d，以及斜裂缝交界面上混凝土骨料的咬合与摩擦作用传递的竖向剪力 V_a。由于纵向钢筋外侧混凝土保护层厚度不大，在销栓力的作用下，产生了沿纵筋的劈裂裂缝，使销栓作用大大降低。而且随斜裂缝的增大，骨料的咬合力和摩擦力 V_a 也逐渐减小以至消失。因此为了简化分析，在受剪承载力极限状态下，V_d 和 V_a 都不予考虑。故该脱离体的平衡条件为：

$$\sum X=0 \quad D_c=T_s$$
$$\sum Y=0 \quad V_c=V_A \qquad (5-1)$$
$$\sum M=0 \quad V_A a=T_s z$$

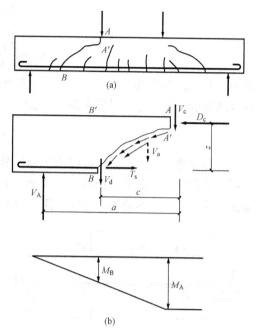

这样，在斜裂缝出现前后，梁内的应力状态发生了以下变化：

（1）在斜裂缝出现前，剪力 V_A 由梁全截面承受。但在斜裂缝形成后，剪力 V_A 则主要由斜裂缝上端混凝土截面承担。同时，由 V_A 和 V_c 所组成的力偶须由纵筋的拉力 T_s 和混凝土的压力 D_c 组成的力偶来平衡。即由于剪力 V_A 的作用，使斜裂缝上端的混凝土截面既受剪又受压，称为剪压区。由于剪压区的面积远小于全截面面积，因而斜裂缝出现后，剪压区的剪应力 τ 和压应力 σ 都显著增大。

（2）在斜裂缝出现前，截面 BB' 处纵向钢筋的拉应力由该截面的弯矩 M_B 所决定。但在斜裂缝形成后，截面 BB' 处纵向钢筋的拉应力则由截

图 5-4　斜裂缝形成后的受力

面 AA' 处的弯矩 M_A 所决定。由于 $M_A>M_B$，故整个斜裂缝形成后，穿过斜裂缝处纵筋的拉应力将增大很多。

随着荷载的增加，剪压区混凝土在剪力和压力的共同作用下，达到剪压复合受力状态下的极限强度时，梁失去承载能力，由于这种破坏是沿斜裂缝发生的，故称为斜截面破坏。

5.2.2　有腹筋简支梁的受剪性能

1. 剪跨比

试验研究表明，梁的受剪性能与梁截面上弯矩 M 和剪力 V 的相对大小有很大关系。对矩形截面梁，弯曲正应力 σ 和剪应力 τ 可分别按下式计算

$$\sigma=\alpha_1 \frac{M}{bh_0^2}$$

$$\tau=\alpha_2 \frac{V}{bh_0} \qquad (5-2)$$

式中　α_1，α_2 为计算系数，b，h_0 为梁截面宽度和有效高度。σ 和 τ 的比值为

$$\frac{\sigma}{\tau}=\frac{\alpha_1}{\alpha_2} \frac{M}{V h_0} \qquad (5-3)$$

由于 $\dfrac{\alpha_1}{\alpha_2}$ 为一常数，因此 $\dfrac{\sigma}{\tau}$ 实际上仅与 $\dfrac{M}{V h_0}$ 有关。如果定义

$$\lambda=\frac{M}{V h_0} \qquad (5-4)$$

则 λ 称为广义剪跨比，简称剪跨比。它实质上反映了截面上正应力和剪应力的相对关系，影响梁的剪切破坏形态和斜截面受剪承载力。

对集中荷载作用下的简支梁（图 5-5），式（5-4）还可以进一步简化。如计算截面 1-1 和 2-2 的剪跨比分别为

$$\lambda_1 = \frac{M_1}{V_1 h_0} = \frac{V_A a_1}{V_A h_0} = \frac{a_1}{h_0}$$

$$\lambda_2 = \frac{M_2}{V_2 h_0} = \frac{V_B a_2}{V_B h_0} = \frac{a_2}{h_0}$$

式中，a_1，a_2 分别为集中荷载 P_1，P_2 作用点至相邻支座的距离，称为剪跨。剪跨 a 与截面有效高度的比值，称为计算剪跨比，即

$$\lambda = \frac{a}{h_0} \tag{5-5}$$

应当注意，式（5-4）可以用于承担分布荷载或其他任意荷载作用下的梁，是一个普遍适用的剪跨比计算公式，故称为广义剪跨比。如图 5-5 所示梁的 3-3 截面和图 5-6 中的 1-1 截面，式（5-5）不适用，只能采用式（5-4）计算其剪跨比。

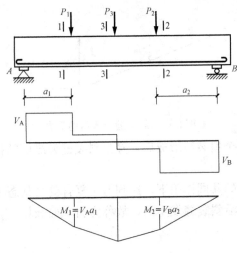

图 5-5　集中荷载作用下的简支梁

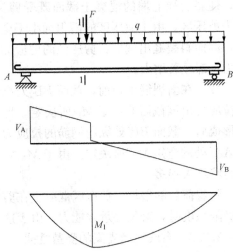

图 5-6　均布和集中荷载作用下的简支梁

2. 斜截面破坏的主要形态

试验研究表明，受弯构件出现斜裂缝后，根据剪跨比和腹筋数量不同，沿斜截面的破坏形态主要有以下三种：

（1）斜压破坏。当剪跨比较小（$\lambda < 1$），或剪跨比适当（$1 < \lambda < 3$）但其截面尺寸过小而腹筋数量过多时，常发生斜压破坏。对于腹板很薄的薄腹梁，即使剪跨比较大，也会发生斜压破坏。这种破坏是首先在梁腹部出现若干条大致平行的斜裂缝，随着荷载的增加，斜裂缝一端朝支座一端朝荷载作用点发展，梁腹部被这些斜裂缝分割成若干个斜向的受压柱体，梁最后由于斜压柱体被压碎而破坏，故称为斜压破坏（图 5-7（a））。发生斜压破坏时，与斜裂缝相交的箍筋应力达不到屈服强度，其受剪承载力主要取决于混凝土斜压柱体的抗压强度。

（2）剪压破坏。当剪跨比适当（$1 < \lambda < 3$）且梁中腹筋数量不过多，或剪跨比较大（$\lambda > 3$）但腹筋数量不过少时，常发生剪压破坏。这种破坏是首先在剪跨区段的下边缘出现数条短的竖向裂缝。随着荷载的增加，这些竖向裂缝大体向集中荷载作用点延伸，在几条斜裂缝中将形成一条延伸最长、开展较宽的主要斜裂缝，称为临界斜裂缝。临界斜裂缝形成后，梁仍然能继续承受荷载。最后，与临界斜裂缝相交的腹筋应力达到屈服强度，斜裂缝上

端的残余截面减小，剪压区混凝土在剪压复合应力状态下达到混凝土的复合受力强度而破坏，梁丧失受剪承载力。这种破坏形态称为剪压破坏（图 5 - 7（b））。

（3）斜拉破坏。当剪跨比较大（λ＞3）且梁内配置的腹筋数量过少时，将发生斜拉破坏。在荷载作用下，首先在梁的下边缘出现竖向的弯曲裂缝，然后其中一条竖向裂缝很快沿垂直于主拉应力方向斜向发展到梁顶的集中荷载作用点处，形成临界斜裂缝。因腹筋数量过少，故腹筋应力很快达到屈服强度，变形剧增，梁斜向被拉裂成两部分而突然破坏（图 5 - 7（c）），由于这种破坏是混凝土在正应力和剪应力共同作用下发生的主拉应力破坏，故称为斜拉破坏。有时在斜裂缝的下端还会出现沿纵向钢筋的撕裂裂缝。发生斜拉破坏的梁，其斜截面受剪承载力主要取决于混凝土的抗拉强度。

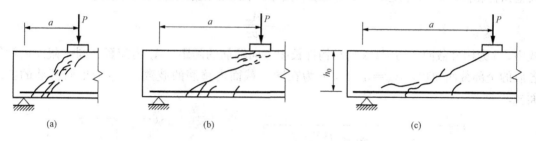

图 5 - 7　梁沿斜截面的剪切破坏形态
（a）斜压破坏；（b）剪压破坏；（c）斜拉破坏

根据上面三种主要剪切破坏所测得的梁的剪力 V-跨中挠度 f 关系曲线如图 5 - 8 所示。由图可见，斜压破坏时梁的受剪承载力大而变形很小，破坏突然，曲线形状较陡；剪压破坏时，梁的受剪承载力较小而变形稍大，曲线形状较为平缓；斜拉破坏时，受剪承载力最小，破坏非常突然。因此，这三种破坏均为脆性破坏，其中斜拉破坏脆性最为严重，斜压破坏次之，剪压破坏稍好。

除了以上三种主要破坏形态外，也有可能出现其他一些破坏情况，如集中荷载离支座很近时可能发生纯剪破坏，在荷载作用点及支座处可能发生局部承压破坏，以及纵向钢筋的锚固破坏等。

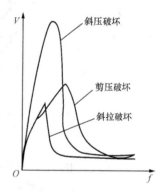

图 5 - 8　剪切破坏时梁的
剪力-挠度曲线

5.2.3　影响斜截面受剪承载力的主要因素

试验研究表明，影响受弯构件斜截面受剪承载力的因素很多，主要有剪跨比、混凝土强度、箍筋的配筋率和箍筋强度，以及纵向钢筋的配筋率等。

1. 剪跨比

如前所述，剪跨比 λ 实质上反映了截面上正应力和剪应力的相对关系，是影响梁破坏形态和受剪承载力的主要因素之一。图 5 - 9 为我国进行的几组集中荷载作用下简支梁的试验结果，它表明，随着剪跨比 λ 的增加，梁的受剪承载力降低。但当 λ＞3 时，剪跨比的影响将不明显。

2. 混凝土强度

梁发生斜截面受剪破坏时混凝土达到了相应受力状态下的极限强度，因此混凝土强度对斜截面受剪承载力的影响很大。梁发生斜压破坏时，受剪承载力主要取决于混凝土的抗压强度；斜拉破坏时，受剪承载力取决于混凝土的抗拉强度；剪压破坏时，受剪承载力与混凝土的压剪复合受力强度有关。

3. 箍筋的配筋率和箍筋强度

如前所述，有腹筋梁出现斜裂缝之后，箍筋不仅直接承担着相当一部分剪力，而且能有效地抑制斜裂缝的开展和延伸，对提高剪压区混凝土的受剪承载力和纵筋的销栓作用都有一定影响。试验表明，在配箍量适当的范围内，箍筋配得越多、箍筋强度越高，梁的受剪承载力越大。图 5-10 为箍筋的配筋率 ρ_{sv} 与箍筋强度 f_{yv} 的乘积对梁受剪承载力的影响，可见当其他条件相同时，二者大致呈线性关系。其中，箍筋的配筋率 ρ_{sv} 按下式计算

$$\rho_{sv}=\frac{A_{sv}}{bs} \tag{5-6}$$

式中，b 为构件截面的肋宽；s 为沿构件长度方向箍筋的间距；A_{sv} 为配置在同一截面内箍筋各肢的全部截面面积，$A_{sv}=nA_{sv1}$，n 为在同一截面内箍筋的肢数，A_{sv1} 为单肢箍筋的截面面积。

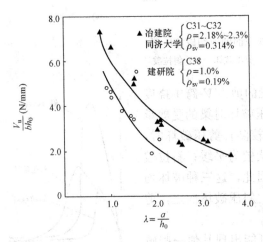

图 5-9 剪跨比对有腹筋
梁受剪承载力的影响

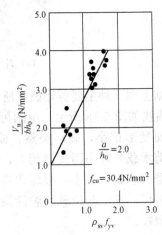

图 5-10 箍筋配筋率及箍筋强度对
梁受剪承载力的影响

4. 纵向钢筋的配筋率

纵向钢筋能抑制斜裂缝的开展，使斜裂缝上端剪压区混凝土的面积增大，从而提高了混凝土的受剪承载力。同时，纵向钢筋能通过销栓作用承担一定的剪力，因此，纵向钢筋的配筋量增大，受剪承载力有一定的提高。

5.3 受弯构件斜截面受剪承载力计算

5.3.1 计算原则

如前所述，有腹筋梁发生斜截面剪切破坏时可能出现三种主要破坏形态。其中，斜压破坏是由于腹筋的数量过多，或构件的截面尺寸过小引起的，可用控制截面尺寸不能过小的方法来防止；斜拉破坏是由于腹筋数量过少而引起的，因此用满足最小箍筋配筋率及构造要求

来防止这种形式的破坏。对于剪压破坏，则通过受剪承载力的计算予以保证。《混凝土结构设计规范》（GB 50010—2010）中给出的受剪承载力计算公式就是根据剪压破坏形态建立的。

对于配有箍筋和弯起钢筋的简支梁，发生剪压破坏时，取出如图 5-11 中被斜裂缝分割的一段梁为脱离体，该脱离体上作用的外力为 V，斜截面上的抗力有混凝土剪压区承担的剪力和压力，箍筋和弯起钢筋的抗力，纵筋的拉力和销栓力，以及骨料之间的咬合力等。斜截面的受剪承载力可以写为：

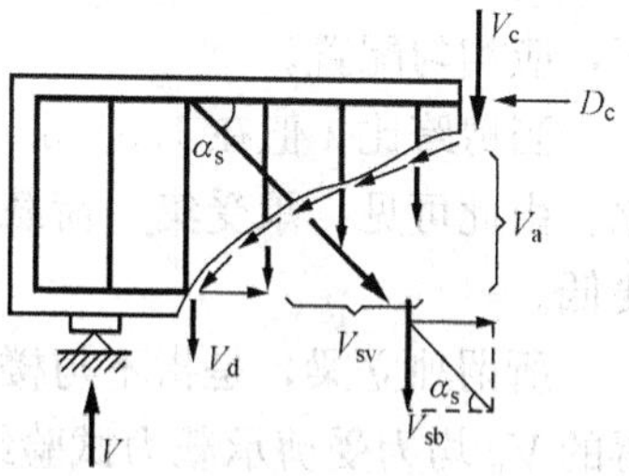

图 5-11　斜截面受剪承载力
计算简图

$$V_u = V_c + V_{sv} + V_{sb} + V_d + V_a \tag{5-7}$$

式中　V_u——斜截面受剪承载力；

V_c——剪压区混凝土承担的剪力；

V_{sv}——与斜裂缝相交的箍筋承担的剪力；

V_{sb}——与斜裂缝相交的弯起钢筋所承担的拉力沿竖向的分力；

V_d——纵筋的销栓力；

V_a——斜裂缝截面混凝土骨料的咬合力沿竖向的分力。

斜裂缝处混凝土骨料的咬合力和纵筋的销栓力，在无腹筋梁中的作用较大，但在有腹筋梁中，由于箍筋的存在，其抗剪作用变得不很显著。因此为了计算简便，可将其忽略或合并到其他抗力项中考虑。于是，式（5-7）可以简化为：

$$V_u = V_{cs} + V_{sb} \tag{5-8}$$
$$V_{cs} = V_c + V_{sv} \tag{5-9}$$

式中　V_{cs}——仅配箍筋梁的斜截面受剪承载力。

5.3.2　仅配有箍筋梁的斜截面受剪承载力计算

对于矩形、T 形和 I 形截面受弯构件，当仅配有箍筋时，其斜截面受剪承载力应按下列公式计算：

$$V \leqslant V_u = V_{cs} = \alpha_{cv} f_t b h_0 + f_{yv} \frac{A_{sv}}{s} h_0 \tag{5-10}$$

式中　V——构件斜截面上的最大剪力设计值；

b——矩形截面的宽度、T 形截面或 I 形截面的腹板宽度；

h_0——截面的有效高度；

s——沿构件长度方向箍筋的间距；

A_{sv}——配置在同一截面内箍筋各肢的全部截面面积；

f_t——混凝土的轴心抗拉强度设计值；

f_{yv}——箍筋的抗拉强度设计值；当 $f_{yv} > 360 N/mm^2$ 时，取 $f_{yv} = 360 N/mm^2$；

α_{cv}——斜截面混凝土受剪承载力系数，按下列规定采用：

（1）对于一般受弯构件，取

$$\alpha_{cv} = 0.7 \tag{5-11}$$

（2）对集中荷载作用下（包括作用有多种荷载，其中集中荷载对支座截面或节点边缘所产生的剪力值占总剪力值的 75% 以上的情况）的独立梁，取

$$\alpha_{cv}=\frac{1.75}{\lambda+1} \tag{5-12}$$

其中，λ 为计算截面的剪跨比，可取 $\lambda=a/h_0$，a 为集中荷载作用点至支座截面或节点边缘的距离；当 $\lambda<1.5$ 时，取 $\lambda=1.5$；当 $\lambda>3$ 时，取 $\lambda=3$；集中荷载作用点至支座之间的箍筋，应均匀配置。

当剪跨比 λ 值在 1.5～3.0 之间时，由式（5-12）计算所得的 α_{cv} 值在 0.7～0.44 之间变化。由此可见，承受集中荷载作用时的斜截面受剪承载力比承受均布荷载的一般受弯构件要低。

所谓独立梁，是指不与楼板整体浇筑的梁。还应指出，按式（5-10）～式（5-12）求得的 V_u 均为受剪承载力试验结果的偏下限值，这样偏于安全。

5.3.3 配有箍筋和弯起钢筋梁的斜截面受剪承载力计算

当梁中配有箍筋和弯起钢筋时，弯起钢筋所能承担的剪力为弯起钢筋的拉力在垂直梁轴方向的分力（图 5-11）。此外，弯起钢筋与斜裂缝相交时，有可能已接近斜裂缝顶端的剪压区，其应力可能达不到屈服强度，计算时应考虑这一不利因素。于是，弯起钢筋的受剪承载力可按下式计算：

$$V_{sb}=0.8f_yA_{sb}\sin\alpha_s \tag{5-13}$$

式中　A_{sb}——配置在同一弯起平面内的弯起钢筋的截面面积；

　　　α_s——弯起钢筋与梁纵向轴线的夹角，一般取 $\alpha_s=45°$；当梁截面较高时，可取 $\alpha_s=60°$；

　　　f_y——弯起钢筋的抗拉强度设计值；

　　　0.8——弯起钢筋应力不均匀系数。

因此，对矩形、T 形和 I 形截面受弯构件，当配置箍筋和弯起钢筋时，其斜截面的受剪承载力应按下列公式计算：

$$V\leqslant V_u=V_{cs}+V_{sb}=\alpha_{cv}f_tbh_0+f_{yv}\frac{A_{sv}}{s}h_0+0.8f_yA_{sb}\sin\alpha_s \tag{5-14}$$

式中　V——配置弯起钢筋处的剪力设计值，当计算第一排（对支座而言）弯起钢筋时，取支座边缘处的剪力值；计算以后的每一排弯起钢筋时，取前一排（对支座而言）弯起钢筋弯起点处的剪力值。

5.3.4 公式的适用范围

由于上述梁的斜截面受剪承载力计算公式是根据剪压破坏的试验结果和受力特点建立的，因而具有一定的适用范围，即公式具有上、下限。

1. 公式的上限——截面尺寸限制条件

当梁承受的剪力较大，而截面尺寸较小或腹筋数量较多时，则会发生斜压破坏，此时箍筋应力达不到屈服强度，梁的受剪承载力取决于混凝土的抗压强度和梁的截面尺寸。因此，设计时为避免斜压破坏，同时也为了防止梁在使用阶段斜裂缝过宽，对矩形、T 形和 I 形截面的受弯构件，其受剪截面应符合下列条件：

当 $h_w/b\leqslant4$ 时　　　　　　　　$V\leqslant0.25\beta_cf_cbh_0$ 　　　　　(5-15)

当 $h_w/b\geqslant6$ 时　　　　　　　　$V\leqslant0.2\beta_cf_cbh_0$ 　　　　　(5-16)

当 $4\leqslant h_w/b\leqslant6$ 时，按线性内插法确定。

式中　V——构件斜截面上的最大剪力设计值；

　　　β_c——混凝土强度影响系数，混凝土强度等级不超过 C50 时取 1.0，混凝土强度等级
　　　　　为 C80 时取 0.8，其间按线性内插法确定；

　　　b——矩形截面的宽度，T 形截面或 I 形截面的腹板宽度；

　　　h_0——截面的有效高度；

　　　h_w——截面的腹板高度，对矩形截面取有效高度，对 T 形截面取有效高度减去翼缘高
　　　　　度，对 I 形截面，取腹板净高。

　　2. 公式的下限——最小配箍率和构造配箍条件

　　如果梁内箍筋配置过少，斜裂缝一旦出现，箍筋应力就会突然增加而达到其屈服强度，甚至被拉断，导致发生脆性很明显的斜拉破坏。为了避免这类破坏，梁箍筋的配筋率 ρ_{sv} 应不小于箍筋的最小配筋率 $\rho_{sv,\min}$，即

$$\rho_{sv}=\frac{A_{sv}}{bs}\geqslant\rho_{sv,\min}=0.24\frac{f_t}{f_{yv}} \tag{5-17}$$

　　同时，如果梁内箍筋的间距过大，则可能出现斜裂缝不与箍筋相交的情况，使箍筋无法发挥作用。为此，应对箍筋的最大间距进行限制。根据试验结果和设计经验，梁内的箍筋数量还应满足下列要求：

　　(1) 对矩形、T 形、I 形截面的一般受弯构件，当符合

$$V\leqslant\alpha_{cv}f_t bh_0 \tag{5-18}$$

时，虽按计算不需配置箍筋，但仍应按构造配置箍筋，即箍筋的最大间距和最小直径应满足表 5-1 的构造要求。

表 5-1	梁中箍筋的最大间距和最小直径		mm
梁截面高度 h	最大间距		最小直径
	$V>0.7f_t bh_0$	$V\leqslant 0.7f_t bh_0$	
$150<h\leqslant300$	150	200	6
$300<h\leqslant500$	200	300	6
$500<h\leqslant800$	250	350	6
$h>800$	300	400	8

　　(2) 当式 (5-18) 不满足时，应按式 (5-14) 计算腹筋数量，箍筋的配筋率应满足式 (5-17) 的要求，选用的箍筋直径和箍筋间距尚应符合表 5-1 的构造要求。

5.3.5　板类构件的受剪承载力计算

　　在高层建筑中，厚度很大的基础底板以及转换层楼板等常有应用。这些板的厚度有时可达 1~3m，水工、港工结构中的某些底板甚至达到 7~8m 厚，此类板称为厚板。对于厚板，除应计算正截面受弯承载力外，还必须计算其斜截面受剪承载力。由于板类构件一般难以配置箍筋，因此其斜截面受剪承载力应按不配箍筋和弯起钢筋的无腹筋板类构件进行计算。

　　对不配置腹筋的厚板来说，截面的尺寸效应是影响斜截面受剪承载力的重要因素。试验分析表明，随板厚的增加，斜裂缝的宽度会相应地增大，如果混凝土骨料的粒径没有随板厚的增加而增大，就会使裂缝处的骨料咬合作用减弱，传递剪力的能力就相对降低。因此，在

计算厚板的受剪承载力时，应考虑板厚的不利影响。

对不配置箍筋和弯起钢筋的一般板类受弯构件，其斜截面的受剪承载力应按下列公式计算：

$$V \leqslant V_u = 0.7\beta_h f_t bh_0 \qquad (5-19)$$

$$\beta_h = \left(\frac{800}{h_0}\right)^{\frac{1}{4}} \qquad (5-20)$$

式中　V——构件斜截面上的最大剪力设计值；

　　　β_h——截面高度影响系数，当 $h_0 < 800\text{mm}$ 时取 800mm，当 $h_0 > 2000\text{mm}$ 时取 2000mm；

　　　f_t——混凝土轴心抗拉强度设计值。

上述公式仅适用于一般板类构件的受剪承载力计算，工程设计中通常不允许将梁设计为无腹筋梁。

5.4　受弯构件斜截面受剪承载力的设计计算方法

5.4.1　计算截面的确定

对梁斜截面受剪承载力起控制作用的应该是那些剪力设计值较大而受剪承载力又较小，或截面抗力发生变化处的斜截面。据此，设计中一般取下列位置处的截面作为梁受剪承载力的计算截面：

（1）支座边缘处的截面（图 5-12 中的截面 1-1）；

（2）受拉区弯起钢筋弯起点处的截面（图 5-12 中的截面 2-2、3-3）；

（3）箍筋间距或箍筋截面面积改变处的截面（图 5-12 中的截面 4-4）；

（4）腹板宽度改变处的截面。

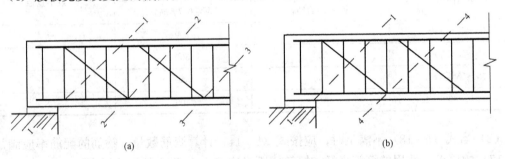

(a)　　　　　　　(b)

图 5-12　梁斜截面受剪承载力的计算截面位置

计算截面处的剪力设计值按下述方法采用：计算支座边缘处的截面时，取该处的剪力设计值；计算箍筋数量（间距或截面面积）改变处的截面时，取箍筋数量开始改变处的剪力设计值；计算第一排（从支座算起）弯起钢筋时，取支座边缘处的剪力设计值，计算以后每一排弯起钢筋时，取前一排弯起钢筋弯起点处的剪力设计值，如图 5-12 所示。

5.4.2　截面设计

已知外荷载或剪力设计值，构件的截面尺寸 b、h_0，材料的强度设计值 f_t、f_c 和 f_{yv} 等，要求确定箍筋和弯起钢筋的数量。

对于这类问题，一般可按下列步骤进行计算：

(1) 确定计算截面及其剪力设计值，必要时作剪力图。

(2) 验算构件的截面尺寸是否满足要求。构件的截面及纵向钢筋通常已由正截面受弯承载力计算初步选定，在进行受剪承载力计算时，应根据斜截面上的最大剪力设计值 V，按式 (5 - 15) 或式 (5 - 16) 验算构件截面尺寸是否合适，当不满足要求时，应加大截面尺寸或提高混凝土强度等级。对于板类构件，则应按式 (5 - 19)、式 (5 - 20) 验算其截面尺寸，一般不用计算腹筋。

(3) 验算是否需要按计算配置腹筋。当计算截面的剪力设计值满足式 (5 - 18) 时，则可不进行斜截面受剪承载力计算，而应按表 5 - 1 的构造要求配置箍筋。否则，应按计算配置腹筋。

(4) 当须按计算配置腹筋时，一般可采用以下两种方案计算腹筋数量。

1) 仅配箍筋而不配置弯起钢筋，由式 (5 - 10) 可得

$$\frac{A_{sv}}{s} \geqslant \frac{V - \alpha_{cv} f_t b h_0}{f_{yv} h_0} \tag{5 - 21}$$

计算出 $\dfrac{A_{sv}}{s}$ 值后，可先确定箍筋的肢数（一般采用双肢箍，即取 $A_{sv} = 2A_{sv1}$，A_{sv1} 为单肢箍筋的截面面积）和箍筋间距 s，便可确定箍筋的截面面积 A_{sv1} 和箍筋的直径。也可先确定单肢箍筋的截面面积 A_{sv1} 和箍筋肢数，然后求出箍筋的间距。注意选用的箍筋直径和间距均应满足表 5 - 1 的构造要求。

2) 既配箍筋又配置弯起钢筋。当计算截面的剪力设计值较大，箍筋配置得较多但仍不能满足斜截面的受剪承载力要求时，可配置弯起钢筋，与箍筋一起抵抗剪力。此时，一般可先按经验选定箍筋的直径和间距，并按式 (5 - 10) 计算出 V_{cs}，然后由下式计算弯起钢筋的截面面积。

$$A_{sb} \geqslant \frac{V - V_{cs}}{0.8 f_y \sin\alpha_s} \tag{5 - 22}$$

也可先选定弯起钢筋的截面面积 A_{sb}（可由正截面受弯承载力计算所得纵向受拉钢筋中的弯起钢筋的截面面积确定），然后由式 (5 - 14) 计算箍筋数量。

【例 5 - 1】　一矩形截面简支梁，如图 5 - 13 所示，其上作用的均布荷载设计值为 90kN/m（包括梁自重）。梁的截面尺寸 $b \cdot h = 250\text{mm} \times 600\text{mm}$，混凝土强度等级为 C30（$f_c = 14.3\text{N/mm}^2$，$f_t = 1.43\text{N/mm}^2$），纵筋采用 HRB400 级钢筋（$f_y = 360\text{N/mm}^2$），按正截面受弯承载力计算所需配置的纵筋为 4 Φ 25。箍筋为 HPB300 级钢筋（$f_{yv} = 270\text{N/mm}^2$），试确定腹筋数量。

解　(1) 计算剪力设计值。支座边缘处截面的剪力设计值为

$$V = \frac{1}{2} \times 90 \times (5.6 - 0.24) = 241.2(\text{kN})$$

(2) 验算截面尺寸。取混凝土保护层厚度 $c = 20\text{mm}$，则 $a_s = 40\text{mm}$，$h_w = h_0 = 600 - 40 = 560(\text{mm})$，$\dfrac{h_w}{b} = \dfrac{560}{250} = 2.24 < 4$，应按式 (5 - 15) 进行验算；采用 C30 混凝土，强度等级低于 C50，故取 $\beta_c = 1.0$，则

$$0.25\beta_c f_c b h_0 = 0.25 \times 1.0 \times 14.3 \times 250 \times 560 = 500\ 500(\text{N}) = 500.5\text{kN} > V = 241.2\text{kN}$$

截面尺寸符合要求。

（3）验算是否需要按计算配置腹筋。因

$$\alpha_{cv}f_t bh_0 = 0.7 \times 1.43 \times 250 \times 560 = 140\ 140(N) = 140.14kN < V = 241.2kN$$

故，需按计算配置腹筋。

（4）计算腹筋数量。

1）如果仅配箍筋，则由式（5-21）得：

$$\frac{A_{sv}}{s} \geq \frac{241\ 200 - 140\ 140}{270 \times 560} = 0.668(mm)$$

选用双肢 $\Phi 8$ 箍筋（$A_{sv} = 101mm^2$），则

$$s \leq \frac{A_{sv}}{0.668} = 151(mm)$$

取 $s = 150mm$，相应得箍筋的配筋率为

$$\rho_{sv} = \frac{A_{sv}}{bs} = \frac{101}{250 \times 150} = 0.27\% > \rho_{sv,min} = 0.24\frac{f_t}{f_{yv}} = 0.24 \times \frac{1.43}{270} = 0.13\%$$

故所配箍筋双肢 $\Phi 8@150$ 能够满足计算要求，且满足表5-1的构造要求。

2）如果既配箍筋又配弯起钢筋，则可按表5-1的构造要求，先选用箍筋双肢 $\Phi 8@250$，则

$$V_{cs} = 140\ 140 + 270 \times \frac{101}{250} \times 560 = 201\ 225(N) = 201.225kN$$

然后，由式（5-22）得：

$$A_{sb} \geq \frac{241\ 200 - 201\ 225}{0.8 \times 360 \times \sin 45°} = 196mm^2$$

将梁跨中的下部钢筋弯起 $1\Phi 25$（$A_{sb} = 491mm^2$）即可满足要求，而钢筋的弯起点至支座边缘的距离为 $50 + (600 - 2 \times 40) = 570mm$，弯起角度45°，如图5-13所示。

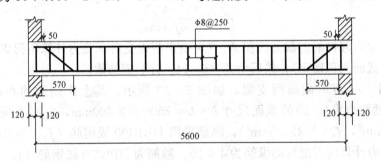

图5-13 [例5-1]计算简图

再验算弯起点处的斜截面。钢筋弯起点处的剪力设计值为

$$V_1 = \frac{1}{2} \times 90 \times (5.6 - 0.24 - 2 \times 0.57) = 189.9(kN)$$

钢筋弯起点处截面的受剪承载力为

$$V_u = V_{cs} = 201.225(kN) > V_1 = 189.9kN$$

说明该截面能够满足受剪承载力要求，故该梁只需配置一排弯起钢筋即可。

【例5-2】 一钢筋混凝土矩形截面简支梁，跨度4m，梁上作用的荷载设计值（均布荷

载中已包括梁自重），如图 5 - 14 所示。梁截面尺寸 $b \cdot h = 250\text{mm} \times 550\text{mm}$，混凝土强度等级为 C30（$f_c = 14.3\text{N/mm}^2$，$f_t = 1.43\text{N/mm}^2$），箍筋采用 HPB300 级钢筋（$f_{yv} = 270\text{N/mm}^2$）。试计算箍筋数量。

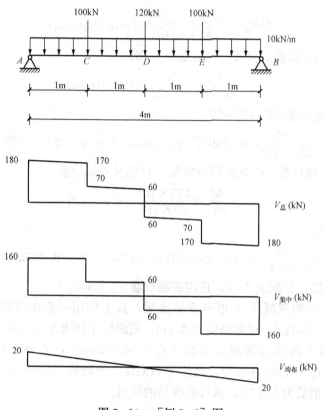

图 5 - 14　[例 5 - 2] 图

解　（1）求剪力设计值。梁上剪力设计值如图 5 - 14 所示。

（2）验算截面尺寸。取混凝土保护层厚度 $c = 20\text{mm}$，则 $a_s = 40\text{mm}$，则 $h_w = h_0 = 550 - 40 = 510\text{mm}$，$\dfrac{h_w}{b} = \dfrac{510}{250} = 2.04 < 4$，应按式（5 - 15）进行验算；因混凝土强度等级为 C30，低于 C50，故取 $\beta_c = 1.0$，则

$$0.25\beta_c f_c b h_0 = 0.25 \times 1.0 \times 14.3 \times 250 \times 510 = 455\ 813\text{(N)} = 455.813\text{kN}$$

该值大于梁支座边缘处的最大剪力设计值，故截面尺寸满足要求。

（3）验算是否需要按计算配置腹筋。A、B 两支座截面上由集中荷载引起的剪力设计值占相应支座截面总剪力值的比例均为 $\dfrac{160}{180} = 88\%$，大于 75%，故该梁应按集中荷载作用下的情况，采用式（5 - 12）计算 α_{cv}。

根据剪力的变化情况，可将梁分为 $AC(BE)$、$CD(ED)$ 区段来计算斜截面受剪承载力。

$$AC(BE) \text{ 段：} \lambda = \frac{a}{h_0} = \frac{1000}{510} = 1.96 < 3.0$$

故计算时取 $\lambda = 1.96$。

$$\frac{1.75}{\lambda+1}f_t bh_0=\frac{1.75}{1.96+1}\times1.43\times250\times510=107\ 793(\text{N})=107.793\text{kN}<V_A=180\text{kN}$$

说明应按计算配置箍筋。

由式（5-21）得

$$\frac{A_{sv}}{s}\geqslant\frac{180\ 000-107\ 793}{270\times510}=0.524(\text{mm})$$

选用直径 ϕ8 的双肢箍筋（$A_{sv}=101\text{mm}^2$），则

$$s\leqslant\frac{A_{sv}}{0.524}=\frac{101}{0.524}=192.7(\text{mm})$$

取 $s=150\text{mm}$。相应得箍筋的配筋率为

$$\rho_{sv}=\frac{A_{sv}}{bs}=\frac{101}{250\times150}=0.269\%>\rho_{sv,min}=0.24\frac{f_t}{f_{yv}}=0.24\times\frac{1.43}{270}=0.127\%$$

$CD(ED)$ 段：经计算，C 截面的弯矩 $M=175\text{kN·m}$，则

$$\lambda=\frac{M}{Vh_0}=\frac{175\times10^3}{70\times510}=4.9>3.0$$

故计算时取 $\lambda=3.0$。

$$\frac{1.75}{\lambda+1}f_t bh_0=\frac{1.75}{3.0+1}\times1.43\times250\times510=79\ 767(\text{N})=79.767\text{kN}>V_C=70\text{kN}$$

仅需按构造配置箍筋。根据表 5-1，选用箍筋双肢 ϕ8@300。

【例 5-3】 一钢筋混凝土 T 形截面简支梁，其上作用一集中荷载（梁的自重忽略不计），荷载设计值为 500kN，梁的跨度为 4.5m，截面尺寸如图 5-15 所示，梁截面有效高度 $h_0=630\text{mm}$，混凝土的强度等级为 C30（$f_c=14.3\text{N/mm}^2$，$f_t=1.43\text{N/mm}^2$），箍筋为 HRB335 级钢筋（$f_{yv}=300\text{N/mm}^2$），纵筋为 HRB400 级钢筋（$f_y=360\text{N/mm}^2$）。梁跨中截面配置的纵向受拉钢筋为 6 Φ 25，试计算腹筋的数量。

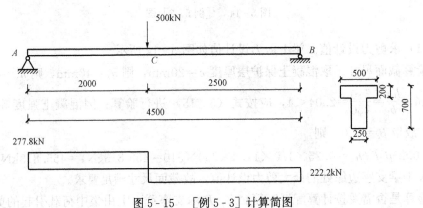

图 5-15 ［例 5-3］计算简图

解 （1）计算剪力设计值。剪力设计值如图 5-15 所示。

（2）验算截面尺寸。

$$h_w=h_0-h_f'=630-200=430\text{mm}，\frac{h_w}{b}=\frac{440}{250}=1.76<4，应按式（5-15）进行验算；因$$

混凝土强度等级为 C30，低于 C50，故取 $\beta_c=1.0$，则

$$0.25\beta_c f_c bh_0=0.25\times1.0\times14.3\times250\times630=563\ 063(\text{N})>V_{max}=277\ 800\text{N}$$

截面尺寸满足要求。

（3）验算是否需要按计算配置腹筋。

AC 段：$\lambda = \dfrac{a}{h_0} = \dfrac{2000}{630} = 3.17 > 3.0$，取 $\lambda = 3$ 计算，则

$$\frac{1.75}{\lambda + 1} f_t b h_0 = \frac{1.75}{3+1} \times 1.43 \times 250 \times 630 = 98\ 536(\text{N}) = 98.536\text{kN} < 277.8\text{kN}$$

BC 段：$\lambda = \dfrac{a}{h_0} = \dfrac{2500}{630} = 3.97 > 3.0$，取 $\lambda = 3$ 计算，则

$$\frac{1.75}{\lambda + 1} f_t b h_0 = \frac{1.75}{3+1} \times 1.43 \times 250 \times 630 = 98\ 536(\text{N}) = 98.536\text{kN} < 222.2\text{kN}$$

故 AC 段和 BC 段均应按计算配置箍筋。

（4）计算腹筋数量。

1）AC 段：采用既配箍筋又配弯起钢筋的方案。选用箍筋双肢 ϕ 8@200，则

$$V_{cs} = 98\ 536 + 300 \times \frac{101}{200} \times 630 = 193\ 981(\text{N})$$

由式（5 - 22）得：

$$A_{sb} \geqslant \frac{277\ 800 - 193\ 981}{0.8 \times 360 \times \sin 45°} = 412(\text{mm}^2)$$

选用 1 Φ 25（$A_{sb} = 491\text{mm}^2$）钢筋弯起即可满足要求。又因该梁在 AC 段内的剪力值均为 277.8kN，故在弯起钢筋的弯起点处仅配箍筋 ϕ 8@200，必然不能满足斜截面受剪承载力的要求，在 AC 段内应分三次弯起三排钢筋，如图 5 - 16 所示。

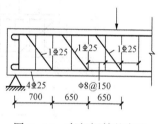

图 5 - 16　弯起钢筋的布置

2）BC 段：采用双肢 ϕ 8@150 箍筋，则由式（5 - 10）及式（5 - 12）得

$$V_u = V_{cs} = 98\ 536 + 300 \times \frac{101}{150} \times 630 = 225\ 796(\text{N}) > 222\ 200\text{N}$$

故 BC 段不需再设置弯起钢筋。BC 段箍筋的配筋率

$$\rho_{sv} = \frac{A_{sv}}{bs} = \frac{101}{250 \times 150} = 0.269\% > \rho_{sv,min} = 0.24\frac{f_t}{f_{yv}} = 0.24 \times \frac{1.43}{300} = 0.114\%$$

满足要求。

5.4.3　截面复核

已知构件截面尺寸 b、h，材料强度设计值 f_c、f_t、f_y、f_{yv}，箍筋、弯起钢筋数量及其布置等，要求复核构件斜截面所能承受的剪力设计值（或相应的荷载设计值）。

此时，可将各有关数据直接代入式（5 - 14），即得相应的解答。

【例 5 - 4】　一矩形截面简支梁，截面尺寸 $b \cdot h = 250\text{mm} \times 500\text{mm}$，混凝土强度等级为 C25（$f_c = 11.9\text{N/mm}^2$，$f_t = 1.27\text{N/mm}^2$），一类使用环境（混凝土保护层最小厚度 c 为 25mm）。纵筋采用 4 Φ 20 的 HRB400 级钢筋，箍筋采用 HPB300 级钢筋（$f_{yv} = 270\text{N/mm}^2$），沿梁长配有箍筋双肢 ϕ 8@200，梁的净跨度 $l_n = 5.76\text{m}$。要求按斜截面受剪承载力计算梁上所能承受的均布荷载设计值（包括梁自重）。

解 $a_s = 25 + 8 + 10 = 43(\text{mm})$，$h_w = h_0 = 500 - 43 = 457(\text{mm})$，$\dfrac{h_w}{b} = \dfrac{457}{250} = 1.83 < 4$，采用 C25 混凝土，强度等级低于 C50，故取 $\beta_c = 1.0$，则

$$0.25\beta_c f_c bh_0 = 0.25 \times 1.0 \times 11.9 \times 250 \times 457 = 339\,894(\text{N}) = 339.894\text{kN}$$

$$\rho_{sv} = \frac{A_{sv}}{bs} = \frac{101}{250 \times 200} = 0.202\% > \rho_{sv,min} = 0.24\frac{f_t}{f_{yv}} = 0.24 \times \frac{1.27}{270} = 0.113\%$$

代入式（5-10），得

$$V_u = 0.7 \times 1.27 \times 250 \times 457 + 270 \times \frac{101}{200} \times 457 = 163\,880(\text{N}) = 163.880\text{kN} < 339.894\text{kN}$$

故上、下限均满足要求。

由 $V_u = \dfrac{1}{2}pl_n$，得梁上所能承受的均布荷载设计值为：

$$p = \frac{2V_u}{l_n} = \frac{2 \times 163.880}{5.76} = 56.9(\text{kN/m})$$

【例 5-5】 其他已知条件同［例 5-4］，弯起钢筋 $1\,\underline{\Phi}\,20$（$A_{sb} = 314.2\text{mm}^2$），弯起角度为 45°，如图 5-17 所示。配有箍筋双肢 $\Phi\,8@200$。试按斜截面受剪承载力计算该梁所能承受的均布荷载设计值。

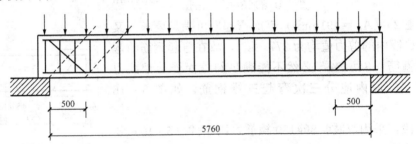

图 5-17　［例 5-5］计算简图

解 该简支梁应计算两个斜截面，即支座边缘和弯起钢筋的弯起点处。箍筋的配筋率

$$\rho_{sv} = \frac{A_{sv}}{bs} = \frac{101}{250 \times 200} = 0.202\% > \rho_{sv,min} = 0.24\frac{f_t}{f_{yv}} = 0.24 \times \frac{1.27}{270} = 0.113\%$$

满足计算公式的下限。

（1）支座边缘处，箍筋与弯起钢筋共同抵抗剪力。代入式（5-14），得

$$V_{u1} = 0.7 \times 1.27 \times 250 \times 457 + 270 \times \frac{101}{200} \times 457 + 0.8 \times 360 \times 314.2 \times \sin 45° = 240.9(\text{kN})$$

$$< 0.25\beta_c f_c bh_0 = 339.894\text{kN}$$

故计算公式的上限也满足。

由 $V_{u1} = \dfrac{1}{2}p_1 l_n$，求得梁上所能承担的均布荷载设计值为

$$p_1 = \frac{2V_{u1}}{l_n} = \frac{2 \times 240.9}{5.76} = 83.6(\text{kN/m})$$

（2）弯起钢筋的弯起点处，仅有箍筋抵抗剪力，故由式（5-10）得

$$V_{u2} = 0.7 \times 1.27 \times 250 \times 457 + 270 \times \frac{101}{200} \times 457 = 163.9(\text{kN})$$

则
$$p_2 = \frac{2V_{u2}}{l_2} = \frac{2\times163.9}{5.76-2\times0.5} = 68.9\text{kN/m} < p_1 = 83.6(\text{kN/m})$$

故由斜截面受剪承载力求得的梁上所能承受的均布荷载设计值为 68.9kN/m。

5.5　受弯构件斜截面受弯承载力和构造措施

受弯构件出现斜裂缝后，在斜截面上不仅存在着剪力 V，同时还作用有弯矩 M。图 5-18 所示为一简支梁及其在均布荷载作用下的弯矩图。若取斜截面 JC 左边部分梁为脱离体，并将斜截面 JC 上的所有力对受压区合力作用点取矩，则有：

$$M_u = f_y(A_s - A_{sb})z + \sum f_y A_{sb} z_{sb} + \sum f_{yv} A_{sv} z_{sv} \tag{5-23}$$

式中，M_u 表示斜截面的受弯承载力。上式等号右边第一项为纵向钢筋的受弯承载力，第二项和第三项分别为弯起钢筋和箍筋的受弯承载力。

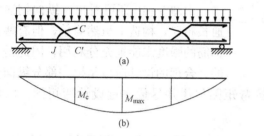
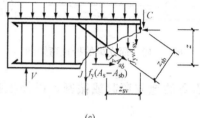

图 5-18　梁斜截面受弯承载力

与斜截面末端 C 相对应的正截面 CC' 的受弯承载力为

$$M_u = f_y A_s z \tag{5-24}$$

由于斜截面 JC 和正截面 CC' 所承受的外弯矩均等于 M_c（图 5-18（b）），因此按跨中最大弯矩 M_{max} 所配置的钢筋 A_s 只要沿梁全长既不弯起也不截断，则必然满足斜截面的受弯承载力要求。但是在工程设计中，纵向钢筋有时需要弯起或截断。这样，斜截面 JC 受弯承载力计算公式（5-23）中等号右边第一项将小于正截面 CC' 受弯承载力的计算结果［式（5-24）］。在这种情况下，斜截面的受弯承载力将有可能得不到保证。因此，在纵向钢筋有弯起或截断的梁中，必须考虑斜截面的受弯承载力问题。

为了说明这一问题，先介绍梁的正截面抵抗弯矩图。

5.5.1　抵抗弯矩图

抵抗弯矩图又称材料图，它是按梁实际配置的纵向受力钢筋所确定的各正截面所能抵抗的弯矩图形。图的各纵坐标代表各相应正截面实际所能抵抗的弯矩值。下面讨论抵抗弯矩图的作法。

1. 纵向受力钢筋沿梁长不变时的抵抗弯矩图

图 5-19 为一均布荷载作用下的简支梁，按跨中最大弯矩计算，需配置的纵向钢筋为 $2\Phi25 + 2\Phi22$，它所能抵抗的弯矩可由下式求得

$$M_R = f_y A_s\left(h_0 - \frac{f_y A_s}{2\alpha_1 f_c b}\right) \tag{5-25}$$

而每根钢筋所能抵抗的弯矩 M_{Ri} 可近似地由该钢筋的面积 A_{si} 与钢筋总面积 A_s 的比值乘以总

抵抗弯矩 M_R 求得，即

$$M_{Ri} = \frac{A_{si}}{A_s} M_R \qquad (5-26)$$

如果全部纵向钢筋沿梁直通，并在支座处有足够的锚固长度，则沿梁全长各个正截面抵抗弯矩的能力相等，因而梁的抵抗弯矩图为矩形 $abcd$（图 5-19）。每一根钢筋所能抵抗的弯矩按式（5-26）计算，亦示于图 5-19 中。

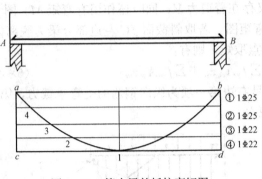

图 5-19　简支梁的抵抗弯矩图

可见，跨中截面 1 点处四根钢筋的强度被完全利用，2 点处①、②、③号钢筋的强度也被充分利用，而④号钢筋则不再需要。通常把 1 点称为④号钢筋的"充分利用点"，2 点称为④号钢筋的"理论截断点"或"不需要点"，其余类推。

由图 5-19 还可看出，纵向钢筋沿梁跨通长布置，构造上虽然简单，但有些截面上钢筋的强度未能被充分利用，因此是不经济的。合理的设计应该是把一部分纵向受力钢筋在不需要的地方弯起或截断，以使抵抗弯矩图包住并尽量靠近设计弯矩图，以便节约钢筋。

2. 有纵向钢筋弯起时的抵抗弯矩图

在简支梁设计中，一般不宜在跨内将纵向钢筋截断，而可在支座附近将纵筋弯起以抗剪。在图 5-20 中，如将④号钢筋在 E、F 截面处弯起，由于在弯起过程中，弯起钢筋对所在正截面受压区合力作用点的力臂是逐渐减小的，因此其受弯承载力并不立即消失，而是逐渐减小，一直到截面 G、H 处弯起钢筋穿过梁轴线进入受压区后，才认为其正截面抗弯作用完全消失。从 E、F 两点作垂直投影线与线 cd 相交于 e、f，再从 G、H 两点作垂直投影线与线 ij 相交于 g、h，则连线 $igefhj$ 为④号钢筋弯起后梁的抵抗弯矩（M_R）图。

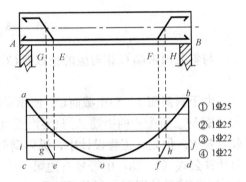

图 5-20　有纵向钢筋弯起时简支梁的
抵抗弯矩图

3. 纵向钢筋截断时的抵抗弯矩图

图 5-21 为一钢筋混凝土连续梁中间支座附近处的设计弯矩图、抵抗弯矩图及配筋图，由支座处负弯矩计算所需的纵向钢筋为 2⌀16＋2⌀18，4 根钢筋均为直筋配置，相应的抵抗弯矩为 GH。根据设计弯矩图与抵抗弯矩图的关系，可知①号钢筋的理论截断点为 J、L 点，从 J、L 两点分别向上作垂直投影线交于 I、K 点，则 $JIKL$ 为①号钢筋被截断后的抵抗弯矩图。同理，图中也给出了②号和③号钢筋被截断后的抵抗弯矩图。

5.5.2　纵向钢筋的弯起

在确定纵向钢筋的弯起时，必须考虑以下三方面的要求：

（1）保证正截面受弯承载力。纵筋弯起后，剩下的纵筋数量减少，正截面受弯承载力降

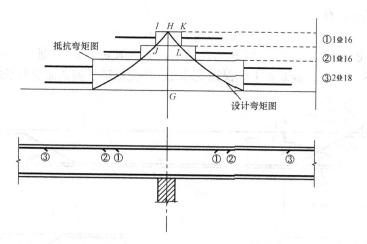

图 5 - 21　连续梁中间支座负弯矩钢筋被截断时的抵抗弯矩图

低。为了保证正截面受弯承载力能够满足要求，纵筋的始弯点必须位于按正截面受弯承载力计算所得的该纵筋强度被充分利用截面（充分利用点）以外，使抵抗弯矩图包在设计弯矩图的外面，而不得切入设计弯矩图以内。

（2）保证斜截面受剪承载力。纵筋弯起数量须满足斜截面受剪承载力的要求。当有集中荷载作用并按计算需配置弯起钢筋时，弯起钢筋应覆盖计算斜截面的始点至相邻集中荷载作用点之间的范围，因为在此范围内剪力值大小不变。弯起钢筋的布置，包括支座边缘到第一排弯筋的终弯点，以及从前一排弯筋的始弯点到次一排弯筋的终弯点的距离，均应小于箍筋的最大间距，其值见表 5 - 1。

（3）保证斜截面受弯承载力。为了保证梁斜截面受弯承载力，弯起钢筋在受拉区的弯起点应设在该钢筋的充分利用点以外，该弯起点至充分利用点间的距离 S_1 应大于或等于 $h_0/2$；同时，弯筋与梁纵轴的交点应位于按计算不需要该钢筋的截面（不需要点）以外。在设计中，当满足上述规定时，梁斜截面受弯承载力就能得到保证。

下面说明为什么 $S_1 \geqslant h_0/2$ 就能保证斜截面受弯承载力。如图 5 - 22 所示，在截面 CC'，按正截面受弯承载力计算需配置纵筋积 A_s，CC' 为钢筋 A_s 的充分利用截面。现拟在 K 处弯起一根（或一排）纵筋，其面积为 A_{sb}，则剩下的纵筋面积为 $(A_s - A_{sb})$，并伸入梁支座。

以 $ABCC'$ 部分梁为脱离体（图 5 - 22 (b)），对 O 点取矩可得正截面 CC' 的力矩平衡条件：

$$Va = f_y A_s z \tag{5-27}$$

再以 $ABCHJ$ 部分梁为脱离体（图 5 - 22 (c)），亦对 O 点取矩，并忽略箍筋的作用，可得斜截面 CHJ 的力矩平衡条件为

$$Va = f_y(A_s - A_{sb})z + f_y A_{sb} z_{sb} = f_y A_s z + f_y A_{sb}(z_{sb} - z) \tag{5-28}$$

从上述分析可知，斜截面 CHJ 和正截面 CC' 承受的外弯矩相同（均等于 Va）。显然，只有使斜截面的受弯承载力大于或等于正截面的受弯承载力，才能保证斜截面受弯承载力满足要求。比较式（5 - 27）和式（5 - 28）可见，这相当于使 $z_{sb} \geqslant z$。

由图 5 - 22 (a) 的几何关系可得

$$z_{sb} = (S_1 + z \cot\alpha_s)\sin\alpha_s = S_1 \sin\alpha_s + z \cos\alpha_s$$

由条件 $z_{sb} \geqslant z$，有

$$S_1 \geqslant (\csc\alpha_s - \cot\alpha_s)z$$

如果取 $z = 0.9h_0$，$\alpha_s = 45°$，得 $S_1 \geqslant 0.37h_0$，如果取 $\alpha_s = 60°$，则 $S_1 \geqslant 0.52h_0$。在设计中，简单地取 $S_1 \geqslant h_0/2$，就基本上能保证 $z_{sb} \geqslant z$，从而保证了斜截面受弯承载力。

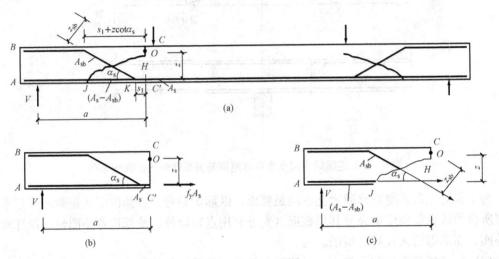

图 5-22　有弯起钢筋时正截面及斜截面的受弯承载力

5.5.3　纵筋的截断

1. 支座负弯矩钢筋的截断

梁正弯矩区段内的纵向受拉钢筋不宜在跨中截断，而应伸入支座或弯起以抵抗负弯矩及抗剪。梁支座截面负弯矩纵向受拉钢筋不宜在受拉区截断，当需要截断时，应符合以下规定：

（1）当 $V \leqslant 0.7f_tbh_0$ 时，应延伸至按正截面受弯承载力计算不需要该钢筋的截面以外不小于 $20d$ 处截断，且从该钢筋强度充分利用截面伸出的长度不应小于 $1.2l_a$。

（2）当 $V > 0.7f_tbh_0$ 时，应延伸至按正截面受弯承载力计算不需要该钢筋的截面以外不小于 h_0 且不小于 $20d$ 处截断，且从该钢筋强度充分利用截面伸出的长度不应小于 $1.2l_a + h_0$，见图 5-23（a）。

以上两项规定主要是考虑当 $V \leqslant 0.7f_tbh_0$ 时，梁弯剪区在使用阶段一般不会出现斜裂缝，这时纵筋的延伸长度取 $20d$ 或者 $1.2l_a$；当 $V > 0.7f_tbh_0$ 时，梁在使用阶段有可能出现斜裂缝，而斜裂缝出现后，由于斜裂缝顶端处的弯矩增大，有可能使未截断纵筋的拉应力超过其屈服强度而发生斜弯破坏。因此，纵筋的延伸长度应考虑斜裂缝水平投影长度这一段距离，其值可近似取 h_0，这时，纵筋的延伸长度取 $20d$ 且不小于 h_0 或 $1.2l_a + h_0$。

（3）若负弯矩区长度较大，按上述两项确定的截断点仍位于负弯矩对应的受拉区内，则应延伸至按正截面受弯承载力计算不需要该钢筋的截面以外不小于 $1.3h_0$ 且不小于 $20d$ 处截断，且从该钢筋强度充分利用截面伸出的延伸长度不应小于 $1.2l_a + 1.7h_0$。见图 5-23（b）。

2. 悬臂梁的负弯矩钢筋

悬臂梁上全部为负弯矩，其根部弯矩最大，悬臂端弯矩最小。因此，理论上来讲负弯矩钢筋可根据弯矩图的变化由根部向悬臂端逐渐减少。但是，由于悬臂梁中存在着比一般梁更

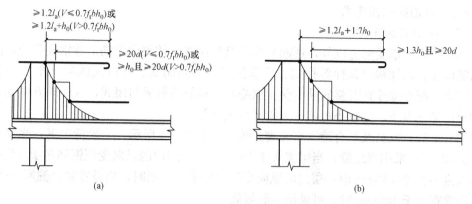

图 5-23　纵向钢筋截断时的延伸长度

为严重的斜弯作用和黏结退化而引起的应力延伸，所以在梁中截断钢筋会引起斜弯破坏。根据试验研究和工程经验，在钢筋混凝土悬臂梁中，应有不少于 2 根上部钢筋伸至悬臂梁外端，并向下弯折不小于 $12d$；其余钢筋不应在梁的上部截断，而应按弯矩图分批向下弯折，弯起点与按计算充分利用该钢筋的截面之间的距离不应小于 $h_0/2$。

综上所述，钢筋的弯起和截断均需绘制抵抗弯矩图。这实际上是一种图解设计过程，它可以帮助设计者看出纵向受拉钢筋的布置是否经济合理。

5.6　钢筋的构造要求

5.6.1　纵向钢筋锚固的构造要求

（1）伸入梁支座范围内的纵向受力钢筋不应少于 2 根。

（2）在简支梁和连续梁的简支端附近，弯矩接近于零。但当从支座边缘截面出现斜裂缝时，该处纵筋的拉应力会突然增加，如无足够的锚固长度，则纵筋会因锚固不足而发生滑移，造成锚固破坏，降低梁的承载力。为了防止这种破坏，简支梁和连续梁简支端的下部纵向受力钢筋，从支座边缘算起伸入支座内的锚固长度 l_{as}（图 5-24）应符合下列规定：

1）当 $V \leqslant 0.7f_t bh_0$ 时，$l_{as} \geqslant 5d$；当 $V > 0.7f_t bh_0$ 时，对带肋钢筋，$l_{as} \geqslant 12d$；对光圆钢筋，$l_{as} \geqslant 15d$。此处，d 为纵向受力钢筋的最大直径。

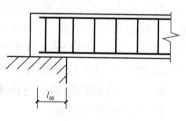

图 5-24　纵向受力钢筋伸入梁简支支座的锚固

2）如纵向受力钢筋伸入梁支座范围内的锚固长度不符合上述要求时，可采用弯钩或机械锚固措施，采取一侧或两侧贴焊锚筋、焊端锚板、螺栓锚头等有效的锚固措施，并满足相应的规定。

3）对混凝土强度等级为 C25 级及以下的简支梁和连续梁的简支端，当距支座边 $1.5h$ 范围内作用有集中荷载，且 $V > 0.7f_t bh_0$ 时，对带肋钢筋宜采取有效的锚固措施，或取锚固长度 $l_{as} \geqslant 15d$，d 为锚固钢筋的直径。

4）支承在砌体结构上的钢筋混凝土独立梁，在纵向受力钢筋的锚固长度 l_{as} 范围内应配置不少于 2 个箍筋，其直径不宜小于 $d/4$，d 为纵向受力钢筋的最大直径；间距不宜大于 $10d$，当采取机械锚固措施时箍筋间距尚不宜大于 $5d$，d 为纵向受力钢筋的最小直径。

5.6.2 箍筋的构造要求

1. 箍筋的形式和肢数

箍筋在梁内除承受剪力以外，还起着固定纵筋位置，使梁内钢筋形成钢筋骨架，防止受压区纵筋压曲，增加构件延性等作用。箍筋的形式有封闭式、开口式两种（图 5 - 25 (d)、(e)），当梁中配有按计算需要的纵向受压钢筋时，箍筋应做成封闭式，这样既方便固定纵筋又能约束芯部混凝土。一般小过梁可采用开口式箍筋。

箍筋有单肢、双肢及复合箍（多肢箍）等，如图 5 - 25 所示。一般情况下，当梁宽不大于 400mm 时，可采用双肢箍；当梁宽大于 400mm 且一层内的纵向受压钢筋多于 3 根时，或当梁的宽度不大于 400mm 但一层内的纵向受压钢筋多于 4 根时，应设置复合箍筋（图 5 - 25 (c)）。当梁宽小于 100mm 时，可采用单肢箍筋。

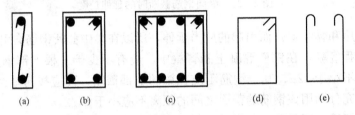

(a)   (b)   (c)   (d)   (e)

图 5 - 25 箍筋的形式和肢数

2. 箍筋的直径和间距

为了使钢筋骨架具有一定的刚性，便于制作和安装，要求箍筋的直径不应太小，箍筋的最小直径见表 5 - 1。当梁中配有计算需要的纵向受压钢筋时，箍筋直径尚不应小于 $d/4$，d 为受压钢筋的最大直径。

箍筋间距除应满足计算要求外，其最大间距还应符合表 5 - 1 的规定。当梁中配有计算需要的纵向受压钢筋时，箍筋的间距不应大于 $15d$ 并不应大于 400mm；当一层内的纵向受压钢筋多于 5 根且直径大于 18mm 时，箍筋间距不应大于 $10d$，d 为纵向受压钢筋的最小直径。

3. 箍筋的布置

按承载力计算不需要箍筋的梁，当截面高度大于 300mm 时，应沿梁全长设置构造箍筋；当截面高度为 150～300mm 时，可仅在构件端部 1/4 跨度范围内设置构造箍筋。但当在构件中部 1/2 跨度范围内有集中荷载作用时，则应沿梁全长设置箍筋；当截面高度小于 150mm 时，可以不设置箍筋。

5.6.3 弯起钢筋的构造要求

1. 弯起钢筋的间距

当按计算需要设置弯起钢筋时，从支座起前一排的弯起点至后一排的弯终点的距离，不应大于表 5 - 1 规定的 $V > 0.7 f_t b h_0$ 时的箍筋最大间距。

2. 弯起钢筋的弯起角度

弯起钢筋的弯起角宜取 45° 或 60°；在弯终点外应留有平行于梁轴线方向的锚固长度，且在受拉区不应小于 $20d$，在受压区不应小于 $10d$，d 为弯起钢筋的直径；梁底层钢筋中的角部钢筋不应弯起，顶层钢筋中的角部钢筋不应弯下。

小　　结

（1）在荷载作用下，钢筋混凝土梁弯剪区段产生斜裂缝的主要原因为主拉应力超过了混凝土的抗拉强度；斜裂缝的开展方向大致沿着主压应力迹线（垂直于主拉应力）方向。斜裂缝可分为两类，一类为弯剪斜裂缝，常见于一般梁中；另一类为腹剪斜裂缝，在薄腹梁中更易发生。

（2）受弯构件斜截面剪切破坏的主要形态有斜压破坏、剪压破坏和斜拉破坏三种，当弯剪区剪力较大、弯矩较小，即剪跨比较小（λ＜1）时，或剪跨比虽适中（1＜λ＜3）但腹筋配置过多时，以及薄腹梁中易发生斜压破坏，其特点为：混凝土被斜向压坏时，箍筋应力达不到屈服强度，属脆性破坏，设计时用限制截面尺寸不能过小来防止这种破坏的发生。当梁的剪跨比较大（λ＞3）且腹筋数量过少时易发生斜拉破坏，破坏时梁沿斜向裂成两部分，破坏过程短促而突然，脆性很大，设计时采用配置一定数量的箍筋和构造措施来避免发生斜拉破坏。剪压破坏多发生在剪跨比适中（1＜λ＜3）和腹筋配置适量的梁中，其破坏特征为箍筋应力首先达到屈服强度，然后剪压区混凝土达到复合受力时的强度而破坏，钢筋和混凝土的强度均被充分利用。因此，斜截面受剪承载力的计算公式是以剪压破坏为基础建立的。

（3）影响受弯构件斜截面受剪承载力的因素很多，主要有剪跨比、混凝土强度、箍筋的配筋率和箍筋强度，以及纵向钢筋的配筋率等。一般来讲，剪跨比越大，受剪承载力越低；混凝土强度越高，受剪承载力越大；在配筋量适当的范围内，箍筋配得越多，箍筋强度越高，受剪承载力也越大；增加纵筋的配筋率可以提高梁的受剪承载力。

（4）受弯构件除了可能沿斜截面发生受剪破坏外，还可能沿斜截面发生受弯破坏。对于斜截面受剪承载力，应通过计算配置适量的腹筋来保证；对于斜截面受弯承载力，主要是采取构造措施，确定纵向受力钢筋的弯起、截断、锚固及箍筋的间距等，一般不必进行计算。

（5）钢筋混凝土构件的剪切破坏机理及受剪承载力计算是一个极为复杂的问题，目前仍未很好解决。《混凝土结构设计规范》（GB 50010—2010）采用半理论半经验的方法，给出了受剪承载力计算公式，它得到的是试验结果的偏下限值。

思　考　题

（1）在荷载作用下，钢筋混凝土梁为什么会出现斜裂缝？

（2）无腹筋梁斜裂缝出现后，其应力状态发生了哪些变化？

（3）钢筋混凝土梁斜截面剪切破坏有哪几种主要类型？发生的条件和破坏特征各是什么？

（4）什么是广义剪跨比和计算剪跨比？其实质是什么？

（5）影响钢筋混凝土梁受剪承载力的主要因素有哪些？试说明其影响规律。

（6）箍筋的配筋率是如何定义的？它与斜截面受剪承载力有什么关系？

（7）为什么要对梁的截面尺寸进行限制？为什么要规定箍筋的最小配筋率？

（8）什么是抵抗弯矩图？它与设计弯矩图的关系应当怎样？

（9）什么是钢筋的充分利用点和理论截断点？

（10）纵向受力钢筋的弯起、截断和锚固各应满足哪些构造要求？

习　　题

（1）一钢筋混凝土梁，截面尺寸 $bh = 250\text{mm} \times 500\text{mm}$，混凝土强度等级为 C30，箍筋采用 HPB300 级钢筋，沿梁全长仅配箍筋，$a_s = 40\text{mm}$，均布荷载作用下，计算截面的剪力设计值 $V = 180\text{kN}$。要求确定梁内箍筋数量。

（2）其他条件同习题 1。但均布荷载下的剪力设计值：1）$V = 140\text{kN}$；2）$V = 96\text{kN}$；3）$V = 350\text{kN}$。要求确定梁内箍筋数量。

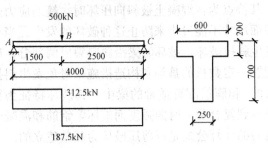

（3）一钢筋混凝土 T 形截面简支梁，跨度为 4m，截面尺寸如图 5 - 26 所示。梁截面有效高度 $h_0 = 630\text{mm}$，梁上作用的集中荷载设计值（包括梁自重的等效影响）为 500kN。混凝土强度等级为 C30，箍筋采用 HRB335 级钢筋，梁跨中截面配置 5 ⊈ 25 的 HRB400 级纵向钢筋。试确定腹筋数量。

图 5 - 26　习题（3）计算简图

（4）一矩形截面简支梁，梁的支承情况、荷载设计值（包括梁自重）及截面尺寸如图 5 - 27 所示。混凝土强度等级为 C30，箍筋采用 HPB300 级钢筋，纵筋采用 HRB400 级钢筋。梁截面受拉区配有 2 ⊈ 20 + 2 ⊈ 22 纵向钢筋，$h_0 = 510\text{mm}$。试求：①仅配箍筋时，箍筋的直径和间距；②如利用纵筋弯起抗剪时，箍筋和弯起钢筋的数量。

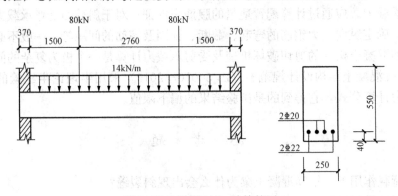

图 5 - 27　习题（4）计算简图

（5）一矩形截面简支梁，计算跨度 $l = 6\text{m}$，净跨度 $l_n = 5.76\text{m}$，截面尺寸 $bh = 200\text{mm} \times 500\text{mm}$，混凝土强度等级为 C30，纵向受拉钢筋采用 4 ⊈ 18，钢筋级别为 HRB400 级，$a_s = 40\text{mm}$。沿梁全长仅配置箍筋来抗剪，箍筋级别为 HPB300 级，采用双肢 Φ 8@200。试计算该简支梁所能承受的均布荷载设计值（包括梁自重）。

第6章 受压构件承载力

6.1 概　　述

受压构件是指以承受轴向压力为主的构件，它可以充分发挥混凝土材料的强度优势，因而在工程结构中混凝土受压构件应用比较普遍。例如多层和高层建筑中的框架柱、剪力墙、筒体，单层厂房结构中的排架柱、屋架上弦杆和受压腹杆，烟囱的筒壁、拱以及桥梁结构中的桥墩、桩等都属于受压构件（如图 6-1 所示）。

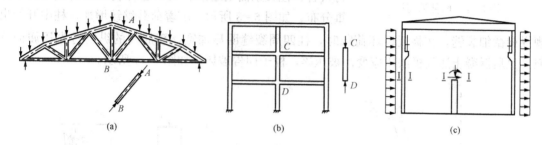

图 6-1　受压构件
(a) 屋架受压腹杆；(b) 框架柱；(c) 排架柱

钢筋混凝土受压构件按施加于它的压力作用位置不同，可分为轴心受压构件和偏心受压构件两大类。轴心受压构件根据截面形状不同分为正方形、矩形、多边形、圆形、圆环形等；按箍筋的不同类型分为配置普通箍筋的柱和配置螺旋箍筋的柱。偏心受压构件按配筋不同分为对称配筋和非对称配筋两种；按偏心力的作用位置和受力情况分单向偏心受压构件和双向偏心受压构件两类。无论是轴心受压构件还是偏心受压构件，都必须进行正截面受压承载力验算，根据承受外力的具体情况，有必要时还需进行柱斜截面受剪承载力的计算。

6.2　轴心受压构件正截面受压承载力

实际工程中理想的轴心受压构件是不存在的，但对于某些构件，如以承受恒载为主的框架中柱、桁架的受压腹杆，构件截面上的弯矩很小，以承受轴向压力为主，可以近似按轴心受压构件计算。按照柱中箍筋配置方式的不同轴心受压构件可分为普通箍筋柱和螺旋箍筋柱。由于构造简单和施工方便，普通箍筋柱是工程中最常见的轴心受压构件，截面形式多为矩形或正方形。当柱承受很大的轴心压力，且柱截面尺寸受到建筑和使用上的限制不能加大，若设计成普通箍筋柱，即使提高混凝土强度等级和增加纵筋配筋量也不足以承受该压力时，可考虑采用螺旋筋或焊接环筋以提高柱的承载力。这种柱的截面形式多为圆形或多边形，如图 6-2 所示。

6.2.1　普通箍筋柱的正截面承载力计算

根据构件长细比不同，《混凝土结构设计规范》（GB 50010—2010）将轴心受压构件分

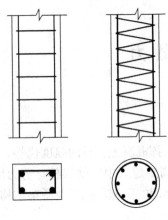

图 6-2　两种箍筋柱

为短柱和长柱两种情况。当长细比 $l_0/b \leqslant 8$（矩形截面，b 为截面较短边长）或 $l_0/d \leqslant 7$（圆形截面，d 为直径）时为短柱，否则为长柱。

1. 轴心受压短柱的破坏形态

短柱在轴心压力作用下，整个截面的应变基本上是均匀分布的，由于纵筋与混凝土之间存在黏结力，两者的应变基本相同。当荷载较小时，构件基本处于弹性阶段，此时纵筋和混凝土的应力值可根据应变协调条件由弹性理论求得。当荷载较大时，混凝土出现塑性变形，其应力增长较慢而纵筋的应力增长较快，纵筋与混凝土的应力比值不再符合弹性关系而是逐渐变大，这种现象称为截面的应力重分布，如图 6-3 所示。随着荷载继续增加，柱中开始出现纵向微细裂缝，在临近破坏荷载时，柱四周裂缝明显加宽，箍筋间的纵筋首先压屈而外鼓，最后混凝土达到极限压应变而被压碎，柱子即告破坏，如图 6-4 所示。

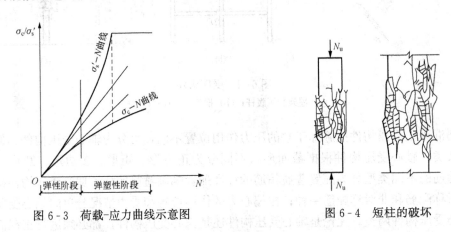

图 6-3　荷载-应力曲线示意图　　　　　图 6-4　短柱的破坏

试验表明，钢筋混凝土短柱在混凝土压碎时的压应变值比混凝土棱柱体的极限压应变略高，其主要原因是纵向钢筋起到了调整混凝土应力的作用，改善其脆性性质。计算时，对普通混凝土取极限压应变为 0.002，这时混凝土达到了棱柱体抗压强度 f_c，相应的纵筋最大应力约为

$$\sigma_s' = E_s \times 0.002 = 2.00 \times 10^5 \times 0.002 = 400(\text{N/mm}^2)$$

也就是说，如果采用 HRB335 级、HRB400 级和 RRB400 级热轧钢筋作为纵筋，则构件破坏时钢筋应力都可以达到抗压屈服强度。柱中配置钢筋后，轴心受压构件的极限压应变还会有所增大，故极限状态时 HRB500 级和 HRBF500 级钢筋（$f_y' = 410\text{N/mm}^2$）的应力也可以达到屈服强度。

2. 轴心受压长柱的破坏形态

对于长细比较大的柱子，试验表明，由各种因素造成的初始偏心对构件的受压承载力影响较大，不可忽略，它将使构件产生附加弯矩和弯曲变形；随荷载的增加，构件在压力和弯矩的共同作用下而破坏。对于长细比很大的细长柱，还可能发生丧失稳定的破坏。长柱破坏的特征是凸侧混凝土出现水平裂缝，凹侧出现纵向裂缝直至混凝土压碎，纵筋被压屈而外鼓，如图 6-5 所示。

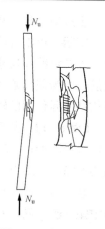

试验结果表明，长柱的破坏荷载低于相同条件下短柱的破坏荷载，而且长细比越大，承载能力降低越多。此外，在荷载的长期作用下，由于混凝土的徐变，构件的侧向挠度还将继续增加，对构件的受压承载力有一定的不利影响。《混凝土结构设计规范》（GB 50010—2010）采用稳定系数来表示长柱承载力的降低程度，即

$$\varphi = N_u^l / N_u^s$$

式中 N_u^l，N_u^s——分别为长柱和短柱的承载力。

稳定系数 φ 主要与柱的长细比 l_0/b 有关，表 6-1 给出了稳定系数 φ 的取值。

图 6-5 长柱的破坏

表 6-1   **钢筋混凝土轴心受压构件的稳定系数 φ**

l_0/b	≤8	10	12	14	16	18	20	22	24	26	28
l_0/d	≤7	8.5	10.5	12	14	15.5	17	19	21	22.5	24
l_0/i	≤28	35	42	48	55	62	69	76	83	90	97
φ	1.00	0.98	0.95	0.92	0.87	0.81	0.75	0.70	0.65	0.60	0.56
l_0/b	30	32	34	36	38	40	42	44	46	48	50
l_0/d	26	28	29.5	31	33	34.5	36.5	38	40	41.5	43
l_0/i	104	111	118	125	132	139	146	153	160	167	174
φ	0.52	0.48	0.44	0.40	0.36	0.32	0.29	0.26	0.23	0.21	0.19

注 表中 l_0 为构件计算长度；b 为矩形截面的短边尺寸；d 为圆形截面的直径；i 为截面最小回转半径。

3. 正截面受压承载力计算公式

根据试验分析，配置普通箍筋的钢筋混凝土轴心受压构件破坏时，正截面的计算应力图形如图 6-6 所示，截面上钢筋应力达到屈服强度，混凝土的压应力为 f_c，则轴心受压承载力计算公式为

$$N \leqslant N_u = 0.9\varphi(f_c A + f_y' A_s') \tag{6-1}$$

式中 N——轴向压力设计值；

    φ——钢筋混凝土构件的稳定系数，见表 6-1；

    f_c——混凝土轴心抗压强度设计值；

    A——构件截面面积，当纵向受压钢筋的配筋率大于 3% 时，A 应改用 $(A-A_s')$ 代替；

    A_s'——全部纵向钢筋的截面面积；

    f_y'——纵向钢筋的抗压强度设计值；

    0.9——轴心受压构件的可靠度调整系数。

当现浇钢筋混凝土轴心受压构件截面的长边或直径小于 300mm 时，式（6-1）中混凝土的强度设计值应乘以系数 0.8；当构件质量（如

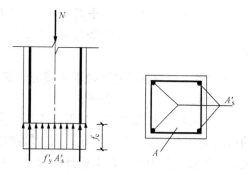

图 6-6 普通箍筋柱截面应力计算图形

混凝土成型、截面和轴线尺寸等）确有保证时，可不受此限制。

实际工程中有截面设计和截面复核两类问题。当为截面设计时，一般先根据经验及构造要求等拟定截面尺寸及选用材料，再按已知的轴向力 N 由式（6-1）计算出 A'_s，然后进行配筋。当为截面复核时，根据已知条件由式（6-1）计算出构件的受压承载力 N_u，将其与该构件实际作用的轴向压力 N 的设计值相比，验算其是否安全。

【例 6-1】 某现浇多层钢筋混凝土框架结构，底层中柱按轴心受压构件计算，柱的计算长度 $l_0 = 5.8\text{m}$，截面尺寸 $400\text{mm} \times 400\text{mm}$，承受轴心压力设计值 2360kN，混凝土强度等级为 C25，钢筋为 HRB400 级。确定纵筋截面面积 A'_s，并配置钢筋。

解 （1）确定计算参数。查附表 1-10，混凝土 C25：$f_c = 11.9\text{N/mm}^2$；查附表 1-3，HRB400 级钢筋：$f'_y = 360\text{N/mm}^2$。

（2）求稳定系数 φ。

$$l_0/b = 5800/400 = 14.5，查表 6-1，得 \varphi = 0.908。$$

（3）计算纵筋截面面积 A'_s。

$$A'_s = \frac{N/0.9\varphi - f_c A}{f'_y} = \frac{2360 \times 10^3/(0.9 \times 0.908) - 11.9 \times 400 \times 400}{360}$$
$$= 2733(\text{mm}^2)$$

（4）验算配筋率 ρ'。

$$\rho' = \frac{A'_s}{A} = \frac{2733}{400 \times 400} = 0.017 = 1.7\% < 3\%$$

同时大于最小配筋率 0.55%，满足要求。选用 12 Φ 18，$A'_s = 3052\text{mm}^2$。

【例 6-2】 某钢筋混凝土柱，计算长度 $l_0 = 4.5\text{m}$，截面尺寸 $300\text{mm} \times 300\text{mm}$，混凝土强度等级为 C25，纵筋级别为 HRB400 级，柱内配置 4 Φ 20 的纵筋。柱上作用的轴向压力设计值为 1050kN，试验算该柱的正截面受压承载力。

解 （1）确定计算参数。查附表 1-10，混凝土 C25：$f_c = 11.9\text{N/mm}^2$；查附表 1-3，HRB400 级钢筋：$f'_y = 360\text{N/mm}^2$；查附表 1-21，$A'_s = 1256\text{mm}^2$。

（2）求稳定系数 φ。由 $l_0/b = 4500/300 = 15$，查表 6-1 得 $\varphi = 0.895$。

（3）验算配筋率 ρ'。$\rho' = \dfrac{A'_s}{A} = \dfrac{1256}{300 \times 300} = 0.014 = 1.4\% < 3\%$，同时大于最小配筋率 0.55%，满足要求。

（4）承载力验算。

$$N_u = 0.9\varphi(f_c A + f'_y A'_s) = 0.9 \times 0.895 \times (11.9 \times 300 \times 300 + 360 \times 1256)$$
$$= 1227(\text{kN}) > N = 1050\text{kN}$$

故截面安全。

6.2.2 螺旋箍筋柱正截面承载力计算

1. 螺旋箍筋柱的受力特点

试验表明，加载初期，当混凝土压应力较小时，螺旋箍筋或焊接环形箍筋对核心混凝土的横向变形约束作用并不明显；随着轴向压力的增大，混凝土的侧向变形逐渐增大，并在螺旋筋或焊接环筋中产生较大的环向拉力，从而对核心混凝土形成间接的被动侧压力；当混凝土的压应变达到无约束混凝土的极限压应变时，螺旋筋或焊接环筋外面的保护层混凝土开始剥落,这时构件并未达到破坏状态,还能继续增加轴向压力,直至最后螺旋筋或焊接环筋的应力达到抗拉屈服强度,不能再有效地约束混凝土的侧向变形,构件即告破坏。

由图 6-7 可得,螺旋筋或焊接环筋的作用是:使核心混凝土处于三向受压状态,从而提高混凝土的抗压强度和抗变形能力。虽然螺旋筋或焊接环形箍筋水平放置,但间接的起到了提高构件纵向承载力的作用,所以也称这种钢筋为"间接钢筋"。

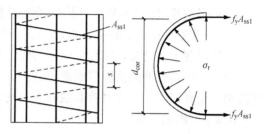

图 6-7 混凝土径向受力示意图

2. 正截面受压承载力计算公式

根据上述可知,螺旋筋或焊接环形箍筋所包围的核心截面混凝土处于三轴受压状态,其纵向抗压强度 f_{c1},即:

$$f_{c1} = f_c + 4\alpha\sigma_r \tag{6-2}$$

式中　f_{c1}——被约束后混凝土的轴心抗压强度;

　　　α——间接钢筋对混凝土约束的折减系数:当混凝土强度等级不超过 C50 时,取 1.0,当混凝土等级为 C80 时,取 0.85,其间按线性内插法确定;

　　　σ_r——间接钢筋的应力达到屈服强度时,对核心混凝土的被动侧向压应力。

一个螺旋箍筋间距 s 范围内 σ_r 在水平方向上的合力为 $\sigma_r s d_{cor}$,由水平方向上的平衡条件可得:

$$2f_{yv}A_{ss1} = \sigma_r d_{cor}s \tag{6-3}$$

于是

$$\sigma_r = \frac{2f_{yv}A_{ss1}}{sd_{cor}} = \frac{2f_{yv}A_{ss1}\pi d_{cor}}{4\cdot\frac{\pi d_{cor}^2}{4}s} = \frac{f_{yv}A_{sso}}{2A_{cor}} \tag{6-4}$$

$$A_{ss0} = \frac{\pi d_{cor}A_{ss1}}{s} \tag{6-5}$$

式中　A_{ss1}——单根间接钢筋的截面面积;

　　　f_{yv}——间接钢筋的抗拉强度设计值;

　　　s——间接钢筋沿构件轴线方向的间距;

　　　d_{cor}——构件的核心截面直径,即间接钢筋内表面之间的距离;

　　　A_{ss0}——间接钢筋的换算截面面积;

　　　A_{cor}——构件的核心截面面积。

根据内外力平衡条件,可得出螺旋箍筋柱的正截面受压承载力计算公式

$$N \leqslant N_u = (f_c + 4\alpha\sigma_r)A_{cor} + f_y'A_s' \tag{6-6}$$

将式 (6-4) 代入,得

$$N \leqslant N_u = f_cA_{cor} + 2\alpha f_{yv}A_{ss0} + f_y'A_s' \tag{6-7}$$

考虑可靠度调整系数 0.9 以后,《混凝土结构设计规范》(GB 50010—2010) 规定螺旋式或焊接环式间接钢筋柱的承载力计算公式为

$$N \leqslant N_u = 0.9(f_cA_{cor} + 2\alpha f_{yv}A_{ss0} + f_y'A_s') \tag{6-8}$$

为保证在正常使用阶段箍筋外围的混凝土不致过早剥落,按式 (6-8) 算得的构件受压承载力不应大于按式 (6-1) 算得的受压承载力的 1.5 倍。当遇到下列任意一种情况时,不应计入间接钢筋的影响,而按式 (6-1) 进行计算:

（1）当 $l_0/d>12$ 时，因构件长细比较大，可能由于轴向压力及初始偏心引起纵向弯曲，降低构件的承载能力，使得间接钢筋不能发挥作用；

（2）当按式（6-8）算得的构件受压承载力小于式（6-1）算得的受压承载力时，因式（6-8）中只考虑混凝土的核心截面面积，当外围混凝土相对较厚而间接钢筋用量较少时，就有可能出现上述情况，实际上构件所能达到的承载力则等于式（6-1）的计算结果；

（3）当间接钢筋的换算截面面积 A_{ss0} 小于纵向钢筋的全部截面面积的 25% 时，可以认为间接钢筋配置得太少，它对核心混凝土的约束作用不明显。

6.2.3　构造要求

1. 材料强度

混凝土强度等级对受压构件的承载能力影响较大，为减小柱截面尺寸及节约钢材，应采用较高强度等级的混凝土，一般柱中采用 C25～C40，对高层建筑的底层柱，必要时可采用高强度等级的混凝土。纵向钢筋应采用 HRB400 级、HRB500 级、HRBF400 级、HRBF500 级。箍筋宜采用 HRB400 级、HRBF400 级、HPB300 级、HRB500 级、HRBF500 级钢筋，也可采用 HRB335 级、HRBF335 级钢筋。

2. 截面形式及尺寸

轴心受压构件一般采用方形或矩形截面，因其构造简单，便于施工，有时考虑建筑要求也可采用圆形截面或其他多边形截面。方形柱的截面尺寸不宜小于 250mm×250mm。为避免矩形截面轴心受压构件的长细比过大，承载力降低过多，一般 $l_0/b\leqslant30$，$l_0/h\leqslant25$。此外，为施工支模方便，柱截面尺寸宜使用整数，800mm 及以下时以 50mm 为模数，800mm 以上时以 100mm 为模数。

3. 纵筋

柱中全部纵向钢筋的最小配筋率应满足附表 1-18 要求，同时，一侧纵向钢筋的最小配筋率不应小于 0.2%，全部纵向钢筋的配筋率不宜大于 5%。柱中纵向钢筋宜沿截面四周均匀布置，直径不宜小于 12mm，根数不应少于 4 根。圆柱中纵筋的根数不宜少于 8 根，且不应少于 6 根。纵筋净距不应小于 50mm。对于水平浇筑混凝土的预制柱，最小净距不应小于 30mm 和 1.5d（d 为钢筋的最大直径）。纵筋的中距不宜大于 300mm。

纵筋的连接接头宜设置在受力较小处，同一钢筋上宜少设接头。钢筋的接头可采用机械连接接头，也可采用焊接接头和绑扎搭接接头。当纵筋直径 $d>32mm$ 时，不宜采用绑扎搭接接头。绑扎搭接接头和机械连接接头宜相互错开，焊接接头应相互错开。采用绑扎搭接时，受压搭接长度不应小于纵向受拉钢筋搭接长度的 0.7 倍，且在任何情况下不应小于 200mm。

4. 箍筋

柱的周边箍筋应做成封闭式，如图 6-8（a）所示，其间距不应大于 400mm 及构件截面的短边尺寸，且不应大于 15d（d 为纵筋的最小直径）。箍筋直径不应小于 d/4（d 为纵筋的最大直径）且不应小于 6mm。

当柱中全部纵向钢筋的配筋率大于 3% 时，箍筋直径不应小于 8mm。间距不应大于纵向受力钢筋最小直径的 10 倍，且不应大于 200mm。箍筋末端应做成 135° 弯钩且弯钩末端平直段长度不应小于纵向受力钢筋最小直径的 10 倍。箍筋也可焊成封闭环式。

当柱截面短边尺寸大于 400mm 且各边纵向钢筋多于 3 根时，或当柱截面短边尺寸不大于 400mm 但各边纵向钢筋多于 4 根时，应设置复合箍筋，如图 6-8（b）所示。

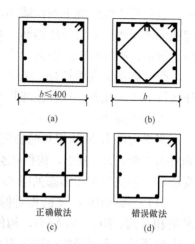

柱中纵向钢筋搭接长度范围内的箍筋间距不应大于搭接钢筋较小直径的 10 倍，且不应大于 200mm。当受压钢筋直径 $d > 25\text{mm}$ 时，尚应在搭接接头两个端面外 100mm 范围内各设置两个箍筋。

对于截面形状复杂的构件，不可采用具有内折角的箍筋，以免产生向外的拉力致使折角处的混凝土崩落，如图 6-8（c）、（d）所示。

在配有螺旋式或焊接环式间接钢筋的柱中，如计算中考虑间接钢筋的作用，则间接钢筋的间距不应大于 80mm 及 $d_{cor}/5$（d_{cor} 为按间接钢筋内表面确定的核心截面直径），且不宜小于 40mm。间接钢筋的直径按普通箍筋的有关规定采用。

图 6-8　箍筋形式

6.3　偏心受压构件正截面破坏形态

一般的偏心受压构件截面上除作用有轴向压力和弯矩外，还作用有剪力。因此，对偏心受压构件既要计算正截面受压承载力计算，又要计算斜截面受剪承载力，有时还要进行裂缝的宽度验算。本章主要解决偏心受压构件的承载力计算问题。

工程中的偏心受压构件大部分都是按单向偏心受压进行截面设计的，但也有一部分双向偏心受压构件，例如多层框架房屋的角柱，其轴向压力同时沿截面的两个主轴方向有偏心作用，应按双向偏心受压构件进行设计。本章内容如无特别说明，均指单向偏心受压构件。

6.3.1　偏心受压构件的破坏形态

从正截面受力性能来看，偏心受压是处于轴心受压与受弯之间范围相当广的受力状态。即当弯矩 M 很小接近于零或轴向压力 N 的偏心距接近于零时，可看作轴心受压状态；当弯矩 M 很大而轴向压力 N 很小接近于零时，则看作是受弯状态。根据大量试验研究结果，偏心受压构件按其破坏可划分为以下两种情况，如图 6-9 所示。

1. 受拉破坏

当轴向压力 N 的相对偏心距 e_0/h_0 较大，且受拉侧钢筋 A_s 配置不过多时会出现受拉破坏。习惯上称受拉破坏为"大偏心受压破坏"。①当纵向压力 N 增大到一定数值时，首先在受拉边出现水平裂缝，N 继续增大，受拉边形成一条或几条主要水平裂缝。②随着纵向压力 N 的逐渐增加，主要水平裂缝扩展较快，裂缝宽度增大，并且裂缝的深度逐渐向受压区方向延伸，使受压区高度逐渐减小。③当 N 接近破坏荷载时，受拉钢筋 A_s 的应力首先达到屈服强度，受拉区横向裂缝迅速开展并向受压区延

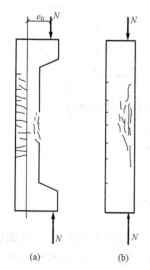

图 6-9　偏心受压构件的
破坏形态
（a）受拉破坏；（b）受压破坏

伸，迫使受压区混凝土面积减小，最后靠近轴向压力一侧的受压区边缘混凝土达到其极限压应变而被压碎，此时受压钢筋一般能达到其屈服强度。试验所得的典型破坏形态如图 6 - 9 (a) 所示，破坏阶段截面的应力、应变状态见图 6 - 10 (a)。

受拉破坏的主要特征：破坏从受拉区开始，受拉钢筋首先屈服，而后受压钢筋屈服及受压区混凝土被压碎。这种破坏形态有明显的预兆，属于延性破坏。

2. 受压破坏

当纵向压力 N 的相对偏心距 e_0/h_0 较大，但受拉钢筋 A_s 数量过多；或者纵向压力 N 的相对偏心距 e_0/h_0 较小，构件就会出现受压破坏，习惯上称受压破坏为"小偏心受压破坏"。受压破坏的典型破坏形态见图 6 - 9 (b)。

(1) 当纵向压力 N 的相对偏心距 e_0/h_0 较大，但受拉钢筋 A_s 数量过多；或者纵向压力 N 的相对偏心距 e_0/h_0 较小，构件截面大部分受压而小部分受拉。①当纵向压力 N 增大到一定数值时，截面受拉边边缘出现水平裂缝，但是水平裂缝的开展与延伸并不显著，未形成明显的主裂缝，而受压区边缘的压应变却增加较快。②临近破坏时受压边出现纵向裂缝。③破坏比较突然，缺乏明显预兆，压碎区段较长；破坏时，受压钢筋的应力一般能够达到屈服强度，但受拉钢筋并不屈服，截面受压区边缘混凝土的压应变比受拉破坏时小。构件破坏时截面的应力、应变状态如图 6 - 10 (b) 所示。

(2) 当纵向压力 N 的相对偏心距 e_0/h_0 很小时，构件全截面受压。破坏从压应力较大边开始，该侧的受压钢筋一般都能达到屈服强度，而压力较小一侧钢筋的应力达不到屈服强度。破坏时截面的应力、应变状态如图 6 - 10 (c) 所示。若相对偏心距 e_0/h_0 更小时，由于截面的实际形心和构件的几何中心不重合，也可能发生离纵向力较远一侧的混凝土先压坏的情况。

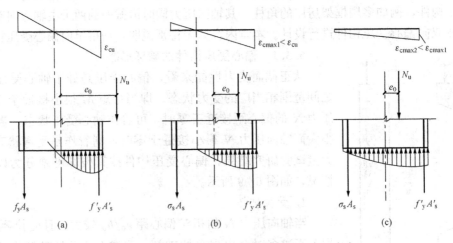

图 6 - 10　偏心受压构件破坏时截面的应力、应变

受压破坏的主要破坏特征：破坏始于受压区混凝土的压碎以及受压钢筋的屈服，远离轴压力一侧的钢筋一般都达不到屈服强度。这种破坏形态在破坏前无明显预兆，属脆性破坏。

6.3.2　两类偏心受压破坏的界限

大偏心受压破坏和小偏心受压破坏之间存在着一种界限状态，称为界限破坏。其主要特征为，在受拉钢筋屈服的同时（$\varepsilon_s = \varepsilon_y$），受压区边缘混凝土达到极限压应变 ε_{cu} 而被压碎，

这时 $x_c = x_{cb}$。试验还表明，从开始加荷直到构件破坏，截面平均应变都能较好地符合平截面假定。

由图 6-11 可以看出：对于大偏心受压构件，破坏时，受拉钢筋的应变大于界限状态时的钢筋应变，也就是钢筋屈服时的应变，即 $\varepsilon_s > \varepsilon_y$，则混凝土受压区高度小于界限状态时的混凝土受压区高度，即 $x_c < x_{cb}$。将受压区混凝土曲线应力图形换算成矩形应力图形后，则有 $x < x_b$。对于小偏心受压构件，由于构件破坏时受拉钢筋受拉不屈服或者受压不屈服，则有 $x_c > x_{cb}$，即 $x > x_b$。

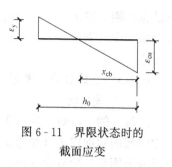

图 6-11 界限状态时的截面应变

因此，大、小偏心受压构件的判别条件为：$\xi \leqslant \xi_b$ 或 $x \leqslant \xi_b h_0$，为大偏心受压；$\xi > \xi_b$ 或 $x > \xi_b h_0$，为小偏心受压。其中 ξ 为偏心受压构件正截面承载力极限状态时截面的计算相对受压区高度。

6.4 偏心受压构件的二阶效应

6.4.1 附加偏心距

由于实际工程中竖向荷载作用位置的不确定性、混凝土质量的不均匀性、配筋的不对称性以及施工偏差等因素，《混凝土结构设计规范》（GB 50010—2010）规定，在偏心受压构件受压承载力计算中，必须计入轴向压力在偏心方向的附加偏心距 e_a，其值取 20mm 和偏心方向截面尺寸的 1/30 两者中的较大值。则正截面计算时所取的初始偏心距 e_i 应为：

$$e_i = e_0 + e_a \tag{6-9}$$

式中 e_0——轴向压力的偏心距，按下式计算

$$e_0 = \frac{M}{N} \tag{6-10}$$

式中 M、N——偏心受压构件弯矩、轴力设计值。

6.4.2 偏心受压长柱的二阶弯矩

试验表明，偏心受压构件会产生纵向弯曲。对于长细比较小的柱，其纵向弯曲很小，可以忽略不计。但对于长细比较大的柱，其纵向弯曲则较大，将引起二阶弯矩，降低柱的承载力，设计时应予以考虑。图 6-12 中的曲线 $ABCDE$ 为偏心受压构件达承载能力极限状态时，截面的弯矩和轴力的对应关系。

（1）当构件为短柱，纵向弯曲效应可以忽略，偏心距保持不变，截面的弯矩 M 与轴力 N 呈线性关系（OB 线），沿直线达到破坏点，破坏属于"材料破坏"。

（2）对于长柱，纵向弯曲效应不能忽略，随轴力的增大，纵向弯曲引起的偏心距呈非线性增大，截面的弯矩也随着偏心距的增大呈非线性增大，如 OC 线所示，构件的破坏仍属于"材料破坏"。

（3）对于长细比过大的细长柱，纵向弯曲效应非常明显，当轴向力达到一定值时（F 点），由于纵向弯曲引

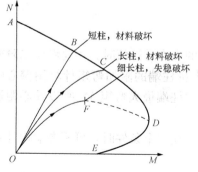

图 6-12 不同长细比时 N-M 的关系图

起的偏心距急剧增大，微小的轴力增量可引起不收敛的弯矩增量，导致构件侧向失稳破坏。此时截面内的钢筋应力并未达到屈服强度，混凝土也未达到其极限压应变值，在设计中应避免采用。

6.4.3 二阶效应的考虑

1. 二阶效应的概念

结构中的二阶效应是指作用在结构上的重力荷载或构件中的轴压力在变形后的结构或构件中引起的附加内力（如弯矩）和附加变形（如结构侧移、构件挠曲）。结构中的二阶效应可以分为侧移二阶效应（P-Δ 效应）和受压构件的挠曲效应（P-δ 效应）两类。

对于有侧移结构的偏心受压构件，若杆件的长细比较大时，在轴力作用下，由于杆件自身侧移的影响，通常会增大杆件端部截面的弯矩，即产生 P-Δ 效应。由重力在产生了侧移的结构中形成的整体二阶效应也称为"重力二阶效应"。结构侧移的二阶效应（P-Δ 效应）通常属于结构分析的问题，在结构分析中也称为"几何非线性"，如图 6-13（a）所示。

由轴压力在杆件自身挠曲后引起的局部二阶效应为 P-δ 效应，如图 6-13（b）所示。通常 P-δ 效应起控制作用的情况仅在少数偏压构件中出现，例如反弯点不在层高范围内较细长的偏压杆。受压构件的挠曲效应（P-δ 效应）的计算属于构件层面上的问题。

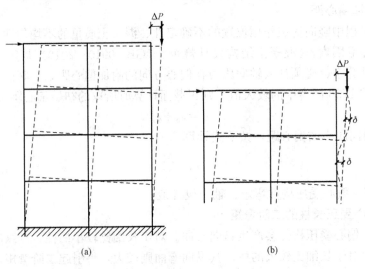

图 6-13 结构中的二阶效应
（a）P-Δ 效应；（b）P-δ 效应

2. 构件自身挠曲引起的二阶效应（P-δ 效应）

实际工程中最常遇到的是长柱，在确定偏心受压构件的内力设计值时，需要考虑二阶效应的影响。《混凝土结构设计规范》（GB 50010—2010）中将柱端的附加弯矩计算用偏心距调节系数和弯矩增大系数来表示，偏心受压柱设计弯矩值为柱端最大弯矩 M_2 乘以偏心距调节系数 C_m 和弯矩增大系数 η_{ns}，即 $M = C_m \eta_{ns} M_2$。

（1）除排架结构柱外其他偏心受压构件，当同时满足下述三个条件时，可不考虑构件自身挠曲产生的附加弯矩影响：

1）设计轴压比 $N/(f_c A) \leqslant 0.9$；

2）构件两端截面按弹性分析确定的同一种组合弯矩设计值中，较小值 M_1 与较大值 M_2

之比不大于 0.9，即 $M_1/M_2 \leqslant 0.9$；

   3）构件长细比满足 $l_c/i \leqslant 34 - 12(M_1/M_2)$。

  （2）若不满足上述条件其中之一，须按以下步骤计算弯矩设计值：

$$C_m = 0.7 + 0.3 \frac{M_1}{M_2} \tag{6-11}$$

$$\zeta_c = \frac{0.5 f_c A}{N} \tag{6-12}$$

$$\eta_{ns} = 1 + \frac{1}{1300(M_2/N + e_a)/h_0} \left(\frac{l_c}{h}\right)^2 \zeta_c \tag{6-13}$$

$$M = C_m \eta_{ns} M_2 \tag{6-14}$$

式中 M_1、M_2——考虑侧移影响的偏心受压构件两端截面按结构弹性分析确定的对同一主
                  轴的组合弯矩设计值，绝对值较小端为 M_1，较大端弯矩为 M_2；当构件

                  按单曲率弯曲时，$\dfrac{M_1}{M_2}$ 取正值，否则取负值；

      C_m——构件端截面偏心距调节系数，当 $C_m < 0.7$ 时，取 $C_m = 0.7$；

     η_{ns}——弯矩增大系数；

      N——与弯矩设计值 M_2 相应的轴向压力设计值；

      ζ_c——截面曲率修正系数，当按式（6-12）计算 $\zeta_c > 1.0$ 时，取 $\zeta_c = 1.0$；

      l_c——柱的计算长度，可近似的取偏心受压构件相应主轴方向上下支撑点间的
           距离。

   注：当 $C_m \eta_{ns} < 1.0$ 时，取 $C_m \eta_{ns} = 1.0$；对剪力墙及核心筒墙，可取 $C_m \eta_{ns} = 1.0$。

  3. 构件侧移二阶效应（P-Δ 效应）

    由侧移产生的二阶效应可在结构分析时采用有限元方法计算，也可采用增大系数法近似
计算。增大系数法是对未考虑 P-Δ 效应的一阶弹性分析所得的构件端弯矩以及层间位移乘
以增大系数，即

$$M = M_{ns} + \eta_s M_s \tag{6-15}$$

$$\Delta = \eta_s \Delta_1 \tag{6-16}$$

式中 M_s——引起结构侧移荷载产生的一阶弹性分析构件端弯矩设计值；

    M_{ns}——不引起结构侧移荷载产生的一阶弹性分析构件端弯矩设计值；

     Δ_1——一阶弹性分析的层间位移；

     η_s——P-Δ 效应增大系数。

  （1）对于框架结构，所计算楼层各柱的 η_s 可按下式计算

$$\eta_s = \frac{1}{1 - \dfrac{\sum N_j}{D H_0}} \tag{6-17}$$

式中 D——所计算楼层的侧向刚度；

    N_j——所计算楼层第 j 列柱轴力设计值；

    H_0——所计算楼层的层高。

  （2）对于剪力墙结构、框架-剪力墙结构、筒体结构中的 η_s 可按下列公式计算：

$$\eta_s = \frac{1}{1 - 0.14 \dfrac{H^2 \sum G}{E_c J_d}} \tag{6-18}$$

式中　$\sum G$——各楼层重力荷载设计值之和；

$E_c J_d$——结构的等效侧向刚度；

H——结构总高度。

（3）对于排架结构柱，考虑二阶效应的弯矩设计值可按下式计算

$$M = \eta_s M_0 \tag{6-19}$$

$$\eta_s = 1 + \frac{1}{1500 e_i / h_0} \left(\frac{l_0}{h} \right)^2 \zeta_c \tag{6-20}$$

式中　M_0——一阶弹性分析柱端弯矩设计值；

l_0——排架柱的计算长度。

6.5　矩形截面非对称配筋偏心受压构件正截面承载力计算

6.5.1　基本计算公式及适用条件

与受弯构件相似，偏心受压构件正截面承载力计算也采用下列基本假定：

（1）截面应变符合平截面假定；

（2）不考虑混凝土的受拉作用；

（3）混凝土受压区的应力图形等效为矩形，其设计强度为 $\alpha_1 f_c$，受压区高度 x 与由平截面假定所确定的实际中和轴高度 x_c 的比值同样取为 β_1。α_1 和 β_1 值可同样按表 4-3 确定。

1. 大偏心受压破坏构件

大偏心受压构件的正截面受压承载力的计算简图如图 6-14 所示。

由纵向力的平衡条件及各力对受拉钢筋合力点取矩的力矩平衡条件，可得出非对称配筋矩形截面大偏心受压构件的受压承载力计算公式。

由力的平衡条件 $\sum Y = 0$，得

$$N \leqslant N_u = \alpha_1 f_c b x + f_y' A_s' - f_y A_s \tag{6-21}$$

由力矩平衡条件 $\sum M_{A_s} = 0$，得

$$Ne \leqslant N_u e = \alpha_1 f_c b x \left(h_0 - \frac{x}{2} \right) + f_y' A_s' (h_0 - a_s') \tag{6-22}$$

式中　e——轴向压力作用点至受拉钢筋 A_s 合力点之间的距离

$$e = e_i + \frac{h}{2} - a_s \tag{6-23}$$

其余符号的意义及计算同前。

将 $x = \xi h_0$ 代入基本公式，并令 $\alpha_s = \xi(1 - 0.5\xi)$，则上面公式可写成如下形式：

$$N \leqslant N_u = \alpha_1 f_c b h_0 \xi + f_y' A_s' - f_y A_s \tag{6-24}$$

$$Ne \leqslant N_u e = \alpha_1 f_c b h_0^2 \alpha_s + f_y' A_s' (h_0 - a_s') \tag{6-25}$$

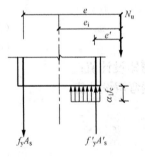
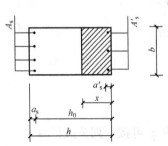

图 6-14　矩形截面非对称配筋大偏心受压构件截面应力计算图形

以上两个公式是以大偏心受压破坏模式建立的，所以在应用公式时，应保证构件破坏时，受拉钢筋的应力能够达到钢筋受拉强度设计值，受压钢筋的应力也能够

达到钢筋受压强度设计值，即应满足

$$x \leqslant \xi_b h_0 \quad \text{或} \quad \xi \leqslant \xi_b$$

$$x \geqslant 2a_s' \quad \text{或} \quad \xi \geqslant \frac{2a_s'}{h_0}$$

当计算中考虑受压钢筋 A_s' 的作用，且 $\xi < 2a_s'/h_0$ 时，可偏安全地取 $\xi = 2a_s'/h_0$，并对受压钢筋合力点 A_s' 取矩，得

$$Ne' \leqslant N_u e' = f_y A_s (h_0 - a_s') \tag{6-26}$$

式中 e'——轴向压力作用点至受压钢筋 A_s' 合力点之间的距离

$$e' = e_i - \frac{h}{2} + a_s' \tag{6-27}$$

2. 小偏心受压破坏构件

小偏心受压构件的正截面受压承载力的计算简图如图 6-15 所示。

小偏心受压构件破坏时，受压钢筋 A_s' 的压力总能达到屈服强度，而远离轴压力一侧的钢筋 A_s 可能受拉，也可能受压，但均达不到屈服强度，所以 A_s 的应力用 σ_s 表示。由纵向力的平衡条件及各力对 A_s 合力点及对 A_s' 合力点取矩的力矩平衡条件，可得出非对称配筋矩形截面小偏心受压构件的受压承载力计算公式。

由力的平衡条件 $\sum Y = 0$，得

$$N \leqslant N_u = \alpha_1 f_c b x + f_y' A_s' - \sigma_s A_s \tag{6-28}$$

由力矩平衡条件 $\sum M_{A_s} = 0$，$\sum M_{A_s'} = 0$ 得

$$Ne \leqslant N_u e = \alpha_1 f_c b x \left(h_0 - \frac{x}{2} \right) + f_y' A_s' (h_0 - a_s') \tag{6-29}$$

$$Ne' \leqslant N_u e' = \alpha_1 f_c b x \left(\frac{x}{2} - a_s' \right) - \sigma_s A_s (h_0 - a_s') \tag{6-30}$$

$$e = e_i + \frac{h}{2} - a_s$$

$$e' = \frac{h}{2} - e_i + a_s'$$

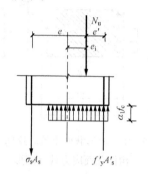

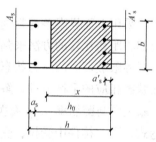

图 6-15 矩形截面非对称配筋小偏心受压构件截面应力计算图形

式中 σ_s——受拉钢筋 A_s 的应力值，其与 ξ 之间为直线关系可近似按下式计算

$$\sigma_s = \left(\frac{\xi - \beta_1}{\xi_b - \beta_1} \right) f_y \tag{6-31}$$

σ_s 为正值时表示拉应力，为负值时表示压应力，且应满足：

$$-f_y' \leqslant \sigma_s \leqslant f_y \tag{6-32}$$

将 $x = \xi h_0$ 代入基本公式，并令 $\alpha_s = \xi(1 - 0.5\xi)$，则上面公式可写成如下形式：

$$N \leqslant N_u = \alpha_1 f_c b h_0 \xi + f_y' A_s' - \sigma_s A_s \tag{6-33}$$

$$Ne \leqslant N_u e = \alpha_1 f_c b \alpha_s h_0^2 + f_y' A_s' (h_0 - a_s') \tag{6-34}$$

$$Ne' \leqslant N_u e' = \alpha_1 f_c b h_0^2 \xi \left(\frac{\xi}{2} - \frac{a_s'}{h_0} \right) - \sigma_s A_s (h_0 - a_s') \tag{6-35}$$

对于非对称配筋的小偏心受压构件，当 $N > f_c bh$ 时，远离轴压力一侧的钢筋 A_s 配得不

够多，则有可能由于附加偏心距 e_a 的负偏差等原因，使远离轴压力一侧的混凝土反而先被压碎，此时钢筋 A_s 受压，其应力可达到抗压强度设计值 f'_y（图 6-16）。为避免这种反向破坏的发生，还应按下面公式进行验算，即

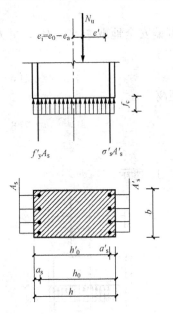

$$Ne' \leqslant N_u e' = f_c bh\left(h'_0 - \frac{h}{2}\right) + f'_y A_s(h'_0 - a_s) \qquad (6-36)$$

$$e' = \frac{h}{2} - a'_s - (e_0 - e_a) \qquad (6-37)$$

式中　h'_0——受压钢筋 A'_s 合力点至截面远边的距离，即

$$h'_0 = h - a'_s \qquad (6-38)$$

《混凝土结构设计规范》（GB 50010—2010）规定，对采用非对称配筋的小偏心受压构件，当轴向压力设计值 $N > f_c bh$ 时，为了防止 A_s 发生受压破坏，A_s 应满足式（6-36）的要求。按反向受压破坏计算时，取初始偏心距 $e_i = e_0 - e_a$，这是考虑了不利方向的附加偏心距，偏于安全。式（6-37）仅适用于式（6-36）。

图 6-16　矩形截面小偏心反向受压构件截面应力计算图形

6.5.2　大、小偏心受压破坏的设计判别

无论是截面设计还是截面复核，都需要首先判别截面是属于大偏心还是小偏心，然后才能采用相应的公式进行计算。如前所述，区分两种偏心受压破坏的界限为：$\xi \leqslant \xi_b$ 为大偏心受压破坏；$\xi > \xi_b$ 为小偏心受压破坏。但在截面配筋设计时，A_s 及 A'_s 尚未确定，从而 ξ 值也为未知，故无法采用上面界限条件判别。对于不对称配筋截面设计问题，可采用计算偏心距 e_i 并与界限偏心距相比较的方法来判断大、小偏心。

对界限破坏时的应力状态进行分析，在大偏心受压构件基本公式中取 $\xi = \xi_b$，可得到与界限状态相应的平衡方程，解此平衡方程即可求得界限偏心距 e_{ib}；当截面尺寸和材料确定后，e_{ib} 主要与配筋率 ρ、ρ' 有关系，对于偏心受压构件，取最小配筋率 ρ_{min} 和 ρ'_{min} 可得 $(e_{ib})_{min}$ 表达式；同一构件中受拉、受压钢筋型号通常相同，即 $f_y = f'_y$，将常用钢筋及混凝土材料强度代入 $(e_{ib})_{min}$ 表达式并取 $a'_s/h_0 = a_s/h_0 = 0.05$，求出相应的 $(e_{ib})_{min}/h_0$。

对于普通热轧钢筋以及常用的各种混凝土强度等级，相对界限偏心距的最小值 $(e_{ib})_{min}/h_0$ 在 0.3 附近变化。对于常用材料，可取 $e_{ib} = 0.3h_0$ 作为大、小偏心受压的界限偏心距。此时，可近似按下面的方法进行初步判别：

（1）当 $e_i \leqslant 0.3h_0$ 时，按小偏心受压设计；

（2）当 $e_i > 0.3h_0$ 时，可先按大偏心受压计算，计算过程中得到 ξ 后，再根据 ξ 与 ξ_b 的关系进行进一步判别。

一般来说，当满足 $e_i \leqslant 0.3h_0$ 时为小偏压；当满足 $e_i > 0.3h_0$ 时，受截面配筋的影响，可能处于大偏心受压，也可能处于小偏心受压。例如，即使偏心距较大但受拉钢筋配筋很多，极限破坏时受拉钢筋可能不屈服，构件的破坏仍为小偏心破坏。

6.5.3　截面设计

已知构件所采用的混凝土强度等级、钢筋种类、截面尺寸 $b \times h$、截面上作用的轴向压

力设计值 N 和弯矩设计值 M、构件在弯矩作用平面内的支撑长度 l_c 及弯矩作用平面外的计算长度 l_0，要求确定钢筋截面面积 A_s 和 A_s'。

1. 大偏心受压构件

(1) A_s 和 A_s' 均未知，求 A_s、A_s'。

1) 计算 A_s'。

从大偏心受压基本计算公式可以得出，此时共有 ξ、A_s 和 A_s' 三个未知量，有多组解。需要补充一个条件，即经济条件，使总用钢量最小，即充分利用混凝土受压性能可直接取 $\xi=\xi_b$，代入式（6-25），得

$$A_s' = \frac{Ne - \alpha_1 f_c b h_0^2 \cdot \alpha_{sb}}{f_y'(h_0 - a_s')} \qquad (6-39)$$

其中
$$\alpha_{sb} = \xi_b(1 - 0.5\xi_b) \qquad (6-40)$$

如果 $A_s' < \rho_{min}'bh$ 且 A_s' 与 $\rho_{min}'bh$ 数值相差较多，则取 $A_s' = \rho_{min}'bh$，并改按第二种情况（已知 A_s' 求 A_s）计算 A_s。

2) 计算 A_s。

将 $\xi=\xi_b$ 和 A_s' 及其他条件代入式（6-24），得

$$A_s = \frac{\alpha_1 f_c b h_0 \xi_b + f_y'A_s' - N}{f_y} \geqslant \rho_{min}bh \qquad (6-41)$$

3) 验算垂直于弯矩作用平面的受压承载力，验算式（6-1）。

(2) 已知 A_s'，求 A_s。

1) 计算 α_s、ξ。将已知条件代入式（6-25），得

$$\alpha_s = \frac{Ne - f_y'A_s'(h_0 - a_s')}{\alpha_1 f_c b h_0^2} \qquad (6-42)$$

$$\xi = 1 - \sqrt{1 - 2\alpha_s} \qquad (6-43)$$

2) 讨论 ξ，计算 A_s。

a. 如果 $\frac{2a_s'}{h_0} \leqslant \xi \leqslant \xi_b$，则根据式（6-24）得

$$A_s = \frac{\alpha_1 f_c b h_0 \xi + f_y'A_s' - N}{f_y} \geqslant \rho_{min}bh \qquad (6-44)$$

b. 如果 $\xi > \xi_b$，则说明受压钢筋数量不足，应增加 A_s'，按第一种情况（A_s 和 A_s' 均未知）或增大截面尺寸后重新计算。

c. 如果 $\xi < \frac{2a_s'}{h_0}$，则应按式（6-26）重新计算 A_s。

3) 验算垂直于弯矩作用平面的受压承载力，按式（6-1）验算。

【例 6-3】 钢筋混凝土偏心受压柱，截面尺寸 $b=300\text{mm}$，$h=400\text{mm}$。柱承受轴向压力设计值 $N=310\text{kN}$，柱顶截面弯矩设计值 $M_1=170\text{kN}\cdot\text{m}$，柱底截面弯矩设计值 $M_2=180\text{kN}\cdot\text{m}$，柱挠曲变形为单曲率。弯矩作用平面内柱上下两端的支撑长度为 3.5m，弯矩作用平面外柱的计算长度 $l_0=4.375\text{m}$。混凝土强度等级为 C25，纵筋采用 HRB400 级钢筋，混凝土保护层厚度 $c=25\text{mm}$。要求确定钢筋截面面积 A_s' 和 A_s。

解 (1) 确定计算参数。查附表 1-10，混凝土 C25：$f_c=11.9\text{N/mm}^2$；查附表 1-3，HRB400 级钢筋：$f_y=f_y'=360\text{N/mm}^2$；查表 4-3，$\alpha_1=1.0$；查表 4-4，$\xi_b=0.518$。

（2）判断是否考虑轴向压力在弯矩方向杆件因挠曲产生的附加弯矩。

杆端弯矩比
$$\frac{M_1}{M_2}=\frac{170}{180}=0.94>0.9$$

所以应该考虑杆件自身挠曲变形影响。

（3）计算弯矩设计值。

按箍筋直径为 10mm，$a_s=a_s'=25+10+10=45mm$，$h_0=h-a_s=400-45=355$（mm）

$$\frac{h}{30}=\frac{400}{30}=13 \text{（mm）}<20mm，\text{取 } e_a=20mm$$

$$\zeta_c=\frac{0.5f_cA}{N}=\frac{0.5\times11.9\times300\times400}{310\times10^3}=2.3>1，\text{取 }\zeta_c=1$$

$$C_m=0.7+0.3\frac{M_1}{M_2}=0.7+0.3\times\frac{170}{180}=0.983$$

$$\eta_{ns}=1+\frac{1}{1300\left(\frac{M_2}{N}+e_a\right)\big/h_0}\left(\frac{l_c}{h}\right)^2\zeta_c$$

$$=1+\frac{1}{1300\times\left(\frac{180\times10^6}{310\times10^3}+20\right)\big/355}\times\left(\frac{3500}{400}\right)^2\times1$$

$$=1.035$$

$$M=C_m\eta_{ns}M_2=0.983\times1.035\times180=183.133(\text{kN}\cdot\text{m})$$

（4）判别偏压类型。

$$e_0=\frac{M}{N}=\frac{183.133\times10^6}{310\times10^3}=591(\text{mm})$$

$$e_i=e_0+e_a=591+20=611(\text{mm})>0.3h_0=0.3\times355=107mm$$

故按大偏心受压构件计算。

$$e=e_i+\frac{h}{2}-a_s=611+\frac{400}{2}-45=766(\text{mm})$$

（5）计算 A_s 和 A_s'。

为了使钢筋总用量最小，近似取 $\xi=\xi_b=0.518$

$$\alpha_{sb}=\xi_b(1-0.5\xi_b)=0.518\times(1-0.5\times0.518)=0.384$$

$$A_s'=\frac{Ne-\alpha_1f_c\alpha_{sb}bh_0^2}{f_y'(h_0-a_s')}=\frac{310\times10^3\times766-1\times11.9\times0.384\times300\times355^2}{360\times(355-45)}$$

$$=580(\text{mm}^2)>A_{smin}'=\rho_{min}'bh=0.002\times300\times400=240mm^2$$

$$A_s=\frac{\alpha_1f_cbh_0\xi_b+f_y'A_s'-N}{f_y}=\frac{1\times11.9\times300\times355\times0.518+360\times580-310\times10^3}{360}$$

$$=1542(\text{mm}^2)>A_{smin}=\rho_{min}bh=0.002\times300\times400=240mm^2$$

（6）配筋。

受压钢筋选用 2 ⏀ 20（$A_s'=628mm^2$），受拉钢筋选用 5 ⏀ 20（$A_s=1570mm^2$）。

截面总配筋率

$$\rho=\frac{A_s+A_s'}{bh}=\frac{1570+628}{300\times400}=0.0183>0.0055$$

满足要求。

（7）验算垂直于弯矩作用平面的受压承载力。

$$\frac{l_0}{b}=\frac{4375}{300}=14.58，查表，\varphi=0.906。$$

$$
\begin{aligned}
N_u &=0.9\varphi(f_cA+f'_yA'_s)\\
&=0.9\times0.906\times[11.9\times300\times400+360\times(628+1570)]\\
&=1809.6(kN)>N=310kN
\end{aligned}
$$

满足要求。

2. 小偏心受压构件

正常情况下，小偏心受压破坏时，远离偏心压力一侧的纵向受力钢筋不论受拉还是受压，其应力均不能达到屈服强度。因此，可取 $A_s=\rho_{min}bh$，这样得出的 $(A_s+A'_s)$ 一般最为经济。当确定 A_s 后，小偏心受压基本公式中就只有三个未知数，即 A'_s、ξ 和 σ_s，故可求得唯一解。

（1）按最小配筋率初步拟定 A_s 值，取 $A_s=\rho_{min}bh$。对于矩形截面非对称配筋率小偏心受压构件，当 $N>f_cbh$ 时，应再按式（6-36）验算 A_s 用量，即

$$A_s=\frac{Ne'-f_cbh\left(h'_0-\dfrac{h}{2}\right)}{f'_y(h_0-a_s)} \tag{6-45}$$

$$e'=\frac{h}{2}-a'_s-(e_0-e_a) \tag{6-46}$$

取两者中的较大值选配钢筋，并应符合钢筋的构造要求。

（2）将实配钢筋 A_s 及式（6-31）代入式（6-35），求得 ξ

$$\xi=A+\sqrt{A^2+B} \tag{6-47}$$

其中

$$A=\frac{a'_s}{h_0}+\left(1-\frac{a'_s}{h_0}\right)\frac{f_yA_s}{(\xi_b-\beta_1)\alpha_1f_cbh_0} \tag{6-48}$$

$$B=\frac{2Ne'}{\alpha_1f_cbh_0^2}-2\beta_1\left(1-\frac{a'_s}{h_0}\right)\frac{f_yA_s}{(\xi_b-\beta_1)\alpha_1f_cbh_0} \tag{6-49}$$

（3）根据 ξ 的不同情况，分别计算 A'_s。对于小偏心受压构件的计算，按式（6-47）求出 ξ 后，不必计算出 σ_s 的具体数值即可根据 ξ 与 σ_s 的关系判断出受拉钢筋 A_s 的应力状态，其关系见图 6-17。

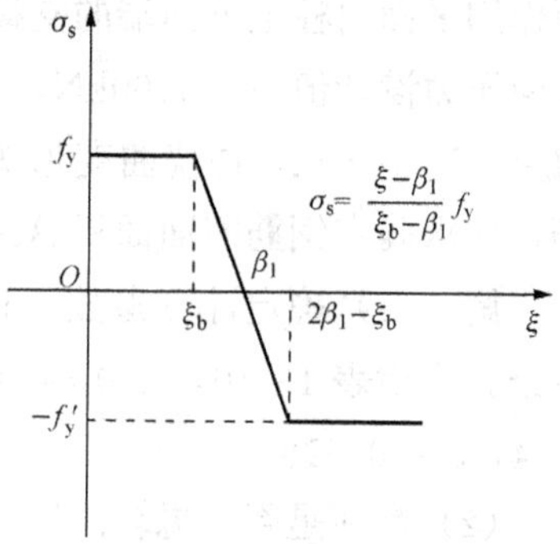

图 6-17 受拉钢筋应力 σ_s 和 ξ 的关系

1）若 $\xi_b<\xi\leqslant2\beta_1-\xi_b$，且 $\xi\leqslant\dfrac{h}{h_0}$，说明 A_s 受拉未屈服或受压未屈服或刚达到受压屈服，受压区计算高度在截面范围内，ξ 计算值有效。将 ξ 代入式（6-34），可得

$$A'_s=\frac{Ne-\alpha_1f_cbh_0^2\xi(1-0.5\xi)}{f'_y(h_0-a'_s)} \tag{6-50}$$

2）若 $\xi>2\beta_1-\xi_b$，且 $\xi\leqslant\dfrac{h}{h_0}$，说明 A_s 的应力已经达到受压屈服强度，受压区计算高度在截面范围内，ξ 计算值无效，取 $\sigma_s=-f'_y$，由式（6-35）重新计算 ξ，再由式（6-33）求得 A'_s，且使 $A'_s\geqslant\rho'_{min}bh$，否则取 $A'_s=\rho'_{min}bh$。

3）若 $\xi > 2\beta_1 - \xi_b$，且 $\xi > \dfrac{h}{h_0}$，说明 A_s 的应力已经达到受压屈服强度，受压区计算高度超出截面范围，ξ 计算值无效，取 $\sigma_s = -f'_y$，$\xi = \dfrac{h}{h_0}$，由式（6-34）及式（6-33）重求 A'_s 和 A_s。

4）若 $\beta_1 < \xi \leqslant 2\beta_1 - \xi_b$，且 $\xi > \dfrac{h}{h_0}$，说明 A_s 受压未屈服或刚达到屈服强度，受压区计算高度超出截面范围，ξ 计算值无效，取 $\xi = \dfrac{h}{h_0}$，由式（6-34）及式（6-33）重求 A'_s 和 A_s。

以上四种情况汇总于表 6-2。

表 6-2　非对称配筋小偏心受压构件 ξ 可能出现的各种情况及计算方法

序号	①	②	③	④
ξ	$\xi_b < \xi \leqslant \min(2\beta_1-\xi_b, h/h_0)$	$2\beta_1-\xi_b < \xi \leqslant h/h_0$	$\xi > \max(2\beta_1-\xi_b, h/h_0)$	$h/h_0 < \xi \leqslant 2\beta_1-\xi_b$
计算方法	式（6-33）或式（6-34），求 A'_s	式（6-33）及式（6-35），取 $\sigma_s=-f'_y$，重求 A'_s 和 ξ	式（6-33）及式（6-34），取 $\sigma_s=-f'_y$，$\xi=h/h_0$ 重求 A'_s 和 A_s	式（6-33）及式（6-34），取 $\xi=h/h_0$，重求 A'_s 和 σ_s

（4）验算垂直于弯矩作用平面的受压承载力，按式（6-1）验算。

【例 6-4】 矩形截面偏心受压柱，截面尺寸 $bh = 500\text{mm} \times 700\text{mm}$，$a_s = a'_s = 45\text{mm}$，弯矩作用平面内柱上下两端的支撑长度为 6m，弯矩作用平面外柱的计算长度 $l_0 = 7.5\text{m}$，承受轴向压力设计值 $N = 4100\text{kN}$，柱顶截面弯矩设计值 $M_1 = 450\text{kN·m}$，柱底截面弯矩设计值 $M_2 = 470\text{kN·m}$，柱挠曲变形为单曲率。混凝土强度等级为 C30，纵筋采用 HRB400 级钢筋，要求确定钢筋截面面积 A_s 和 A'_s。

解　（1）确定计算参数。查附表 1-3，HRB400 级钢筋：$f_y = 360\text{N/mm}^2$，$f'_y = 360\text{N/mm}^2$；查附表 1-10，C30 混凝土：$f_c = 14.3\text{N/mm}^2$；查表 4-3，$\alpha_1 = 1$，$\beta_1 = 0.8$；查表 4-4，$\xi_b = 0.518$。

（2）判断是否考虑轴向压力在弯矩方向杆件因挠曲产生的附加弯矩。

杆端弯矩比　　　　　$\dfrac{M_1}{M_2} = \dfrac{450}{470} = 0.96 > 0.9$

所以应该考虑杆件自身挠曲变形影响。

（3）计算弯矩设计值

取 $a_s = a'_s = 45\text{mm}$，$h_0 = h - a_s = 700 - 45 = 655$（mm）

$$\frac{h}{30} = \frac{700}{30} = 23(\text{mm}) > 20\text{mm}，\text{取 } e_a = 23\text{mm}$$

$$\zeta_c = \frac{0.5f_c A}{N} = \frac{0.5 \times 14.3 \times 500 \times 700}{4100 \times 10^3} = 0.61$$

$$C_m = 0.7 + 0.3\frac{M_1}{M_2} = 0.7 + 0.3 \times \frac{450}{470} = 0.987$$

$$\eta_{ns}=1+\cfrac{1}{1300\left(\cfrac{M_2}{N}+e_a\right)\Big/h_0}\left(\frac{l_c}{h}\right)^2\zeta_c$$

$$=1+\cfrac{1}{1300\times\left(\cfrac{470\times10^6}{4100\times10^3}+23\right)\Big/655}\times\left(\frac{6000}{700}\right)^2\times0.61=1.164$$

$$M=C_m\eta_{ns}M_2=0.987\times1.164\times470=540(\text{kN}\cdot\text{m})$$

（4）判别偏压类型。

$$e_0=\frac{M}{N}=\frac{540\times10^6}{4100\times10^3}=132(\text{mm})$$

$$e_i=e_0+e_a=132+23=155\text{mm}<0.3h_0=0.3\times655=197(\text{mm})$$

故按小偏心受压构件计算。

$$e=e_i+\frac{h}{2}-a_s=155+\frac{700}{2}-45=460(\text{mm})$$

$$e'=\frac{h}{2}-a'_s-e_i=\frac{700}{2}-45-155=150(\text{mm})$$

（5）初步确定 A_s。

$$A_{smin}=\rho_{min}bh=0.002\times500\times700=700(\text{mm}^2)$$

$$f_cbh=14.3\times500\times700=5005(\text{kN})>N=4100\text{kN}$$

可不进行反向受压破坏验算，故取

$$A_s=700\text{mm}^2，选用 2\ \Phi\ 22\ (A_s=760\text{mm}^2)。$$

（6）计算 ξ。

$$A=\frac{a'_s}{h_0}+\left(1-\frac{a'_s}{h_0}\right)\frac{f_yA_s}{(\xi_b-\beta_1)\alpha_1f_cbh_0}$$

$$=\frac{45}{655}+\left(1-\frac{45}{655}\right)\times\frac{360\times760}{(0.518-0.8)\times1\times14.3\times500\times655}=-0.1242$$

$$B=\frac{2Ne'}{\alpha_1f_cbh_0^2}-2\beta_1\left(1-\frac{a'_s}{h_0}\right)\frac{f_yA_s}{(\xi_b-\beta_1)\alpha_1f_cbh_0}$$

$$=\frac{2\times4100\times10^3\times150}{1\times14.3\times500\times655^2}-2\times0.8\times\left(1-\frac{45}{655}\right)\times\frac{360\times760}{(0.518-0.8)\times1\times14.3\times500\times655}$$

$$=0.710$$

$$\xi=A+\sqrt{A^2+B}=-0.1242+\sqrt{(-0.1242)^2+0.710}=0.727$$

（7）讨论 ξ，确定 A'_s。

$$2\beta_1-\xi_b=2\times0.8-0.518=1.082$$

$$\xi_b<\xi<2\beta_1-\xi_b$$

说明 A_s 受拉但未达到屈服强度。故

$$A'_s=\frac{Ne-\alpha_1f_cbh_0^2\xi(1-0.5\xi)}{f'_y(h_0-a'_s)}$$

$$=\frac{4100\times10^3\times460-1\times14.3\times500\times655^2\times0.727\times(1-0.5\times0.727)}{360\times(655-45)}$$

$$=2125\text{mm}^2>A'_{smin}=\rho'_{min}bh=0.002\times500\times700=700(\text{mm}^2)$$

选用 $4\ \Phi\ 28\ (A'_s=2463\text{mm}^2)$。

截面总配筋率

$$\rho = \frac{A_s + A_s'}{bh} = \frac{2463 + 760}{500 \times 700} = 0.0092 > 0.0055$$

满足要求。

（8）验算垂直于弯矩作用平面的受压承载力

$$\frac{l_0}{b} = \frac{7500}{500} = 15，查表，\varphi = 0.895$$

$$\begin{aligned} N_u &= 0.9\varphi(f_c A + f_y' A_s') \\ &= 0.9 \times 0.895 \times [14.3 \times 500 \times 700 + 360 \times (760 + 2463)] \\ &= 4966(\text{kN}) > N = 4100\text{kN} \end{aligned}$$

满足要求。

6.5.4　截面复核

在进行截面复核时，一般已知截面尺寸 bh，配筋面积 A_s 和 A_s'，材料强度等级，构件在弯矩作用平面内的支撑长度 l_c 及弯矩作用平面外的计算长度 l_0，以及截面所承受的轴向压力 N 和弯矩 M，要求复核截面的承载力是否足够安全。

由大偏心受压基本计算公式取 $\xi = \xi_b$ 得到界限状态时的偏心距 e_{ib}，如下式所示

$$e_{ib} = \frac{\alpha_1 f_c bh_0^2 \alpha_{sb} + f_y' A_s'(h_0 - a_s')}{\alpha_1 f_c bh_0 \xi_b + f_y' A_s' - f_y A_s} - \frac{h}{2} + a_s \tag{6-51}$$

将实际计算出的 e_i 和 e_{ib} 进行比较，当 $e_i \geqslant e_{ib}$，为大偏心受压，用式（6-24）、式（6-25）进行截面复核；$e_i \leqslant e_{ib}$ 时，为小偏心受压，用式（6-33）、式（6-34）进行截面复核。

6.5.5　构造要求

偏心受压构件除应满足轴心受压构件的构造要求外，还需满足以下的构造要求：

（1）截面尺寸。矩形截面偏心受压构件，截面的长轴应位于弯矩作用方向或压力偏心所在方向。当截面的长边尺寸 h 较大时（$h > 600$mm），宜采用 I 形截面。I 形截面的翼缘厚度不宜小于 120mm，腹板厚度不宜小于 100mm。

（2）纵向钢筋。偏心受压构件的纵向钢筋，应分别配置在弯矩作用方向截面的两端。当偏心受压柱的截面高度不小于 600mm 时，在柱的侧面上应设置直径不小于 10mm 的纵向构造钢筋，并相应设置复合箍筋或拉筋，以保证钢筋骨架的稳定性，并抵抗次应力。

6.6　矩形截面对称配筋偏心受压构件正截面承载力计算

在地震中或在不同方向风荷载个别作用时，柱子中的受拉钢筋与受压钢筋相互更换，应设计成对称配筋截面（$A_s = A_s'$，$f_y = f_y'$）。当按对称配筋设计求得的纵向钢筋总用量比按非对称配筋设计增加不多时，亦宜采用对称配筋。装配式柱为了保证吊装不会出错，一般也采用对称配筋。

6.6.1　基本计算公式及适用条件

1. 大偏心受压构件

将 $A_s = A_s'$，$f_y = f_y'$，代入式（6-24）、式（6-25），可得对称配筋大偏心受压构件的基本计算公式：

$$N \leqslant N_u = \alpha_1 f_c b \xi h_0 \tag{6-52}$$

$$Ne \leqslant N_u e = \alpha_1 f_c b h_0^2 \xi(1-0.5\xi) + f_y' A_s'(h_0-a_s') \tag{6-53}$$

式（6-52）和式（6-53）的适用条件仍然是 $x \leqslant \xi_b h_0$（或 $\xi \leqslant \xi_b$）和 $x \geqslant 2a_s'$（或 $\xi \geqslant 2a_s'/h_0$）。

2. 小偏心受压构件

将 $A_s = A_s'$ 代入式（6-33）和式（6-34），得到对称配筋小偏心受压构件的基本计算公式，即

$$N \leqslant N_u = \alpha_1 f_c b \xi h_0 + f_y' A_s' - \sigma_s A_s' \tag{6-54}$$

$$Ne \leqslant N_u e = \alpha_1 f_c b h_0^2 \xi(1-0.5\xi) + f_y' A_s'(h_0-a_s') \tag{6-55}$$

式中，σ_s 仍按式（6-31）计算，且应满足式（6-32）的要求，其中 $f_y = f_y'$。

应用基本公式时，需要求解 ξ 的三次方程，非常不方便。为了简化计算，经过试验分析，《混凝土结构设计规范》（GB 50010—2010）给出 ξ 的近似计算公式，即

$$\xi = \frac{N - \alpha_1 f_c b h_0 \xi_b}{\dfrac{Ne - 0.43\alpha_1 f_c b h_0^2}{(\beta_1-\xi_b)(h_0-a_s')} + \alpha_1 f_c b h_0} + \xi_b \tag{6-56}$$

6.6.2　大、小偏心受压破坏的设计判别

由于采用对称配筋，所以从大偏心受压构件的基本计算公式可以直接得出 ξ，即

$$\xi = \frac{N}{\alpha_1 f_c b h_0} \tag{6-57}$$

因此，不论大小偏心受压构件都可以首先按大偏心受压构件考虑，通过比较 ξ 与 ξ_b 来确定构件的偏心类型，即

当 $\xi \leqslant \xi_b$ 时，应按大偏心受压构件计算；

当 $\xi > \xi_b$ 时，应按小偏心受压构件计算。

实际上，按式（6-57）求得的 ξ 进行大、小偏心受压构件的判别时，有时会出现矛盾的情况。例如当轴向压力的偏心距很小甚至接近轴心受压时，应该属于小偏心受压。但当截面尺寸较大而轴向 N 值又较小，由式（6-57）可能求得的 $\xi < \xi_b$，则判定为大偏心受压，这显然不符合实际情况。也就是说会出现 $e_i < 0.3h_0$ 而 $\xi < \xi_b$ 的情况。此时，无论用大偏心受压或小偏心受压公式计算，所得的配筋均由最小配筋率控制。

6.6.3　截面设计

1. 大偏心受压构件

当按上述方法确定为大偏心受压构件时，

若 $2a_s'/h_0 \leqslant \xi < \xi_b$，将 ξ 代入式（6-53）计算 A_s'，取 $A_s = A_s'$。

若 $\xi < 2a_s'/h_0$，则表示受压钢筋不能达到屈服强度，这时按式（6-26）计算 A_s，然后取 $A_s = A_s'$。

2. 小偏心受压构件

当根据大偏心受压基本计算公式计算的 ξ 判定属于小偏心受压时，应按小偏心受压构件计算。将已知条件代入式（6-56）计算 ξ，然后根据 ξ 不同情况按表 6-3 进行计算。

表 6-3　　　　　　　　　对称配筋小偏心受压构件 ξ 可能出现的各种情况及计算方法

序号	①	②	③	④
ξ	$\xi_b < \xi \leqslant \min(2\beta_1 - \xi_b,\ h/h_0)$	$2\beta_1 - \xi_b < \xi \leqslant h/h_0$	$\xi > \max(2\beta_1 - \xi_b,\ h/h_0)$	$h/h_0 < \xi \leqslant 2\beta_1 - \xi_b$
计算方法	取 $A_s = A_s'$，式（6-55）求 A_s'	取 $\sigma_s = -f_y$，式（6-54）和式（6-55）联解可得 ξ 和 A_s'	取 $\sigma_s = -f_y$，$\xi = \dfrac{h}{h_0}$，式（6-54）和式（6-55）各解一个 A_s'，取大值	取 $\xi = \dfrac{h}{h_0}$，式（6-54）和式（6-55）联解可得 A_s' 和 σ_s

同时对于矩形对称配筋截面不论大小偏心受压构件，在弯矩作用平面受压承载力计算之后，均应按轴心受压构件验算垂直于弯矩作用平面的受压承载力，验算公式为（6-1）。

【例 6-5】　某柱截面尺寸 $bh = 450\text{mm} \times 450\text{mm}$，弯矩作用平面内柱上、下两端的支撑长度为 4.2m，弯矩作用平面外柱的计算长度 $l_0 = 5.25\text{m}$，承受轴向压力设计值 $N = 230\text{kN}$，柱顶截面弯矩设计值 $M_1 = 300\text{kN·m}$，柱底截面弯矩设计值 $M_2 = 320\text{kN·m}$，柱挠曲变形为单曲率。混凝土强度等级为 C35，纵筋采用 HRB400 级钢筋。采用对称配筋，要求确定钢筋截面面积 A_s' 和 A_s。

解　（1）确定计算参数。查附表 1-3，HRB400 级钢筋：$f_y = 360\text{N/mm}^2$，$f_y' = 360\text{N/mm}^2$；查附表 1-10，C35 混凝土：$f_c = 16.7\text{N/mm}^2$。

（2）判断是否考虑轴向压力在弯矩方向杆件因挠度产生的附加弯矩。

杆端弯矩比　　　　　　　　$\dfrac{M_1}{M_2} = \dfrac{300}{320} = 0.94 > 0.9$

所以应该考虑杆件自身挠曲变形影响。

（3）计算弯矩设计值。

取 $a_s = a_s' = 50\text{mm}$，$h_0 = h - a_s = 450 - 50 = 400$（mm）

$$\frac{h}{30} = \frac{450}{30} = 15\text{(mm)} < 20\text{mm}，\ 取\ e_a = 20\text{mm}$$

$$\zeta_c = \frac{0.5 f_c A}{N} = \frac{0.5 \times 16.7 \times 450 \times 450}{230 \times 10^3} = 7.35 > 1，\ 取\ \zeta_c = 1$$

$$C_m = 0.7 + 0.3 \frac{M_1}{M_2} = 0.7 + 0.3 \times \frac{300}{320} = 0.981$$

$$\eta_{ns} = 1 + \frac{1}{1300 \left(\dfrac{M_2}{N} + e_a \right) \Big/ h_0} \left(\frac{l_c}{h} \right)^2 \zeta_c$$

$$= 1 + \frac{1}{1300 \times \left(\dfrac{320 \times 10^6}{230 \times 10^3} + 20 \right) \Big/ 400} \times \left(\frac{4200}{450} \right)^2 \times 1 = 1.019$$

由于 $C_m \eta_{ns} = 0.9996 < 1$，取 $C_m \eta_{ns} = 1$，则

$$M = C_m \eta_{ns} M_2 = 1 \times 320 = 320\text{(kN·m)}$$

（4）判别偏压类型。

$$x = \frac{N}{\alpha_1 f_c b} = \frac{230 \times 10^3}{1 \times 16.7 \times 450} = 31\text{(mm)} < \xi_b h_0 = 0.518 \times 400 = 207\text{(mm)}$$

为大偏心受压构件。

（5）计算钢筋面积。

$$e_0 = \frac{M}{N} = \frac{320 \times 10^6}{230 \times 10^3} = 1391 (\text{mm})$$

$$e_i = e_0 + e_a = 1391 + 20 = 1411 (\text{mm})$$

$$e' = e_i - \frac{h}{2} + a_s' = 1411 - \frac{450}{2} + 50 = 1236 (\text{mm})$$

由于 $x < 2a_s' = 2 \times 50 = 100\text{mm}$，近似取 $x = 2a_s' = 100\text{mm}$。

$$A_s' = A_s = \frac{Ne'}{f_y(h_0 - a_s')} = \frac{230 \times 10^3 \times 1236}{360 \times (400 - 50)} = 2256 (\text{mm}^2)，选 4 \Phi 28 (A_s = A_s' = 2463\text{mm}^2)。$$

截面总截面率

$$\rho = \frac{A_s + A_s'}{bh} = \frac{2463 \times 2}{450 \times 450} = 0.024 > 0.0055$$

满足要求。

（6）验算垂直于弯矩作用平面的受压承载力。

$$\frac{l_0}{b} = \frac{5250}{450} = 11.7，查表，\varphi = 0.9545$$

$$N_u = 0.9\varphi(f_c A + f_y' A_s')$$

$$= 0.9 \times 0.9545 \times (16.7 \times 450 \times 450 + 360 \times 2463 \times 2)$$

$$= 4428\text{kN} > N = 230\text{kN}$$

满足要求。

6.6.4 截面复核

截面承载力复核方法与非对称配筋时相同。当构件截面上的轴向压力设计值 N 与弯矩设计值 M 以及其他条件已知，要求计算截面所承受的轴向压力设计值 N_u。由式（6-52）和式（6-53）式（6-54）和式（6-55）可见，此时无论是大偏心受压还是小偏心受压，其未知量均为两个，故可按基本计算公式直接求解。

6.6.5 N-M 相关曲线的特点和应用

如果将大小偏心受压构件的基本计算公式以曲线的形式绘出，则可以直观地了解大小偏心受压构件的 N 和 M 以及与配筋率之间的关系，还可利用这种曲线快速进行截面设计和判断偏心类型。正截面承载力的 N-M 相关曲线是根据矩形截面对称配筋大、小偏心受压构件承载力基本计算公式推导得出，下面仅给出关于 N-M 相关曲线的一些重要结论。

1. 不同受力状态下 N-M 相关曲线

1）图 6-18 中的斜虚线 $\frac{\overline{M}}{\overline{N}} = \frac{e_a}{h_0}$ 为轴心受压时 N 和 M 之间的关系曲线；水平虚线 I 为 $\overline{N} = \frac{N}{\alpha_1 f_c bh_0} = \frac{2a_s'}{h_0}$，与 $x = 2a_s'$ 相对应；水平虚线 II 为 $\overline{N} = \frac{N_b}{\alpha_1 f_c bh_0} = \xi_b$，与界限破坏相对应，界限破坏以上为小偏心受压，界限破坏以下为大偏心受压。

2）图 6-18 中水平虚线 II 以下为大偏心受压构件 N-M 相关曲线。其中两条水平虚线之间的曲线代表 $2a_s' \leqslant x \leqslant \xi_b h_0$；横坐标轴到水平虚线 I 之间的曲线代表 $x < 2a_s'$。

3）图 6-18 中水平虚线 II 与斜虚线之间的曲线是小偏心受压构件 N-M 相关曲线。

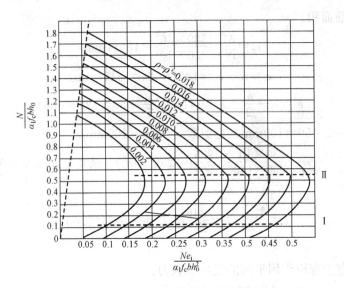

图 6-18 矩形截面对称配筋偏心受压构件计算曲线

2. N 和 M 及配筋率 ρ 之间的关系

（1）正截面承载力 N 和 M 之间的规律。从图 6-19 中可以看出，对于相同配筋情况（如 ρ_1），大偏心受压构件的受弯承载力 M 随轴向压力 N 的增大而增大，受压承载力 N 随弯矩 M 的增大而增大。小偏心受压构件的受弯承载力 M 随轴向压力 N 的增大而减小，受压承载力 N 随弯矩 M 的增大而减小。

（2）N、M 及 ρ 之间的关系在进行结构设计时的应用。在进行结构设计时，受压构件的某一个控制截面，往往会作用有多组弯矩和轴力值，借助于对图 6-19 的分析，就可以方便的筛选出起控制作用的弯矩和轴力值。

1）大偏心受压构件。

当轴向压力 N 值基本不变时（直线 l_1），弯矩 M 值越大所需纵向钢筋越多（ρ 越大）；

当弯矩 M 值基本不变时（直线 l_2），轴向压力 N 值越小所需纵向钢筋越多（ρ 越大）。

2）小偏心受压构件。

当轴向压力 N 值基本不变时（直线 l_3），弯矩 M 值越大所需纵向钢筋越多（ρ 越大）；

当弯矩 M 值基本不变时（直线 l_4），轴向压力 N 值越大所需纵向钢筋越多（ρ 越大）。

3. N-M 相关曲线分区在判别偏压类型时的应用

图 6-20 中的任意一点有

$$\frac{\overline{M}}{\overline{N}}=\frac{\dfrac{Ne_i}{\alpha_1 f_c bh_0^2}}{\dfrac{N}{\alpha_1 f_c bh_0}}=\frac{e_i}{h_0} \tag{6-58}$$

直线 $\dfrac{e_i}{h_0}=0.3$ 与水平虚线 $\overline{N}=\dfrac{N_b}{\alpha_1 f_c bh_0}$ 将曲线划分为四个区域，见表 6-4。

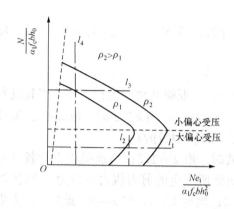

图 6-19   矩形截面对称配筋偏心受压构件
截面弯矩 M，轴力 N 和配筋率 ρ 的关系

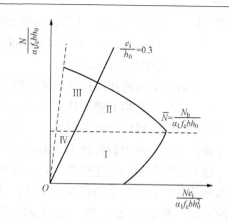

图 6-20   矩形截面对称配筋偏心
受压构件计算曲线分区

表 6-4   矩形截面对称配筋偏心受压构件分区的各种情况

区域	I区	II区	III区	IV区
e_i	$e_i > 0.3h_0$	$e_i > 0.3h_0$	$e_i \leqslant 0.3h_0$	$e_i \leqslant 0.3h_0$
N	$N \leqslant N_b$	$N > N_b$	$N > N_b$	$N \leqslant N_b$
偏压类型	大偏心	小偏心	小偏心	—

注   在IV区内由两个判别条件所得出的结论是矛盾的：$e_i \leqslant 0.3h_0$，应该属于小偏心受压，但是 $N \leqslant N_b$，又属于大偏心受压范围。出现这种情况的原因：虽然轴向压力的偏心距较小，实际应为小偏心受压构件，但由于截面尺寸比较大，N 与 $\alpha_1 f_c bh_0$ 相比偏小，又出现了 $N \leqslant N_b$ 的情况。出现上述矛盾情况，不论按大偏心受压还是小偏心受压构件计算，均以构造配筋。

6.7   偏心受压构件斜截面受剪承载力

6.7.1   轴向压力对柱受剪承载力的影响

框架结构在竖向和水平荷载共同作用下，柱截面上不仅有轴力和弯矩，而且还有剪力。因此，对偏心受压构件还应计算斜截面受剪承载力。

试验研究表明，轴向压力对构件的受剪承载力有提高作用。这主要是轴向压力能够阻滞斜裂缝的出现和开展，增加了混凝土剪压区高度，从而提高混凝土所承担的剪力。轴向压力对箍筋所承担的剪力没有明显影响。根据框架柱截面受剪承载力与轴压比的关系可见：当轴压比 $N/(f_c bh) = 0.3 \sim 0.5$ 时，受剪承载力达到最大值。但轴向压力对受剪承载力的有利作用是有限度的，当轴压比增大到一定程度，受剪承载力会随着轴压比的增大而降低。因此，计算偏压构件斜截面受剪承载力时，只是当轴压比在一定范围内才考虑轴向压力的有利影响。

6.7.2   矩形、T形截面偏心受压构件的斜截面受剪承载力

根据试验研究，对这类构件的斜截面受剪承载力应按下式计算

$$V \leqslant V_u = \frac{1.75}{\lambda+1} f_t bh_0 + f_{yv} \frac{A_{sv}}{s} h_0 + 0.07N$$

(6-59)

式中 λ——偏心受压构件计算截面的剪跨比；

$\quad\quad N$——与剪力设计值 V 相应的轴向压力设计值，当 $N>0.3f_cA$ 时取 $0.3f_cA$，此处 A 为构件的截面面积。

计算截面的剪跨比应按下列规定取用：

（1）对各类结构的框架柱，宜取 $\lambda=M/(Vh_0)$；对框架结构中的框架柱，当其反弯点在层高范围内时，可取 $\lambda=H_n/(2h_0)$；当 $\lambda<1$ 时，取 $\lambda=1$；当 $\lambda>3$ 时，取 $\lambda=3$。其中，M 为计算截面上与剪力设计值 V 相应的弯矩设计值，H_n 为柱净高。

（2）对其他偏心受压构件，当承受均布荷载时，取 $\lambda=1.5$；当承受集中荷载（包括作用多种荷载，其中集中荷载对支座截面或节点边缘所产生的剪力值占总剪力值 75% 以上的情况）时，取 $\lambda=a/h_0$，当 $\lambda<1.5$ 时，取 $\lambda=1.5$；当时 $\lambda>3$，取 $\lambda=3$。此处，a 为集中荷载作用点至支座或节点边缘的距离。

当符合下列公式的要求时

$$V\leqslant\frac{1.75}{\lambda+1}f_tbh_0+0.07N \quad\quad\quad (6\text{-}60)$$

可不进行斜截面受剪承载力计算，仅需按构造要求配置箍筋。

与受弯构件类似，为防止出现斜压破坏，偏心受压构件的受剪截面同样应满足式（5-15）或式（5-16）的要求。

小 结

（1）普通箍筋轴心受压短柱的破坏属于材料破坏，钢筋和混凝土都达到各自的极限强度。一般长柱的破坏也属于材料破坏，但特别细长的柱会由于失稳而破坏。轴心受压构件短柱和长柱采用统一公式计算，式中采用稳定系数 φ 表示纵向弯曲变形对受压承载力的影响，短柱时 $\varphi=1.0$，长柱时 $\varphi<1.0$。

（2）间接钢筋通过对核心混凝土的约束作用，提高了核心混凝土的抗压强度，从而使构件的受压承载力有所增大，承载力提高的幅度与间接配筋的数量及其抗拉强度有关。

（3）偏心受压构件正截面破坏有大偏心受压破坏和小偏心受压破坏两种形态。当纵向压力 N 的相对偏心距 e_0/h_0 较大，且 A_s 不过多时，发生大偏心受压破坏，其特征为受拉钢筋首先屈服，而后受压区边缘混凝土达到极限压应变，受压钢筋应力能达到屈服强度。当纵向压力 N 的相对偏心距 e_0/h_0 较大，但受拉钢筋 A_s 数量过多，或者相对偏心距 e_0/h_0 较小时，发生小偏心受压破坏，其特征为受压区混凝土被压坏，压应力较大一侧钢筋应力能够达到屈服强度，而另一侧钢筋受拉或者受压，一般都不屈服。

（4）偏心受压构件正截面两种破坏的区别在于受压混凝土压碎时受拉钢筋是否已经屈服。当 $\xi\leqslant\xi_b$ 时为大偏心受压，$\xi>\xi_b$ 为小偏心受压。大偏心受压破坏（或称受拉破坏）属于延性破坏，而小偏心受压破坏（或称受压破坏）则为脆性破坏。界限破坏指受拉钢筋应力达到屈服强度的同时受压区边缘混凝土刚好达到极限压应变，此时，受压区混凝土相对计算高度 $\xi=\xi_b$。

（5）偏心受压构件正截面承载力计算时，应考虑附加偏心距 e_a 的影响，e_a 取 20mm 和偏心方向截面尺寸的 1/30 两者中的较大值。除排架柱外的其他偏心受压构件，引入偏心距

调节系数 C_m 和弯矩增大系数 η_{ns} 来考虑轴向压力在产生了挠曲变形的杆件中产生的二阶效应影响。

（6）大、小偏心受压构件正截面承载力的计算原理是相同的，基本公式都是由两个平衡条件得到的。具体计算时，应根据实际情况进行判断并验算适用条件，必要时还应补充条件。

（7）偏心受压构件的斜截面受剪承载力计算公式，是在梁斜截面受剪承载力计算公式的基础上，考虑轴向力的影响后得到的。在一定轴压比的范围内，轴向力的存在对受压构件斜截面受剪承载力会产生有利影响，超出这个范围则有不利影响。

思 考 题

（1）混凝土受压柱中配置一定数量的纵向钢筋对轴心受压构件起什么作用？

（2）轴心受压构件中为什么不宜采用高强度钢筋？

（3）轴心受压短柱和长柱的破坏特征有何不同？在长柱的承载力计算中如何考虑长细比的影响？

（4）配螺旋式间接钢筋的轴心受压柱的受压承载力和抗变形能力为什么能提高？在什么情况下不能考虑螺旋箍筋的作用？

（5）大、小偏心受压的发生条件是什么？破坏特征分别是什么？

（6）大、小偏心受压的界限是什么？

（7）为什么要考虑附加偏心距？附加偏心距的取值与哪些因素有关？

（8）说明偏心受压构件中系数 η_{ns} 的意义。η_{ns} 与哪些因素有关？

（9）试分别绘出矩形截面大、小偏心受压构件的截面应力计算图形，并按应力图形写出基本公式及适用条件。

（10）比较大偏心受压构件和双筋受弯构件的截面应力计算图形和计算公式有何异同？

（11）小偏心受压构件远离纵向压力 N 一侧纵向钢筋的应力 σ_s 如何计算？

（12）钢筋混凝土矩形截面非对称配筋偏心受压构件，在截面设计和截面复核时，应如何判别大、小偏心受压？

（13）大偏心受压非对称配筋截面设计，当 A_s 和 A_s' 均未知时如何处理？

（14）大偏心受压构件非对称配筋设计，在 A_s' 已知条件下，如果出现 $\xi > \xi_b$，说明什么问题？这时应如何计算？

（15）钢筋混凝土矩形截面小偏心受压构件非对称配筋，当 A_s 和 A_s' 均未知时，为什么可以首先确定 A_s 的数量？如何确定？

（16）在哪些情况下应采用复合箍筋？为什么要采用复合箍筋？

（17）钢筋混凝土矩形截面大偏心受压构件，非对称、对称配筋在截面设计时，当出现 $x < 2a_s'$ 时说明什么，应怎样计算？

（18）为什么偏心受压构件一般采用对称配筋截面？对称配筋偏心受压构件在截面设计和截面复核时，应如何判别大、小偏心受压？

（19）偏心受压构件在何种情况下应考虑垂直于弯矩作用平面的截面受压承载力验算？如何验算？

（20）根据矩形截面对称配筋计算曲线 N-M 说明大、小偏心受压构件 N 和 M 以及与配筋率 ρ 之间的关系。为什么会出现 $e_i \leqslant 0.3h_0$ 且 $N \leqslant N_b$ 的现象，这种情况下怎样处理？

（21）轴向压力对受剪承载力有何影响？如何考虑偏心受压构件斜截面受剪承载力的计算？

习　题

（1）已知柱的截面尺寸 $bh = 350\text{mm} \times 350\text{mm}$，柱的计算长度 $l_0 = 6\text{m}$，承受轴向压力设计值 $N = 2000\text{kN}$。混凝土强度等级为 C30，钢筋采用 HRB400 级。试计算其纵向钢筋面积。

（2）某现浇柱截面尺寸 $bh = 250\text{mm} \times 250\text{mm}$，其计算长度 $l_0 = 2.8\text{m}$，配有 4 Φ 22 纵向钢筋，混凝土强度等级为 C30。柱轴向压力设计值 $N = 950\text{kN}$，试核算该截面是否安全。

（3）已知矩形截面偏心受压柱，截面尺寸 $bh = 300\text{mm} \times 500\text{mm}$，$a_s = a_s' = 45\text{mm}$。柱承受轴向压力设计值 $N = 300\text{kN}$，柱顶截面弯矩设计值 $M_1 = 280\text{kN} \cdot \text{m}$，柱底截面弯矩设计值 $M_2 = 290\text{kN} \cdot \text{m}$，柱挠曲变形为单曲率。弯矩作用平面内柱上、下两端的支撑长度为 3.36m，弯矩作用平面外柱的计算长度 $l_0 = 4.2\text{m}$。混凝土强度等级为 C25，纵筋采用 HRB400 级钢筋。试计算纵向钢筋的截面面积 A_s 和 A_s'。

（4）已知矩形截面偏心受压柱，截面尺寸 $bh = 400\text{mm} \times 500\text{mm}$，柱承受轴向压力设计值 $N = 324\text{kN}$，柱顶截面弯矩设计值 $M_1 = 95\text{kN} \cdot \text{m}$，柱底截面弯矩设计值 $M_2 = 100\text{kN} \cdot \text{m}$，柱挠曲变形为单曲率。弯矩作用平面内柱上下两端的支撑长度为 8.4m，弯矩作用平面外柱的计算长度 $l_0 = 10.5\text{m}$。混凝土强度等级为 C30，纵筋采用 HRB400 级钢筋，受压区采用 3 Φ 18 $(A_s' = 763\text{mm}^2)$，混凝土保护层厚度 $c = 30\text{mm}$，求纵向受拉钢筋截面面积 A_s。

（5）矩形截面偏心受压柱，$bh = 300\text{mm} \times 500\text{mm}$，$a_s = a_s' = 45\text{mm}$，弯矩作用平面内柱上下两端的支撑长度为 4.8m，弯矩作用平面外柱的计算长度 $l_0 = 6\text{m}$，承受轴向压力设计值 $N = 1700\text{kN}$，柱顶截面弯矩设计值 $M_1 = 150\text{kN} \cdot \text{m}$，柱底截面弯矩设计值 $M_2 = 165\text{kN} \cdot \text{m}$，柱挠曲变形为单曲率。混凝土强度等级为 C25，纵筋采用 HRB400 级钢筋，求 A_s 和 A_s'。

（6）矩形截面偏心受压柱，截面尺寸 $bh = 400\text{mm} \times 600\text{mm}$，$a_s = a_s' = 50\text{mm}$，弯矩作用平面内柱上下两端的支撑长度为 4.4m，弯矩作用平面外柱的计算长度 $l_0 = 5.5\text{m}$，承受轴向压力设计值 $N = 2800\text{kN}$，柱顶截面弯矩设计值 $M_1 = 180\text{kN} \cdot \text{m}$，柱底截面弯矩设计值 $M_2 = 190\text{kN} \cdot \text{m}$，柱挠曲变形为单曲率。混凝土强度等级为 C25，纵筋采用 HRB400 级钢筋，求钢筋截面面积 A_s 和 A_s'。

（7）矩形截面偏心受压柱，截面尺寸 $bh = 500\text{mm} \times 650\text{mm}$，$a_s = a_s' = 45\text{mm}$，弯矩作用平面内柱上、下两端的支撑长度为 4.8m，弯矩作用平面外柱的计算长度 $l_0 = 6\text{m}$，承受轴向压力设计值 $N = 2310\text{kN}$，柱顶截面弯矩设计值 $M_1 = 540\text{kN} \cdot \text{m}$，柱底截面弯矩设计值 $M_2 = 560\text{kN} \cdot \text{m}$，柱挠曲变形为单曲率。混凝土强度等级为 C35，纵筋采用 HRB400 级钢筋。采用对称配筋，试确定钢筋截面面积 A_s' 和 A_s。

（8）矩形截面偏心受压柱，截面尺寸 $bh = 500\text{mm} \times 650\text{mm}$，$a_s = a_s' = 45\text{mm}$，弯矩作用平面内柱上、下两端的支撑长度为 4.5m，弯矩作用平面外柱的计算长度 $l_0 = 5.625\text{m}$，承受轴向压力设计值 $N = 3820\text{kN}$，柱顶截面弯矩设计值 $M_1 = 540\text{kN} \cdot \text{m}$，柱底截面弯矩设计值

$M_2 = 560\text{kN·m}$，柱挠曲变形为单曲率。混凝土强度等级为 C35，纵筋采用 HRB400 级钢筋。采用对称配筋，要求确定钢筋截面面积 A_s' 和 A_s。

（9）某柱截面尺寸 $bh = 300\text{mm} \times 400\text{mm}$，$a_s = a_s' = 50\text{mm}$，弯矩作用平面内柱上、下两端的支撑长度为 4m，弯矩作用平面外柱的计算长度 $l_0 = 5\text{m}$，承受轴向压力设计值 $N = 250\text{kN}$，柱顶截面弯矩设计值 $M_1 = 160\text{kN·m}$，柱底截面弯矩设计值 $M_2 = 175\text{kN·m}$，柱挠曲变形为单曲率。混凝土强度等级为 C25，纵筋采用 HRB400 级钢筋。采用对称配筋，求钢筋截面面积 A_s' 和 A_s。

第7章 受拉构件承载力

7.1 概　　述

当构件受到纵向拉力时，称为受拉构件。如果纵向拉力作用线与构件正截面形心重合，则为轴心受拉构件；如果纵向拉力作用线与构件正截面形心不重合或构件截面上同时作用有纵向拉力和弯矩时，则称为偏心受拉构件。

理想的轴心受拉构件实际上是不存在的，但如果轴向拉力的偏心距很小，弯矩作用可以忽略不计时，就可简化为轴心受拉构件计算。工程中常见的轴心受拉构件有桁架受拉腹杆及下弦杆，带拉杆拱的拉杆，圆形贮液池的池壁，高压水管管壁等。偏心受拉构件是指除受轴向拉力作用外，还同时承受不可忽略的弯矩作用。如承受节间荷载的屋架下弦杆，双肢柱的受拉肢，承受水平荷载的框架边柱（特别是上面几层柱），矩形水池的池壁与底板等。

7.2　轴心受拉构件正截面受拉承载力

7.2.1　受力特点

轴心受拉构件从加载开始到破坏为止，其受力过程可分为以下三个阶段。

第一阶段：从加载开始到裂缝出现前。这一阶段混凝土与钢筋共同承受拉力，轴向拉力与变形基本为线性关系。随着荷载的增加，混凝土很快达到极限拉应变，构件即将出现裂缝。对于使用阶段不允许开裂的构件，应以此受力状态作为抗裂验算的依据。

第二阶段：从混凝土开裂到受拉钢筋屈服前。构件一旦出现裂缝，则裂缝截面处的混凝土退出工作，截面上的拉力全部由钢筋承受。随着轴力的增加裂缝宽度逐渐加大，对于使用阶段允许出现裂缝的构件，应以此阶段作为裂缝宽度验算的依据。

第三阶段：从受拉钢筋屈服到构件破坏。构件某一裂缝截面的受拉钢筋应力首先达到屈服强度，随即裂缝迅速开展，裂缝宽度剧增，可以认为构件达到了破坏状态，即达到极限承载力 N_u。轴心受拉构件截面承载力应以此时的应力状态作为计算依据。

7.2.2　承载力计算公式

对于轴心受拉构件，在裂缝出现以前，混凝土与钢筋共同承担拉力；裂缝出现以后，开裂截面的混凝土退出工作，全部拉力由钢筋承担。当钢筋的拉应力达到抗拉屈服强度时，构件即告破坏。轴心受拉构件正截面受拉承载力可按下列公式计算：

$$N \leqslant N_u = f_y A_s \tag{7-1}$$

式中　N——轴向拉力设计值；

N_u——轴心受拉构件正截面承载力设计值；

f_y——钢筋抗拉强度设计值；

A_s——纵向钢筋的全部截面面积。

轴心受拉和偏心受拉构件中纵向受拉钢筋还应满足最小配筋率的要求。构件截面一侧受拉钢筋的最小配筋率取 0.2% 和 $45f_t/f_y\%$ 中的较大值。

7.3 偏心受拉构件正截面受拉承载力

偏心受拉构件根据轴向拉力 N 的偏心距 e_0 的大小,有大、小偏心受拉两种破坏形态。

7.3.1 偏心受拉构件正截面破坏形态

偏心受拉构件纵向钢筋的布置形式与偏心受压构件相同,离纵向拉力较近一侧所配置的钢筋一般称为受拉钢筋,其截面面积用 A_s 表示;离纵向拉力较远一侧所配置的钢筋一般称为受压钢筋,其截面面积用 A'_s 表示。根据偏心距大小的不同,分为小偏心受拉破坏和大偏心受拉破坏两种情况。

1. 小偏心受拉破坏

小偏心受拉破坏的发生条件是:纵向拉力 N 作用于 A_s 合力点及 A'_s 合力点以内,即偏心距 $e_0 \leqslant \dfrac{h}{2} - a_s$。

如图 7-1 所示,纵向拉力偏心作用于构件截面上,偏心距为 e_0,纵向拉力位于受拉钢筋合力点和受压钢筋合力点以内。将纵向拉力从零开始逐渐增大,当达到一定数值时,离纵向拉力较近一侧截面边缘混凝土达到极限拉应变,混凝土随即开裂,而且整个截面裂通,混凝土退出工作,拉力全部由钢筋承受,两侧钢筋 A_s 和 A'_s 均受拉。其后的破坏情况与截面配筋方式有关。

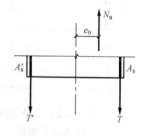

图 7-1 小偏心受拉破坏

采用非对称配筋时,只有当纵向拉力恰好作用于钢筋截面面积的"塑性中心"时,两侧纵向钢筋的应力才会同时达到屈服强度,否则,纵向拉力近侧钢筋 A_s 的应力可以达到屈服强度,而远侧钢筋 A'_s 的应力则达不到屈服强度。

如果采用对称配筋方式,则构件破坏时,只有纵向拉力近侧钢筋 A_s 的应力能达到屈服强度,而另一侧钢筋 A'_s 则达不到屈服强度。

图 7-1 中的 T 表示构件破坏时 A_s 承受拉力的合力,T' 表示 A'_s 承受拉力的合力。

2. 大偏心受拉破坏

大偏心受拉破坏的发生条件是:纵向拉力 N 作用于 A_s 合力点及 A'_s 合力点以外,即偏心距 $e_0 > h/2 - a_s$。

如图 7-2 所示,纵向拉力位于受拉钢筋合力点和受压钢筋合力点以外,偏心距为 e_0。

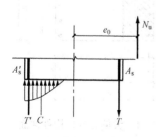

图 7-2 大偏心受拉破坏

加载开始后,随着纵向拉力的增大,裂缝首先从拉应力较大一侧开始,但截面不会裂通,离纵向拉力较远一侧仍保留有受压区,否则对拉力 N 的作用点力矩将不满足平衡条件。其破坏特征与 A_s 的数量多少有关。

当 A_s 数量适当时,受拉钢筋 A_s 首先屈服,然后受压钢筋 A'_s 应力达到受压屈服强度,接着受压区边缘混凝土达到极限压应变而破坏,这与大偏心受压破坏的特征类似。设计时应以这种破坏形式为依据。

当 A_s 数量过多时，破坏首先从受压区开始，混凝土被压坏，此时，受压钢筋 A_s' 的应力能够达到屈服强度，但受拉钢筋 A_s 不会屈服，这种破坏形式具有脆性性质，设计时应予以避免。

7.3.2　小偏心受拉（$e_0 \leqslant h/2 - a_s$）

当轴向拉力 N 作用在钢筋 A_s 与 A_s' 之间时，无论偏心距的大小，临近破坏前，截面已

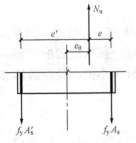
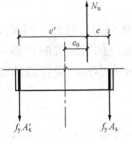
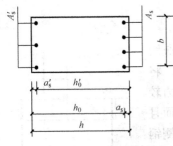

图 7-3　小偏心受拉构件截面
应力计算图形

全部裂通，拉力全部由钢筋承担。破坏时，钢筋 A_s 和 A_s' 的应力，与轴向拉力作用点位置及两侧配置的钢筋面积的比值有关。设计时，应使两侧钢筋均达到抗拉强度设计值 f_y（图 7-3），相应的计算公式为

$$Ne \leqslant N_u e = f_y A_s'(h_0 - a_s') \tag{7-2}$$

$$Ne' \leqslant N_u e' = f_y A_s(h_0' - a_s) \tag{7-3}$$

钢筋的截面面积为

$$A_s' \geqslant \frac{Ne}{f_y(h_0 - a_s')} \tag{7-4}$$

$$A_s \geqslant \frac{Ne'}{f_y(h_0' - a_s)} \tag{7-5}$$

式中，$e = \dfrac{h}{2} - e_0 - a_s$，$e' = \dfrac{h}{2} + e_0 - a_s'$。

采用对称配筋时，离 N 较远一侧的钢筋 A_s' 的应力达不到抗拉强度设计值，因此可对 A_s' 合力点取矩，得

$$A_s' = A_s \geqslant \frac{Ne'}{f_y(h_0' - a_s)} \tag{7-6}$$

7.3.3　大偏心受拉（$e_0 > h/2 - a_s$）

当轴向拉力作用在钢筋 A_s 合力点与 A_s' 合力点之外时，截面上离轴向拉力较近的一侧受拉，另一侧受压。破坏时，A_s 的应力达到屈服强度 f_y，受压区混凝土则被压碎，钢筋 A_s' 受压，且应力达到屈服强度 f_y'，如图 7-4 所示。一般来说，大偏心受拉破坏时，裂缝开展很宽，混凝土压碎的程度则不很显著。承载力计算公式为

$$N \leqslant N_u = f_y A_s - f_y' A_s' - \alpha_1 f_c bx \tag{7-7}$$

$$Ne \leqslant N_u e = \alpha_1 f_c bx\left(h_0 - \frac{x}{2}\right) + f_y' A_s'(h_0 - a_s') \tag{7-8}$$

式中，$e = e_0 - h/2 + a_s$。

此时应符合适用条件 $x \leqslant \xi_b h_0$ 及 $x \geqslant 2a_s'$。如果 $x < 2a_s'$，则可按式（7-3）或式（7-5）计算。

当为对称配筋时，因总有 $x < 2a_s'$，故仍可按式（7-3）或式（7-5）进行计算。

由上列公式可见，大偏心受拉破坏与大偏心受压破坏的计算公式是相似的，所不同的仅是 N 为拉力。因此，其计算方法与设计步骤可参照大偏心受压构件进行。

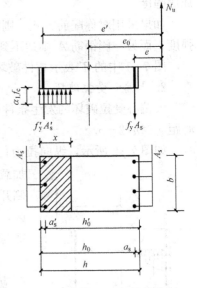

图 7-4　大偏心受拉构件截面
应力计算图形

将 $x=\xi h_0$ 代入式（7-7）和式（7-8）中，并令 $\alpha_s=\xi(1-0.5\xi)$，则基本式（7-7）、（7-8）还可以写成如下形式：

$$N\leqslant N_u=f_y A_s-f_y' A_s'-\alpha_1 f_c b h_0 \xi \qquad (7-9)$$

$$Ne\leqslant N_u e=\alpha_1 f_c \alpha_s b h_0^2+f_y' A_s'(h_0-a_s') \qquad (7-10)$$

此时应符合适用条件 $x\leqslant\xi_b h_0$ 及 $x\geqslant 2a_s'$。如果 $x<2a_s'$，则与大偏心受压构件截面设计时相同，近似地取 $x=2a_s'$，并对受压钢筋 A_s' 的合力点取矩，可求得 A_s。

7.3.4　截面设计

当采用对称配筋时，不论是大偏心受拉还是小偏心受拉构件均按式（7-3）计算 A_s，并取 $A_s'=A_s$。

当采用非对称配筋时，按以下方法计算。

1. 小偏心受拉

(1) 当 $e_0\leqslant h/2-a_s$ 时，说明为小偏心受拉构件。

(2) 应用式（7-2）和式（7-3）解得 A_s' 和 A_s。

(3) 验算 A_s' 和 A_s 满足最小配筋率的要求。

2. 大偏心受拉

当 $e_0>h/2-a_s$ 时，说明为大偏心受拉构件。截面设计应按下列两种情况计算。

(1) A_s' 和 A_s 均未知。为简化计算，可以直接取 $\xi=\xi_b$ 计算，代入式（7-9）和式（7-10）后解得 A_s' 和 A_s，并应满足最小配筋率的要求。

如果出现 A_s' 小于 $\rho_{min}bh$ 时，则取 $A_s'=\rho_{min}bh$，改按第二种情况（已知 A_s'，求 A_s）计算 A_s。

(2) 已知 A_s'，要求确定 A_s。

1) 将已知条件代入式（7-10）计算 α_s。

2) 计算 ξ，$\xi=1-\sqrt{1-2\alpha_s}$，同时验算适用条件。

3) 计算 A_s。

a. 如果 $2a_s'/h_0\leqslant\xi\leqslant\xi_b$，将 ξ、A_s' 代入式（7-9）计算 A_s，应满足最小配筋率；

b. 如果 $\xi>\xi_b$，则说明 A_s' 数量不足，应改按第一种情况或增大截面尺寸重新计算；

c. 如果 $\xi<2a_s'/h_0$，则说明 A_s' 配置过多，达不到屈服，应近似地取 $x=2a_s'$，并对受压钢筋 A_s' 的合力点取矩求 A_s。

7.3.5　截面复核

偏心受拉构件截面承载力复核时，截面尺寸 bh、截面配筋 A_s' 和 A_s、混凝土强度等级和钢筋种类以及外部作用效应 N 和 M 均为已知，要求验算是否满足截面承载力。

当 $e_0\leqslant h/2-a_s$ 时，为小偏心受拉构件，利用基本计算式（7-2）和式（7-3）各解得一个 N_u，取小值即为该截面能够承受的纵向拉力设计值。当 $e_0>h/2-a_s$ 时，为大偏心受拉构件，由基本计算式（7-9）和式（7-10）中消去 N_u，并解出 ξ，再根据 ξ 与 $2a_s'/h_0$、ξ_b 的大小关系分别计算 N_u。

【例 7-1】　某偏心受拉构件，截面尺寸 $bh=300\text{mm}\times450\text{mm}$，$a_s=a_s'=40\text{mm}$，承受轴向拉力设计值 $N=640\text{kN}$，弯矩设计值 $M=72\text{kN·m}$。混凝土强度等级为 C30，钢筋采用 HRB400 级。求纵向钢筋面积 A_s 和 A_s'。

解　(1) 确定计算参数。查附表 1-3 和附表 1-10，$f_y=f_y'=360\text{N/mm}^2$；$f_t=$

1.43N/mm^2。

（2）判别偏心受拉类型。

$e_0 = \dfrac{M}{N} = \dfrac{72 \times 10^3}{640} = 112.5\text{mm} < \dfrac{h}{2} - a_s = \dfrac{450}{2} - 40 = 185(\text{mm})$，故属于小偏心受拉构件。

$$e = \frac{h}{2} - e_0 - a_s = \frac{450}{2} - 112.5 - 40 = 72.5(\text{mm})$$

$$e' = \frac{h}{2} + e_0 - a_s' = \frac{450}{2} + 112.5 - 40 = 297.5(\text{mm})$$

（3）计算钢筋 A_s 和 A_s'

$$A_s' = \frac{Ne}{f_y'(h_0' - a_s)} = \frac{640 \times 10^3 \times 72.5}{360 \times (410 - 40)} = 348(\text{mm}^2)$$

$$A_s = \frac{Ne'}{f_y(h_0 - a_s')} = \frac{640 \times 10^3 \times 297.5}{360 \times (410 - 40)} = 1429(\text{mm}^2)$$

钢筋 A_s' 选用 2 Φ 16（$A_s' = 402\text{mm}^2$），钢筋 A_s 选用 4 Φ 22（$A_s = 1520\text{mm}^2$）。

（4）验算最小配筋率。

$$0.45\frac{f_t}{f_y} = 0.45 \times \frac{1.43}{360} = 0.179\% < 0.2\%，故取 \rho_{\min} = \rho_{\min}' = 0.2\%$$

$$\rho' = \frac{A_s'}{bh} = \frac{402}{300 \times 450} = 0.30\% > \rho_{\min}' = 0.2\%$$

$$\rho = \frac{A_s}{bh} = \frac{1520}{300 \times 450} = 1.13\% > \rho_{\min} = 0.2\%$$

$$A_{s,\min}' = A_{s,\min} = 0.2\%bh = 0.2\% \times 300 \times 450 = 270(\text{mm}^2) < A_s' = 348\text{mm}^2$$
$$< A_s = 1429\text{mm}^2$$

满足要求。

【例 7 - 2】 某钢筋混凝土构件，矩形截面 $bh = 250\text{mm} \times 400\text{mm}$，$a_s = a_s' = 40\text{mm}$，混凝土强度等级为 C30，钢筋采用 HRB400 级。承受纵向拉力设计值 $N = 45\text{kN}$，弯矩设计值 $M = 29\text{kN} \cdot \text{m}$。求钢筋面积 A_s 和 A_s'。

解 （1）确定计算参数。查附表 1 - 3 和附表 1 - 10，$f_y = f_y' = 360\text{N/mm}^2$；$f_c = 14.3\text{N/mm}^2$，$f_t = 1.43\text{N/mm}^2$。

（2）判别偏心受拉类型。

$e_0 = \dfrac{M}{N} = \dfrac{29 \times 10^3}{45} = 644(\text{mm}) > \dfrac{h}{2} - a_s = \dfrac{400}{2} - 40 = 160(\text{mm})$，属于大偏心受拉构件。

（3）计算钢筋 A_s 和 A_s'。由于 A_s 和 A_s' 均为未知，故取 $\xi = \xi_b = 0.55$。

$$e = e_0 - \frac{h}{2} + a_s = 828.6 - \frac{400}{2} + 40 = 668.6(\text{mm})$$

$$A_s' = \frac{Ne - \alpha_1 f_c bh_0^2 \xi_b (1 - 0.5\xi_b)}{f_y'(h_0 - a_s')}$$

$$= \frac{35 \times 10^3 \times 668.6 - 1.0 \times 14.3 \times 250 \times 360^2 \times 0.55 \times (1 - 0.5 \times 0.55)}{360 \times (360 - 40)} < 0$$

取 $A_s' = \rho_{\min}'bh = 0.002 \times 250 \times 400 = 200\text{mm}^2$，实配 2 Φ 12（$A_s' = 226\text{mm}^2$），然后按 A_s' 为已知的情况计算 A_s。

$$\alpha_s=\frac{Ne-f_y'A_s'(h_0-a_s')}{\alpha_1 f_c b h_0^2}=\frac{45\times10^3\times668.6-360\times226\times(360-40)}{1.0\times14.3\times250\times360^2}=0.0087$$

$$\xi=1-\sqrt{1-2\alpha_s}=1-\sqrt{1-2\times0.0087}=0.0087$$

$$x=\xi h_0=0.0087\times360=3.1(mm)<2a_s'=80mm$$

故取 $x=2a_s'=80mm$。

$$e'=e_0+\frac{h}{2}-a_s'=828.6+\frac{400}{2}-40=988.6(mm)$$

$$A_s=\frac{Ne'}{f_y(h_0-a_s')}=\frac{45\times10^3\times988.6}{360\times(360-40)}=386(mm^2)$$

选 2 Φ 16 ($A_s=402mm^2$)。

（4）验算最小配筋率。

$$0.45\frac{f_t}{f_y}=0.45\times\frac{1.43}{360}=0.179\%<0.2\%,\ 故取\ \rho_{min}=\rho_{min}'=0.2\%$$

$$A_s=402mm^2>\rho_{min}bh=0.02\times250\times400=200\ (mm^2),\ 符合要求。$$

7.4 偏心受拉构件斜截面受剪承载力

试验表明，一般偏心受拉构件，在承受拉力的同时还承受剪力作用。轴向拉力使斜裂缝裂得更宽，加大了斜裂缝的倾角，减少了混凝土剪压区的高度，有时甚至无剪压区。因此轴向拉力使混凝土的受剪承载力明显降低，降低的幅度随轴向拉力的增大而增加，但轴向拉力对箍筋的抗剪能力几乎没有影响。

《混凝土结构设计规范》（GB 50010—2010）规定，矩形、T 形和 I 形截面的钢筋混凝土偏心受拉构件，其斜截面受剪承载力应按下式计算：

$$V\leqslant V_u=\frac{1.75}{\lambda+1}f_t b h_0+f_{yv}\frac{A_{sv}}{s}h_0-0.2N \tag{7-11}$$

式中　N——与剪力设计值 V 相应的轴向拉力设计值；

　　　λ——计算截面的剪跨比，按偏心受压构件的规定选取。

当式（7-11）右边的计算值小于 $f_{yv}\dfrac{A_{sv}}{s}h_0$ 时，应取等于 $f_{yv}\dfrac{A_{sv}}{s}h_0$，且 $f_{yv}\dfrac{A_{sv}}{s}h_0$ 值不应小于 $0.36f_t bh$。这是因为轴向拉力即使完全抵消了混凝土的受剪承载力，也不会降低箍筋的受剪承载力，应保证箍筋的最小配筋率。

小　　结

（1）轴心受拉构件的受力过程可以分为三个阶段，正截面承载力计算以第三阶段为依据，此时构件的裂缝贯通整个截面，裂缝截面的纵向拉力全部由纵向钢筋承担，钢筋的应力达到屈服强度时构件即告破坏。

（2）偏心受拉构件根据轴向拉力作用位置的不同，分为小偏心受拉和大偏心受拉两种情况。当纵向拉力作用于 A_s 合力点和 A_s' 合力点之间（即 $e_0\leqslant h/2-a_s$）时为小偏心受拉，当纵向拉力作用于 A_s 合力点和 A_s' 合力点范围之外（即 $e_0>h/2-a_s$）时为大偏心受拉。

（3）大偏心受拉构件的破坏特征与偏心受压构件相似，截面设计时，取受拉钢筋先屈服，然后受压区混凝土被压碎为承载能力极限状态，计算过程可参照大偏心受压构件正截面受压承载力的计算。

（4）由于纵向拉力的存在降低了混凝土的抗剪能力，故偏心受拉构件斜截面承载力的计算应考虑纵向拉力的不利影响。

思　考　题

（1）大、小偏心受拉构件的受力特点和破坏特征有什么不同？如何判别大、小偏心受拉？

（2）轴向拉力对偏心受拉构件的斜截面承载力有何影响，计算中是如何考虑的？

习　　　题

（1）钢筋混凝土屋架下弦，按轴心受拉构件设计，截面尺寸 $bh=200\text{mm}\times150\text{mm}$，混凝土强度等级为 C30，钢筋采用 HRB400 级。承受轴向拉力设计值 $N=288\text{kN}$。试确定所需的纵向钢筋 A_s。

（2）已知钢筋混凝土矩形截面偏心受拉构件，截面尺寸 $bh=300\text{mm}\times600\text{mm}$，$a_s'=a_s=40\text{mm}$，混凝土强度等级为 C30，钢筋采用 HRB400 级。承受轴向拉力设计值 $N=600\text{kN}$，弯矩设计值 $M=400\text{kN·m}$。试求纵向钢筋截面面积 A_s 和 A_s'。

第8章 受扭构件承载力

8.1 概　　述

扭转是结构构件的一种基本受力形式。在工程结构中，处于纯扭矩作用的构件是很少的，绝大多数构件都是处于弯矩、剪力、扭矩共同作用下的复合受力状态。图8-1所示的吊车梁、现浇框架的边梁，以及支承雨篷的雨篷梁等都属于弯剪扭的复合受力构件。

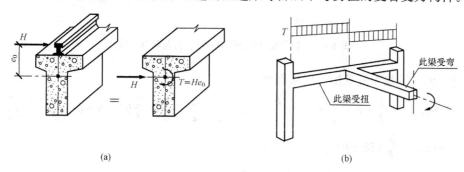

图8-1　平衡扭转与协调扭转
(a) 吊车梁；(b) 框架边梁

混凝土构件受到的扭转有两类，一类是由外荷载直接作用产生的扭转，称为平衡扭转。图8-1 (a) 中受水平制动力作用的吊车梁，截面上均承受有扭矩，即属于这一类扭转。另一类是超静定结构中由于变形的协调使截面产生的扭转，称为协调扭转。如图8-1 (b) 中的现浇框架的边梁，由于次梁梁端的弯曲转动变形使得边梁产生扭转，截面承受扭矩。

纯扭构件的受力性能是研究复合受扭的基础，因此将首先讨论纯扭问题。

8.2　纯扭构件的受力性能及承载力计算

8.2.1　素混凝土纯扭构件的受力性能

由材料力学可知，弹性材料的矩形截面构件受扭后，在截面上将产生剪应力 τ，相应地产生主拉应力 σ_{tp} 和主压应力 σ_{cp}，它们在数值上等于 τ，即 $\sigma_{tp} = \sigma_{cp} = \tau$，并且作用在与构件轴线呈 45°的方向上，如图8-2 (a) 所示。当主拉应力超过混凝土的抗拉强度时，构件将开裂，首先在长边中点附近出现一条沿着45°方向的斜裂缝，然后迅速向上、向下延伸至构件的顶面与底面，最后形成三面开裂，一面受压的空间扭曲破坏面，构件随即破坏，如图8-2 (b) 所示。破坏时截面的承载力很低且表现出明显的脆性破坏特点。

8.2.2　素混凝土纯扭构件的承载力计算

对于理想塑性材料来说，截面上某一点应力达到材料的屈服强度，只表示局部材料开始进入塑性状态，如图8-3 (a) 所示。此时仍可继续加载，直到截面上各点的应力全部达到屈服强度时，构件才达到极限承载力，如图8-3 (b) 所示。根据图8-3 (d)，对截面扭转

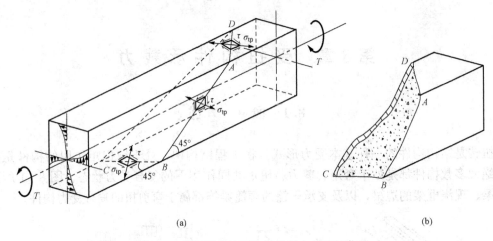

图 8-2　素混凝土纯扭构件的应力与破坏截面

中心取矩，可求得截面能承担的极限扭矩：

$$T = \tau_{max} \cdot \left[\frac{1}{2} \cdot b \cdot \frac{b}{2} \cdot \left(h - \frac{b}{3} \right) + 2 \cdot \frac{1}{2} \cdot \frac{b}{2} \cdot \frac{b}{2} \cdot \frac{2}{3} b + \left(h - b \cdot \frac{b}{2} \cdot \frac{b}{2} \right) \right] \quad (8-1)$$

$$= \tau_{max} \times \frac{b^2}{6} (3h - b)$$

令
$$W_t = \frac{b^2}{6} (3h - b) \quad (8-2)$$

式中　W_t——截面受扭塑性低抗矩；

　　　b——矩形截面的短边；

　　　h——矩形截面的长边；

　　　τ_{max}——截面上的最大剪应力。

当 τ_{max} 达到混凝土轴心抗拉强度设计值 f_t 时构件破坏，则式（8-1）可写为

$$T_{cr} = f_t W_t \quad (8-3)$$

由于混凝土并非理想塑性材料，因此按塑性理论计算出的开裂扭矩略高于实测值，应对式（8-3）进行折减。根据试验结果偏安全地取素混凝土纯扭构件的开裂扭矩为

$$T_{cr} = 0.7 f_t W_t \quad (8-4)$$

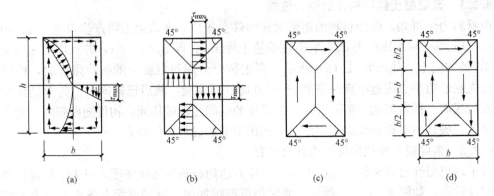

图 8-3　构件开裂前截面剪应力分布

其中系数 0.7 综合反映了混凝土塑性发挥的程度和双轴应力下混凝土强度降低的影响。该开裂扭矩与素混凝土构件的极限扭矩基本相同。

8.2.3 钢筋混凝土纯扭构件的破坏特征和扭曲截面承载力

1. 钢筋混凝土纯扭构件破坏形态

在混凝土构件中配置适当的抗扭钢筋，当混凝土开裂后，可由钢筋继续承受拉力，这对提高受扭构件的承载力有很大的作用。由于扭矩在构件中引起的主拉应力轨迹线为一组与构件纵轴大致呈 45°角、并绕四周面连续的螺旋线，因此，最合理的配筋应是沿 45°方向布置的螺旋箍筋。但在实际工程中，扭矩在构件全长上常常要改变方向。扭矩方向一改变，螺旋箍的旋角方向也要相应地改变，这在配筋构造上就会造成很大的困难。所以，实际工程结构中，都采用垂直构件纵轴的箍筋和沿截面周边布置的纵向钢筋组成的空间钢筋骨架来承担扭矩。

试验表明，对于钢筋混凝土矩形截面受扭构件，其破坏形态根据配置抗扭钢筋数量的多少，可分为以下几类：

(1) 少筋破坏。当垂直纵轴的箍筋和沿截面周边布置的纵筋过少或配筋间距过大时，在扭矩作用下，先在构件截面的长边最薄弱处产生一条与纵轴呈 45°左右的斜裂缝，构件一旦开裂，裂缝就迅速向相邻两侧面呈螺旋形延伸，最后受压面上的混凝土被压碎，构件宣告破坏。其破坏扭矩 T_u 基本上等于开裂扭矩 T_{cr}。这种破坏过程急速而突然，属于脆性破坏，设计中应避免。

(2) 适筋破坏。当配筋适当时，在扭矩作用下，第一条斜裂缝出现后构件并不立即破坏。随着扭矩的增加，将陆续出现多条大体平行的连续螺旋形裂缝。与斜裂缝相交的纵筋和箍筋先后达到屈服，斜裂缝进一步开展，最后受压面上的混凝土也被压碎，构件随之破坏。这种破坏具有一定的延性，受扭承载力的计算公式即是以这种破坏为依据建立的。

(3) 超筋破坏。若配筋量过多，则在纵筋和箍筋的应力都未达到屈服时，混凝土就被压碎，构件立即破坏，属于无预兆的脆性破坏，在设计中也应避免。

为了防止发生少筋破坏，受扭构件的抗扭箍筋和抗扭纵筋不得小于各自的最小配筋率，箍筋的最大间距也应当满足要求。为了防止发生超筋破坏，截面应符合最小截面尺寸条件，即最大配筋率条件。

(4) 部分超筋破坏。当抗扭纵筋和抗扭箍筋的配筋强度（配筋量及钢筋强度值）比例失调，破坏时会发生配筋适当的那种钢筋达到屈服而另一种钢筋则没有屈服，这种破坏形态称为"部分超筋破坏"。它虽也有一定延性，但比适筋破坏时的延性小。为防止出现这种破坏，抗扭纵筋和抗扭箍筋的配筋强度比 ζ 应限定在合适的范围内。

2. 矩形截面纯扭构件的受扭承载力计算

根据试验分析，钢筋混凝土纯扭构件的受扭承载力 T_u 由混凝土承担的扭矩 T_c 和钢筋承担的扭矩 T_s 两部分组成，即

$$T_u = T_c + T_s$$
$$T_c = 0.35 f_t W_t$$

式中

$$T_s = 1.2 \sqrt{\zeta} \frac{A_{st1} f_{yv}}{s} A_{cor}$$

于是设计表达式为：

$$T \leqslant T_u = 0.35 f_t W_t + 1.2 \sqrt{\zeta} \frac{A_{st1} f_{yv}}{s} A_{cor} \tag{8-5}$$

式中　A_{st1}——受扭计算中沿截面周边所配置箍筋的单肢截面面积；

f_{yv}——受扭箍筋的抗拉强度设计值；

s——受扭箍筋沿构件轴向的间距；

A_{cor}——截面核心部分的面积，$A_{cor} = b_{cor} h_{cor}$，此处 b_{cor}、h_{cor} 分别为从箍筋内表面计算的截面核心部分的短边、长边尺寸。

ζ——受扭的纵向钢筋与箍筋的配筋强度比，按下式计算

$$\zeta = \frac{f_y A_{stl} s}{f_{yv} A_{st1} u_{cor}} \tag{8-6}$$

式中　A_{stl}——受扭计算中取对称布置的全部纵向钢筋截面面积；

f_y——受扭纵向钢筋的抗拉强度设计值；

u_{cor}——截面核心部分的周长，$u_{cor} = 2(b_{cor} + h_{cor})$。

为防止发生部分超筋破坏，《混凝土结构设计规范》（GB 50010—2010）规定，ζ 值应符合 $0.6 \leqslant \zeta \leqslant 1.7$。当 $\zeta = 1.2$ 时，抗扭箍筋与抗扭纵筋基本上能同时达到屈服强度。因此在设计时，ζ 最佳取值为 1.2。

3. T 形和 I 形截面纯扭构件受扭承载力计算

T 形和 I 形截面纯扭构件承受扭矩 T 时，可将截面按图 8-4 的分块方法划分为腹板、受压翼缘及受拉翼缘等三个矩形块，将总的扭矩 T 按各矩形块的受扭塑性抵抗矩的比例分配给各矩形块承担，各矩形块承担的扭矩为

腹板　　　　　　　　　　$$T_w = \frac{W_{tw}}{W_t} T \tag{8-7}$$

受压翼缘　　　　　　　　$$T'_f = \frac{W'_{tf}}{W_t} T \tag{8-8}$$

受拉翼缘　　　　　　　　$$T_f = \frac{W_{tf}}{W_t} T \tag{8-9}$$

式中　　　　　W_t——T 形或 I 形截面的受扭塑性抵抗矩，$W_t = W_{tw} + W'_{tf} + W_{tf}$；

W_{tw}、W'_{tf}、W_{tf}——腹板、受压翼缘、受拉翼缘矩形块的受扭塑性抵抗矩，按下列公式计算

$$W_{tw} = \frac{b^2}{6}(3h - b) \tag{8-10}$$

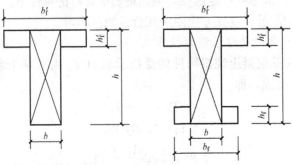

图 8-4　T 形和 I 形截面的分块

$$W'_{tf} = \frac{h_f'^2}{2}(b_f' - b) \tag{8-11}$$

$$W_{tf} = \frac{h_f^2}{2}(b_f - b) \tag{8-12}$$

计算时取用的计算翼缘宽度尚应符合 $b_f' \leqslant b + 6h_f'$ 及 $b_f \leqslant b + 6h_f$ 的规定。

求得各矩形块承受的扭矩后,分别按式(8-5)计算确定各自所需的抗扭纵筋及抗扭箍筋面积,最后统一配筋。

8.3 弯 剪 扭 构 件 承 载 力

8.3.1 弯扭构件承载力

在弯矩 M 和扭矩 T 共同作用下,构件的受弯承载力和受扭承载力之间存在相关性,其破坏特征及承载力与扭弯比 T/M、截面尺寸、配筋形式及数量等因素有关,因此,弯扭承载力的相关关系比较复杂,要得到准确的计算公式还很困难。《混凝土结构设计规范》(GB 50010—2010)对弯扭构件的承载力采用简单的叠加法进行计算,即按受弯承载力公式计算所需的抗弯纵筋,按受弯构件相应的要求布置,再按纯扭构件承载力公式计算所需的抗扭纵筋和箍筋,按受扭构件相应的要求布置。对截面同一位置处的抗弯纵筋和抗扭纵筋,将二者的面积叠加后确定纵筋的直径和根数,最后在截面上统一布置。

8.3.2 剪扭构件承载力

1. 剪扭承载力的相关关系

试验研究表明,在剪力和扭矩共同作用下,混凝土的抗扭承载力随剪力的增加而降低;反之,混凝土的抗剪承载力也随着扭矩的增加而降低。两者相对值的无量纲的相关关系近似符合 1/4 圆的规律,如图 8-5(a)所示。其表达式为

$$\left(\frac{V_c}{V_{c0}}\right)^2 + \left(\frac{T_c}{T_{c0}}\right)^2 = 1 \tag{8-13}$$

式中 T_c、V_c——扭矩和剪力共同作用时的受扭承载力和受剪承载力;

T_{c0}——纯扭构件混凝土的受扭承载力;

V_{c0}——纯剪构件混凝土的受剪承载力。

上述 1/4 圆弧的相关方程比较复杂。为简便计,规范采用如图 8-5(b)中三折线 $ABCD$ 来代替圆弧,即

当 $T_c/T_{c0} \leqslant 0.5$ 时(AB 段),$V_c/V_{c0} = 1.0$

当 $V_c/V_{c0} \leqslant 0.5$ 时(CD 段),$T_c/T_{c0} = 1.0$ $\tag{8-14}$

当 $0.5 < T_c/T_{c0} \leqslant 1.0$ 时(BC 段),$T_c = \beta_t T_{c0}$,$V_c = \alpha V_{c0}$

式中,β_t、α 分别为剪扭构件混凝土受扭、受剪承载力降低系数。

延长直线 BC,得坐标截距为 1.5(E、F 点),由图示几何关系,得 $\alpha = 1.5 - \beta_t$。因此

$$\beta_t = \frac{1.5}{1 + \dfrac{V_c}{V_{c0}} \Big/ \dfrac{T_c}{T_{c0}}} \tag{8-15}$$

β_t 可按下列规定计算:

(1)一般剪扭构件。由前述可知,混凝土承担的(也就是无腹筋构件承担的)剪力 V_{c0}

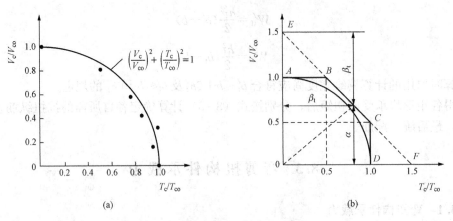

图 8-5 混凝土剪扭承载力的相关关系

(a) 剪扭复合受力的相关关系；(b) 三折线的剪扭相关关系

和扭矩 T_{co} 分别为

$$V_{co}=0.7f_tbh_0$$
$$T_{co}=0.35f_tW_t \tag{8-16}$$

将以上两式代入式（8-15），并近似取 $V_c/T_c=V/T$，得

$$\beta_t=\frac{1.5}{1+0.5\dfrac{V}{T}\dfrac{W_t}{bh_0}} \tag{8-17}$$

当 $\beta_t<0.5$ 时，取 $\beta_t=0.5$；当 $\beta_t>1.0$ 时，取 $\beta_t=1.0$。

（2）集中荷载作用下的独立剪扭构件。

$$V_{co}=\frac{1.75}{\lambda+1}f_tbh_0$$
$$T_{co}=0.35f_tW_t \tag{8-18}$$

将以上两式代入式（8-15），并近似取 $V_c/T_c=V/T$，得

$$\beta_t=\frac{1.5}{1+0.2(\lambda+1)\dfrac{V}{T}\dfrac{W_t}{bh_0}} \tag{8-19}$$

2. 矩形截面剪扭构件承载力计算

有腹筋剪扭构件的受剪及受扭承载力分别由混凝土所能承担的 V_c、T_c 及钢筋所能承担的 V_s、T_s 组成，即

$$V\leqslant V_c+V_s$$
$$T\leqslant T_c+T_s \tag{8-20}$$

试验中很难将这两部分区分开来。《混凝土结构设计规范》（GB 50010—2010）采用了部分相关、部分叠加的方法来计算复合受扭构件的承载力，即对混凝土抗力部分考虑相关性，对钢筋的抗力部分采用叠加的方法。因此，将式（8-14）及相应的 V_s、T_s 代入式（8-20），可得剪扭构件受剪承载力和受扭承载力的计算公式。

（1）对于一般剪扭构件。

$$V\leqslant V_u=0.7(1.5-\beta_t)f_tbh_0+f_{yv}\frac{A_{sv}}{s}h_0 \tag{8-21}$$

$$T \leqslant T_u = 0.35\beta_t f_t W_t + 1.2\sqrt{\zeta} f_{yv} \frac{A_{st1} A_{cor}}{s} \tag{8-22}$$

式中,

$$\beta_t = \frac{1.5}{1 + 0.5\dfrac{V}{T}\dfrac{W_t}{bh_0}}, \quad 0.5 \leqslant \beta_t \leqslant 1.0 \tag{8-23}$$

(2) 对于集中荷载作用下的独立剪扭构件。

$$V \leqslant V_u = \frac{1.75}{\lambda + 1}(1.5 - \beta_t) f_t bh_0 + f_{yv} \frac{A_{sv}}{s} h_0 \tag{8-24}$$

$$T \leqslant T_u = 0.35\beta_t f_t W_t + 1.2\sqrt{\zeta} f_{yv} \frac{A_{st1} A_{cor}}{s} \tag{8-25}$$

式中,

$$\beta_t = \frac{1.5}{1 + 0.2(\lambda + 1)\dfrac{V}{T}\dfrac{W_t}{bh_0}}, \quad 0.5 \leqslant \beta_t \leqslant 1.0 \tag{8-26}$$

式中,ζ、λ 的取值范围同前。

3. T 形和 I 形截面剪扭构件承载力计算

(1) T 形和 I 形截面剪扭构件的受剪承载力,可按式 (8-21) 或式 (8-24) 计算,但在其相应的 β_t 计算时,应将公式中的 T 及 W_t 分别用 T_w 及 W_{tw} 替代,即认为剪力全部由腹板来承受。

(2) T 形和 I 形截面剪扭构件的受扭承载力,可按前述方法将截面划分为 2 个或 3 个矩形块分别进行计算,其中腹板为剪扭构件,其受扭承载力按式 (8-22) 或式 (8-25) 计算。计算时,式中的 T 及 W_t 分别以 T_w 及 W_{tw} 替代。不考虑受压翼缘和受拉翼缘承受剪力,故翼缘为纯扭构件,其受扭承载力按式 (8-5) 计算。计算时,式中的 T 及 W_t 分别以 T'_f 及 W'_{tf} 或 T_f 及 W_{tf} 替代。

8.3.3 弯剪扭构件的承载力计算

1. 截面尺寸限制条件

为防止构件受扭时发生混凝土首先被压坏的超筋破坏,必须控制箍筋的数量不超过其上限,也就是控制截面尺寸不能过小。

在弯矩、剪力和扭矩共同作用下,对 $h_w/b \leqslant 6$ 的矩形、T 形、I 形截面和 $h_w/t_w \leqslant 6$ 的箱形截面构件,其截面尺寸应符合下列条件:

(1) 当 h_w/b (或 h_w/t_w) $\leqslant 4$ 时,

$$\frac{V}{bh_0} + \frac{T}{0.8W_t} \leqslant 0.25\beta_c f_c \tag{8-27}$$

(2) 当 h_w/b (或 h_w/t_w) $= 6$ 时,

$$\frac{V}{bh_0} + \frac{T}{0.8W_t} \leqslant 0.2\beta_c f_c \tag{8-28}$$

(3) 当 $4 < h_w/b$ (或 h_w/t_w) < 6 时,按线性内插法确定。

式中 b——矩形截面的宽度,T 形或 I 形截面的腹板宽度,箱形截面取两侧壁总厚度 $2t_w$;

h_0——截面有效高度;

h_w——截面的腹板高度,对矩形截面取有效高度 h_0,对 T 形截面取有效高度减去翼缘高度，对 I 形和箱形截面，取腹板净高；

t_w——箱形截面壁厚，其值不应小于箱形截面宽度的 1/7；

β_c——混凝土强度影响系数，当混凝土强度等级不超过 C50 时，取 $\beta_c = 1.0$；当混凝土强度等级为 C80 时，取 $\beta_c = 0.8$；其间按线性内插法确定。

2. 构造配筋条件

当作用在构件上的扭矩小于截面混凝土所能承担的开裂扭矩时，按计算就不需配置抗扭钢筋。但为了防止脆性破坏，仍应按构造要求配置相应的抗扭钢筋。当符合下列条件时，可不进行抗扭承载力计算而仅需按构造要求配筋：

$$\frac{T}{W_t} \leqslant 0.7 f_t \tag{8-29}$$

对于剪扭构件，试验表明其抗裂条件基本符合受剪与受扭相叠加的线性分布规律。因此，当满足下列条件时，可不进行剪扭承载力计算，而仅需根据构造要求（箍筋的最小配箍率、箍筋最大间距、受扭纵筋的最小配筋率、受扭纵筋的最大间距等）配置钢筋。

$$\frac{V}{bh_0} + \frac{T}{W_t} \leqslant 0.7 f_t \tag{8-30}$$

3. 弯剪扭构件的承载力计算

钢筋混凝土构件在弯矩、剪力、扭矩共同作用下的受力状态十分复杂。《混凝土结构设计规范》（GB 50010—2010）采用简化原则计算，即对于弯矩的作用，按受弯构件正截面受弯承载力计算公式，单独计算其抗弯所需的纵向钢筋；对于剪力和扭矩的作用，则按剪扭构件的承载力计算公式分别算出所需的抗剪箍筋和抗扭箍筋，以及对称布置在截面周边的抗扭纵向钢筋。具体方法和步骤如下。

（1）叠加配筋方法。

1）按受弯构件计算仅在弯矩作用下所需的受弯纵向钢筋的截面面积 A_s 及 A_s'。

2）按剪扭构件计算受剪所需的箍筋截面面积 $\frac{A_{sv}}{s}$ 和受扭所需的箍筋截面面积 $\frac{A_{st1}}{s}$ 及受扭纵向钢筋总面积 A_{stl}。

3）叠加上面计算所需的纵向钢筋和箍筋截面面积，即得弯剪扭构件的配筋面积。

但应注意，受弯纵筋 A_s 是配置在截面受拉区的底边，A_s' 是配置在截面受压区的顶边，而受扭纵筋 A_{stl} 则应在截面周边对称均匀布置。钢筋面积叠加后，顶、底边钢筋可统一配置。受剪箍筋 A_{sv} 是指同一截面内箍筋各肢的截面面积之和，而受扭箍筋 A_{st1} 则是沿截面周边配置的单肢箍筋截面面积。因此由公式求得的 $\frac{A_{sv}}{s}$ 与 $\frac{A_{st1}}{s}$ 是不能直接相加的，只能以 $\frac{A_{sv1}}{s}$ 与 $\frac{A_{st1}}{s}$ 相加，然后统一配置在截面周边。当采用复合箍筋时，位于截面内部的箍筋只能抗剪而不能抗扭。

（2）近似方法。当符合下列条件时，弯剪扭构件可按近似方法计算，即：

1）当 $V \leqslant 0.35 f_t bh_0$ 或 $V \leqslant 0.875 f_t bh_0/(\lambda+1)$ 时，剪力对构件承载力的影响可以忽略不计，可仅按受弯构件的正截面受弯承载力和纯扭构件的受扭承载力分别进行计算。

2）当 $T \leqslant 0.175 f_t W_t$ 或 $T \leqslant 0.175 \alpha_h f_t W_t$（箱形截面）时，扭矩对构件承载力的影响可以不予考虑，可仅按受弯构件的正截面受弯承载力和斜截面受剪承载力分别进行计算。

8.4　压弯剪扭构件的承载力

8.4.1　压扭构件的受扭承载力

试验表明，轴向压力能推迟混凝土的开裂，改善混凝土的咬合作用和纵筋的销栓作用，使截面核心混凝土能较好地参与工作，因而提高了构件的受扭承载力。在轴向压力和扭矩的共同作用下，矩形截面的受扭承载力可按下式计算。

$$T \leqslant T_u = \left(0.35f_t + 0.07\frac{N}{A}\right)W_t + 1.2\sqrt{\zeta}f_{yv}\frac{A_{st1}A_{cor}}{s} \tag{8-31}$$

式中　N——与扭矩计算值 T 相应的轴向压力设计值。当 $N > 0.3f_cA$ 时，取 $N = 0.3f_cA$；

　　　　A——构件截面面积。

上述公式中，ζ 值应符合 $0.6 \leqslant \zeta \leqslant 1.7$。当 $\zeta > 1.7$ 时取 $\zeta = 1.7$。

8.4.2　压弯剪扭构件的剪扭承载力

在轴向压力、弯矩、剪力和扭矩的共同作用下，矩形截面框架柱的剪扭承载力按下列公式计算。

（1）受剪承载力

$$V \leqslant V_u = (1.5 - \beta_t)\left(\frac{1.75}{\lambda+1}f_tbh_0 + 0.07N\right) + f_{yv}\frac{A_{sv}}{s}h_0 \tag{8-32}$$

（2）受扭承载力

$$T \leqslant T_u = \beta_t\left(0.35f_t + 0.07\frac{N}{A}\right)W_t + 1.2\sqrt{\zeta}f_{yv}\frac{A_{st1}A_{cor}}{s} \tag{8-33}$$

压弯剪扭构件的纵向钢筋截面面积应分别按偏心受压构件的正截面承载力和剪扭构件的受扭承载力计算确定，并应配置在相应的位置上。箍筋截面面积应分别按剪扭构件的受剪承载力和受扭承载力计算确定，并配置在相应的位置上。

8.5　受扭构件的构造要求

对于弯矩、剪力、扭矩共同作用下的复合受扭构件，为防止受扭构件发生少筋破坏和钢筋屈服前混凝土先被压碎的超筋破坏，《混凝土结构设计规范》（GB 50010—2010）规定，尚应遵守受剪扭的箍筋最小配筋率、受扭纵向受力钢筋的最小配筋率。

1. 剪扭箍筋最小配筋率

在弯剪扭构件中，剪扭箍筋的配筋率 ρ_{sv} 应符合

$$\rho_{sv} = \frac{A_{sv}}{bs} \geqslant \rho_{sv,min} = 0.28f_t/f_{yv} \tag{8-34}$$

式中，A_{sv} 为配置在同一截面内箍筋各肢的全部截面面积。对箱形截面，计算 ρ_{sv} 时 b 应为截面的总宽度 b_h。

箍筋必须做成封闭式，且应沿截面周边布置；当采用复合箍筋时，位于截面内部的箍筋不应计入受扭所需的箍筋面积；受扭所需箍筋的末端应做成 135° 弯钩，弯钩端头平直段长度不应小于 $10d$（d 为箍筋直径）。

2. 受扭纵筋最小配筋率

受扭纵向钢筋的配筋率 ρ_{tl} 应符合

$$\rho_{tl} = \frac{A_{stl}}{bh} \geqslant \rho_{tl,min} = 0.6\sqrt{\frac{T}{Vb}}\frac{f_t}{f_y} \tag{8-35}$$

当 $\frac{T}{Vb} > 2.0$ 时，取 $\frac{T}{Vb} = 2.0$。

沿截面周边布置的受扭纵向钢筋的间距不应大于 200mm 及梁截面的短边长度；除应在梁截面四角设置受扭纵向钢筋外，其余受扭纵向钢筋宜沿截面周边均匀对称布置。受扭纵向钢筋应按受拉钢筋锚固在支座内。

配置在截面弯曲受拉边的纵向受力钢筋，其截面面积不应小于按受弯构件受拉钢筋最小配筋率计算的钢筋截面面积与按受扭纵筋最小配筋率计算并分配到弯曲受拉边的钢筋截面面积之和。

【例 8-1】 承受均布荷载的矩形截面梁，截面尺寸 $bh = 200\text{mm} \times 450\text{mm}$，混凝土保护层厚度 c 为 25mm，承受弯矩设计值 $M = 120\text{kN·m}$，剪力设计值 $V = 90\text{kN}$，扭矩设计值 $T = 8\text{kN·m}$；采用 C25 混凝土（$\alpha_1 = 1.0$，$\beta_c = 1.0$，$f_c = 11.9\text{N/mm}^2$，$f_t = 1.27\text{N/mm}^2$）；纵向钢筋为 HRB400 级（$f_y = 360\text{N/mm}^2$），箍筋为 HPB300 级（$f_{yv} = 270\text{N/mm}^2$）。试配置钢筋。

解 （1）验算截面尺寸。受扭塑性抵抗矩

$$W_t = \frac{b^2}{6}(3h-b) = \frac{200^2}{6}(3\times450-200) = 7.67\times10^6(\text{mm}^3)$$

取 $a_s = 45\text{mm}$，则 $h_0 = h - a_s = 450 - 45 = 405$ （mm），对矩形截面，$h_w = h_0 = 405\text{mm}$

$$h_w/b = 405/200 = 2.025 < 4$$

$$\frac{V}{bh_0} + \frac{T}{0.8W_t} = \frac{90\times10^3}{200\times415} + \frac{8\times10^6}{0.8\times7.67\times10^6}$$

$$= 2.39(\text{N/mm}^2) < 0.25\beta_c f_c = 0.25\times1.0\times11.9$$

$$= 2.98\text{N/mm}^2$$

故截面尺寸满足要求。

（2）验算是否可按构造配筋。

$$\frac{V}{bh_0} + \frac{T}{W_t} = \frac{90\times10^3}{200\times415} + \frac{8\times10^6}{7.67\times10^6}$$

$$= 2.13(\text{N/mm}^2) > 0.7f_t = 0.7\times1.27 = 0.89\text{N/mm}^2$$

故应按计算确定剪扭钢筋。

（3）受弯纵向钢筋 A_s 的确定。

$$a_s = \frac{M}{\alpha_1 f_c bh_0^2} = \frac{120\times10^6}{1.0\times11.9\times200\times405^2} = 0.307$$

$$\xi = 1 - \sqrt{1-2a_s} = 1 - \sqrt{1-2\times0.307} = 0.379 < \xi_b = 0.55$$

$$x = \xi h_0 = 0.379\times405 = 153.5(\text{mm})$$

故

$$A_s = \alpha_1 f_c bx/f_y = 1.0\times11.9\times200\times153.5/360 = 1015(\text{mm}^2)$$

$$\rho = 0.45\frac{f_t}{f_y} = 0.45\times\frac{1.27}{360} = 0.0016 < 0.002$$

取 $\rho_{min}=0.02$

$$\rho=\frac{A_s}{bh}=\frac{1015}{200\times450}=1.1\%>\rho_{min}=0.2\%，满足要求。$$

$$A_s>\rho_{min}bh=0.002\times200\times450=400mm^2$$

（4）抗剪和抗扭钢筋的计算。

因 $0.35f_tbh_0=0.35\times1.27\times200\times415=36.9(kN)<V=90kN$，不能忽略剪力的影响。

因 $0.175f_tW_t=0.175\times1.27\times7.67=1.70(kN\cdot m)<T=8kN\cdot m$，不能忽略扭矩的影响。

故应按弯剪扭构件计算。

$$\beta_t=\frac{1.5}{1+0.5\dfrac{V}{T}\dfrac{W_t}{bh_0}}=\frac{1.5}{1+0.5\times\dfrac{90\times10^3}{8\times10^6}\times\dfrac{7.67\times10^3}{200\times415}}=0.99$$

受剪箍筋

$$\frac{A_{sv}}{s}=\frac{V-0.7f_tbh_0(1.5-\beta_t)}{1.25f_{yv}h_0}$$

$$=\frac{90\times10^3-0.7\times1.27\times200\times415\times(1.5-0.99)}{1.25\times270\times415}=0.373(mm)$$

计算受扭箍筋时，取 $\zeta=1.2$，得

$$\frac{A_{stl}}{s}=\frac{T-0.35\beta_tf_tW_t}{1.2\sqrt{\zeta}f_{yv}A_{cor}}$$

$$=\frac{8\times10^6-0.35\times0.99\times1.27\times7.67\times10^6}{1.2\times\sqrt{1.2}\times270\times150\times400}=0.218(mm)$$

采用双肢箍筋（$n=2$），则单肢箍筋所需截面面积为

$$\frac{A_{sv1}}{s}+\frac{A_{stl}}{s}=\frac{A_{sv}}{ns}+\frac{A_{stl}}{s}=\frac{0.373}{2}+0.218=0.40(mm)$$

选用箍筋直径为 10mm（$A_{sv1}=78.5mm^2$），$s=\dfrac{78.5}{0.52}=151mm$，取箍筋间距为 150mm。

$$\rho_{sv}=\frac{A_{sv}}{bs}=\frac{2\times78.5}{200\times150}=0.52\%>0.28f_t/f_{yv}=\frac{0.28\times1.27}{270}=0.13\%，满足要求。$$

受扭纵筋

$$A_{stl}=\frac{\zeta f_{yv}A_{stl}u_{cor}}{f_y\cdot s}=\frac{1.2\times270\times0.218\times2\times(150+400)}{360}=216(mm^2)$$

$$\rho_{tl}=\frac{A_{stl}}{bh}=\frac{216}{200\times450}=0.24\%>\rho_{tl,min}$$

$$=0.6\sqrt{\frac{T}{Vb}\frac{f_t}{f_y}}=0.6\sqrt{\frac{8\times10^6}{90\times10^3\times200}\times\frac{1.27}{360}}=0.14\%$$

按构造要求，受扭纵筋的间距不应大于 200mm 和梁的宽度 200mm，故沿梁高分三层布置受扭纵筋。

顶层 $\dfrac{A_{stl}}{3}=\dfrac{216}{3}=72$（$mm^2$），选配 2 Φ 8（101mm^2）；

中层 $\dfrac{A_{stl}}{3}=\dfrac{216}{3}=72$（$mm^2$），选配 2 Φ 8（101mm^2）；

底层 $\dfrac{A_{\mathrm{stl}}}{3}+A_{\mathrm{s}}=72+1015=1087$（mm²），选配 2 ⊈ 16＋2 ⊈ 22（1162mm²）。

小　　结

（1）素混凝土矩形截面纯扭构件的破坏面为三面开裂、一面受压的空间扭曲面。这种破坏属于脆性破坏，构件的受扭承载力很低。

（2）根据所配抗扭纵筋和抗扭箍筋数量的多少，钢筋混凝土受扭构件的主要破坏形态有四种，即少筋破坏、适筋破坏、超筋破坏和部分超筋破坏。其中适筋破坏和部分超筋破坏时，破坏有一定的塑性性质，但发生部分超筋破坏时，抗扭纵筋和箍筋不能都达到屈服。为了使抗扭纵筋和箍筋的应力在构件受扭破坏时都能达到屈服强度，抗扭箍筋和纵筋的配筋强度比应满足 $0.6 \leqslant \zeta \leqslant 1.7$ 的要求，ζ 最佳取值为 1.2。

（3）钢筋混凝土构件在弯剪扭复合受力情况下的承载力计算非常复杂，准确的计算十分困难。《混凝土结构设计规范》（GB 50010—2010）采用简化的计算方法，按部分相关、部分叠加的原则，即对混凝土提供的抗力部分考虑剪扭相关性，而对钢筋提供的抗力部分采用叠加的方法计算。

（4）轴向压力值在一定范围内时，可以抵消弯剪扭引起的部分拉应力，延缓裂缝的出现，从而提高构件的受扭和受剪承载力。

思　考　题

（1）素混凝土矩形截面纯扭构件的破坏有何特点？钢筋混凝土矩形截面纯扭构件有几种主要的破坏形态，其破坏特征是什么？

（2）影响钢筋混凝土矩形截面纯扭构件承载力的主要因素有哪些？

（3）抗扭钢筋配筋强度比 ζ 的含义是什么，为什么要对配筋强度比的范围加以限制？

（4）什么是混凝土剪扭承载力的相关性，钢筋混凝土弯剪扭构件承载力计算的原则是什么？抗扭纵向钢筋和箍筋在构件截面上应如何布置？

（5）受扭承载力计算公式中 β_{t} 的物理意义是什么？其表达式的取值考虑了哪些因素？

（6）在弯剪扭构件的承载力计算中，为什么要规定截面尺寸限制条件和配筋构造要求？

（7）轴向压力对构件的受扭承载力有何影响，在计算中如何反映？

（8）受扭构件中的受扭箍筋和受扭纵筋各有哪些构造要求？

习　　题

（1）某雨篷剖面如图 8‑6 所示，雨篷上承受均布恒载（包括板自重）设计值 $q=2.8\mathrm{kN/m}$，在雨篷自由端沿板宽方向每米承受活荷载设计值 $P=1.0\mathrm{kN/m}$。雨篷梁截面尺寸 240mm×300mm，计算跨度为 2.6m。混凝土强度等级采用 C20，纵筋为 HRB400 级，箍筋为 HPB300 级，环境类别为二类。经计算知，雨篷梁承受的最大弯矩设计值 $M=14.40\mathrm{kN \cdot m}$，最大剪力设计值 $V=25\mathrm{kN}$，试确定该雨篷梁的配筋。

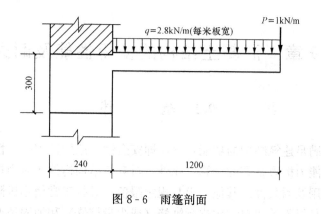

图 8-6 雨篷剖面

(2) 已知均布荷载作用下的矩形截面弯剪扭构件，截面尺寸 $bh=250\text{mm}\times500\text{mm}$，承受的弯矩设计值 $M=114\text{kN}\cdot\text{m}$，剪力设计值 $V=120\text{kN}$，扭矩设计值 $T=15\text{kN}\cdot\text{m}$。混凝土强度等级采用 C30，纵筋采用 HRB400 级，箍筋采用 HPB300 级，环境类别为一类。试设计其配筋。

第9章 混凝土结构的使用性能及耐久性

9.1 概　　述

结构设计必须满足建筑结构的功能要求，即安全性、适用性和耐久性要求。所有结构构件都必须进行承载能力极限状态的计算。此外，对某些结构构件还应根据其工作条件和使用要求，满足正常使用及耐久性的其他要求与规定限值，进行正常使用极限状态的验算。

结构的适用性是指不需要对结构进行维修（或少量维修）和加固情况下继续正常使用的性能。钢筋混凝土构件在正常使用阶段往往是带裂缝工作，如果裂缝宽度过大，不仅有损结构美观，给人造成不安全感，还可能使钢筋产生锈蚀，使构件的强度、刚度降低和变形加大，影响结构的耐久性。对某些构件，变形过大还将影响精密仪器的使用、吊车的运行、非结构构件的损坏等。因此，必须对裂缝宽度和变形进行控制。但是，与不满足承载能力极限状态相比，结构构件不满足正常使用极限状态，对人生命财产的危害性相对要小，其目标可靠指标 $[\beta]$ 值可以小些。因此，在正常使用极限状态验算时，所有的材料强度均取为材料强度的标准值，所有荷载也均取为荷载标准值，分别按荷载效应的标准组合或准永久组合并考虑长期作用的影响加以计算。

结构的耐久性是指在设计确定的环境作用和维护及使用条件下，结构及其构件在设计使用年限内保持其适用性和安全性的能力。因此，混凝土结构的耐久性非常重要，工程中应根据结构所处的环境和设计使用年限进行耐久性设计。

9.2 钢筋混凝土构件的裂缝宽度验算

9.2.1 裂缝的形成和开展过程

以受弯构件纯弯段为例来说明裂缝的形成和开展过程。

1. 裂缝的出现

在裂缝出现以前，受弯构件纯弯段内各截面受拉区混凝土的拉应力大致相同；当受拉区外边缘混凝土达到其抗拉强度 f_{tk} 时，由于混凝土的塑性变形还不会马上开裂；当其拉应变接近混凝土的极限拉应变时，就处于即将开裂状态，如图 9-1（a）所示。

当受拉区外边缘混凝土在最薄弱截面处达到其极限拉应变后，就会出现第一条（批）裂缝，如图 9-1（b）所示。

第一条（批）裂缝出现后，裂缝截面处混凝土拉应力降低为零，拉力全部由钢筋承受，因而钢筋应力突然增大。原受拉张紧的混凝土分别向截面两侧回缩，混凝土与钢筋表面产生相对滑移，促进裂缝开展。由于钢筋与混凝土之间的黏结作用，裂缝截面处的钢筋应力又通过黏结应力逐渐传递给混凝土，使混凝土拉应力随离开裂缝截面距离的增大而增大，而钢筋的应力相应减小，直到钢筋和混凝土的应变相等，相对滑移和黏结应力降低为零，如图 9-1（b）所示。

2. 裂缝的开展

随着荷载继续增大，当离开第一条（批）裂缝一定距离 $l_{cr,min}$ 以外的另一薄弱截面的混凝土应力达到抗拉强度时，就会出现第二条（批）裂缝。按此规律，其余裂缝将陆续出现，裂缝间距不断减小，直到裂缝间距减小到裂缝间混凝土拉应力再也不能增大到混凝土的抗拉强度时，构件上就不会有新的裂缝出现，此时的裂缝间距 $l_{cr,min}$ 称为最小裂缝间距，如图9-1（c）所示。

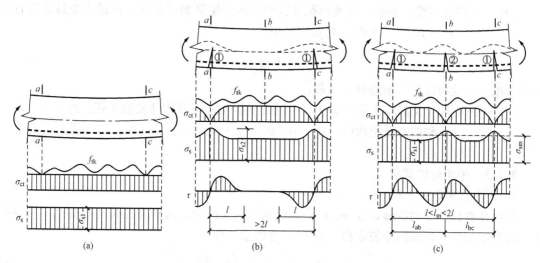

图 9-1 裂缝的出现、分布和开展

（a）裂缝即将出现；（b）第一批裂缝出现；（c）裂缝的分布及开展

3. 裂缝间距

假设材料是匀质的，则两条相邻裂缝的最大裂缝间距为 $2l_{cr,min}$。理论上，实际的裂缝间距必定在 $l_{cr,min}$ 和 $2l_{cr,min}$ 之间，其平均裂缝间距为 $1.5l_{cr,min}$。

4. 裂缝宽度

试验表明，同一条裂缝在不同位置处的裂缝宽度是不同的，并且沿裂缝深度，裂缝宽度也是不相等的，钢筋表面处的裂缝宽度大约只有构件表面裂缝宽度的 1/5～1/3。《混凝土结构设计规范》（GB 50010—2010）定义的裂缝开展宽度，是指受拉钢筋重心水平处构件侧表面混凝土的裂缝宽度。

9.2.2 平均裂缝间距

通过对大量试验资料进行统计分析，并参考工程实践经验，且考虑钢筋表面特征的影响，平均裂缝间距 l_{cr} 的计算公式为

$$l_{cr} = \beta\left(1.9c_s + 0.08\frac{d_{eq}}{\rho_{te}}\right) \tag{9-1}$$

式中 β——考虑构件受力特征的系数，对轴心受拉构件，取 $\beta=1.1$；对其他受力构件，均取 $\beta=1.0$；

c_s——最外层纵向受拉钢筋外边缘至受拉区底边的距离（mm）：当 $c_s < 20$mm 时，取 $c_s=20$mm；当 $c_s > 65$mm 时，取 $c_s=65$mm。

d_{eq}——受拉区纵向钢筋的等效直径（mm），按下式计算：

$$d_{eq} = \frac{\sum n_i d_i^2}{\sum n_i v_i d_i} \qquad (9-2)$$

式中　n_i——受拉区第 i 种纵向钢筋的根数；

　　　　v_i——受拉区第 i 种纵向钢筋的相对黏结特性系数，对光面钢筋，$v_i = 0.7$；对带肋钢筋，$v_i = 1.0$；

　　　　d_i——受拉区第 i 种纵向钢筋的公称直径（mm）；

　　　　ρ_{te}——按有效受拉混凝土截面面积计算的纵向受拉钢筋配筋率；在最大裂缝宽度计算中，当 $\rho_{te} < 0.01$ 时，取 $\rho_{te} = 0.01$

$$\rho_{te} = \frac{A_s}{A_{te}} \qquad (9-3)$$

式中　A_s——受拉区纵向钢筋截面面积；

　　　　A_{te}——有效受拉混凝土截面面积，对轴心受拉构件，取构件截面面积；对受弯、偏心受压和偏心受拉构件，$A_{te} = 0.5bh + (b_f - b)h_f$，此处，$b_f$、$h_f$ 为受拉翼缘的宽度、高度。

9.2.3 平均裂缝宽度

1. 平均裂缝宽度计算公式

裂缝开展后，平均裂缝宽度 w_m 可由裂缝间纵向受拉钢筋的平均伸长与相应水平处混凝土纵向纤维的平均伸长的差值求得，如图 9-2 所示，即

$$w_m = \varepsilon_{sm} l_m - \varepsilon_{cm} l_m = \varepsilon_{sm}\left(1 - \frac{\varepsilon_{cm}}{\varepsilon_{sm}}\right) l_m \qquad (9-4)$$

令　　　　　　　　　$\alpha_c = 1 - \varepsilon_{cm}/\varepsilon_{sm} \qquad (9-5)$

式中　ε_{sm}——纵向受拉钢筋的平均拉应变；

　　　　ε_{cm}——与纵向受拉钢筋相同水平处侧表面混凝土的平均拉应变；

　　　　α_c——裂缝间混凝土伸长对裂缝宽度的影响系数；

又　　　　$\varepsilon_{sm} = \psi \varepsilon_{sq} = \psi \dfrac{\sigma_{sq}}{E_s} \qquad (9-6)$

式中　σ_{sq}——按荷载效应的准永久组合计算的钢筋混凝土构件裂缝截面处纵向受拉钢筋应力值；

　　　　ε_{sq}——裂缝截面受拉钢筋的应变；

　　　　ψ——裂缝间纵向受拉钢筋应变不均匀系数。

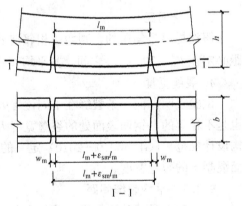

图 9-2　平均裂缝宽度计算

ψ 值与混凝土强度、配筋率、钢筋与混凝土的黏结强度，以及裂缝截面钢筋应力等诸因素有关。根据有关实验，对于受弯、受拉和偏心受力构件，ψ 可按下式计算

$$\psi = 1.1 - \frac{0.65 f_{tk}}{\rho_{te} \sigma_{sq}} \qquad (9-7)$$

式中，f_{tk} 为混凝土轴心抗拉强度标准值；当 $\psi < 0.2$ 时 ψ 取 0.2，当 $\psi > 1$ 时取 1，对直接承受重复荷载的构件，取 $\psi = 1$。

将式（9-5）、式（9-6）代入式（9-4），得

$$w_m = \alpha_c \psi \frac{\sigma_{sq}}{E_s} l_m \qquad (9-8)$$

α_c 值与配筋率、截面形状和混凝土保护层厚度有关，但其变化幅度较小。试验研究表明，对受弯、轴向受拉和偏心受力构件，可近似取 $\alpha_c = 0.85$。

2. 裂缝截面处纵向受拉钢筋的应力 σ_{sq}

轴心受拉、受弯、偏心受拉和偏心受压构件裂缝截面处纵向受拉钢筋的应力 σ_{sq}，应在荷载准永久组合作用下，根据正常使用阶段的应力状态，按裂缝截面处的平衡条件求得。

（1）轴心受拉构件。对于轴心受拉构件，裂缝截面处的钢筋应力 σ_{sq} 可按下式计算

$$\sigma_{sq} = \frac{N_q}{A_s} \qquad (9-9)$$

（2）受弯构件。

$$\sigma_{sq} = \frac{M_q}{A_s \cdot \eta h_0} \qquad (9-10)$$

式中　M_q——按荷载准永久组合计算的弯矩值；

　　　η——裂缝截面处内力臂系数，可近似取 $\eta = 0.87$。

（3）偏心受拉构件。

对于偏心受拉构件，其截面应力状态如图 9-3（a）、（b）所示。

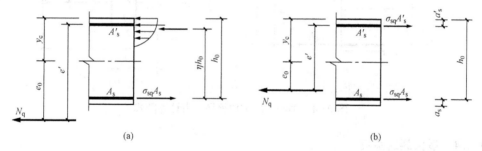

图 9-3　偏心受拉构件钢筋应力计算图式
(a) 大偏心受拉；(b) 小偏心受拉

若近似采用大偏心受拉构件的截面内力臂长度 $\eta h_0 = h_0 - a'_s$，对受压钢筋合力作用点取矩，则大小偏心受拉构件的 σ_{sq} 计算可统一得

$$\sigma_{sq} = \frac{N_q e'}{A_s(h_0 - a'_s)} \qquad (9-11)$$

式中　e'——轴向拉力作用点至受压区或受拉较小边纵向钢筋合力点的距离，即 $e' = e_0 + y_c - a'_s$；

　　　y_c——截面重心至受压或受拉较小边缘的距离。

（4）偏心受压构件。

对于偏心受压构件，其裂缝计算时的截面应力图形如图 9-4 所示，对受压区合力点取矩，得

$$\sigma_{sq} = \frac{N_q(e-z)}{A_s z} \qquad (9-12)$$

$$z = \left[0.87 - 0.12(1 - \gamma_f')\left(\frac{h_0}{e}\right)^2\right]h_0 \qquad (9-13)$$

式中　N_q——按荷载准永久组合计算的轴向压力值；

　　　　A_s——受拉区纵向钢筋截面面积；

　　　　z——纵向受拉钢筋合力点至截面受压区合力点的距离，且不大于 $0.87h_0$；

　　　　γ_f'——受压翼缘截面面积与腹板有效截面面积的比值，$\gamma_f' = \dfrac{(b_f' - b)h_f'}{bh_0}$，其中 b_f'、h_f' 为受压区翼缘的宽度、高度，当 h_f' 大于 $0.2h_0$ 时，取 $0.2h_0$；

　　　　e——轴向压力作用点至纵向受拉钢筋合力点的距离，即取 $e = \eta_s e_0 + y_s$，此处，y_s 为截面重心至纵向受拉钢筋合力点的距离。

　　　　η_s——使用阶段的轴向压力偏心距增大系数，可近似取

$$\eta_s = 1 + \frac{1}{4000 e_0/h_0}\left(\frac{l_0}{h}\right)^2 \qquad (9-14)$$

当 $l_0/h \leqslant 14$ 时，取 $\eta_s = 1.0$。

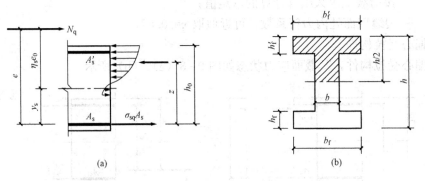

图 9-4　偏心受压构件钢筋应力计算图式

9.2.4　最大裂缝宽度

1. 短期荷载作用下的最大裂缝宽度

由于混凝土质量的不均匀性，裂缝的出现是随机的，裂缝间距和裂缝宽度的离散性较大。因此，短期荷载作用下的最大裂缝宽度可由平均裂缝宽度乘以扩大系数 τ_s 求得，即

$$w_{max} = \tau_s w_m \qquad (9-15)$$

2. 长期荷载作用下的最大裂缝宽度

在长期荷载作用下，受拉区混凝土的收缩、钢筋与混凝土的黏结滑移、受压区混凝土的徐变以及外界环境的变化，又会使裂缝宽度进一步的扩大。研究表明，长期荷载作用下的最大裂缝宽度可由短期荷载作用下的最大裂缝宽度乘以长期使用影响的扩大系数 τ_1，从而有

$$w_{max} = \tau_s \tau_1 w_m = \tau_s \tau_1 a_c \psi \frac{\sigma_{sq}}{E_s} l_m \qquad (9-16)$$

根据试验数据，对受弯、偏心受压构件 $\tau_s = 1.66$，对轴心受拉和偏心受拉构件 $\tau_s = 1.9$，$\tau_1 = 1.5$。

将以上各值及式（9-1）代入式（9-16），得到按荷载效应的准永久组合并考虑长期作用影响的最大裂缝宽度计算公式

$$w_{max}=\alpha_{cr}\psi\frac{\sigma_{sq}}{E_s}\left(1.9c_s+0.08\frac{d_{eq}}{\rho_{te}}\right) \quad (9-17)$$

式中　α_{cr}——构件受力特征系数，对钢筋混凝土轴心受拉构件，取 $\alpha_{cr}=2.7$；受弯、偏心受压构件，取 $\alpha_{cr}=1.9$；偏心受拉构件，取 $\alpha_{cr}=2.4$。

对直接承受轻、中级工作制吊车荷载的受弯构件，可将式（9-17）计算求得的最大裂缝宽度乘以系数 0.85。

对 $e_0/h_0\leqslant 0.55$ 的偏心受压构件，裂缝宽度很小，可不验算裂缝宽度。

9.2.5　裂缝控制等级及验算

钢筋混凝土结构构件的裂缝控制等级与结构的功能要求、环境条件、钢筋种类和荷载作用时间等因素有关。《混凝土结构设计规范》（GB 50010—2010）将混凝土构件正截面的受力裂缝控制等级分为三级，等级划分及要求应符合下列规定：

（1）一级。严格要求不出现裂缝的构件，按荷载标准组合计算时，构件受拉边缘混凝土不应产生拉应力，即 $\sigma_{ck}\leqslant 0$。

（2）二级。一般要求不出现裂缝的构件，按荷载标准组合计算时，构件受拉边缘混凝土拉应力不应大于混凝土抗拉强度的标准值，即 $\sigma_{ck}\leqslant f_{tk}$。

（3）三级。允许出现裂缝的构件，对钢筋混凝土构件，按荷载准永久组合并考虑长期作用影响计算时，对预应力混凝土构件，按荷载标准组合并考虑长期作用影响计算时，构件的最大裂缝宽度不应超过规定的最大裂缝宽度限值（见附表 16），即

$$w_{max}\leqslant w_{lim} \quad (9-18)$$

对二 a 类环境的预应力混凝土构件，尚应按荷载准永久组合计算，且构件受拉边缘混凝土的拉应力不应大于混凝土的抗拉强度标准值。

当裂缝宽度不满足要求时，可选用较细直径的变形钢筋。若采用上述措施仍不能满足要求，可考虑增加纵向受拉钢筋的配筋率，或增大构件截面高度等方法。

【例 9-1】　已知钢筋混凝土矩形截面简支梁，处于室内正常环境，截面尺寸 $bh=250mm\times500mm$，混凝土强度等级为 C30（$f_{tk}=2.01N/mm^2$），钢筋采用 HRB400 级，受拉区配置 4 ⏀ 18 钢筋（$A_s=1018mm^2$，$E_s=2.0\times10^5N/mm^2$），混凝土保护层厚度 $c=30mm$；按荷载效应准永久组合计算的跨中弯矩 $M_q=90kN\cdot m$。试对该梁进行裂缝宽度验算。

解　由附表 1-15 可知，室内正常环境对应的类别为一类；查附表 1-16 可知最大裂缝宽度限值 $w_{lim}=0.3mm$。

假定箍筋直径为 8mm，则

$$h_0=500-30-8-\frac{18}{2}=453(mm)$$

$$d_{eq}=\frac{d}{v}=\frac{18}{1.0}=18(mm)$$

$$\rho_{te}=\frac{A_s}{0.5bh}=\frac{1018}{0.5\times250\times500}=0.0163>0.01$$

$$\sigma_{sq}=\frac{M_q}{0.87A_sh_0}=\frac{90\times10^6}{0.87\times1018\times453}=224.3(N/mm^2)$$

$$\psi=1.1-0.65\frac{f_{tk}}{\rho_{te}\sigma_{sq}}=1.1-\frac{0.65\times2.01}{0.0163\times224.3}=0.743$$

$$w_{\max}=\alpha_{cr}\psi\frac{\sigma_{sq}}{E_s}\left(1.9c_s+0.08\frac{d_{eq}}{\rho_{te}}\right)$$

$$=1.9\times0.743\times\frac{224.3}{2.0\times10^5}\times\left(1.9\times38+0.08\times\frac{18}{0.0163}\right)$$

$$=0.25(\text{mm})<w_{\lim}=0.3\text{mm}$$

满足要求。

9.3 受弯构件挠度验算

9.3.1 钢筋混凝土构件抗弯刚度的计算原理

对于匀质弹性材料，受弯构件的挠度可按结构力学公式计算

$$f=\alpha\frac{M}{EI}l_0^2 \tag{9-19}$$

式中 α——挠度系数，与荷载种类和支承条件有关，如承受均布荷载的简支梁，计算跨中
            挠度时，$\alpha=5/48$；

EI——受弯构件的截面弯曲刚度；

l_0——受弯构件的计算跨度。

由式（9-19）可知，挠度与刚度成反比。因此，挠度计算实质上就是构件刚度 EI 的计算。

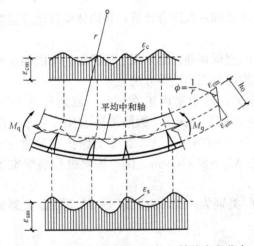

图 9-5 受弯构件中混凝土和钢筋的应变分布

对于由弹性材料组成的受弯构件，截面弯曲刚度 EI 是一个常数；对于钢筋混凝土受弯构件，在截面开裂前，可采用材料力学公式表达的抗弯刚度 EI。开裂后，随着弯矩的增大，刚度会不断降低，而且构件出现裂缝后，沿构件长度方向，其受拉钢筋及受压混凝土的应变分布是不均匀的，在裂缝截面最大，裂缝中间截面最小，如图 9-5 所示。相应的截面刚度则是裂缝截面最小，裂缝之间截面最大。这种变化就给挠度的计算带来了复杂性。但由于构件的挠度反映了沿构件长度方向变形的综合效应，因此，可以通过一个裂缝段的平均曲率和平均刚度来加以表征。

9.3.2 受弯构件短期刚度 B_s 的计算

荷载短期作用下的截面弯曲刚度简称为短期刚度，记作 B_s。短期刚度可以通过以下几个关系条件得到。

1. 几何关系

大量试验表明，在钢筋屈服以前，沿截面高度测量的平均应变符合平截面假定。图 9-5 为裂缝出现后的第 Ⅱ 阶段，在纯弯段内测得的钢筋和混凝土的应变情况。根据平均应变符合平截面的假定，可得平均曲率

$$\phi = \frac{1}{r_m} = \frac{\varepsilon_{sm} + \varepsilon_{cm}}{h_0} \qquad (9-20)$$

式中　r_m——与平均中和轴相应的平均曲率半径。

因此，短期刚度为

$$B_s = \frac{M_q}{\phi} = \frac{M_q h_0}{\varepsilon_{sm} + \varepsilon_{cm}} \qquad (9-21)$$

式中　M_q——按荷载准永久组合计算的弯矩值。

2. 物理关系

（1）裂缝截面的应变 ε_{sq} 和 ε_{cq}。由于构件的受力状态处于第 II 阶段，此时钢筋尚未达到屈服，则钢筋的应力-应变关系为线弹性；受压区混凝土已进入弹塑性阶段，故混凝土的受压应力-应变关系应考虑其弹塑性，采用变形模量 $E_c' = \lambda E_c$。因此，在荷载准永久组合下，钢筋和混凝土的物理关系可分别表示为

$$\left.\begin{array}{l} \varepsilon_{sq} = \dfrac{\sigma_{sq}}{E_s} \\[3mm] \varepsilon_{cq} = \dfrac{\sigma_{cq}}{E_c'} = \dfrac{\sigma_{cq}}{\lambda E_c} \end{array}\right\} \qquad (9-22)$$

式中　E_c'——混凝土的变形模量；

　　　λ——混凝土的弹性系数。

（2）平均应变 ε_{sm} 和 ε_{cm}。设裂缝间纵向受拉钢筋重心处的拉应变不均匀系数为 ψ，受压区边缘混凝土压应变不均匀系数为 ψ_c，则平均应变 ε_{sm} 和 ε_{cm} 可用裂缝截面处的相应应变 ε_{sq} 和 ε_{cq} 表达。

$$\left.\begin{array}{l} \varepsilon_{sm} = \psi \varepsilon_{sq} = \psi \dfrac{\sigma_{sq}}{E_s} \\[3mm] \varepsilon_{cm} = \psi_c \varepsilon_{cq} = \psi_c \dfrac{\sigma_{cq}}{\lambda E_c} \end{array}\right\} \qquad (9-23)$$

3. 平衡关系

裂缝截面的钢筋应力和混凝土应力可按图 9-6 所示第 II 阶段裂缝截面的应力图形求得。

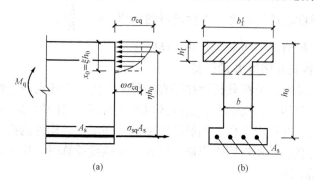

图 9-6　第 II 阶段裂缝截面的应力图

对受压区合力点取矩，可得

$$\sigma_{sq} = \frac{M_q}{\eta A_s h_0} \qquad (9-24)$$

式中　η——裂缝截面处内力臂系数，对常用的混凝土强度等级及配筋率，可近似取 0.87。

受压区面积为 $(b_f'-b)h_f'+bx=(\gamma_f'+\xi)bh_0$。

将曲线分布的压应力换算成平均压应力，再对受拉钢筋的重心取矩，可得

$$\sigma_{cq}=\frac{M_q}{\omega(\gamma_f'+\xi)\eta bh_0^2} \qquad (9-25)$$

式中　ω——压应力图形丰满程度系数；

　　　ξ——裂缝截面处受压区高度系数；

　　　γ_f'——受压翼缘面积与腹板有效截面面积的比值，即 $\gamma_f'=(b_f'-b)h_f'/(bh_0)$，当 $h_f'>0.2h_0$ 时，取 $h_f'=0.2h_0$。

4. 短期刚度公式的建立

根据平衡关系，式（9-23）可表示为

$$\begin{cases} \varepsilon_{sm}=\psi\varepsilon_{sq}=\psi\dfrac{\sigma_{sq}}{E_s}=\psi\dfrac{M_q}{\eta h_0 E_s A_s} \\[3mm] \varepsilon_{cm}=\psi_c\varepsilon_{cq}=\psi_c\dfrac{\sigma_{cq}}{\lambda E_c}=\psi_c\dfrac{M_q}{\omega(\gamma_f'+\xi)\eta bh_0^2\lambda E_c}=\dfrac{M_q}{\zeta bh_0^2 E_c} \end{cases} \qquad (9-26)$$

式中　ζ——受压区边缘混凝土平均应变综合系数，取 $\zeta=\dfrac{\omega(\gamma_f'+\xi)\eta\lambda}{\psi_c}$。

将式（9-26）代入式（9-21），取 $\alpha_E=E_s/E_c$，$\rho=A_s/bh_0$，$\eta=0.87$；同时，为了简化计算取 $\dfrac{\alpha_E\rho}{\zeta}=0.2+\dfrac{6\alpha_E\rho}{1+3.5\gamma_f'}$。即可得矩形、T 形、倒 T 形截面钢筋混凝土受弯构件的短期刚度 B_s 的计算公式

$$B_s=\frac{E_s A_s h_0^2}{1.15\psi+0.2+\dfrac{6\alpha_E\rho}{1+3.5\gamma_f'}} \qquad (9-27)$$

式中　E_s——受拉钢筋的弹性模量；

　　　A_s——受拉纵筋的截面面积；

　　　ψ——裂缝间纵向受拉钢筋应变的不均匀系数，按式（9-7）计算；

　　　α_E——钢筋弹性模量与混凝土弹性模量的比值，$\alpha_E=\dfrac{E_s}{E_c}$；

　　　ρ——纵向受拉钢筋配筋率，$\rho=A_s/(bh_0)$。

9.3.3　受弯构件长期刚度 B 的计算

在实际工程中，总有部分荷载长期作用在构件上。由于受压混凝土的徐变和收缩，使混凝土的受压应变随时间的增长而增大。受拉区混凝土与钢筋之间的黏结滑移徐变，使裂缝向上延伸，受拉混凝土不断退出工作，钢筋拉应变随时间增大，构件的挠度也就不断增加，即截面的刚度将随着荷载的长期作用而降低。因此，在挠度验算时，应采用考虑荷载长期作用影响的刚度 B 为计算依据。

《混凝土结构设计规范》（GB 50010—2010）用挠度增大影响系数来考虑荷载长期作用的影响计算受弯构件的挠度，则

$$\theta=\frac{f_l}{f_s}=\frac{\alpha M l_0^2/B}{\alpha M l_0^2/B_s}=\frac{B_s}{B} \qquad (9-28)$$

可得钢筋混凝土受弯构件考虑荷载长期作用影响刚度 B 的计算公式，即

$$B = \frac{B_s}{\theta} \tag{9-29}$$

式中　f_1——考虑荷载长期作用影响计算的挠度；

　　　f_s——按构件短期刚度计算的挠度；

　　　θ——考虑荷载长期作用对挠度增大的影响系数，根据试验结果确定；对钢筋混凝土构件，当 $\rho'=0$ 时，取 $\theta=2.0$；当 $\rho'=\rho$ 时，取 $\theta=1.6$；当 ρ' 为中间数值时，θ 按线性内插法取用；在此，$\rho'=A_s'/(bh_0)$，$\rho=A_s/(bh_0)$；对翼缘位于受拉区的倒 T 形截面，θ 应增加 20%。

9.3.4　受弯构件的变形验算

1. 最小刚度原则

在一般情况下，构件各截面的弯矩是不相同的，即使是等截面梁，截面的抗弯刚度沿梁长也是变化的，如图 9-7 所示，弯矩大的截面抗弯刚度小，反之，弯矩小的截面抗弯刚度大。为简化计算，《混凝土结构设计规范》（GB 50010—2010）规定，在等截面构件中，可假定各同号弯矩区段内的刚度相等，并取用该区段内最大弯矩处的刚度（也就是最小刚度）作为挠度计算的依据，这就是受弯构件挠度计算的最小刚度原则。用最小刚度原则来计算挠度，误差是不大的，而且使挠度计算值稍大，是偏于安全的。另一方面，因为在计算挠度时只考虑了弯曲变形而未计及剪切变形，特别是未考虑斜裂缝出现的不利影响，这将使挠度计算值偏小。一个偏大、一个偏小，大体可以相互抵消，因此按上述方法计算的挠度与试验值相当的吻合。

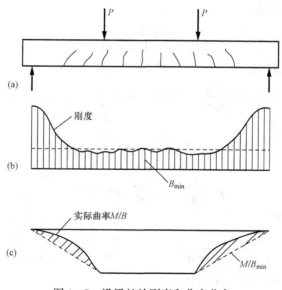

图 9-7　沿梁长的刚度和曲率分布

《混凝土结构设计规范》（GB 50010—2010）还规定，当计算跨度内的支座截面刚度不大于跨中截面刚度的 2 倍或不小于跨中截面刚度的 1/2 时，该跨也可按等刚度构件进行计算，其构件刚度可取跨中最大弯矩截面的刚度。

用最小刚度代替匀质弹性材料梁截面的弯曲刚度 EI 后，就可按式（9-19）计算梁的挠度。

2. 受弯构件变形验算

受弯构件的挠度应按荷载准永久组合并考虑荷载长期作用影响进行验算。最大挠度 f 应满足

$$f \leqslant f_{\lim} \tag{9-30}$$

式中　f——根据"最小刚度原则"采用刚度 B 计算的挠度；

　　　　$f_{\lim}$——《混凝土结构设计规范》（GB 50010—2010）规定的允许挠度值，按附表 1-14 取用。

当挠度验算不满足要求时，最有效的减小构件挠度的方法是增加截面高度，或采用预应力混凝土构件。此外，也可增大受拉钢筋用量或采用双筋截面梁等。

【例 9-2】 已知矩形截面简支梁，处于室内正常环境，截面尺寸 $bh=200\text{mm}\times550\text{mm}$，计算跨度 $l_0=6\text{m}$。混凝土强度等级为 C25（$E_c=2.8\times10^4\text{N/mm}^2$，$f_{tk}=1.78\text{N/mm}^2$），受拉纵筋为 3 Φ 20（$E_s=2.0\times10^5\text{N/mm}^2$，$A_s=941\text{mm}^2$）；按荷载准永久组合计算的跨中最大弯矩值 $M_q=60\text{kN}\cdot\text{m}$。试验算该梁的挠度是否满足要求。

解　（1）计算裂缝界面处的钢筋应力。查附表 1-15 可知，室内正常环境对应环境类别为一类，假定箍筋直径为 10mm，则

$$a_s=25+10+20/2=45\text{（mm）}; \qquad h_0=h-a_s=550-45=505\text{（mm）}$$

①计算有效配筋率。

$$\rho_{te}=\frac{A_s}{A_{te}}=\frac{A_s}{0.5bh}=\frac{941}{0.5\times200\times550}=0.0171>0.01$$

②使用阶段的钢筋应力。

$$\sigma_{sq}=\frac{M_q}{0.87A_sh_0}=\frac{60\times10^6}{0.87\times941\times505}=145.13\text{（N/mm}^2）$$

（2）计算不均匀系数 ψ。

$$\psi=1.1-0.65\frac{f_{tk}}{\rho_{te}\sigma_{sq}}=1.1-0.65\times\frac{1.78}{0.0171\times145.13}=0.63$$

（3）计算短期刚度 B_s。

$$\alpha_E=\frac{E_s}{E_c}=\frac{2.0\times10^5}{2.8\times10^4}=7.14$$

$$\rho=\frac{A_s}{bh_0}=\frac{941}{200\times505}=0.0093$$

矩形截面 $\gamma_f'=0$，则

$$B_s=\frac{E_sA_sh_0^2}{1.15\psi+0.2+6\alpha_E\rho}=\frac{2\times10^5\times941\times505^2}{1.15\times0.63+0.2+6\times7.14\times0.0093}$$
$$=3.63\times10^{13}\text{（N}\cdot\text{mm}^2）$$

（4）长期刚度 B 计算。因 $\rho'=0$，取 $\theta=2$，则

$$B=\frac{B_s}{\theta}=\frac{3.63\times10^{13}}{2}=1.82\times10^{13}\text{N}\cdot\text{mm}^2$$

（5）按简支梁求得该构件的挠度。

$$f=\frac{5}{48}\times\frac{M_ql_0^2}{B}=\frac{5}{48}\times\frac{60\times10^6\times6000^2}{1.82\times10^{13}}=12.37\text{（mm）}<f_{\lim}=30\text{mm}$$

满足要求。

9.4　混凝土结构的耐久性

9.4.1　耐久性的一般概念

混凝土是由多种材料组成的复合人工材料。试验和工程实践表明，由于结构本身的组分及承载受力特点，其抗力有初期增长和强盛的阶段，在外界环境和各种因素的作用下也存在逐渐削弱和衰减的时期，经过一定年代以后，甚至会因不能满足设计应有的功能而"失效"。因此，混凝土结构是有使用年限的，即存在耐久性问题。结构的耐久性是指结构及其构件在预计的设计使用年限内，在正常维护和使用条件下，在指定的工作环境中，结构不需要进行大修即可满足正常使用和安全功能的能力。

混凝土结构的耐久性问题主要表现为：混凝土的损伤（裂缝、破碎、酥裂、磨损、溶蚀等），钢筋的锈蚀、脆化、疲劳、应力腐蚀，以及钢筋与混凝土之间黏结锚固作用的削弱三个方面。从短期效果而言，它影响结构的外观及使用功能；从长远来看则降低结构的安全度，成为发生事故的隐患。因此，混凝土结构除了进行承载力计算和裂缝、变形验算外，还需要进行耐久性设计。

9.4.2　影响混凝土结构耐久性的主要因素

影响混凝土结构耐久性的因素很多，主要有内部和外部两个方面。内部因素主要有混凝土的强度、密实性、水泥用量、氯离子和碱含量、外加剂用量、保护层厚度等；外部因素则主要是环境条件，包括温度、湿度、CO_2 浓度、侵蚀性介质等。另外，设计构造上的缺陷、施工质量差或使用中维护不当等也会影响结构的耐久性。混凝土的碳化及钢筋锈蚀是影响混凝土结构耐久性的最主要的综合因素。

1. 混凝土的碳化

混凝土中的碱性物质 $Ca(OH)_2$ 在混凝土内的钢筋表明形成氧化膜，它能有效地保护钢筋，防止钢筋发生锈蚀。混凝土的碳化主要是指大气中的 CO_2 与混凝土中的碱性物质发生中和反应，使混凝土碱性下降的现象。碳化对混凝土本身是无害的，使混凝土本身变得坚硬，但当碳化至钢筋表面时，将会破坏钢筋表明的氧化膜，引起钢筋发生锈蚀，此外会加剧混凝土的收缩，可导致混凝土的开裂。

影响混凝土碳化的因素很多，可归结为外部环境因素和材料本身的性质。环境因素主要是指空气中 CO_2 的浓度和 CO_2 向混凝土中的扩散速度。空气中 CO_2 的浓度越大，混凝土内外 CO_2 浓度的梯度也越大，碳化速度也越快。混凝土胶结料中所含的能与 CO_2 反应的 CaO 总量越高，碳化速度越慢；混凝土强度等级越高，内部结构越密实，孔隙率越低，孔径也越小，碳化速度越慢。水灰比大时混凝土孔隙中游离水增多，也会加速碳化反应；混凝土保护层厚度越大，碳化至钢筋表面的时间越长；混凝土振捣不密实，出现蜂窝、裂纹等缺陷，使碳化速度加快。

减小、延缓混凝土的碳化，可有效地提高混凝土结构的耐久性能。提高混凝土的密实度、减小其渗透性可从根本上提高抵抗碳化和有害介质入侵的速度，而这又与混凝土强度等级、水灰比等因素有关。减小碳化可采取的措施有：

(1) 合理设计混凝土配合比，规定水泥用量的低限值和水灰比的高限值，合理采用掺合料；

（2）提高混凝土的密实性、抗渗性；

（3）规定钢筋保护层的最小厚度；

（4）采用覆盖面层（水泥浆料或涂料等）。

此外，对耐久性有重大影响的氯离子含量及碱含量也应加以限制。一类、二类和三类环境中，设计使用年限为 50 年的结构混凝土耐久性要求见附表 1-19。

2. 钢筋的锈蚀

钢筋锈蚀是混凝土结构最关键的耐久性问题之一。影响钢筋锈蚀的因素很多，主要与 pH 值、含氧量、氯离子含量以及混凝土密实性、开裂等因素有关。混凝土中钢筋的锈蚀机理是电化学腐蚀。由于钢筋中化学成分的不均匀分布，混凝土碱度的差异以及裂缝处氧气的增浓等原因，使得钢筋表面各部位之间产生电位差，从而构成了许多具有阳极和阴极的微电池，在一定的环境条件下（如氧和水的存在），钢筋就开始锈蚀。锈蚀的形式一般为斑状锈蚀，即锈蚀分布在较广的表面面积上。钢筋锈蚀破坏的特征可归纳为：裂缝沿主筋方向开展延伸，钢筋与混凝土的握裹力下降与丧失；钢筋截面损失；钢筋应力腐蚀断裂。

目前，检测钢筋锈蚀状态的方法除了传统的破损检测方法之外，无损检测钢筋锈蚀量是许多国家正在探求的新技术。混凝土中钢筋锈蚀量的非破损检测方法有分析法、物理法和电化学法三大类。分析法是根据现场实测的钢筋直径、保护层厚度、混凝土强度、有害离子的侵入深度及其含量、纵向裂缝宽度等数据，综合考虑构件所处的环境情况推断钢筋锈蚀程度；物理方法主要是通过测定钢筋锈蚀引起电阻、电磁、热传导、声波传播等物理特性的变化来反应钢筋锈蚀情况；电化学方法是通过测定钢筋/混凝土腐蚀体系的电化学特性来确定混凝土中钢筋锈蚀程度或速度。防止钢筋锈蚀的主要措施有：

（1）降低水灰比，增加水泥用量，加强混凝土的密实性；

（2）要有足够的混凝土保护层厚度；

（3）采用覆盖层，防止 CO_2、O_2、Cl^- 的渗入；

（4）严格控制 Cl^- 的含量。

3. 混凝土的碱集料反应

碱集料反应指混凝土骨料中某些活性物质与混凝土微孔中的碱性溶液发生化学反应，生成的碱-硅酸盐凝胶吸水膨胀，体积可增大 3～4 倍，所产生的应力使得混凝土内部形成微裂缝甚至严重开裂。

碱集料反应不同于其他混凝土病害，其开裂破坏是整体性的。外观上主要是表面裂缝、变形和渗出物；内部特征主要有内部凝胶、反应环、活性碱-集料、内部裂缝、碱含量等。混凝土结构一旦发生碱-集料反应出现裂缝后，会加速混凝土的其他破坏，如空气、水、二氧化碳等侵入，会使混凝土碳化和钢筋锈蚀速度加快，而钢筋锈蚀产物铁锈的体积远大于钢筋原来的体积，又会使裂缝扩大；若在寒冷地区，混凝土出现裂缝后又会使冻融破坏加速，这样就造成了混凝土工程的综合性破坏。

碱-集料反应必须同时具备如下三种条件才能发生：①配制混凝土时由水泥、集料（海砂）、外加剂和拌和水带进混凝土中一定数量的碱，或者混凝土处于有利于碱渗入的环境；②有一定数量的活性集料；③潮湿环境提供反应物吸水膨胀所需要的水分。因此，防止碱集料反应的主要措施是采用低碱水泥，或降低碱性，也可以对含活性成分的骨料加以控制。

4. 混凝土的冻融破坏

混凝土是由水泥砂浆和粗骨料组成的毛细孔多孔体。在拌制混凝土时，为了得到必要的和易性，加入的拌和水总多于水泥的水化水。多余的水便以游离水的形式滞留于混凝土中形成连通的毛细孔，并占有一定的体积。水遇冷冻结成冰会发生体积膨胀，处于饱和状态的混凝土受冻时，其毛细孔壁同时承受膨胀压和渗透压两种压力。当这两种压力超过混凝土的抗拉强度时，混凝土就会开裂。在反复冻融循环后，损伤不断积累，使混凝土结构由表及里剥落、酥裂，从而导致混凝土结构劣化直至失效。

混凝土的抗冻性与其内部孔结构、水饱和程度、受冻龄期、混凝土的强度等许多因素有关，其中最主要的因素是孔结构。而混凝土的孔结构及强度又取决于混凝土的水灰比、有无外加剂和养护方法等。混凝土结构常用的几种抗冻措施有：掺用引气剂、减水剂或引气减水剂；严格控制水灰比，提高混凝土密实度；加强早期养护或渗入防冻剂，防止混凝土早期受冻。

5. 侵蚀性介质的腐蚀

在石油、化工、冶金及港湾工程中，环境中的侵蚀性介质对混凝土结构的耐久性能影响很大。如酸、碱溶液对直接接触混凝土的严重腐蚀；氯离子以海水、海雾等形式渗入混凝土中对海港及海堤混凝土结构使用性能和寿命的影响；大气中的酸雨对工程结构耐久性的大面积影响。对此，应根据实际情况，分别采取相应的技术措施和管理方法，防止或减少对混凝土结构的侵蚀。

9.4.3 混凝土结构的耐久性设计

鉴于科学研究和工程实践经验的不足，《混凝土结构设计规范》（GB 50010—2010）规定的混凝土结构耐久性设计还不是定量设计，而是以混凝土结构的环境类别和设计使用年限为依据的概念设计。

1. 耐久性概念设计的目的和原则

耐久性概念设计的目的是指在规定的设计使用年限内保持适合使用的状态，满足既定功能的要求。对临时性混凝土结构和大体积混凝土内部可以不考虑耐久性问题。

耐久性概念设计的原则是根据环境分类和设计使用年限进行设计。

2. 使用环境分类

对混凝土结构使用环境进行分类，可使设计者针对不同的环境类别采取不同的设计对策，使结构达到设计使用年限的要求。《混凝土结构设计规范》（GB 50010—2010）将混凝土结构的环境类别分为五类，见附表 1-15。

3. 设计使用年限

耐久性设计的目标是要确保结构的使用年限。混凝土结构的设计使用年限主要根据建筑物的重要程度确定。随着建筑市场的发展，业主也可以对建筑的设计使用年限提出更高的要求。

4. 对混凝土的基本要求

影响耐久性的一个重要因素是混凝土本身的组成和质量。提高混凝土的密实度、减小其渗透性可从根本上提高抵抗碳化和有害介质入侵的速度，而这又与混凝土强度等级、水灰比等因素有关。此外，对耐久性有重大影响的氯离子含量及碱含量也应加以限制。一类、二类和三类环境中，设计使用年限为 50 年的结构混凝土耐久性要求见附表 1-19。现作如下说明：

（1）控制水灰比是为了减小混凝土的渗透性。水泥用量的限制则是为了保证混凝土的密实性，当然这只是水泥的最小用量而非最佳的配合比数值，但水泥用量也不能太大，否则会引起混凝土收缩和水化热过大而开裂，反而不利于混凝土的耐久性。当混凝土中加入掺合料或能提高耐久性的外加剂时，可以适当降低水泥用量。

（2）对混凝土结构等级的要求是因其与混凝土的密实性有关。强度等级高的混凝土密实性好，耐久性也好。当有工程经验时，对处在一、二类环境中的混凝土强度等级可降低一级要求，但其保护层厚度必须符合规范的有关要求。

（3）氯离子含量按水泥总重量的百分率计算。

（4）对于碱含量的限制仅限于二类和三类环境，主要考虑水的作用。对于正常室内的一类环境，不存在水的影响，故可不作限制。此外，如搅拌混凝土时使用非碱活性的骨料时，可以不对混凝土的碱含量进行限制。

附表 1 - 19 表达了对使用年限为 50 年的一般结构混凝土质量的要求，而对设计使用年限更长的结构，耐久性应作更严格的规定。对处于一类环境中设计使用年限为 100 年的混凝土结构，应符合下列规定：

（1）结构混凝土强度等级不应低于 C30；

（2）混凝土中氯离子含量不得超过水泥重量的 0.06%，即不得掺入任何含氯化物的外加剂；

（3）宜使用非碱活性骨料。当使用碱活性骨料时，混凝土中的最大碱含量为 3.0kg/m³；

（4）混凝土保护层厚度在规范规定的数值基础上增加 40%，并采取混凝土结构表面防护、定期维护等有效措施。

小　　　结

（1）钢筋混凝土构件的裂缝宽度和变形验算属于正常使用极限状态的验算，应按荷载效应的准永久组合并考虑荷载长期作用的影响，材料强度取用标准值。

（2）钢筋混凝土构件中裂缝的出现和开展是由于受拉混凝土的拉应力达到了抗拉强度。裂缝宽度的形成是开裂截面之间混凝土与钢筋发生黏结滑移的结果。《混凝土结构设计规范》（GB 50010—2010）定义的裂缝开展宽度是指受拉钢筋重心水平处构件侧表面上混凝土的裂缝宽度。

（3）最大裂缝宽度是由平均裂缝宽度乘以荷载短期及长期效应裂缝扩大系数后得到的。该系数根据试验资料的统计分析确定。

（4）钢筋混凝土受弯构件的挠度验算公式是在材料力学公式的基础上建立的，但由于混凝土材料的弹塑性性质及各受力阶段构件上裂缝开展的不均匀性，截面的抗弯刚度不是常数而是变化的。为简化计算，对等截面构件，假定各同号弯矩区段内的弯曲刚度相等，并取该区段内最大弯矩处的刚度（此处刚度最小）作为挠度计算的依据，即"最小刚度原则"。

（5）在荷载的长期作用下，由于混凝土的徐变等因素的影响，截面的抗弯刚度将进一步降低，这可通过挠度增大系数加以考虑，由此得到受弯构件的长期刚度。构件挠度验算时取用长期刚度进行计算。

（6）结构的耐久性是指结构及其构件在预计的设计使用年限内，在正常维护和使用条件下，在指定的工作环境中，结构不需要进行大修即可满足正常使用和安全功能的能力。我国规范采用宏观控制的方法，耐久性设计主要考虑环境类别和设计使用年限两个方面，对混凝土材料和保护层厚度等构造措施作出规定。

思　考　题

（1）对于钢筋混凝土受弯构件，其正常使用极限状态验算包括哪些内容？

（2）简述裂缝的出现、分布和开展的机理和过程。

（3）影响钢筋混凝土构件最大裂缝宽度的主要因素有哪些？当裂缝宽度验算不满足要求时可采取什么措施减小裂缝宽度？为什么？

（4）在长期荷载作用下，钢筋混凝土构件的裂缝宽度为什么会增大？主要的影响因素有哪些？

（5）为什么钢筋混凝土受弯构件的挠度计算时截面抗弯刚度采用 B 而不是 EI？

（6）什么是"最小刚度原则"？为什么在验算钢筋混凝土受弯构件的挠度时可采用"最小刚度原则"？

（7）在挠度和裂缝宽度验算公式中，是怎样体现"按荷载准永久组合并考虑荷载长期作用的影响"进行计算的？

（8）耐久性有哪些基本要求？混凝土结构的耐久性设计主要取决于哪两方面的因素？

习　题

（1）已知某轴心受拉构件，截面尺寸 $bh = 200\text{mm} \times 200\text{mm}$，混凝土强度等级为 C30，配置 4Φ16 钢筋，混凝土保护层厚度 $c = 25\text{mm}$，按荷载效应准永久组合计算的轴向拉力 $N_k = 140.0\text{kN} \cdot \text{m}$，最大裂缝宽度限值 $W_{\text{lim}} = 0.2\text{mm}$。试验算最大裂缝宽度。

（2）已知钢筋混凝土简支矩形截面梁，截面尺寸 $bh = 200\text{mm} \times 500\text{mm}$，混凝土强度等级为 C30，受拉区配置 4Φ16 钢筋，混凝土保护层厚度 $c = 25\text{mm}$，按荷载准永久组合计算的跨中弯矩 $M_q = 80.0\text{kN} \cdot \text{m}$，最大裂缝宽度限值 $W_{\text{lim}} = 0.3\text{mm}$。试对该梁进行裂缝宽度验算。

（3）已知矩形截面简支梁，截面尺寸 $bh = 200\text{mm} \times 500\text{mm}$，梁的计算跨度 $l_0 = 6\text{m}$。承受均布恒载 $g_k = 10\text{kN/m}$，均布活荷载 $q_k = 6\text{kN/m}$，活荷载的准永久值系数 $\psi_q = 0.5$。混凝土强度等级为 C25，配置 4 根（2Φ16 和 2Φ20）钢筋，允许挠度值 $f_{\text{lim}} = l_0/250$。试验算该梁的挠度。

第10章 预应力混凝土构件

10.1 预应力混凝土的基本知识

10.1.1 概述

对于普通混凝土构件，由于混凝土的抗拉强度与极限拉应变很小，其在使用阶段始终是带裂缝工作的。虽然只要裂缝宽度不超过限值，并不影响结构的安全性和耐久性，但对于某些需要严格控制裂缝宽度或不允许出现裂缝的构件，普通钢筋混凝土就达不到要求。因此，为满足变形和裂缝控制的要求，可以增加普通混凝土构件的截面尺寸和用钢量，但这必然导致构件自重增大，不经济，也特别不适用于大跨度和重荷载结构。另外，对于允许开裂的普通钢筋混凝土构件，为了保证适用性的要求，需将裂缝宽度控制在 0.2～0.3mm 以内，此时钢筋拉应力也只能达到 150～250MPa。因此，在普通钢筋混凝土结构中，高强钢筋无法充分发挥作用，而提高混凝土强度等级对提高构件的抗裂性能和控制裂缝宽度作用并不大。

为了解决上述问题，可以设法在结构承受荷载作用之前，预先对荷载作用引起的受拉区施加压力，使产生的预压应力减小或者抵消荷载引起的混凝土拉应力，从而使结构构件截面上拉应力不大，甚至处于受压状态，这样可以延缓裂缝出现或者不出现。这种结构称之为"预应力混凝土结构"。

10.1.2 预应力混凝土的原理

下面通过两个例子来说明预应力混凝土的基本原理。

图 10-1 所示轴心受拉构件，承受外荷载之前先对其施加轴心预压力 N_p，则构件截面上混凝土受到预压应力的作用；然后，在荷载效应标准组合值 N_k（轴心拉力）作用下，构件截面上混凝土受到均匀应力的作用；将上述预压应力和拉应力叠加，即为该构件截面混凝土的最终应力值。通过人为控制预压力的大小，可控制混凝土最终应力的大小、方向，以满足不同的裂缝控制要求，成为预应力混凝土轴心受拉构件。

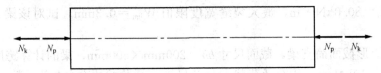

图 10-1 预应力混凝土轴心受拉构件

图 10-2（a）所示简支梁，承受外荷载之前先在梁的受拉区施加一对偏心预压力 N_P，从而在梁截面混凝土中产生预压应力如图（d）所示；然后，按荷载标准值 p_k 计算时，梁跨中截面应力如图（e）所示。将图（d）、图（e）叠加得梁跨中截面应力分布图（f）。显然，通过人为控制预压力 N_p 的大小，可控制梁截面受拉边缘混凝土产生应力的大小、方向，以满足不同的裂缝控制要求，从而改善了普通混凝土构件原有带裂缝的工作状态，成为预应力混凝土受弯构件。

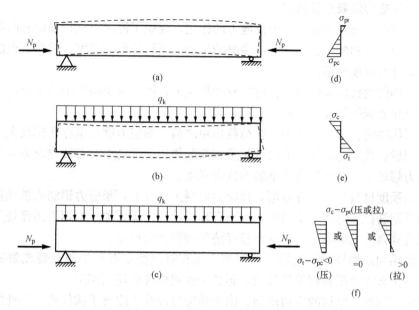

图 10 - 2　预应力混凝土受弯构件

10.1.3　预应力混凝土的分类

根据设计、制作和施工的特点，预应力混凝土分为不同的类型。

1. 先张法预应力混凝土与后张法预应力混凝土

先张法是在制作预应力混凝土构件时，先张拉预应力钢筋而后浇筑混凝土的一种方法。这一方法需有台座，以供临时锚固已被张拉的预应力钢筋。当混凝土达到规定的强度后，再从台座上放松预应力钢筋，并依靠混凝土与预应力钢筋的黏结力从而使构件受到预压应力。

后张法是先浇筑混凝土，待混凝土达到规定的强度后，再张拉预应力钢筋的一种预加应力方法。这种方法的预应力钢筋通常是放在构件的预留孔道内，待张拉到要求的应力值时随即利用锚具将预应力钢筋锚固于构件上，最后通过锚具使构件受到预压应力。

2. 全预应力混凝土和部分预应力混凝土

全预应力混凝土是指混凝土内产生的预压应力较高，构件在使用荷载作用下产生的拉应力不足以抵消预压应力，因而构件受压而不会开裂，变形也较小。

部分预应力混凝土的预压应力较小，在使用荷载作用下构件截面会出现拉应力或有较小的裂缝存在。普通的混凝土可视作是预应力为零的混凝土，部分预应力混凝土则介于全预应力混凝土和普通混凝土之间。

3. 有黏结预应力混凝土与无黏结预应力混凝土

有黏结预应力，是指沿预应力钢筋全长其周围均与混凝土黏结、握裹在一起的预应力混凝土构件。先张法预应力混凝土构件及预留孔道穿筋张拉及压浆的后张法预应力混凝土构件均属此类。

无黏结预应力，是指预应力钢筋能够自由伸缩、滑动，即不与周围混凝土握裹的预应力混凝土构件。这种构件的预应力钢筋表面涂有防锈材料，外套防老化的塑料管，以防与混凝土黏结，其施工方法通常与后张法预应力工艺相结合。

10.1.4 预应力混凝土的特点

（1）提高构件的抗裂性能。由于预应力的作用，克服了混凝土抗拉强度低的弱点，可以根据构件的受力特点和使用条件，控制裂缝的出现及裂缝开展的宽度。同时，也能提高构件刚度，减少构件的挠度变形。

（2）提高构件的抗剪承载力。构件中有预压应力，可以减小构件中的主拉应力，降低斜裂缝产生的风险或延缓斜裂缝的开展。

（3）提高构件的抗疲劳承载力。在荷载作用之前，预应力钢筋里存在比较大的应力；在疲劳荷载作用后，预应力钢筋应力的变化是在荷载作用前钢筋中的有效预应力为基点进行变化的，其应力幅较小，从而提高了钢筋的疲劳强度。

（4）使高强度材料得到充分应用。预应力混凝土构件中，预应力钢筋先被预拉，而后在外荷载作用下钢筋拉应力进一步增大，因而合理设计时可保证预应力钢筋始终处于高拉应力状态，再配合高强度的混凝土，可获得较经济的构件截面尺寸。

（5）提高结构或构件的耐久性。预加应力能有效地控制混凝土的开裂或裂缝开展的宽度，避免或减少有害介质对钢筋的侵蚀，延长结构或构件的使用期限。

（6）扩大了混凝土结构的应用范围。由于预应力混凝土改善了构件的抗裂性能，可以用于有防水、防辐射、抗渗透及抗腐蚀等要求的环境；由于结构轻巧，刚度大、变形小，可用于大跨度及承受反复荷载的结构。

如上所述，预应力构件有很多优点，但在计算、构造、施工等方面比普通钢筋混凝土构件更复杂，设备及技术要求也较高，因而并不能完全代替普通钢筋混凝土构件。

10.2 预应力混凝土的材料

10.2.1 混凝土

预应力混凝土结构构件所用的混凝土，需满足下列要求：

（1）高强度。预应力混凝土必须具有较高的抗压强度，这样才能承受较大的预压应力，有效地减小构件的截面尺寸，减轻构件自重，节约材料。因此，《混凝土结构设计规范》（GB 50010—2010）规定，预应力混凝土的混凝土等级不宜低于 C40，且不应低于 C30。

（2）收缩、徐变小。减少混凝土的收缩和徐变，可以降低预应力钢筋的预应力损失，增加混凝土中的有效预应力。

（3）快硬、早强。这样可尽早地施加预应力，以提高台座、模具、夹具的周转率，加快施工进度，降低管理费用。

10.2.2 钢筋

在预应力混凝土构件中，从构件制作到使用，预应力钢筋始终处于高应力状态，预应力钢筋的强度及其性能是控制预应力混凝土构件应力和裂缝的关键。因此，预应力钢筋应具有较高的强度和良好的性能。

（1）强度高。预应力钢筋应采用抗拉强度高的预应力钢绞线、消除应力钢丝及热处理钢筋等。采用高强度钢筋主要为了能在混凝土中建立较大的预压应力。

（2）一定的塑性。为了避免预应力混凝土构件发生脆性破坏，要求预应力钢筋在拉断时，有一定的伸长率。《混凝土结构设计规范》（GB 50010—2010）规定，预应力钢筋在最大力下的总伸长率不应小于 3.5%。

（3）良好的加工性能。要求有良好的可焊性，同时要求钢筋"镦粗"后不影响原来的物理力学性能等。

（4）与混凝土之间有良好的黏结强度。这一点对先张法预应力混凝土构件尤为重要，因为在传递长度内钢筋与混凝土之间的黏结强度是先张法构件建立预应力的保证。

此外，对于非预应力钢筋，其选用原则与钢筋混凝土结构基本相同，即纵向受力普通钢筋应采用 HRB400、HRB500、HRBF400 及 HRBF500 级钢筋。

10.3　施加预应力的方法

通常采用机械张拉预应力钢筋的方法给混凝土施加预应力。按照施工工艺的不同，可分为先张法和后张法两种。

10.3.1　先张法

这是在浇筑混凝土之前张拉预应力钢筋，故称为先张法。先张法的施工工艺为：张拉钢筋→浇筑混凝土→放张钢筋。各步骤具体工艺和受力特点如下：

（1）张拉。首先在台座（或钢模）的一端用夹具固定预应力钢筋（固定端 B），如图 10-3（a）所示；然后用张拉机具张拉预应力钢筋至控制应力；最后用夹具将预应力钢筋固定在台座（或钢模）的另一端（张拉端 C），如图 10-3（b）所示。

（2）浇筑。支模并浇筑混凝土，如图 10-3（c）所示，使张拉钢筋与混凝土浇筑在一起。

（3）放张。养护混凝土（一般为蒸汽养护）至其设计强度的 75% 以上时，切断预应力钢筋，如图 10-3（d）所示。被切断的钢筋将产生弹性回缩，使混凝土受到预压应力。

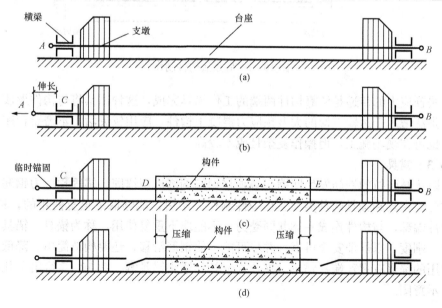

图 10-3　先张法构件制作

先张法构件是通过钢筋和混凝土之间的黏结力传递预应力的。此方法适用于成批生产的中小型构件，工艺简单、成本较低，但需要较大的生产场地。

10.3.2　后张法

这是在浇筑混凝土并待混凝土结硬之后再张拉预应力钢筋的方法，称为后张法。后张法的施工工艺为：浇筑混凝土→张拉钢筋→锚固钢筋。各步骤具体工艺和受力特点如下：

（1）浇筑。浇筑混凝土构件并在构件中预留预应力孔道和灌浆孔，如图 10 - 4（a）所示。

（2）张拉。待混凝土达到一定强度后，将预应力钢筋穿过孔道，以构件本身作为支座张拉预应力钢筋，如图 10 - 4（b）所示。

（3）锚固。当预应力钢筋张拉至控制应力时，在张拉端将其锚固，使构件的混凝土受到预压应力，如图 10 - 4（c）所示；在预留孔道中压入水泥浆，以使预应力钢筋与混凝土黏结在一起。

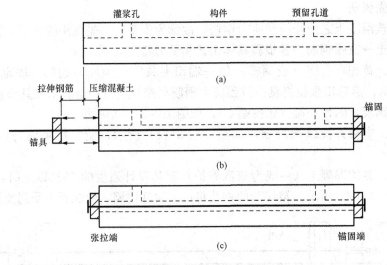

图 10 - 4　后张法构件制作

后张法预应力的传递是依靠构件两端的工作锚具完成，这种锚具将与构件形成一体共同工作。后张法适用于运输不便的大型预应力混凝土构件，应用较灵活，不需要台座，可在工厂预制，也可在现场施工，但操作复杂且成本较高。

10.3.3　锚具

为了阻止被张拉的钢筋发生回缩，必须将钢筋端部进行锚固。锚固预应力钢筋和钢丝的工具通常分为夹具和锚具两种类型。在构件制作完毕后，能够取下重复使用的，称为夹具；锚具在构件端部，与构件连成一体共同受力，不能取下重复使用，称为锚具。锚具应具有足够的强度、刚度，以保证安全可靠，并尽可能不使钢筋滑移，还要构造简单、降低造价。目前国内常用的锚具有螺丝端杆锚具、夹片式锚具和镦头锚具等。图 10 - 5 给出了几种常用的锚具具体示意图。

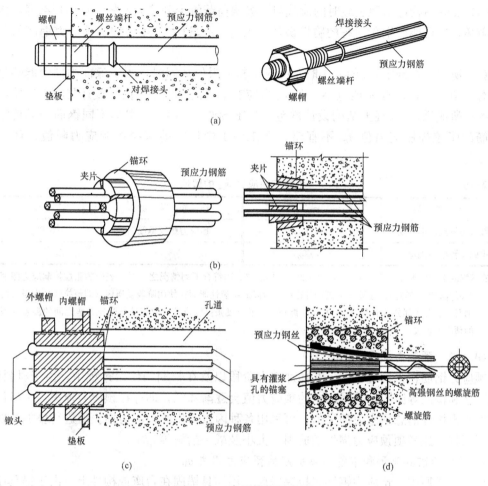

图 10 - 5 常用锚具示意图
(a) 螺丝端杆锚具；(b) JM12 夹片式锚具；(c) 镦头型锚具；(d) 钢质锥形锚具

10.4 张拉控制应力和预应力损失

10.4.1 张拉控制应力 σ_{con}

张拉控制应力是指张拉预应力钢筋时，钢筋所达到的最大应力值。其值为张拉设备（如千斤顶）所控制的总张拉力除以预应力钢筋截面面积所得出的应力值，以 σ_{con} 表示。

张拉控制应力 σ_{con} 是预应力混凝土构件施工时张拉预应力钢筋的依据，其取值应适当。当构件截面尺寸及配筋量一定时，σ_{con} 越大，在构件受拉区建立的混凝土预压应力也越大，则构件使用时的抗裂能力也越高。但是，若 σ_{con} 过大，则会产生以下问题：

（1）由于钢筋强度的离散性以及施工时可能出现的超张拉，有可能使个别钢筋超过其屈服强度而产生较大塑性变形，甚至失去回缩能力，个别钢筋则可能被拉断。

（2）施工阶段可能会引起某些构件的某些部分受到拉力（称为预拉力）甚至开裂，还有可能造成后张法构件端部混凝土产生局部受压破坏。

（3）加载后构件出现裂缝时的荷载与其极限荷载将十分接近，故一旦出现裂缝，构件将很快破坏，即可能产生无预兆的脆性破坏。另外，σ_{con} 过大，还会增加预应力钢筋的预应力损失。

综上所述，在确定 σ_{con} 的大小时，应规定其上限值。同时，为了保证构件中能够建立必要的有效预应力，σ_{con} 也不能过小，即 σ_{con} 也应有下限值。根据国内外设计与施工经验以及近年来的科研成果，《混凝土结构设计规范》（GB 50010—2010）根据不同钢筋种类规定预应力钢筋的张拉控制应力值 σ_{con} 不宜超过表 10-1 中规定的张拉控制应力限值，且不应小于 $0.4f_{ptk}$。

表 10-1　　　　　　　　　　张拉控制应力 σ_{con} 的限值

钢　筋　种　类	σ_{con}	钢　筋　种　类	σ_{con}
消除应力钢丝、钢绞线	$0.75f_{pyk}$	预应力螺纹钢筋	$0.85f_{pyk}$
中强度预应力钢丝	$0.70f_{pyk}$		

注　《混凝土结构设计规范》（GB 50010—2010）还规定，当符合下列情况之一时，表中的张拉控制应力限值可提高 $0.05f_{ptk}$ 或 $0.05f_{pyk}$：①要求提高构件在施工阶段的抗裂性能而在使用阶段受压区（即预拉区）内设置的预应力钢筋；②要求部分抵消由于应力松弛、摩擦、钢筋分批张拉以及预应力钢筋与张拉台座之间的温差等因素产生的预应力损失。

10.4.2　预应力损失

预应力钢筋在张拉过程中、在预加应力阶段以及在长期的使用过程中，由于材料性能、张拉工艺和锚固等原因，其截面中的预应力值会逐渐降低，即存在预应力损失。一般认为预应力混凝土构件的总预应力损失值，可采用各种因素产生的预应力损失值进行叠加的办法求得。下面将讲述各项预应力损失的成因、大小及减小措施等。

1. 张拉端锚具变形和钢筋内缩引起的预应力损失 σ_{l1}

（1）形成原因。预应力钢筋张拉完毕后，用锚具锚固在台座或构件上。由于锚具压缩变形、垫板与构件之间的缝隙被挤紧以及钢筋和楔块在锚具内的滑移等因素影响，将使预应力钢筋产生预应力损失。σ_{l1} 存在于两种施工工艺的构件中，在先张法构件中发生在放张前（预压前），在后张法构件中发生在锚固时（预压前）。

（2）计算方法。

1）先张法构件的预应力损失 σ_{l1}。先张法构件的锚具变形和预应力钢筋内缩引起的预应力损失值 σ_{l1} 应按式（10-1）计算

$$\sigma_{l1} = \frac{a}{l}E_s \qquad (10-1)$$

式中　a——张拉端锚具变形和钢筋内缩值（mm），可按表 10-2 采用；
　　　l——张拉端至锚固端之间的距离（mm）；
　　　E_s——预应力钢筋的弹性模量，MPa。

表 10-2　　　　　　　　　　锚具变形和钢筋内缩值 a

锚　具　类　别		a（mm）
支承式锚具（钢丝束镦头锚具等）	螺帽缝隙	1
	每块后加垫板的缝隙	1

锚 具 类 别		a (mm)
夹片式锚具	有顶压时	5
	无顶压时	6~8

注 1. 表中的锚具变形和钢筋内缩值也可根据实测资料确定;

    2. 其他类型的锚具变形和钢筋内缩值应根据实测数据确定;

    3. 由块体拼成的结构,其预应力损失尚应计及块体间填缝的预压变形;当采用混凝土或砂浆为填缝材料时,每条填缝的预压变形值可取为 1mm。

2) 后张法构件的预应力损失 σ_{l1}。后张法构件直线预应力筋由锚具变形和预应力钢筋内缩引起的预应力损失值 σ_{l1} 按式 (10-1) 计算。后张法构件曲线预应力筋或折线预应力筋由于锚具变形和预应力筋内缩引起的预应力损失 σ_{l1},应根据曲线预应力筋与孔道壁之间反向摩擦影响长度范围内的预应力筋变形值等于锚具变形和预应力筋内缩值的条件确定。反向摩擦系数可按表 10-3 中的数值采用。

常用束形的后张曲线预应力筋或折线预应力筋,由于锚具变形和预应力筋内缩在反向摩擦影响长度范围内的预应力损失值 σ_{l1} 可按《混凝土结构设计规范》(GB 50010—2010) 附录 J 计算。

(3) 减小措施。

1) 选择锚具变形小或预应力筋回缩小的锚具、夹具。

2) 尽量少用垫板,因每增加一块垫板,a 值就增加 1mm。

3) 对先张法构件,可增加台座的长度,因 σ_{l1} 值与台座长度成反比,当台座长度为 100m 以上时,σ_{l1} 可忽略不计。

2. 预应力钢筋与孔道壁之间的摩擦引起的预应力损失 σ_{l2}

(1) 形成原因。预应力钢筋与孔道摩擦引起的预应力损失包括后张法构件预应力钢筋与孔道壁之间的摩擦引起的预应力损失,以及构件中有转向装置时预应力钢筋在转向装置处的摩擦引起的预应力损失两种。因此先张法构件只有在构件中设有转向装置时才有此项损失。

后张法构件采用直线孔道张拉预应力钢筋时,由于孔道轴线的局部偏差、孔道壁凹凸不平以及钢筋因自重下垂等原因,将使钢筋的某些部位紧贴孔道壁而产生摩擦损失;当采用曲线孔道张拉预应力钢筋时,钢筋会产生对孔道壁垂直压力而引起的摩擦损失。此项预应力损失值以 σ_{l2} 表示,距离预应力钢筋张拉端越远 σ_{l2} 越大,如图 10-6 所示。σ_{l2} 存在于两种施工工艺的构件发生在张拉过程中。

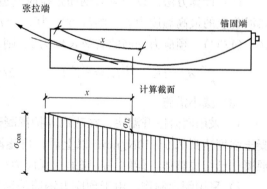

图 10-6 预应力摩擦损失计算

(2) 计算方法。σ_{l2} 可按下式计算

$$\sigma_{l2} = \sigma_{con}\left(1 - \frac{1}{e^{\kappa x + \mu\theta}}\right) \qquad (10-2)$$

当 $(\kappa x + \mu\theta) \leqslant 0.3$ 时,σ_{l2} 可按下列近似公式计算

$$\sigma_{l2} = (\kappa x + \mu\theta)\sigma_{con} \qquad (10-3)$$

式中　x——张拉端至计算截面的孔道长度（弧长，m），可近似取该段孔道在纵轴上的投影长度；

　　　θ——张拉端至计算截面曲线孔道各部分切线（或法线）的夹角（rad）之和；

　　　κ——考虑孔道每米长度局部偏差的摩擦系数，按表 10-3 采用；

　　　μ——预应力钢筋与孔道壁之间的摩擦系数，按表 10-3 采用。

表 10-3 　　　　　　　　　　　　**摩 擦 系 数**

孔道成型方式	κ	μ	
		钢绞线、钢丝束	预应力螺纹钢筋
预埋金属波纹管	0.0015	0.25	0.50
预埋塑料波纹管	0.0015	0.15	—
预埋钢管	0.0010	0.30	—
抽芯成型	0.0014	0.55	0.60
无黏结预应力筋	0.0040	0.09	—

注　表中系数也可根据实测数据确定。

（3）减小措施。

1）采用一端张拉另一端补拉，或两端同时张拉。

2）采用超张拉，超张拉的程序为：$0 \longrightarrow 1.1\sigma_{con} \xrightarrow{2min} 0.85\sigma_{con} \longrightarrow \sigma_{con}$。

3. 混凝土加热养护时受张拉的钢筋与承受拉力的设备之间的温差引起的预应力损失 σ_{l3}

（1）形成原因。为了缩短先张法构件的生产周期，混凝土浇筑后常进行蒸汽养护。升温时，新浇筑的混凝土尚未硬结，钢筋受热自由膨胀，但两端的台座是固定不动的，亦即台座间间距保持不变，这必然使张拉后的钢筋变松，产生预应力损失。降温时，混凝土已结硬并同预应力筋结成整体共同回缩，并且二者的温度线膨胀系数相近，故产生的预应力损失无法恢复。σ_{l3} 仅存在于先张法施工工艺的构件中，发生在放张前（预压前）。

（2）计算方法。设预应力钢筋张拉时制造场地的自然气温为 t_2，蒸汽养护或其他方法加热混凝土的最高温度为 t_1，则温度差为 $\Delta t = t_1 - t_2$；预应力钢筋的温度线膨胀系数 $\alpha = 1 \times 10^{-5}(1/℃)$；预应力钢筋的有效长度为 l。则 σ_{l3} 可按下式计算

$$\sigma_{l3} = \varepsilon E_s = \frac{\Delta l}{l} E_s = \frac{\alpha l \Delta t}{l} E_s = \alpha E_s \Delta t = 1.0 \times 10^{-5} \times 2.0 \times 10^5 \times \Delta t = 2\Delta t \qquad (10-4)$$

（3）减小措施。

1）采用两阶段升温法。在蒸汽养护混凝土时，应控制养护室内温差不超过 20℃，待混凝土强度达到 $7.5 \sim 10\text{N/mm}^2$ 以上后，再逐渐升温至规定的养护温度。此时可认为钢筋与混凝土已结成整体，能够一起胀缩而无应力损失。

2）采用钢模制作。由于预应力钢筋是锚固在钢模上的，升温时两者温度相同，因而不会产生温差引起的预应力损失。

4. 预应力钢筋的应力松弛引起的预应力损失 σ_{l4}

（1）形成原因。预应力钢筋在持久不变的高应力作用下，具有随时间增长而产生持续变形的性能，在钢筋长度保持不变的情况下，钢筋应力会随时间的增长而降低，一般把预应力

钢筋的这种现象称为松弛或应力松弛。由此引起的预应力降低值称为应力松弛损失 σ_{l4}。σ_{l4} 存在于两种施工工艺的构件中，在先张法构件中主要发生在放张前（预压前），但放张后，由于预应力钢筋与混凝土之间依靠黏结力传力，且预应力钢筋在构件两端之间的长度也基本保持不变，因此还要发生一部分应力松弛损失。σ_{l4} 在后张法构件中发生在锚固后（预压后）。

（2）计算方法。《混凝土结构设计规范》（GB 50010—2010）规定的预应力钢筋松弛损失的计算方法如下：

1）对于普通松弛的预应力钢丝、钢绞线：

$$\sigma_{l4}=0.4\left(\frac{\sigma_{con}}{f_{ptk}}-0.5\right)\sigma_{con} \tag{10-5}$$

2）对于低松弛的预应力钢丝、钢绞线：

当 $\sigma_{con}\leqslant0.7f_{ptk}$ 时

$$\sigma_{l4}=0.125\left(\frac{\sigma_{con}}{f_{ptk}}-0.5\right)\sigma_{con} \tag{10-6}$$

当 $0.7f_{ptk}<\sigma_{con}\leqslant0.8f_{ptk}$ 时

$$\sigma_{l4}=0.2\left(\frac{\sigma_{con}}{f_{ptk}}-0.575\right)\sigma_{con} \tag{10-7}$$

3）对于中强度预应力钢丝：$\sigma_{l4}=0.08\sigma_{con}$

4）对于预应力螺纹钢筋：$\sigma_{l4}=0.03\sigma_{con}$

当 $\sigma_{con}/f_{ptk}\leqslant0.5$ 时，预应力钢筋的预应力松弛损失值可取为零。

（3）减小措施。采用超张拉工艺可以降低钢筋松弛损失。不同的施加预应力方法和不同种类的预应力筋超张拉工艺要求如下：

1）先张法。

预应力螺纹钢筋：$0\rightarrow1.05\sigma_{con}$（持续 2～3min）$\rightarrow0.9\sigma_{con}\rightarrow\sigma_{con}$

钢丝、钢绞线：$0\rightarrow1.05\sigma_{con}$（持续 2～3min）$\rightarrow0\rightarrow\sigma_{con}$

2）后张法。

预应力螺纹钢筋、钢绞线：$0\rightarrow1.05\sigma_{con}$（持续 2～3min）$\rightarrow\sigma_{con}$

消除应力钢丝束：$0\rightarrow1.05\sigma_{con}$（持续 2～3min）$\rightarrow0\rightarrow\sigma_{con}$

（4）特点。

1）预应力钢筋的张拉应力越高，其应力松弛越大。

2）预应力钢筋松弛量的大小与其材料品质有关。钢丝、钢绞线等硬钢的应力松弛值较大，冷拉热轧钢筋次之，热轧钢筋则很小。

3）预应力钢筋的松弛在承受张拉应力的初期发展最快，在第一分钟内的松弛大约为总松弛的 30%，5 分钟内发展为 40%，24 小时内完成 80%～90%，以后逐渐趋向稳定。

4）采用超张拉施工工艺，可使构件中由预应力钢筋松弛而引起的应力损失减小为 40%～50%。此外，预应力钢筋松弛还将随温度的升高而增加，这对采用蒸汽养护的预应力混凝土构件将有所影响。

5. 混凝土的收缩和徐变引起的预应力损失 σ_{l5}

（1）形成原因。混凝土的徐变和收缩会导致构件缩短，随时间的延长而变形不断加大，相当于放松了钢筋的拉应力，因此就产生了预应力损失。《混凝土结构设计规范》（GB 50010—2010）合并计算它们的损失。σ_{l5} 存在于两种施工工艺的构件中，在先张法构件中发生在放张后（预压后），在后张法构件中发生在锚固后（预压后）。

（2）计算方法。对于混凝土收缩和徐变引起的受拉区和受压区预应力钢筋 A_p 和 A_p' 中的预应力损失 σ_{l5} 和 σ_{l5}'，《混凝土结构设计规范》（GB 50010—2010）建议的计算方法如下：

先张法构件

$$\sigma_{l5}=\frac{60+340\dfrac{\sigma_{pc}}{f_{cu}'}}{1+15\rho} \qquad\qquad (10-8)$$

$$\sigma_{l5}'=\frac{60+340\dfrac{\sigma_{pc}'}{f_{cu}'}}{1+15\rho'} \qquad\qquad (10-9)$$

后张法构件

$$\sigma_{l5}=\frac{55+300\dfrac{\sigma_{pc}}{f_{cu}'}}{1+15\rho} \qquad\qquad (10-10)$$

$$\sigma_{l5}'=\frac{55+300\dfrac{\sigma_{pc}'}{f_{cu}'}}{1+15\rho'} \qquad\qquad (10-11)$$

式中 σ_{pc}、σ_{pc}'——受拉区、受压区预应力钢筋在各自合力点的混凝土法向压应力；

            f_{cu}'——施加预应力时的混凝土立方体抗压强度；

            ρ、ρ'——受拉区、受压区预应力钢筋和非预应力钢筋的配筋率，对先张法构件，$\rho=(A_p+A_s)/A_0$，$\rho'=(A_p'+A_s')/A_0$；对后张法构件，$\rho=(A_p+A_s)/A_n$，$\rho'=(A_p'+A_s')/A_n$；其中 A_0 为构件的换算截面面积，A_n 为构件的净截面面积；对于对称配置预应力钢筋和非预应力钢筋的构件，如轴心受拉构件，其配筋率 ρ、ρ' 应分别按钢筋总截面面积的 1/2 进行计算。

当结构处于年平均相对湿度低于 40% 的环境下，σ_{l5} 和 σ_{l5}' 值应增加 30%。

（3）减小措施。此项损失在全部损失中所占的比例较高，对构件预应力的形成影响较大，减小这项损失对减少预应力损失效果明显。采用减少混凝土收缩和徐变的相应措施，就能从根本上降低该项损失，如采用强度等级高的混凝土、减小水泥用量、降低水灰比、选择合理的级配、加强混凝土振捣及养护等。

6. 用螺旋式预应力钢筋做配筋的环形构件，由于混凝土局部挤压引起的预应力损失 σ_{l6}

（1）形成原因。

采用螺旋式预应力钢筋作配筋的环形构件（如预应力筒状水池），由于张紧的预应力钢筋挤压混凝土，预应力钢筋处构件的直径由原来的 D 减小到 d，一圈内预应力钢筋的周长从 πD 减小到 πd，故预应力下降，产生预应力损失 σ_{l6}。σ_{l6} 仅存在于后张法构件中，出现在锚固后（预压后）。

（2）计算方法。该项损失的计算公式为：

$$\sigma_{l6}=\frac{\pi D-\pi d}{\pi D}E_s=\frac{D-d}{D}E_s \qquad\qquad (10-12)$$

由上式可见，构件的直径 D 越大，则 σ_{l6} 越小，因此，当 D 较大时，这项损失可忽略不计。《混凝土结构设计规范》（GB 50010—2010）规定：当构件直径 $D\leqslant 3m$ 时，$\sigma_{l6}=30N/mm^2$；当构件直径 $D>3m$ 时，$\sigma_{l6}=0$。

10.4.3 预应力损失的分阶段组合

以上分项介绍了六种预应力损失。它们有的只发生在先张法构件中，有的只发生于后张法构件中，有的两种构件均有，而且分批产生。为了便于分析和计算，《混凝土结构设计规范》（GB 50010—2010）规定，预应力混凝土构件在各阶段的预应力损失值宜按表 10 - 4 的规定进行组合。

表 10 - 4 各阶段预应力损失值的组合

预应力损失值的组合 σ_l	先张法构件	后张法构件
混凝土预压前（第一批）的损失 σ_{lI}	$\sigma_{l1}+\sigma_{l2}+\sigma_{l3}+\sigma_{l4}$	$\sigma_{l1}+\sigma_{l2}$
混凝土预压后（第二批）的损失 σ_{lII}	σ_{l5}	$\sigma_{l4}+\sigma_{l5}+\sigma_{l6}$

注 先张法构件中由于预应力钢筋应力松弛引起的损失值 σ_{l4} 在第一批和第二批损失中各占有一定的比例，如需区分，则可根据实际情况确定；一般将 σ_{l4} 全部计入第一批损失中。

考虑到预应力损失计算值与实际值的差异，并为了保证预应力混凝土构件具有足够的抗裂能力，《混凝土结构设计规范》（GB 50010—2010）规定了预应力总损失的下限值。当计算求得的预应力总损失值小于下列下限值时，应按下列下限值取用：先张法构件为 100N/mm²；后张法构件为 80N/mm²。

10.4.4 混凝土的弹性压缩（或伸长）

当混凝土受到预应力作用而产生弹性压缩（或伸长）时，若钢筋（包括预应力钢筋和非预应力钢筋）与混凝土协调变形，即共同缩短或伸长，则二者的应变变化量相等，即 $\Delta\varepsilon_s = \Delta\varepsilon_c$，即 $\frac{\Delta\sigma_s}{E_s}=\frac{\Delta\sigma_c}{E_c}$，故钢筋的应力变化量为

$$\Delta\sigma_s=\frac{E_s}{E_c}\Delta\sigma_c=\alpha_E\Delta\sigma_c \tag{10-13}$$

式中 α_E——钢筋弹性模量与混凝土弹性模量的比值，即 $\alpha_E=\frac{E_s}{E_c}$。

由式（10 - 13）可以看出，若钢筋与混凝土协调变形，则当钢筋水平处混凝土正应力变化 $\Delta\sigma_c$ 时，钢筋的应力相应变化 $\alpha_E\Delta\sigma_c$。则应用式（10 - 13）即可求出预应力混凝土构件任一时刻预应力钢筋和非预应力钢筋的应力变化量，由此可进一步求出预应力的钢筋或非预应力钢筋的应力值。计算时，先找出构件中这种钢筋与混凝土"协调变形"的起点；而后，欲求其后任一状态的钢筋应力，只需以起点应力为基础，求出相对应起点的应力变化量（包括预应力损失及弹性伸缩两部分），最后进行叠加。该方法只要有起点应力就可直接写出其后任一时刻的钢筋应力，不依赖于任何中间过程。

在先张法构件中，预应力钢筋和非预应力钢筋与混凝土协调变形的起点均可认为在放松预应力钢筋并预压缩混凝土前，此时，非预应力钢筋起点应力和混凝土应力均为零，预应力钢筋起点应力为 $\sigma_{con}-\sigma_{l1}$。在后张法构件中，非预应力钢筋与混凝土协调变形的起点是在张拉预应力钢筋之前，此时，非预应力钢筋起点应力和混凝土应力均为零；由于后张法是在混凝土构件上张拉预应力钢筋的，故在张拉过程中，混凝土已产生了弹性压缩，因而在预应力钢筋应力达到 σ_{con} 以前（测力仪表还在计数），这种弹性压缩对预应力钢筋的应力没有影响，

故后张法构件在施工制作阶段，一般不考虑混凝土弹性压缩引起的预应力钢筋的应力变化，而近似认为预应力钢筋与混凝土协调变形的起点始于完成第二批预应力损失的时刻，其起点应力为 $\sigma_{con}-\sigma_l$，而此时的混凝土应力为 $\sigma_{pcⅡ}$。

另外，后张法构件的预应力钢筋采用分批张拉时，应考虑后批张拉钢筋所产生的混凝土弹性压缩（或伸长）对先批张拉钢筋的影响，即将先批张拉钢筋的张拉控制应力值 σ_{con} 增加（或减小）$\alpha_E\sigma_{pci}$。此处，$\sigma_{pcⅠ}$ 为后批张拉钢筋在先批张拉钢筋重心处产生的混凝土法向应力。

10.5　预应力混凝土轴心受拉构件

预应力混凝土轴心受拉构件从预应力钢筋张拉开始到承受荷载而构件破坏，构件中混凝土和钢筋的应力的变化过程可以分为施工阶段和使用阶段。这两个阶段又包括若干个不同的受力过程，本节以预应力混凝土轴心受拉构件为例，分析预应力钢筋、非预应力钢筋和混凝土在各个受力过程中的应力状态。

本节用 A_p 和 A_s 表示预应力钢筋和非预应力钢筋的截面面积，A_c 为混凝土截面面积；以 σ_{pe}、σ_s 及 σ_{pc} 表示预应力钢筋、非预应力钢筋及混凝土的应力。以下推导公式时规定：σ_{pe} 以受拉为正，σ_{pc} 及 σ_s 以受压为正。

10.5.1　轴心受拉构件各阶段的应力分析

1. 先张法轴心受拉构件各阶段的应力分析

下面仅考虑对构件计算有特殊意义的几个特定时刻的应力状态。

（1）施工阶段。

施工制作阶段的应力图形如图 10-7 所示，此阶段构件任一截面各部分应力均为自平衡体系。

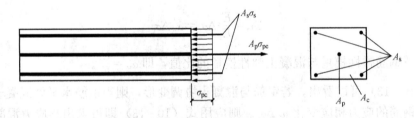

图 10-7　先张法构件截面预应力

1）放松预应力钢筋，压缩混凝土（完成第一批预应力损失 $\sigma_{lⅠ}=\sigma_{l1}+\sigma_{l3}+\sigma_{l4}$）。

$$\sigma_{pc}=\sigma_{pcⅠ}$$

应力状态
$$\sigma_{pe}=\sigma_{con}-\sigma_{lⅠ}-\alpha_E\sigma_{pcⅠ}$$

$$\sigma_s=\alpha_{Es}\sigma_{pcⅠ}$$

由截面内力平衡条件可得

$$\sigma_{pcⅠ}=\frac{(\sigma_{con}-\sigma_{lⅠ})A_p}{A_c+\alpha_{Es}A_s+\alpha_E A_p}=\frac{(\sigma_{con}-\sigma_{lⅠ})A_p}{A_0} \tag{10-14}$$

式中　A_0——构件的换算截面面积，$A_0=A_c+\alpha_{Es}A_s+\alpha_E A_p$；

α_E，α_{Es}——分别为预应力钢筋和非预应力钢筋的弹性模量与混凝土弹性模量的比值；

$\sigma_{pcⅠ}$——放张时混凝土的预压应力。

结论：放张时的预应力状态可作为施工阶段对构件进行承载力计算的依据；σ_{pcI} 可用于计算 σ_{l5}。

2）完成第二批预应力损失（$\sigma_{lII}=\sigma_{l5}$）。

应力状态
$$\sigma_{pc}=\sigma_{pcII}$$
$$\sigma_{pe}=\sigma_{con}-\sigma_{l}-\alpha_E\sigma_{pcII}$$
$$\sigma_s=\alpha_{Es}\sigma_{pcII}+\sigma_{l5}$$

由截面内力平衡条件可得
$$\sigma_{pcII}=\frac{(\sigma_{con}-\sigma_l)A_p-\sigma_{l5}A_s}{A_0} \tag{10-15}$$

结论：式（10-15）为先张法构件中最终建立的混凝土有效预压应力，记为 σ_{pcII}。

（2）使用阶段—从施加外荷载开始的阶段。

1）加荷至混凝土预压应力被抵消时。

设此时外荷载产生的轴向拉力为 N_0（图10-8），相应的预应力钢筋的有效应力为 σ_{p0}。

应力状态
$$\sigma_{pc}=0$$
$$\sigma_{pe}=\sigma_{p0}=\sigma_{con}-\sigma_l$$
$$\sigma_s=\sigma_{l5}$$

平衡条件为　　　　$N_0=\sigma_{pe}A_p-\sigma_s A_s$

将 σ_{pe}、σ_s 代入，并利用式（10-15），可得
$$N_0=(\sigma_{con}-\sigma_l)A_p-\sigma_{l5}A_s=\sigma_{pcII}A_0 \tag{10-16}$$

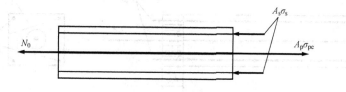

图 10-8　消压状态

结论："消压拉力"—构件截面上混凝土的应力为零，但预应力混凝土构件已经承担了轴心拉力 N_0，故称 N_0 为"消压拉力"。

2）继续加荷至混凝土即将开裂时。设混凝土即将开裂时的轴心拉力为 N_{cr}，如图10-9所示。

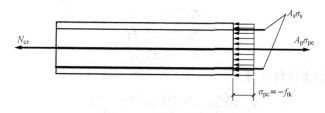

图 10-9　截面即将开裂

应力状态
$$\sigma_{pc}=-f_{tk}$$
$$\sigma_{pe}=\sigma_{con}-\sigma_l+\alpha_E f_{tk}$$
$$\sigma_s=\sigma_{l5}-\alpha_{Es}f_{tk}$$

由截面内力平衡条件可得

$$N_{cr} = \sigma_{pcⅡ} A_0 + f_{tk} A_0 = N_0 + f_{tk} A_0 \qquad (10-17)$$
$$= (\sigma_{pcⅡ} + f_{tk}) A_0$$

结论：式（10-17）可作为使用阶段对构件进行抗裂度验算的依据。

3）加荷直至构件破坏。构件破坏时相应的轴心拉力极限值，即极限承载力为 N_u，如图 10-10 所示。

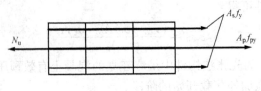

图 10-10　极限状态

由平衡条件得 $\qquad\qquad N_u = f_{py} A_p + f_y A_s \qquad\qquad (10-18)$

结论：式（10-18）可作为使用阶段对构件进行承载能力极限状态计算的依据。

2. 后张法轴心受拉构件各阶段的应力分析

下面分别予以说明后张法预应力混凝土轴心受拉构件在各特定状态时的截面应力和变形情况。

（1）施工阶段。应力图形如图 10-11 所示，构件任一截面各部分应力亦为自平衡体系。

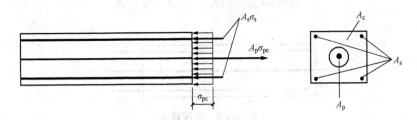

图 10-11　后张法构件截面预应力

1）在构件上张拉预应力钢筋至 σ_{con}，同时压缩混凝土。在张拉预应力钢筋过程中，沿构件长度方向各截面均产生了数值不等的摩擦损失 σ_{l2}。将预应力钢筋张拉到 σ_{con} 时，设混凝土应力为 σ_{cc}。

应力状态
$$\sigma_{pc} = \sigma_{cc}$$
$$\sigma_{pe} = \sigma_{con} - \sigma_{l2}$$
$$\sigma_s = \alpha_{Es} \sigma_{cc}$$

由截面内力平衡条件可解得

$$\sigma_{cc} = \frac{(\sigma_{con} - \sigma_{l2}) A_p}{A_c + \alpha_{Es} A_s} = \frac{(\sigma_{con} - \sigma_{l2}) A_p}{A_n} \qquad (10-19)$$

式中，A_n 为构件的净截面面积，$A_n = A_c + \alpha_{Es} A_s$。

在式（10-19）中，当 $\sigma_{l2} = 0$（张拉端）时，σ_{cc} 达最大值，即

$$\sigma_{cc} = \frac{\sigma_{con} A_p}{A_n} \qquad (10-20)$$

结论：式（10-20）可作为施工阶段对构件进行承载力验算的依据。

2）完成第一批预应力损失（$\sigma_{1\text{I}} = \sigma_{l1} + \sigma_{l2}$）。

应力状态

$$\sigma_{pc} = \sigma_{pc\text{I}}$$

$$\sigma_{pe} = \sigma_{con} - \sigma_{1\text{I}}$$

$$\sigma_s = \alpha_{Es}\sigma_{pc\text{I}}$$

由平衡条件可得

$$\sigma_{pc\text{I}} = \frac{(\sigma_{con} - \sigma_{1\text{I}})A_p}{A_c + \alpha_{Es}A_s} = \frac{(\sigma_{con} - \sigma_{1\text{I}})A_p}{A_n} \tag{10-21}$$

结论：上式可以计算经过第一批损失后，构件截面的应力状态，也可以用于计算 σ_{l5}。

3）完成第二批预应力损失（$\sigma_{\text{II}} = \sigma_{l4} + \sigma_{l5}$）。

应力状态

$$\sigma_{pc} = \sigma_{pc\text{II}}$$

$$\sigma_{pe} = \sigma_{con} - \sigma_1$$

$$\sigma_s = \alpha_{Es}\sigma_{pc\text{II}} + \sigma_{l5}$$

由平衡条件可得

$$\sigma_{pc\text{II}} = \frac{(\sigma_{con} - \sigma_1)A_p - \sigma_{l5}A_s}{A_n} \tag{10-22}$$

结论：式（10-22）即为后张法预应力混凝土轴心受拉构件最终建立的混凝土有效预压应力，记为 $\sigma_{pc\text{II}}$。

（2）使用阶段。相应时刻的应力图形及外荷载产生的轴心拉力符号与先张法构件相同。

1）加荷至混凝土预压应力被抵消时。

应力状态

$$\sigma_{pc} = 0$$

$$\sigma_{pe} = \sigma_{p0} = \sigma_{con} - \sigma_1 + \alpha_E\sigma_{pc\text{II}}$$

$$\sigma_s = \sigma_{l5}$$

则消压拉力

$$N_0 = \sigma_{pc\text{II}}A_n + \alpha_E\sigma_{pc\text{II}}A_p = \sigma_{pc\text{II}}A_0 \tag{10-23}$$

结论：后张法构件 N_0 的意义及计算公式的形式与先张法构件相同，并且二者都用构件的换算截面面积 A_0 计算。但应注意，先张法与后张法的 $\sigma_{pc\text{II}}$ 具体值并不相同。

2）继续加荷至混凝土即将开裂时。

应力状态

$$\sigma_{pc} = -f_{tk}$$

$$\sigma_{pe} = \sigma_{con} - \sigma_1 + \alpha_E(f_{tk} + \sigma_{pc\text{II}})$$

$$\sigma_s = \sigma_{l5} - \alpha_{Es}f_{tk}$$

由平衡条件可得

$$N_{cr} = (\sigma_{pc\text{II}} + f_{tk})A_0 \tag{10-24}$$

结论：式（10-24）为预应力混凝土轴心受拉构件使用阶段抗裂验算的依据。

3）加荷直至构件破坏。

与先张法构件相同，破坏时，预应力钢筋和非预应力钢筋的拉应力分别达到 f_{py} 和 f_y。由平衡条件可得

$$N_u = f_{py}A_p + f_yA_s \tag{10-25}$$

结论：式（10-25）是使用阶段对构件进行承载能力极限状态计算的依据。

3. 受力特点

（1）预应力钢筋的强度分别用于对混凝土施加预压力和抵抗外荷载的作用效应两方面，因此它始终处于高拉应力状态，而混凝土在承受消压轴向拉力之前始终处于受压状态，可见预应力混凝土构件不但能充分利用两种材料的强度优势，还能发挥出高强材料的性能。

（2）由于开裂轴力大为提高，所以预应力混凝土构件的裂缝出现较晚，构件抗裂度明显提高，但出现开裂荷载值与破坏荷载值比较接近，说明预应力混凝土构件的延性较差。

（3）材料的强度等级和截面尺寸相同时，预应力混凝土轴心受拉构件与钢筋混凝土受拉构件的承载力相同，说明预应力混凝土构件并不能提高承载力，只能推迟裂缝的出现，提高抗裂度。

（4）无论是先张法还是后张法，非预应力钢筋与混凝土协调变形的起点均是混凝土应力为零时，故任一相应时刻非预应力钢筋的应力计算公式在形式上均相同；而在预应力钢筋的应力计算公式中，后张法比先张法的相应时刻多了 $\alpha_E\sigma_{pc}$，这是因为两种方法中预应力钢筋与混凝土协调变形起点不同。

（5）在施工阶段，无论是先张法还是后张法，σ_{pcI}、σ_{pcII} 的计算公式在形式上基本相同，只是预应力损失的具体计算值不同；同时在计算公式中，先张法构件用换算截面面积 A_0，而后张法构件用净截面面积 A_n。在使用阶段，两种方法在各特定状态时的轴心拉力 N_0、N_{cr} 及 N_u 的计算公式在形式上相同，且无论先张、后张法，均采用构件的换算截面面积 A_0 计算。

10.5.2　各阶段的计算与验算

对预应力混凝土轴心受拉构件，除应进行构件使用阶段的承载力计算和裂缝控制验算外，还应进行施工阶段（制作、运输、安装）的强度验算，以及后张法构件端部混凝土的局部受压验算。

1. 使用阶段正截面承载力计算

如前所述，当加荷至构件破坏时，全部荷载由预应力钢筋和非预应力钢筋共同承担。因属于承载能力极限状态的计算，故荷载效应及材料强度均采用设计值。其计算公式如下

$$N\leqslant N_u=f_{py}A_p+f_yA_s \tag{10-26}$$

式中　N——轴心拉力设计值；

$\quad\quad N_u$——构件截面受拉承载力设计值；

$\quad\quad f_{py}$——预应力钢筋的抗拉强度设计值；

$\quad\quad f_y$——非预应力钢筋的抗拉强度设计值。

在应用式（10-26）解题时，一个方程只能求解一个未知量。因此，一般先按构造要求或经验定出非预应力钢筋的数量。这样，A_s 为已知，代入上式即可求得 A_p。

2. 使用阶段正截面裂缝控制验算

对预应力混凝土轴心受拉构件，应按所处环境类别及结构类别选用相应的裂缝控制等级，并按下列规定进行混凝土拉应力或正截面裂缝宽度验算。使用阶段正截面裂缝控制验算属正常使用极限状态的验算，故需采用荷载效应的标准组合或准永久组合，且材料强度采用标准值。

（1）一级——严格要求不出现裂缝的构件。在荷载标准组合下应符合下列规定：

$$\sigma_{ck}-\sigma_{pcII}\leqslant 0 \tag{10-27}$$

即要求在荷载标准组合 N_k 下，克服了混凝土有效预压应力 σ_{pcII} 后，构件截面的混凝土不出现拉应力。

（2）二级——一般要求不出现裂缝的构件。在荷载标准组合下应符合下列规定：

$$\sigma_{ck}-\sigma_{pcII}\leqslant f_{tk} \tag{10-28}$$

式中 σ_{ck}——荷载标准组合下的混凝土法向应力，无论先张法后轴心受拉构件均为 $\sigma_{ck}=N_k/A_0$；

$\quad N_k$——按荷载标准组合计算的轴心拉应力；

$\quad \sigma_{pcII}$——扣除全部预应力损失后混凝土的有效预压应力，按式（10-15）或式（10-22）计算；

$\quad f_{tk}$——混凝土轴心抗拉强度标准值。

式（10-28）是要求在荷载效应的标准组合 N_k 下，克服了混凝土有效预压应力 σ_{pcII} 后，构件截面的混凝土可以出现拉应力但不能开裂。

（3）三级——允许出现裂缝的构件。按荷载标准组合并考虑长期作用影响计算的最大裂缝宽度，应符合下列规定

$$\omega_{max}\leqslant\omega_{lim} \tag{10-29}$$

式中 ω_{max}——按荷载标准组合并考虑长期作用影响计算的最大裂缝宽度；

$\quad \omega_{lim}$——最大裂缝宽度限值，见附表 1-16。

对环境类别为二 a 类的三级预应力混凝土构件，在荷载准永久组合下尚应符合下列规定

$$\sigma_{cq}-\sigma_{pcII}\leqslant f_{tk} \tag{10-30}$$

式中 σ_{cq}——荷载准永久组合下的混凝土法向应力，无论先张法、后张法轴心受拉构件 $\sigma_{cq}=N_q/A_0$，N_q 为按荷载准永久组合计算的轴心拉应力。

3. 施工阶段混凝土压应力验算

为了保证预应力混凝土轴心受拉构件在施工阶段（主要是制作时）的安全性，应限制施加预应力过程中的混凝土法向压应力值，以避免混凝土被压坏。混凝土法向压应力应符合下列规定：

$$\sigma_{cc}\leqslant 0.8f_{ck}' \tag{10-31}$$

式中 σ_{cc}——施工阶段构件计算截面混凝土的最大法向压应力；

$\quad f_{ck}'$——与各施工阶段混凝土立方体抗压强度 f_{cu}' 相应的抗压强度标准值，按线性内插法查表确定。

如前所述，先张法构件放张时混凝土受到的预压应力最大；而后张法构件张拉预应力钢筋至 σ_{con}（超张拉时应取相应应力值，如 $1.05\sigma_{con}$）时，张拉端的混凝土预压应力达最大。即

对先张法构件 $$\sigma_{cc}=\sigma_{pcI}=\frac{A_p(\sigma_{con}-\sigma_{lI})}{A_0} \tag{10-32}$$

对后张法构件 $$\sigma_{cc}=\frac{A_p\sigma_{con}}{A_n} \tag{10-33}$$

4. 施工阶段后张法构件端部局部受压承载力计算

在后张法构件中，由于锚具下垫板面积很小，构件端部承受很大的局部压力，其压应力要经过一段距离才能扩展到整个截面上，这段距离近似等于构件截面的高度，称为锚固区，如图 10-12 所示。锚固区混凝土处于三向受力状态。根据有限元分析，近垫板处 σ_y 为压应力，距离端部较远处为拉应力。当横向拉应力超过混凝土抗拉强度时，构件端部将发生纵向裂缝，导致局部受压承载力不足而破坏，因此需要进行锚具下混凝土的截面尺寸和承载力的验算。

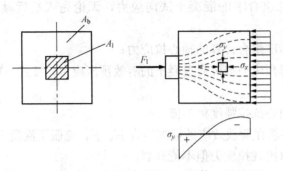

图 10-12   后张法结构件端部锚固区的应力状态

（1）局部受压面积验算。为防止构件因局部受压承载力不足而导致破坏，可配置间接钢筋，但锚具下混凝土的下沉变形会过大。为防止下沉变形过大，其局部受压区的截面尺寸应符合

$$F_l \leqslant 1.35 \beta_c \beta_l f_c A_{ln} \tag{10-34}$$

$$\beta_l = \sqrt{\frac{A_b}{A_l}} \tag{10-35}$$

式中 F_l——局部受压面上作用的局部荷载或局部压力设计值，在后张法预应力混凝土构件中的锚头局压区，应取 1.2 倍张拉控制力（超张拉时还应再乘以相应增大系数）；

f_c——混凝土轴心抗压强度设计值；在后张法预应力混凝土构件的张拉阶段验算中，应根据相应阶段的混凝土立方体抗压强度 f'_{cu} 值按线性内插法确定对应的轴心抗压强度设计值；

β_c——混凝土强度影响系数，取值查表 10-5；

β_l——混凝土局部受压的强度提高系数；

A_l——混凝土局部受压面积；

A_{ln}——混凝土局部受压净面积；对后张法构件，应在混凝土局部受压面积中扣除孔道、凹槽部分的面积；

A_b——局部受压的计算底面积。

局部受压的计算底面积 A_b，可由局部受压面积 A_l 与计算底面积 A_b 按同心、对称的原则确定。对于常用情况，可按图 10-13 取用。

表 10-5   系数 β_c、α

混凝土强度等级	≤C50	C55	C60	C65	C70	C75	C80
β_c	1.0	29/30	28/30	0.9	26/30	25/30	0.8
α	1.0	0.975	0.95	0.925	0.9	0.875	0.85

（2）局部受压承载力验算。为保证端部截面局部受压承载力，当配置方格网式或螺旋式间接钢筋且其核心面积 $A_{cor} \geqslant A_l$ 时（图 10-14），局部受压承载力应该按下列公式计算：

$$F_l \leqslant 0.9(\beta_c \beta_l f_c + 2\alpha \rho_v \beta_{cor} f_{yv}) A_{ln} \tag{10-36}$$

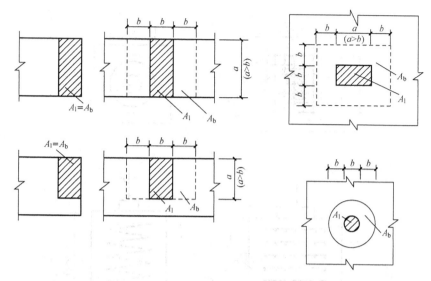

图 10-13　局部受压的计算底面积

式中　β_{cor}——配置间接钢筋的局部受压承载力提高系数，仍可按公式（10-35）计算，但 A_b 用 A_{cor} 代替，当 $A_{cor} > A_b$ 时，应取 $A_{cor} = A_b$，当 A_{cor} 不大于混凝土局部受压面积 A_1 的 1.25 倍时，β_{cor} 取 1.0；

　　f_{yv}——间接钢筋的抗拉强度设计值；

　　α——间接钢筋对混凝土约束的折减系数，查表 10-5；

　　A_{cor}——方格网格或螺旋式间接钢筋内表面范围内的混凝土核心面积，其重心应与 A_1 的重心重合，计算中仍按同心、对称的原则取值；

　　ρ_v——间接钢筋的体积配筋率（核心面积 A_{cor} 范围内单位混凝土体积所含间接钢筋的体积）。

当为方格网式配筋时（图 10-14 (a)），钢筋网两个方向上单位长度内钢筋截面面积的比值不宜大于 1.5，其体积配筋率 ρ_v 应按下列公式计算

$$\rho_v = \frac{n_1 A_{s1} l_1 + n_2 A_{s2} l_2}{A_{cor} s} \qquad (10-37)$$

当为螺旋式配筋时（图 10-14 (b)），其体积配筋率 ρ_v 应按下列公式计算：

$$\rho_v = \frac{4 A_{ss1}}{d_{cor} s} \qquad (10-38)$$

式中　n_1、A_{s1}——方格网沿 l_1 方向的钢筋根数、单根钢筋的截面面积；

　　n_2、A_{s2}——方格网沿 l_2 方向的钢筋根数、单根钢筋的截面面积；

　　A_{ss1}——螺旋式单根间接的截面面积；

　　d_{cor}——螺旋式间接钢筋内表面范围内的混凝土截面直径；

　　s——方格式或螺旋式间接钢筋的间距，宜取 30~80mm。

间接钢筋应配置在图 10-14 所规定的高度 h 范围内，对方格式钢筋，不应小于 4 片；对螺旋式钢筋，不应小于 4 圈。

如计算结果不能满足式（10-36）时，则对于方格网钢筋，应增加钢筋的根数，加大钢筋的直径，减小钢筋的间距；对螺旋式钢筋，应加大直径，减少螺距。

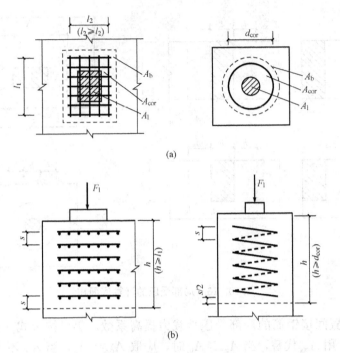

(a)

(b)

图 10-14 局部受压区的间接钢筋

（a）方格网配筋；（b）螺旋式配筋

10.6 预应力混凝土构件的构造要求

预应力混凝土构件的构造要求与张拉工艺、锚固措施、预应力钢筋的种类、预应力筋和非预应力筋的布置等有关。其中，张拉工艺对构造要求的影响较大。

10.6.1 一般要求

1. 截面形式和尺寸

（1）截面形式。跨度较小的梁、板构件一般采用矩形截面；跨度或承受的荷载都较大时，为了降低梁的自重，可以选用 T 形、I 形或箱形截面。

（2）截面尺寸。一般预应力混凝土梁高可取 $(1/30 \sim 1/15)l_0$，其中 l_0 为构件的计算跨度；翼缘宽度一般可取 $(1/3 \sim 1/2)h$；翼缘厚度可取 $(1/10 \sim 1/6)h$；腹板宽度可取 $(1/10 \sim 1/8)h$。

2. 预应力钢筋的纵向布置

（1）直线布置。一般适用于跨度较小或荷载也较小的中小型构件，如先张法的楼板、后张法屋架下弦等。直线布置施工简单，比较常见。

（2）曲线布置。常见于跨度大、荷载大的受弯构件，如工业厂房大吨位的吊车梁、屋面梁等构件，施工时一般用后张法。

（3）折线布置。折线布置用于有倾斜受拉边的梁或承受较大集中荷载的梁，先张法构件有时使用，此时会产生在转向装置处的摩擦预应力损失。

3. 非预应力钢筋的布置

为了防止预应力混凝土构件在制作、穿束、堆放或吊装时，构件施工阶段之前的受拉区（预拉区）开裂，可沿着预拉区截面均匀配置直径不超过 14mm 的非预应力钢筋。

4. 构件端部的构造钢筋

预应力筋在构件端部全部弯起的受弯构件或直线配筋的先张法构件，当构件端部与下部支撑结构焊接时，应考虑混凝土收缩、徐变及温度变化所产生的不利影响，宜在端部可能产生裂缝的部位设置纵向构造钢筋。

10.6.2　先张法构件的构造要求

1. 预应力钢筋（丝）的净距

根据浇筑混凝土、施加预应力及钢筋锚固等要求，先张法预应力钢筋的净距不宜小于其公称直径的 2.5 倍和混凝土粗骨料最大粒径的 1.25 倍，且应符合下列规定：预应力钢丝不应小于 15mm；三股钢绞线不应小于 20mm；七股钢绞线不应小于 25mm。当混凝土振捣密实性具有可靠保证时，净间距可放宽为最大粗骨料粒径的 1.0 倍。

2. 端部加强措施

在放松预应力钢筋时，端部有时会产生裂缝，为此，对预应力钢筋端部周围混凝土应采取下列措施：

1）单根配置的预应力筋，其端部宜设置螺旋筋；

2）对分散布置的多根预应力筋，在构件端部 $10d$（d 为预应力钢筋的公称直径）且不小于 100mm 长度范围内，宜设置 3～5 片与预应力钢筋垂直的钢筋网片；

3）对采用预应力钢丝配筋的薄板，在板端 100mm 长度范围内宜适当加密横向钢筋；

4）槽形板类构件，应在构件端部 100mm 长度范围内沿构件板面设置附加横向钢筋，其数量不应少于 2 根。

10.6.3　后张法构件的构造要求

（1）预留孔道。后张法预应力筋及预留孔道应符合下列规定：

1）对预制构件，孔道之间的水平间距不宜小于 50mm，且不宜小于粗骨料直径的 1.25 倍；孔道至构件边缘的净间距不宜小于 30mm，且不宜小于孔道直径的 50%。

2）在现浇混凝土梁中，预留孔道在竖直方向的净间距不应小于孔道外径，水平方向的净间距不宜小于 1.5 倍孔道外径，且不应小于粗骨料直径的 1.25 倍；从孔道外壁至构件边缘的净间距，梁底不宜小于 50mm，梁侧不宜小于 40mm；裂缝控制等级为三级的梁，梁底、梁侧净间距分别不宜小于 60mm 和 50mm。

3）预留孔道的内径宜比预应力外束及需穿过孔道的连接器外径大 6～15mm，且孔道的截面积宜为穿入预应力筋截面积的 3.0～4.0 倍。

4）当有可靠经验并能保证混凝土浇筑质量时，预应力筋孔道可水平并列贴紧布置，但并排的数量不应超过 2 束。

5）在现浇板中采用扁形锚固体系时，穿过每个预留孔道的预应力筋数量宜为 3～5 根；在常用荷载情况下，孔道在水平方向的净间距不应超过 8 倍板厚及 1.5m 中的较大值。

6）板中单根无黏结预应力筋的间距不宜大于板厚的 6 倍，且不宜大于 1m；带状束的无黏结预应力筋根数不宜多于 5 根，带状束间距不宜大于板厚的 12 倍，且不宜大于 2.4m。

7）梁中集束布置的无黏结预应力筋，集束的水平净间距不宜小于 50mm，束至构件边缘的净距不宜小于 40mm。

（2）端部混凝土的局部加强。后张法预应力混凝土构件的端部锚固区，应按下列规定配置间接钢筋：

1）采用普通垫板时，应进行局部受压承载力计算，并配置间接钢筋，其体积配筋率不应小于 0.5%，垫板的刚性扩散角应取 45°。

2）局部受压承载力计算时，其局部压力设计值对有黏结预应力混凝土构件取 1.2 倍张拉控制力，对无黏结预应力混凝土构件取 1.2 倍张拉控制力和（$f_{ptk}A_p$）中的较大值。

3）当采用整体铸造垫板时，其局部受压区的设计应符合相关标准的规定。

4）在局部受压间接钢筋配置区以外，在构件端部长度 $l \geqslant 3e$（e 为截面重心线上部和下部预应力钢筋的合力点至其到构件最近边缘的距离）但不大于 $1.2h$（h 为构件端部的高度）、高为 $2e$ 的附加配筋区范围内，应均匀配置防劈裂箍筋或网片（图 10-15），其体积配筋率不应小于 0.5%。

5）当构件端部预应力筋需集中布置在截面下部或集中布置在上部和下部时，应在构件端部 0.2h 范围内设置附加竖向防端面裂缝构造钢筋（图 10-15）。

（3）当构件在端部有局部凹进时，应增设折线构造钢筋（图 10-16）或其他有效的构造钢筋。

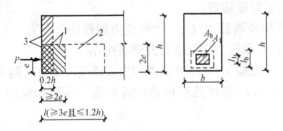
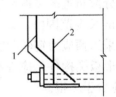

图 10-15　防止端部裂缝的配筋范围
1—局部受压间接钢筋配置区；2—附加防劈裂配筋区；
3—附加防端面裂缝配筋区

图 10-16　端部凹进处构造钢筋
1—折线构造钢筋；
2—竖向构造钢筋

（4）后张法预应力混凝土构件中，当采用曲线预应力束时，其曲率半径不宜小于 4m。

（5）在预应力混凝土结构中，当沿构件凹面布置曲线预应力束时，应进行防崩裂设计。

（6）构件端部尺寸，应考虑锚具的布置、张拉设备的尺寸和局部受压的要求，在必要时应适当加大。

（7）后张预应力混凝土外露金属锚具，应采取可靠的防腐及防火措施。

小　　结

（1）预应力混凝土构件是指在结构构件承受荷载之前，预先对外荷载作用下截面混凝土的受拉区施加预压力的构件。预应力混凝土构件和普通混凝土构件相比具有抗裂性能好、能充分利用高强材料的强度、提高构件的刚度、减少构件的变形等优点。

（2）根据施工时张拉预应力钢筋与浇筑构件混凝土两者的先后次序不同，可分为先张法和后张法两种。张拉钢筋在先，混凝土浇筑在后的方法叫做先张法；混凝土浇筑在先，钢筋张拉在后的施工工艺叫做后张法。先张法依靠预应力钢筋与混凝土之间的黏结性传递预应力，在构件端部有一预应力传递长度；后张法依靠预应力锚具传递预应力，端部处于局部受压的应力状态。

（3）张拉控制应力是在预应力构件施工时控制预应力钢筋使其达到规定的张拉应力值。张拉控制应力与预应力钢筋的种类有关。张拉控制应力的取值应当适当，既不能过高，也不能过低。

（4）预应力钢筋预应力损失的大小，关系到在构件中建立的混凝土有效预压应力的水平，应了解各项预应力损失产生的原因，掌握损失的分析与计算方法以及减少各项损失的措施。

（5）无论是先张法还是后张法，非预应力钢筋与混凝土协调变形的起点均是混凝土应力为零时，故任一相应时刻非预应力钢筋的应力计算公式在形式上均相同；而在预应力钢筋的应力计算公式中，后张法比先张法的相应时刻多了 $\alpha_E \sigma_{pc}$，这是因为两种方法中预应力钢筋与混凝土协调变形起点不同。

（6）在施工阶段，两种方法 σ_{pcI}、σ_{pcII} 的计算公式在形式上基本相同，只是预应力损失的具体计算值不同；同时在计算公式中，先张法构件用换算截面面积 A_0，而后张法构件用净截面面积 A_n。在使用阶段，两种方法在各特定状态时的轴心拉力 N_0、N_{cr} 及 N_u 的计算公式在形式上相同，无论先张、后张法，均采用构件的换算截面面积 A_0 计算。

（7）预应力混凝土构件在外荷载作用后的使用阶段，两种极限状态的计算内容与钢筋混凝土构件类似；为了保证施工阶段构件的安全性，应进行相关的计算，对后张法构件还应计算构件端部的局部受压承载力。

（8）和普通钢筋混凝土构件相比，预应力混凝土构件的计算较麻烦，构造较复杂，施工制作要求一定的机械设备与技术条件，给预应力混凝土构件的广泛使用带来一定的限制，其改进与完善尚有待进一步研究。

思　考　题

（1）什么是预应力混凝土，预应力混凝土构件的优缺点是什么？

（2）预应力混凝土的分类有哪些，各有什么特点？

（3）施加预应力的方法有哪几种，先张法和后张法的区别何在，试简述它们的优缺点及应用范围。

（4）什么是张拉控制应力，张拉控制应力定得太高或者太低分别有什么坏处？

（5）预应力损失有哪些，各种损失产生的原因是什么，计算方法及减少措施如何，先张法、后张法各有哪几种损失，哪些属于第一批，哪些属于第二批？

（6）预应力混凝土构件各阶段应力状态如何，先、后张法构件的应力计算公式有何异同之处，研究各特定时刻的应力状态有何意义？比较先、后张法应力状态的异同。

（7）在计算混凝土预压应力时，为什么先张法用构件的换算截面 A_0，而后张法却用构件的净截面 A_n，在使用阶段由荷载所引起的混凝土应力计算为何二者都用 A_0？先、后张法的 A_0、A_n 如何进行计算？

（8）何为消压应力？在先张法和后张法中分别如何计算？

（9）施加预应力对轴心受拉的承载力有何影响，为什么？

（10）预应力混凝土构件中的非预应力钢筋有何作用？

（11）为什么要对后张法构件端部进行局部受压承载力验算？

（12）不同的裂缝控制等级时，预应力混凝土构件的正截面抗裂验算各满足什么要求，不满足时怎么办？

第11章　混凝土楼盖结构

11.1　概　　述

楼（屋）盖是建筑结构的重要组成部分，常用的楼盖为钢筋混凝土楼面结构。混凝土楼盖由梁、板组成，它直接承受竖向荷载，并在整个房屋的材料用量和造价方面占有相当大的比例。因此，选择适当的楼盖形式，并正确、合理地进行设计计算，将直接影响到整个结构的使用和经济技术指标。

11.1.1　楼盖的分类

1. 按施工方法分类

按施工方法，混凝土楼盖可分为现浇整体式楼盖、装配式楼盖和装配整体式楼盖。

现浇整体式钢筋混凝土楼盖中所有组成构件全部现浇成为一个整体，具有良好的整体性、抗震性和防水性，主要应用于多、高层钢筋混凝土结构房屋中。

装配式钢筋混凝土楼盖可以是现浇梁和预制板结合而成，也可以是预制梁和预制板结合而成，它具有施工速度快、便于工业化生产、节省材料等优点，在多层房屋中得到广泛应用。但是这种楼面的整体性、防水性及抗震性能较差，因此其使用范围受到了限制。

装配整体式钢筋混凝土楼盖是在已就位的钢筋混凝土预制构件上再二次浇筑混凝土制成现浇面层和迭合梁形成整体的楼盖。这种楼盖整体性比装配式钢筋混凝土楼盖的整体性好，但需进行混凝土的二次浇筑且增加了钢筋的焊接工作量，目前采用较少。

2. 按结构型式分类

现浇混凝土楼盖按结构型式又可分为肋梁楼盖、井式楼盖和无梁楼盖等。

肋梁楼盖由梁、板组成。楼盖平面中一般纵横两个方向布置有次梁或主梁，板的周边支承在梁或墙上，如图 11-1 所示。

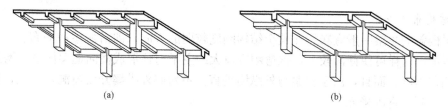

(a)　　　　　　　　　　　　　　　　　　　(b)

图 11-1　肋梁楼盖

（a）单向板肋梁楼盖；（b）双向板肋梁楼盖

井式楼盖与肋梁楼盖的不同之处在于两个方向的交叉梁没有主梁与次梁之分，两个方向的梁相互协同工作，共同承受板上传来的荷载，如图 11-2 所示。

无梁楼盖由板、柱等构件组成，楼面不设置次梁和主梁，楼板直接支承于柱上，楼面荷载直接由板传给柱，如图 11-3 所示。

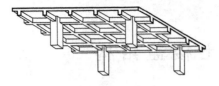

图 11-2　井式楼盖

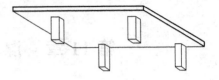

图 11-3　无梁楼盖

11.1.2　单向板和双向板

肋梁楼盖平面中按楼板的支承及受力条件的不同，又可分为单向板肋梁楼盖和双向板肋梁楼盖，如图 11-1（a）、（b）所示。

单边嵌固的悬臂板和两对边支承的矩形板为单向板。当四边支承矩形板的长边 l_2 与短边 l_1 之比较大时，板上荷载主要沿短边方向传递，这样受力的板也称为单向板，楼盖称为单向板肋梁楼盖。两邻边支承的板、三边支承的板为双向板。当四边支承矩形板的长边 l_2 与短边 l_1 比较接近时，则板沿短跨和长跨两个方向均受力，这样受力的板也称为双向板，楼盖称为双向板肋梁楼盖。设计计算时，四边支承的板，当长边与短边的长度之比小于或等于 2.0 时，应按双向板计算；当长边与短边的长度之比大于 2.0，但小于 3.0 时宜按双向板计算，这时如按沿短边方向受力的单向板计算，应沿长边方向布置足够数量的构造钢筋；当长边与短边的长度之比大于或等于 3.0 时，可按沿短边方向受力的单向板计算。

本章主要介绍整体式单向板和双向板肋梁楼盖的设计。

11.2　单向板肋梁楼盖

11.2.1　结构布置

1. 主梁与次梁

单向板肋梁楼盖平面两个方向都布置梁，一个方向的梁支承在柱上，将楼板上的荷载最终传给柱，这类梁称为主梁；房屋平面另一个方向的梁与主梁相交，将楼板上的荷载传给主梁，这类梁称为次梁。在单向板肋梁楼盖中，荷载的传递路径为：板→次梁→主梁→柱或墙。

2. 结构布置方案

肋梁楼盖的主梁一般宜布置在整个结构刚度较弱的方向，即沿房屋横向布置，如图 11-4（a）所示，这样可使截面较大，抗弯刚度较大的主梁与柱形成横向框架体系，增强房屋的横向抗侧移刚度。而且，由于主梁与外纵墙垂直，不妨碍外纵墙开设窗洞，因此，窗洞高度可较大，有利于室内采光。

当柱的横向间距大于纵向间距时，为了减小主梁的截面高度，也可将主梁沿房屋纵向布置，如图 11-4（b）所示。遇到房屋中有走廊，纵墙间距较小的情况，还可以只布置次梁，不布置主梁，如图 11-4（c）所示。

柱网、梁格的布置应综合考虑房屋的使用要求和梁、板的合理跨度，尽可能简单、规整，统一，以减少构件种类，方便设计和施工。根据设计经验，一般情况下板的跨度以 1.7~2.7m 为宜，次梁的跨度以 4~6m 为宜，主梁的跨度以 5~8m 为宜。

3. 板厚及梁截面尺寸的确定

梁、板截面尺寸应满足承载力和刚度的要求。对于钢筋混凝土单向板，板厚 h 应取 $h \geqslant$

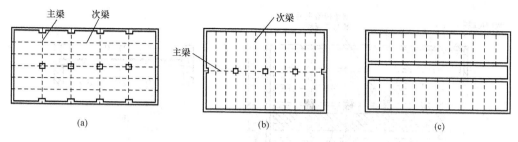

图 11-4　单向板肋梁楼盖布置方案

$(1/30)l$，对钢筋混凝土双向板，h 应取 $h \geqslant (1/40)l$，其中 l 为板的计算跨度。

在肋梁楼盖中，主梁、次梁通常为多跨连续梁。对连续次梁，截面尺寸取 $h = (1/18 \sim 1/12)l$，$b = (1/3 \sim 1/2)h$。对连续主梁，截面尺寸取 $h = (1/14 \sim 1/8)l$，$b = (1/3.5 \sim 1/3)h$。其中 l 分别为次梁或主梁的跨度。

为了保证楼盖具有足够的刚度和便于施工，对于简支连续单向板，其最小厚度还应满足：屋面板 $h \geqslant 60$mm，民用建筑楼板 $h \geqslant 60$mm，工业建筑楼板 $h \geqslant 70$mm。

11.2.2　单向板肋梁楼盖内力的弹性理论计算方法

单向板肋梁楼盖按弹性理论的计算方法是将钢筋混凝土梁、板视为理想弹性体，按结构力学方法计算其内力。

1. 结构计算简图

（1）板。在计算中，取 1m 宽板作为计算单元，故板截面宽度 $b = 1000$mm，为支承在次梁或砖墙上的多跨板。为简化计算，将次梁或砖墙作为板的不动铰支座，因此，多跨板可视为多跨连续梁（梁宽 $b = 1000$mm），如图 11-5 所示。此时板上单位面积荷载值也就是计算板带上的线荷载值，包括永久荷载（板自重、其上构造层重）和可变荷载（楼、屋面活荷载，屋面雪荷载等）。荷载标准值可查阅《建筑结构荷载规范》（GB 50009—2012）。

按弹性理论分析时，连续板的跨度取相邻两支座中心间的距离。对于边跨，当边支座为砖墙时，取距砖墙边缘一定距离处。因此，板的计算跨度 l 为：

中间跨：
$$l = l_c \tag{11-1}$$

边跨（边支座为砖墙）：
$$l = l_n + \frac{h}{2} + \frac{b}{2} \leqslant l_n + \frac{a}{2} + \frac{b}{2} \tag{11-2}$$

其中，l_c 为板支座（次梁）轴线间的距离；l_n 为板边跨的净跨；h 为板厚；b 为次梁截面宽度；a 为板支承在砖墙上的长度，通常为 120mm。

对于等跨或跨度差小于 10% 且受荷相同的连续板（梁），当实际跨数超过 5 跨时可按 5 跨计算（除每侧两跨外，所有中间跨按第三跨考虑）；不足 5 跨时，按实际跨数计算。

（2）次梁。次梁也按连续梁分析内力，主梁或砖墙作为次梁的不动铰支座。

作用在次梁上的荷载为次梁自重，次梁左右两侧各半跨板的自重及板上的活荷载，荷载形式均为均布荷载，如图 11-5 所示。

次梁的计算跨度为：

中间跨：
$$l = l_c \tag{11-3}$$

边跨（边支座为砖墙）：
$$l = 1.025 l_n + \frac{b}{2} \leqslant l_n + \frac{a}{2} + \frac{b}{2} \tag{11-4}$$

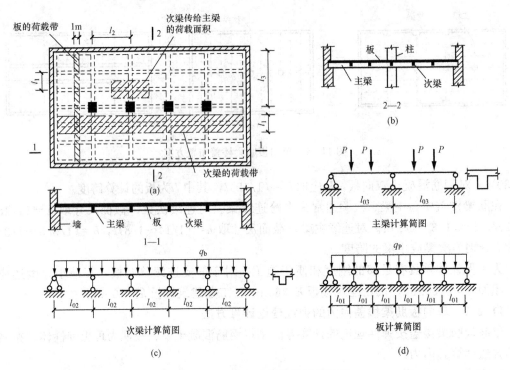

图 11-5　单向板肋梁结构计算简图

其中，l_c 为支座轴线间的距离，次梁的支座为主梁；l_n 为梁边跨的净跨；b 为主梁截面宽度；a 为次梁在砖墙上的支承长度，通常为 240mm。

（3）主梁。主梁的计算简图需要根据梁与柱的线刚度比确定。计算表明，如果节点两侧梁的线刚度之和与节点上、下柱的线刚度之和的比值不小于 3，则主梁可视为铰支于柱上的连续梁，否则不能忽略柱对主梁的转动约束作用，梁柱将形成框架结构，主梁应按框架梁计算。

主梁上作用的荷载为次梁传来的荷载和主梁自重。次梁传来的荷载为集中荷载，主梁自重为均布荷载，而前一种荷载影响较大，后一种荷载影响较小，因此，也将主梁自重作为集中荷载考虑，其作用点位置及个数与次梁传来集中荷载的相同。确定次梁传递给主梁的集中荷载时，可不考虑次梁的连续性。每个集中荷载所考虑的范围如图 11-5 所示。

主梁的计算跨度为：

中间跨：
$$l = l_c \tag{11-5}$$

边跨（边支座为砖墙）：
$$l = 1.025 l_n + \frac{b}{2} \leqslant l_n + \frac{a}{2} + \frac{b}{2} \tag{11-6}$$

其中，l_c 为支座轴线间的距离，主梁的支座为柱；l_n 为主梁边跨的净跨；b 为柱截面宽度；a 为主梁在砖墙上的支承长度，通常为 370mm。

2. 折算荷载

在确定板和次梁的计算简图时，分别将次梁和主梁视为板和次梁的铰支座。这种简化忽略了次梁和主梁对节点转动的约束作用，使得计算出的内力和变形与实际情况不符，如图 11-6 所示。为此，采用折算荷载的方法来考虑支座的转动约束作用。

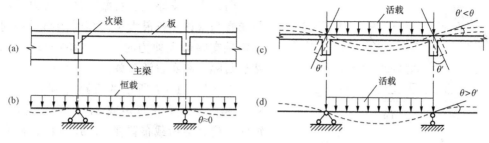

图 11-6　连续梁（板）的折算荷载

对于等跨连续板（梁），各跨都作用有恒载，板或梁在中间支座处产生的转角很小，可忽略不计，这时支座抗扭刚度并不影响结构的内力与变形。但是当连续梁中某一跨作用有活荷载时，支座处连续梁的转角较大，支座抗扭刚度的大小将影响连续梁的转动能力。特别是活荷载隔跨布置时，由于支座约束的影响，支座处的实际转角将小于按铰接计算时的转角，从而对内力与变形产生很大影响，减小了跨中弯矩同时加大了支座的弯矩。

为了考虑支座约束对连续梁（板）内力的影响，采用增大恒载并相应减小活载值的方法，此时的计算荷载称为折算荷载。折算荷载值为：

板：

$$\begin{cases} g' = g + \dfrac{1}{2}p \\ p' = \dfrac{1}{2}p \end{cases} \tag{11-7}$$

次梁：

$$\begin{cases} g' = g + \dfrac{1}{4}p \\ p' = \dfrac{3}{4}p \end{cases} \tag{11-8}$$

其中，g、p 分别为实际的恒载和活载。

采用折算荷载后，对于作用有活荷载的跨，因为 $g + p = g' + p'$，荷载总值不改变；而相邻跨的折算恒载大于实际恒载，相应地也就减小了有活荷载跨的跨中弯矩，增大了支座弯矩，内力分布规律与考虑支座约束影响相当。

3. 活荷载的不利布置及内力包络图

作用在结构上的恒载的大小和位置在结构确定后基本不变，而活荷载的位置是可以改变的，活荷载对内力的影响也随着荷载的位置而发生改变。因此，在设计时为了确定某一截面的最不利内力，不仅应考虑作用在结构上的恒载，还应考虑活荷载的布置位置对计算截面内力的影响，即如何通过对活荷载进行不利布置，找到计算截面的最不利内力。

为求连续梁上各截面最不利内力，活荷载的最不利布置原则为：

（1）求某跨跨中最大正弯矩时，应在该跨布置活荷载，然后每隔一跨布置活荷载；

（2）求某跨跨中最大负弯矩（即最小弯矩）时，该跨不布置活荷载，而在左、右两相邻跨布置活荷载，然后再隔跨布置；

（3）求某支座最大负弯矩时，应在该支座左、右两跨布置活荷载，然后再隔跨布置；

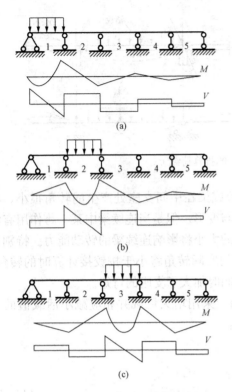

图 11-7　活荷载在不同跨间时的
弯矩和剪力图

（4）求某支座左、右截面最大剪力时，其活载布置与求该支座最大负弯矩时的布置相同。在确定端支座最大剪力时，应在端跨布置活荷载，然后每隔一跨布置活荷载。

对于图 11-7 所示的五跨连续梁，当求 1，3，5 跨跨中最大正弯矩或 2，4 跨跨中最大负弯矩时，应将活荷载布置在 1，3，5 跨；而求自左往右第二支座截面最大负弯矩时，应将活荷载布置在 1，2，4 跨等，以此类推。

荷载的大小及位置确定后可根据结构力学的计算方法计算连续梁的内力。为了减轻计算工作量，更多的是查用内力系数进行计算，详见附录 2。

将恒载在各截面引起的内力分别与各种活荷载最不利布置情况下的内力叠加，就得到各截面可能出现的最不利内力。把各种不利组合下的内力图（弯矩图和剪力图）绘制在同一张图上，形成内力叠合图，其外包络线形成的图形称为内力包络图，如图 11-8 所示。内力包络图反映出各截面可能出现的最大内力，是设计时选择截面和布置钢筋的依据。

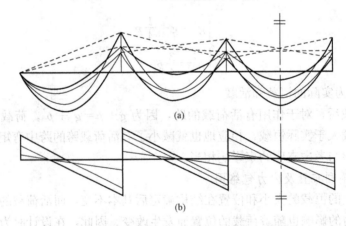

图 11-8　连续梁内力叠合图和内力包络图

4. 控制截面及支座处内力

控制截面是指对受力钢筋的计算起控制作用的截面。对连续梁而言，分别为包络图中正弯矩最大和负弯矩最大处截面。由于弹性内力分析时，连续梁负弯矩最大值出现在支座中心线处，此处的截面高度由于其整体连接的梁、柱的存在而明显增大，通常并非最危险截面。因此，支座处采用支座边缘截面的内力进行配筋计算更为合理，如图 11-9 所示。

支座边缘处的弯矩值 M 可近似按下式计算：

$$M = M_c - V_0 \frac{b}{2} \qquad (11-9)$$

式中，M_c 为支座中心处的弯矩；V_0 为按单跨简支梁计算的支座剪力；b 为支座宽度。

支座边缘处的剪力值 V 可近似按下式计算：

承受均布荷载时：$V = V_c - (g+q)\frac{b}{2} \qquad (11-10)$

承受集中荷载时：$\qquad V = V_c \qquad (11-11)$

式中，V_c 为支座中心处的剪力，g、q 为作用在梁上的均布恒载和活荷载。

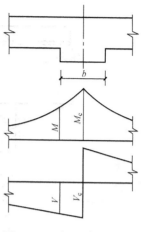

图 11-9 支座边缘的内力

11.2.3 单向板肋梁楼盖内力的塑性理论计算方法

如前所述，按弹性理论计算钢筋混凝土连续梁、板时假定材料为理想弹性体，荷载与内力成线性关系。实际上无论是钢筋混凝土材料还是在不同加载阶段的结构，均具有明显的非弹性性质。按弹性理论计算其内力，不仅不能反映结构的真实受力与工作状态，而且与已考虑材料塑性性质的截面计算理论不协调。

为了充分考虑材料的塑性性能，就需要建立混凝土超静定结构内力的塑性理论计算方法。它能较好地反映结构的实际受力状态，也能取得一定的经济效益，但这样设计的结构裂缝较宽，变形较大。因此板和次梁通常按塑性理论方法分析内力，而主梁通常按弹性理论方法分析内力，以使其具有较好的使用性能和较大的安全储备。同时规范还规定下列情况下的超静定结构不适用采用塑性理论方法进行结构内力分析：

（1）直接承受动力荷载作用的结构；

（2）轻质混凝土结构及其他特种混凝土结构；

（3）受侵蚀性气体或液体严重作用的结构；

（4）预应力混凝土结构和二次受力的叠合结构。

1. 塑性铰

混凝土超静定结构按塑性理论计算结构内力，是基于结构的塑性内力重分布，而明显的内力重分布主要是由塑性铰转动引起的。

从适筋梁在弯矩作用下的正截面应力与应变分析可知，荷载作用下梁正截面经历了三个受力阶段：其中第Ⅰ阶段为从加载到受拉区混凝土开裂；第Ⅱ阶段为从混凝土开裂到受拉钢筋屈服；现重点研究第Ⅲ阶段，即从受拉钢筋屈服到截面破坏这一过程。

当加荷到受拉钢筋屈服，即图 11-10（c）中的 A 点，此时弯矩为 M_y，相应的曲率为 ϕ_y。一旦受拉钢筋屈服，梁的受力性能将发生较大变化。随着荷载进一步增大，梁的刚度迅速下降，挠度急剧增大，裂缝持续向上发展，受压区高度相应减小，受压区混凝土应力不断增大。截面抵抗弯矩可增加至图 11-10（c）中 B 点所对应的极限弯矩 M_u，相应的曲率为 ϕ_u，最后由于受压区边缘混凝土达到极限压应变而破坏，即图 11-10（c）中 C 点。从图 11-10（c）可以看出，从受拉钢筋屈服到压区边缘混凝土压碎（从 A 点到 C 点），截面弯矩-曲率曲线的斜率急剧减小，这意味着截面在弯矩增加很少的情况下截面转角急剧增大，构件中塑性变形较集中的区域表现的犹如一个能够转动的"铰"，称之为塑性铰。

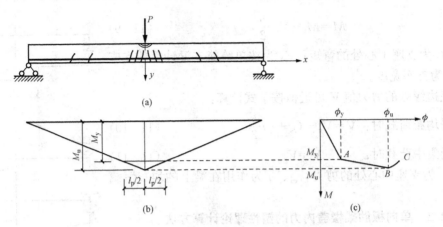

图 11 - 10   钢筋混凝土受弯构件的塑性铰

（a）构件；（b）弯矩图；（c）M-ϕ 曲线

塑性铰不是一种具体的铰，与理想铰相比，塑性铰具有如下特点：

（1）塑性铰不是集中在一个截面，而是具有一定的长度，称为塑性铰区长度，只是为了简化认为塑性铰是一个截面；

（2）理想铰不能传递弯矩，塑性铰能承受弯矩，为简化考虑，认为塑性铰所承受的弯矩为定值，为截面的屈服弯矩，即考虑为理想弹塑性；

（3）理想铰可以自由转动，塑性铰为单向铰，只能使截面沿弯矩方向发生转动，反方向不能转动；

（4）塑性铰的转动能力有限，其转动能力与钢筋种类、受拉纵筋配筋率及混凝土的极限压应变等因素有关。

2. 塑性内力重分布

在混凝土超静定结构中，由于构件出现裂缝后引起的刚度变化以及塑性铰的出现，其内力分布规律与按弹性理论计算的结果是不一致的，即在构件各截面间产生了塑性内力重分布。下面举例说明这一问题。

【例 11 - 1】 有一矩形等截面两跨钢筋混凝土连续梁，跨度均为 l，每跨跨中作用有集中荷载 P，如图 11 - 11 所示。假定中间支座截面 B 和荷载作用点 A 截面的受弯承载力均为 M_y，试分析 A 和 B 截面处弯矩随荷载变化的情况。

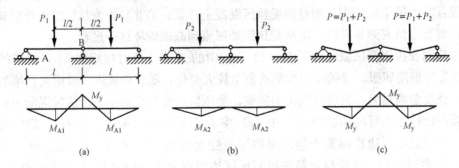

图 11 - 11   双跨连续梁弯矩变化过程

解　（1）塑性铰形成前。用结构力学方法可得到如图 11 - 11 （a）所示的两跨连续梁的弯矩图，中间支座截面 B 处的弯矩值最大。假定在外荷载达到 P_1 时支座截面 B 首先达到 M_y 而形成塑性铰，则 P_1 可由下式确定

$$M_y = \frac{3}{16}P_1 l$$

即

$$P_1 = \frac{16M_y}{3l}$$

此时，可求出荷载作用点 A 截面的弯矩为：

$$M_{A1} = \frac{5}{32}P_1 l = \frac{5}{6}M_y$$

梁在这时并未丧失承载能力，截面 A 的受弯承载力还有 $(M_y - M_{A1} = M_y/6)$ 的余量。

（2）塑性铰形成后。中间支座截面 B 处形成塑性铰后，两跨连续梁变成了两个简支梁，如图 1 - 11 （b）所示。若继续增加荷载，在增量荷载 P_2 的作用下，截面 A 处引起的增量弯矩为

$$M_{A2} = \frac{1}{4}P_2 l$$

当截面 A 处也达到 M_y，整个结构形成几何可变体系而破坏。令 $M_{A1} + M_{A2} = M_y$，可求得相应的 P_2 为

$$P_2 = \frac{2M_y}{3l}$$

该连续梁所能承受的跨中集中荷载为 $P_1 + P_2 = 6M_y/l$。

所以，在超静定结构，特别是超静定次数较高的结构中，塑性铰陆续出现直至形成机构而破坏，如果设计得当，内力重分布可以充分发展。因此对于超静定结构而言，某一个截面的屈服并不意味结构的破坏，按塑性内力重分布方法设计，可以充分利用结构的强度储备，提高结构的极限荷载。

3. 按塑性理论方法计算梁（板）内力

目前，工程中常用的考虑塑性内力重分布的计算方法是弯矩调幅法。弯矩调幅法就是在弹性理论计算的弯矩包络图基础上，考虑塑性内力重分布，将选定的某些出现塑性铰截面的弯矩值加以调整。设截面弯矩调整的幅度用调幅系数 β 来表示，则

$$M_a = (1-\beta)M_e \tag{11 - 12}$$

式中，M_a 为调整后的弯矩设计值；M_e 为按弹性方法计算所得的弯矩设计值。

（1）使用弯矩调幅法进行设计计算时，应遵循下列原则：

1）受力钢筋宜采用 HPB300、HRB335、HRBF335、HRB400、HRBF400、HRB500 及 HRBF500 级热轧钢筋，混凝土强度等级宜在 C20～C45 范围内选用。

2）弯矩调整后截面相对受压区高度 $\xi = x/h_0$ 不应超过 0.35，也不宜小于 0.10。

3）钢筋混凝土梁支座或节点边缘截面的弯矩调幅系数 β 一般不宜超过 0.25，钢筋混凝土板的弯矩调幅系数 β 不宜大于 0.20。

4）调整后的结构内力必须满足静力平衡条件，即连续梁、板各跨两支座弯矩 M_A，M_B 的平均值与跨中弯矩值 M_l 之和不得小于简支梁弯矩值 M_0 的 1.02 倍，即 $(M_A + M_B)/2 + M_l \geqslant 1.02M_0$。

5）为防止在内力重分布过程中发生剪切破坏，应按《混凝土结构设计规范》（GB 50010—2010）斜截面受剪承载力计算所需的箍筋数量增大 20%。而且为了减少发生斜拉破坏的可能性，受剪箍筋配筋率下限值应满足 $\rho_{sv} = A_{sv}/(bs) \geqslant 0.36 f_t/f_{yv}$。

6）按弯矩调幅法设计的结构，必须满足正常使用阶段变形及裂缝宽度的要求，在使用阶段不出现塑性铰。

（2）按弯矩调幅法进行分析时，对于承受均布荷载和间距相同、大小相等的集中荷载的等跨连续梁、板，为设计方便，控制截面的内力可直接按下列公式计算。

1）等跨连续梁各跨跨中及支座截面的弯矩设计值。

承受均布荷载时：
$$M = \alpha_{mb}(g+q)l_0^2 \tag{11-13}$$

承受间距相同、大小相等的集中荷载时：
$$M = \eta\alpha_{mb}(G+Q)l_0 \tag{11-14}$$

式中　g——沿梁单位长度上的永久荷载设计值；

q——沿梁单位长度上的可变荷载设计值；

G——一个集中永久荷载设计值；

Q——一个集中可变荷载设计值；

α_{mb}——连续梁考虑塑性内力重分布的弯矩系数，按表 11-1 采用；

η——集中荷载修正系数，根据一跨内集中荷载的不同情况按表 11-2 采用；

l_0——计算跨度，根据支承条件按表 11-3 采用。

表 11-1　　　　　　　　连续梁考虑塑性内力重分布的弯矩系数 α_{mb}

端支座支承情况	截面					
	端支座 A	边跨跨中 Ⅰ	离端第二支座 B	离端第二跨跨中 Ⅱ	中间支座 C	中间跨跨中 Ⅲ
搁置在砖墙上	0	$\frac{1}{11}$	$-\frac{1}{10}$	$\frac{1}{16}$	$-\frac{1}{14}$	$\frac{1}{16}$
与梁整体连接	$-\frac{1}{24}$	$\frac{1}{14}$	（用于两跨连续梁）$-\frac{1}{11}$	$\frac{1}{16}$	$-\frac{1}{14}$	$\frac{1}{16}$
与柱整体连接	$-\frac{1}{16}$	$\frac{1}{14}$	（用于多跨连续梁）			

表 11-2　　　　　　　　　　　　集中荷载修正系数 η

荷载情况	截面					
	端支座 A	边跨跨中 Ⅰ	离端第二支座 B	离端第二跨跨中 Ⅱ	中间支座 C	中间跨跨中 Ⅲ
跨间中点作用一个集中荷载	1.5	2.2	1.5	2.7	1.6	2.7
跨间三分点作用两个集中荷载	2.7	3.0	2.7	3.0	2.9	3.0
跨间四分点作用三个集中荷载	3.8	4.1	3.8	4.5	4.0	4.8

表 11 - 3　　　　　　　　　　　梁、板计算跨度 l_0

支 承 情 况	计 算 跨 度	
	梁	板
两端与梁（柱）整体连接	净跨长 l_n	净跨长 l_n
两端支承在砖墙上	$1.05l_n \leqslant l_n + a$	$l_n + h \leqslant l_n + a$
一端与梁（柱）整体连接，另一端支承在砖墙上	$1.025l_n \leqslant l_n + a/2$	$l_n + h/2 \leqslant l_n + a/2$

注　h 为板的厚度；a 为梁或板在砌体墙上的支承长度。

2）等跨连续梁的剪力设计值

承受均布荷载时：

$$V = \alpha_{vb}(g+q)l_n \tag{11-15}$$

承受间距相同、大小相等的集中荷载时：

$$V = \alpha_{vb}n(G+Q) \tag{11-16}$$

式中　l_n——各跨的净跨；

　　　n——一跨内集中荷载的个数；

　　　α_{vb}——考虑塑性内力重分布的剪力系数，按表 11 - 4 采用。

表 11 - 4　　　　　连续梁考虑塑性内力重分布的剪力系数 α_{vb}

荷载情况	端支座支承情况	截 面				
		A 支座内侧	B 支座外侧	B 支座内侧	C 支座外侧	C 支座内侧
均布荷载	搁置在砖墙上	0.45	0.60	0.55	0.55	0.55
	梁与梁或梁与柱整体连接	0.50	0.55			
集中荷载	搁置在砖墙上	0.42	0.65	0.60	0.55	0.55
	梁与梁或梁与柱整体连接	0.50	0.60			

3）承受均布荷载的等跨连续单向板，各跨跨中及支座截面的弯矩设计值

$$M = \alpha_{mp}(g+q)l_0^2 \tag{11-17}$$

式中　g——沿板跨单位长度上的永久荷载设计值；

　　　q——沿板跨单位长度上的可变荷载设计值；

　　　α_{mp}——连续单向板考虑塑性内力重分布的弯矩系数，按表 11 - 5 采用；

　　　l_0——计算跨度，根据支承条件按表 11 - 3 采用。

表 11 - 5　　　　　　　　　　连续板考虑塑性内力重分布的弯矩系数 α_{mp}

端支座支承情况	截　　面					
	端支座 A	边跨跨中 I	离端第二支座 B	离端第二跨跨中 II	中间支座 C	中间跨跨中 III
搁置在砖墙上	0	$\dfrac{1}{11}$	$-\dfrac{1}{10}$ （用于两跨连续板）	$\dfrac{1}{16}$	$-\dfrac{1}{14}$	$\dfrac{1}{16}$
与梁整体连接	$-\dfrac{1}{16}$	$\dfrac{1}{14}$	$-\dfrac{1}{11}$ （用于多跨连续板）			

11.2.4　单向板肋梁楼盖的配筋计算与构造要求

求出梁、板的内力后，即可按受弯构件进行截面承载力和配筋计算。若构件截面尺寸符合规定要求，一般可不进行挠度和裂缝宽度的验算。

1. 单向板的配筋计算及构造要求

（1）板的配筋计算。对四周与梁整体连接的板，在负弯矩作用下支座截面在上部开裂，在正弯矩作用下跨中截面在下部开裂，板中未开裂部分形如拱状，如图 11 - 12 所示，由于周边梁在水平方向对板的约束而在板内形成拱作用，板中弯矩值也因此降低。

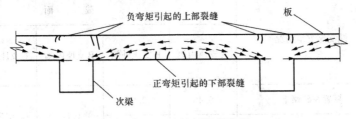

图 11 - 12　连续板的拱作用

为了考虑板内拱作用的有利影响，有关规范规定四周与梁整体连接的板，计算所得的弯矩可相应予以折减。对于单向板肋梁楼盖，中间跨的跨中及中间支座截面弯矩可减少 20％，其他截面不予折减。

板通常不配置箍筋，板可以按不配箍筋的一般板类受弯构件进行斜截面受剪承载力验算。

（2）板内受力钢筋。板内受力钢筋的配筋形式可分为弯起式或分离式，如图 11 - 13 所示。弯起式配筋是将一部分跨中正弯矩钢筋在适当位置向上弯起，并通过支座后作为支座负弯矩钢筋。分离式配筋一般将全部跨中正弯矩钢筋伸入支座，另外设置支座负弯矩钢筋。相比弯起式配筋，分离式配筋锚固稍差，钢筋用量也略大，但这种配筋方式设计和施工都比较方便，因此经常在工程中采用。

当多跨单向板采用分离式配筋时，跨中正弯矩钢筋伸入支座的锚固长度不应小于 $5d$，且宜伸过支座中心线。当连续板内温度、收缩应力较大时，伸入支座的锚固长度宜适当增加；支座负弯矩钢筋向跨中的延伸长度应覆盖负弯矩图并满足钢筋锚固的要求。

对于等跨连续板受力钢筋的弯起和截断，一般可按图 11-13 的要求处理。图中的 a 值，当 $q/g \leqslant 3$ 时，$a = l_n/4$；当 $q/g > 3$ 时，$a = l_n/3$。但是当板相邻跨度差大于 20％或各跨荷载相差较大时，应按弯矩包络图确定钢筋的弯起和截断位置。

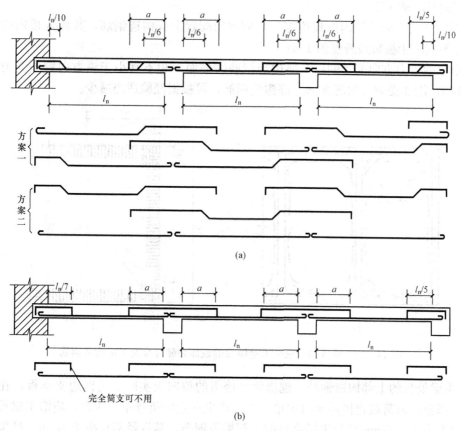

图 11-13　连续板受力钢筋配筋形式

（a）弯起式配筋；（b）分离式配筋

板受力钢筋一般采用 HPB300、HRB335 和 HRB400 级钢筋及相应的细晶粒钢筋，钢筋直径通常采用 6～12mm。对支座负钢筋，为便于施工架立，宜采用较大直径的钢筋。板中受力钢筋的间距，一般不小于 70mm；当板厚 $h \leqslant 150$mm 时，不宜大于 200mm，当板厚 $h > 150$mm 时，不宜大于 1.5h，且不宜大于 250mm。

（3）板内构造钢筋。

1）分布钢筋。分布钢筋是与受力钢筋垂直放置的构造钢筋，其作用是与受力钢筋组成钢筋网，固定受力钢筋的位置，抵抗由于收缩、徐变以及温度变化产生的内部应力，并分布板上局部荷载产生的内力。分布钢筋应布置在受力钢筋的内侧，单位宽度上分布钢筋的截面面积不宜小于单位宽度上受力钢筋截面面积的 15％，且配筋率不宜小于 0.15％；分布钢筋直径不宜小于 6mm，间距不宜大于 250mm；当集中荷载较大时，分布钢筋的配筋面积尚应增加，且间距不宜大于 200mm。

2）沿墙处板的上部构造钢筋。板支承于墙体时，由于墙的约束作用，板内会产生负弯矩，使板面受拉开裂。在板角部分，荷载、温度、收缩及施工条件均会引起角部拉应力，导致板角发生斜向裂缝，如图 11 - 14 所示。因此，规范规定，对嵌固在砌体墙内的现浇混凝土板，应在板内沿墙体设置上部构造钢筋，并符合下述规定：

　　a. 钢筋直径不宜小于 8mm，间距不宜大于 200mm，其伸入板内的长度从墙边算起不宜小于板短边跨度的 1/7；

　　b. 对两边均嵌固于墙内的板角部分，应双向配置上部构造钢筋，其伸入板内的长度从墙边算起不宜小于板短边跨度的 1/4；

　　c. 沿板的受力方向配置的板上部构造钢筋的截面面积不宜小于该方向跨中受力钢筋截面积的 1/3，沿非受力方向配置的上部构造钢筋，可根据经验适当减少。

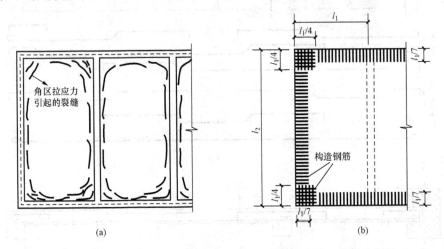

图 11 - 14　板嵌固于砌体承重墙时的板面裂缝分布及上部构造钢筋

　　3）主梁处板的上部构造钢筋：现浇肋梁楼盖的单向板实际上是四边支承板，在靠近主梁附近，部分板面荷载直接传递给主梁，也会产生一定的负弯矩。因此，应沿主梁长度方向配置间距不大于 200mm 且与主梁垂直的上部构造钢筋，其直径不宜小于 8mm，且单位长度内的总截面面积不宜小于板中单位宽度内受力钢筋截面面积的 1/3。该构造钢筋伸入板内的长度从主梁边算起每边不宜小于板计算跨度 l_0 的 1/4，如图 11 - 15 所示。

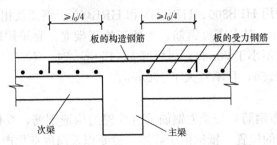

图 11 - 15　单向板中与主梁垂直的构造钢筋

　　4）防裂构造钢筋：在温度、收缩应力较大的现浇板区域，应在板的表面双向配置防裂构造钢筋。配筋率均不宜小于 0.1%，间距不宜大于 200mm。防裂构造钢筋可利用原有钢筋贯通布置，也可另行设置构造钢筋并与原有钢筋按受拉钢筋的要求搭接或在周边构件中锚固。

2. 次梁的配筋计算及构造要求

整体现浇肋梁楼盖中，板与次梁现浇为整体，板与次梁共同工作。在正弯矩作用下的跨中截面，板位于受压区，次梁应按 T 形截面计算受力钢筋；在支座附近的负弯矩区域，板位于受拉区，次梁应按矩形截面计算受拉钢筋。

次梁中受力纵筋的截断，原则上应按弯矩包络图确定。对于相邻跨度相差不超过 20%、承受均布荷载、活载与恒载之比 $q/g \leqslant 3$ 的次梁，可参照已有设计经验布置钢筋，如图 11 - 16 所示。图中，l_n 为净跨；l_1 为纵筋的搭接长度，当与架立筋搭接时，取 150～200mm，当与受力钢筋搭接时，取 $1.2l_a$（l_a 为受拉钢筋的锚固长度）；l_{as} 为纵筋在支座内的锚固长度；d 为纵筋直径；h 为梁高。

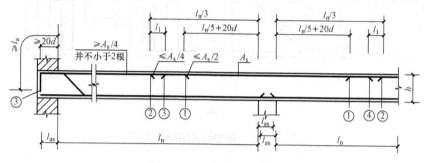

图 11 - 16　次梁配筋方式

3. 主梁的配筋计算及构造要求

计算主梁纵向受力纵筋时，跨中正弯矩截面按 T 形截面计算，当跨中出现负弯矩时，跨中负弯矩截面按矩形截面计算；支座负弯矩截面按矩形截面计算。

在主梁的支座截面处，由于板、次梁和主梁的负弯矩钢筋相互交错，板和次梁的钢筋在上，主梁的钢筋在下，降低了主梁在支座截面处的有效高度。因此计算主梁支座受力钢筋时，其截面有效高度（图 11 - 17）为：

主梁的负弯矩钢筋单排布置时，$h_0 = h - (60 \sim 65)$mm；

主梁的负弯矩钢筋双排布置时，$h_0 = h - (80 \sim 85)$mm。

主梁内受力纵筋的弯起与截断应根据弯矩包络图进行布置，并通过抵抗弯矩图检查受力纵筋的布置是否合适。

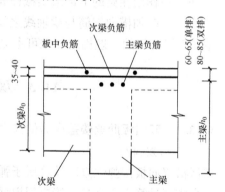

图 11 - 17　主梁支座处截面的有效高度

在次梁和主梁相交处，负弯矩作用下次梁顶部将产生裂缝，如图 11 - 18 所示，次梁传来的集中荷载将通过其受压区传至主梁截面高度的中、下部，有可能导致主梁下部混凝土产生斜裂缝。为了防止这种斜裂缝引起的局部破坏，应在长度为 $s(s = 2h_1 + 3b)$ 的范围内配置附加横向钢筋。附加横向钢筋的形式有箍筋和吊筋，一般优先采用附加箍筋。

附加横向钢筋所需的总截面面积应按下式计算：

(11-18)

式中 A_{sv}——承受集中荷载所需的附加横向钢筋总截面面积，当采用附加吊筋时，应为左、右弯起段截面面积之和；

F——作用在梁的下部或梁截面高度范围内的集中荷载设计值；

α——附加横向钢筋与梁轴线之间的夹角。

主、次梁配筋的一般构造要求可参见第4章。

11.3 双向板肋梁楼盖

11.3.1 双向板肋梁楼盖内力的弹性理论计算方法

1. 单区格双向板

单区格双向板按弹性方法计算属于弹性理论小挠度薄板的弯曲问题，由于其内力分析很复杂，在实际计算中通常是直接应用根据弹性理论分析结果编制的计算用表进行计算。在本书的附录3中，给出了在六种边界条件下，承受均布荷载的单区格双向板的跨内弯矩系数（当泊松比 $\nu=0$）、支座弯矩系数和挠度系数。应用时根据具体边界条件从相应表中查得系数，代入表头公式即可算出待求弯矩或挠度。

考虑到泊松比的影响，跨内正弯矩应按下式计算：

$$\left.\begin{array}{l} m_x^\gamma = m_x + \nu m_y \\ m_y^\gamma = \nu m_x + m_y \end{array}\right\}$$

(11-19)

2. 多跨连续双向板

精确地计算连续双向板内力相当复杂，为满足使用要求，可通过对双向板上可变荷载的最不利布置以及支承情况的简化，将多区格连续板转化为单区格板并查用内力系数表进行计算。该方法假定支承梁的抗弯刚度很大，不计其竖向变形，而抗扭刚度很小，板支座可以转动。当同一方向的最小跨度与最大跨度之比不小于 0.75 时，一般可按下述方法计算。

（1）板跨中最大正弯矩。求某区格板跨中最大正弯矩时，应在该区格及其左右前后分别隔跨布置活荷载，形成棋盘式的荷载布置，如图 11-19 所示。为了能利用单区格双向板的内力计算表，通常将棋盘式荷载分为两种情况：一种情况为各区格均作用相同的荷载 $g+q/2$；另一种情况在各相邻区格分别作用反向荷载 $q/2$。两种荷载作用下板的内力相加，即为连续双向板的最终跨中最大正弯矩。

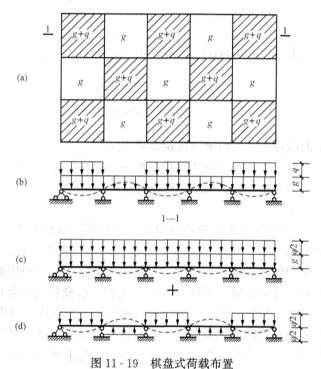

图 11-19　棋盘式荷载布置

查表计算时，第一种荷载情况下的中间区格板按四边固定查表，对于边区格和角区格，其内部支承视为固定，外边支承情况根据具体情况确定；第二种荷载情况下的中间区格板按四边简支板查表，边区格和角区格，其内部支承视为简支，外边支承情况按实际情况确定。

（2）支座最大负弯矩。为简化计算，假定恒载及活荷载作用在所有区格上时（荷载值为 $g+q$）支座弯矩最大。中间支座均视为固定支座，边区格和角区格按实际情况确定。

3. 双向板支承梁内力计算

如前所述，双向板上的荷载向两个方向传递到板格四周的支承梁。传递至梁上的荷载可采用近似方法计算：从板区格的四角作 45° 分角线，如图 11-20 所示，将每一个区格分成四个板块，将作用在每板块上的荷载传递给支承该板块的梁上。因此，传递到长边梁上的荷载呈梯形分布，传递到短边梁上的荷载呈三角形分布。

承受梯形或三角形分布荷载的连续梁的内力计算，可利用力法、位移法计算，也可以利用固端弯矩相等的条件将荷载等效为均布荷载计算。

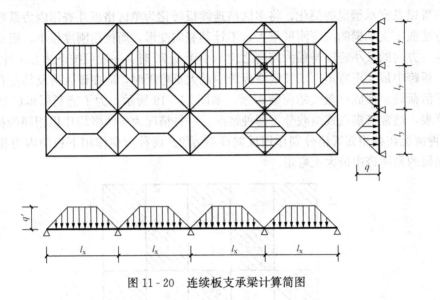

图 11-20　连续板支承梁计算简图

11.3.2　双向板肋梁楼盖内力的塑性理论计算方法

混凝土为弹塑性材料，按弹性理论计算双向板并不能真实反映板的极限受力状态，计算结果偏于保守，因此还需要建立塑性理论的计算方法。

1. 双向板的受力特征

图 11-21 所示为承受均布荷载的四边支撑矩形双向板。试验表明：荷载较小时，板中内力符合弹性理论的计算结果。荷载增大到一定程度时，首先在板底出现平行于长边的裂缝。随着荷载的进一步增加，裂缝逐渐延伸，与板边大致呈 45°，向四角发展。同时裂缝截面处钢筋应力不断增长，直至屈服，形成塑性铰。随着与裂缝相交的钢筋屈服范围的扩大，塑性铰将发展成塑性铰线。最终，多条塑性铰线将板分成多个板块，形成破坏机构，混凝土受压破坏，板达到其极限承载能力。按裂缝出现在板底或板顶，塑性铰线分为正塑性铰线和负塑性铰线。对于四周与梁浇筑的双向板，除了板底会出现正塑性铰线外，板顶还会出现沿支承边的负塑性铰线。

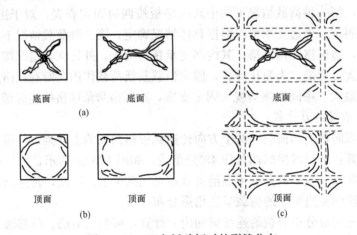

图 11-21　双向板破坏时的裂缝分布

2. 双向板的极限分析

对结构的极限承载能力进行分析时，需要满足三个条件：

(1) 极限条件。即当结构达到极限状态时，结构任一截面的内力都不能超过该截面的承载能力。

(2) 机动条件。即在极限荷载作用下结构丧失承载能力时的运动形式，此时整个结构应是几何可变体系。

(3) 平衡条件。即外力和内力处于平衡状态。

如果这三个条件都能满足，结构分析得到的解就是结构的真实极限荷载。但对于复杂的结构，一般很难同时满足三个条件，通常采用近似的求解方法，使其至少满足两个条件。满足机动条件和平衡条件的解称为上限解，上限解求得的荷载值大于真实解，使用的方法通常为机动法和极限平衡法；满足极限条件和平衡条件的解称为下限解，下限解求得的荷载值小于真实解，使用的方法通常为板条法。

11.3.3　双向板的构造要求

双向板的最小厚度不小于 80mm，一般为 80～160mm。同时为了保证板具有足够的刚度，当板为简支时板厚不小于板短跨的 1/45，当板有约束时板厚不小于板短跨的 1/50。

双向板受力钢筋沿板区格平面纵横两个方向配置。配筋方式有弯起式和分离式，与单向板中配筋方式相同。

当按弹性理论方法计算时，在板靠近支座处的板带部分，弯矩较小，配筋可适当减少。

当按塑性理论方法分析时，则按分析中所取的配筋方式配筋，钢筋通常均匀布置。

沿板边、板角区需要配置构造钢筋，配置的方法和数量与单向板相同。

11.4　单向板肋梁楼盖设计实例

某多层工业建筑楼盖平面如图 11-22 所示（楼梯在此平面外），采用钢筋混凝土现浇整体楼盖，四周支承在砖砌体墙上。楼面面层为水磨石地面，自重重力荷载标准值 0.65kN/m²，楼板底面石灰砂浆抹灰 15mm。楼面活荷载标准值为 6.0kN/m²，组合值系数 0.7。要求设计此楼盖。

材料选用：混凝土强度等级 C30（$f_c = 14.3\text{N/mm}^2$，$f_t = 1.43\text{N/mm}^2$），梁中纵向受力钢筋采用 HRB400 级（$f_y = 360\text{N/mm}^2$），其他钢筋选用 HPB300 级（$f_y = 270\text{N/mm}^2$）。

1. 板的设计

由图 11-22 可见，板区格长边与短边之比 $6000/2200 = 2.72 > 2.0$ 但 < 3.0，规范规定，宜按双向板计算，当按沿短边方向受力的单向板计算时，应沿长边方向布置足够数量的构造钢筋。本例题按单向板计算，并采取必要的构造措施。

板厚应大于 $l/30 = 2200/30 = 73.3\text{mm}$，故取板厚为 80mm。取 1m 宽板带为计算单元，按考虑塑性内力重分布的方法进行计算。

(1) 荷载计算。

水磨石地面	0.65kN/m²
板自重	25×0.08＝2.00（kN/m²）
板底抹灰	17×0.015＝0.26（kN/m²）

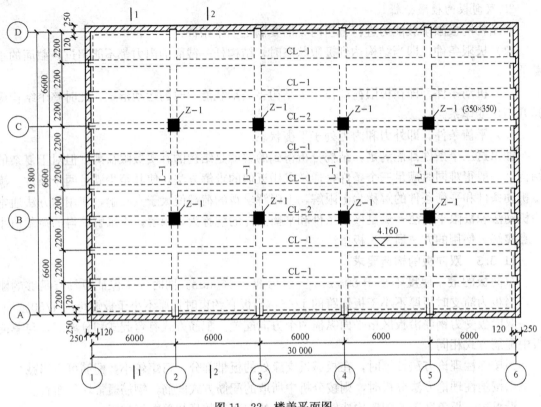

图 11 - 22　楼盖平面图

恒载　　　　　　　　　　　　　　　　　　　　　　　　　2.91kN/m²

活载　　　　　　　　　　　　　　　　　　　　　　　　　6.0kN/m²

总荷载设计值：

由可变荷载效应控制的组合：$p=(1.2\times2.91+1.3\times6.0)\times1.0=11.29(\text{kN/m})$

由永久荷载效应控制的组合：$p=(1.35\times2.91+0.7\times1.3\times6.0)\times1.0=9.39(\text{kN/m})$

可见，由可变荷载效应控制的组合所得的荷载设计值较大，故取总荷载设计值 $p=$ 11.29kN/m。

（2）计算简图。

次梁截面高度 $h=(1/18\sim1/12)\times6000=(333\sim500)\text{mm}$，取 $h=450\text{mm}$，截面宽度 $b=$ $(1/3\sim1/2)\times450=(150\sim225)\text{mm}$，取 $b=200\text{mm}$。

板的计算跨度为：

中间跨：　　　　　　　　$l_0=l_n=2200-200=2000(\text{mm})$

边跨：　　　　　$l_0=l_n+h/2=(2200-100-120)+80/2=2020(\text{mm})$

　　　　　$<l_n+a/2=(2200-100-120)+120/2=2040(\text{mm})$，取 $l_0=2020\text{mm}$

边跨与中间跨度差 $(2020-2000)/2000=1\%<10\%$，故可按等跨连续板计算内力。板的计算简图如图 11 - 23（b）所示。

（3）弯矩设计值计算。

$$M_1=\frac{1}{11}pl_0^2=\frac{1}{11}\times11.29\times2.02^2=4.19(\text{kN}\cdot\text{m})$$

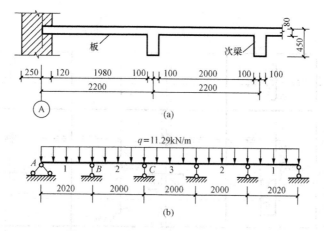

图 11 - 23　板的支承情况及计算简图

$$M_2 = M_3 = \frac{1}{16} p l_0^2 = \frac{1}{16} \times 11.29 \times 2.0^2 = 2.82(\text{kN} \cdot \text{m})$$

$$M_B = -\frac{1}{11} p l_0^2 = -\frac{1}{11} \times 11.29 \times 2.02^2 = -4.19(\text{kN} \cdot \text{m})$$

$$M_C = -\frac{1}{14} p l_0^2 = -\frac{1}{14} \times 11.29 \times 2.0^2 = -3.23(\text{kN} \cdot \text{m})$$

（4）截面配筋计算。

板截面有效高度 $h_0 = 80 - 20 = 60\text{mm}$。计算过程见表 11 - 6，板的平面配筋图见图 11 - 24。

表 11 - 6　　　　　　　　　　　　板 的 配 筋 计 算

截　　面	1	B	2，3	C
M（kN · m）	4.19	−4.19	2.82	−3.23
$\alpha_s = \dfrac{M}{\alpha_1 f_c b h_0^2}$	0.081	0.081	0.054	0.062
$\xi = 1 - \sqrt{1 - 2\alpha_s}$	0.085	0.085	0.056	0.064 < 0.1，取 0.1
$A_s = \alpha_1 f_c b h_0 \xi / f_y$（mm²）	203	203	133	238
实际配筋（mm²）	ϕ 8@200 （$A_s = 251$）	ϕ 8@200 （$A_s = 251$）	ϕ 8@200 （$A_s = 251$）	ϕ 8@200 （$A_s = 251$）

（5）板截面受剪承载力验算。

板截面最大剪力设计值发生在 B 支座外侧，其值为

$$V_{\text{Bex}} = 0.6 p l_n = 0.60 \times 11.29 \times 1.98 = 13.41(\text{kN})$$

对于不配箍筋和弯起钢筋的一般板类受力构件，其斜截面受剪承载力应符合

$$V \leqslant 0.7 \beta_h f_t b h_0$$

本例中，$h_0 = 60\text{mm} < 800\text{mm}$，故 $\beta_h = 1.0$；$b = 1000\text{mm}$，$f_t = 1.27\text{N/mm}^2$，代入上式得

$$V \leqslant 0.7 \beta_h f_t b h_0 = 0.7 \times 1.0 \times 1.27 \times 1000 \times 60 = 53.34(\text{kN}) > V = 13.41\text{kN}$$

故板的斜截面受剪承载力满足要求。

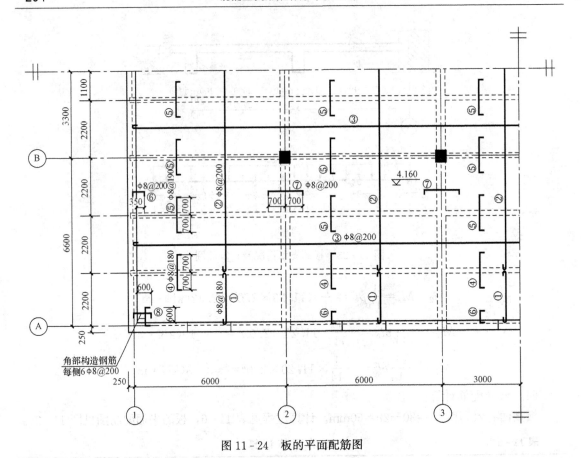

图 11-24　板的平面配筋图

2. 次梁的设计

主梁截面高度 $h=(1/14\sim1/8)\times6600=471\sim825(\text{mm})$，取 $h=700\text{mm}$，截面宽度 $b=(1/3\sim1/2)\times700=(233\sim350)\text{mm}$，取 $b=250\text{mm}$。次梁的几何尺寸及支承情况如图 11-25（a）所示。

（1）荷载计算。

板传来恒载	$2.91\times2.2=6.40$（kN/m）
次梁自重	$25\times0.2\times(0.45-0.08)=1.85$（kN/m）
次梁粉刷	$17\times0.015\times(0.45-0.08)\times2=0.19$（kN/m）

恒载	8.44kN/m
活载	$6.0\times2.2=13.20$（kN/m）

总荷载设计值：

由可变荷载效应控制的组合：$p=1.2\times8.44+1.3\times13.20=27.29$（kN/m）

由永久荷载效应控制的组合：$p=1.35\times8.44+0.7\times1.3\times13.20=23.41$（kN/m）

故取总荷载设计值为 $p=27.29\text{kN/m}$。

（2）计算简图。

次梁按考虑塑性内力重分布方法计算，其计算跨度为：

中间跨：　　　　　　　　　$l_0=l_n=6000-250=5750\text{mm}$

边跨：$l_0 = 1.025 l_n = 1.025 \times (6000 - 120 - 125) = 5899$mm $> l_n + a/2 = 5875$mm，取 $l_0 = 5875$mm

边跨与中间跨度差 $(5875 - 5750)/5750 = 2.2\% < 10\%$，故可按等跨连续梁计算内力。次梁的计算简图见图 11 - 25（b）。

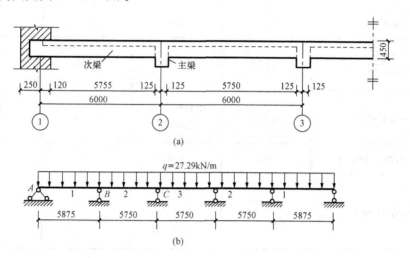

图 11 - 25　次梁的支承情况及计算简图

（3）内力计算。

弯矩设计值：

$$M_1 = \frac{1}{11} p l_0^2 = \frac{1}{11} \times 27.29 \times 5.875^2 = 85.63 \ (\text{kN} \cdot \text{m})$$

$$M_2 = M_3 = \frac{1}{16} p l_0^2 = \frac{1}{16} \times 27.29 \times 5.75^2 = 56.39 \ (\text{kN} \cdot \text{m})$$

$$M_B = -\frac{1}{11} p l_0^2 = -\frac{1}{11} \times 27.29 \times 5.875^2 = -85.63 \ (\text{kN} \cdot \text{m})$$

$$M_C = -\frac{1}{14} p l_0^2 = -\frac{1}{14} \times 27.29 \times 5.75^2 = -64.45 \ (\text{kN} \cdot \text{m})$$

剪力设计值：

$$V_{Ain} = 0.45 p l_n = 0.45 \times 27.29 \times 5.755 = 70.67 \ (\text{kN})$$

$$V_{Bex} = 0.6 p l_n = 0.60 \times 27.29 \times 5.755 = 94.23 \ (\text{kN})$$

$$V_{Bin} = V_{Cex} = V_{Cin} = 0.55 p l_n = 0.55 \times 27.29 \times 5.75 = 86.30 \ (\text{kN})$$

（4）截面配筋计算。次梁支座处按矩形截面进行正截面受弯承载力计算，跨中按 T 形截面进行计算，由表 4 - 7，翼缘宽度取为 1917mm。跨中及支座截面均按一排钢筋考虑，故取 $h_0 = 410$mm，翼缘厚度为 80mm。

计算可得

$$\alpha_1 f_c b_f' h_f' (h_0 - h_f'/2) = 1.0 \times 14.3 \times 1917 \times 80 \times (410 - 80/2) = 811 \ (\text{kN} \cdot \text{m})$$

大于跨中弯矩设计值 M_1，M_2，M_3，因此各跨跨中截面均为第一类 T 形截面。次梁正截面受弯承载力计算见表 11 - 7。

表 11 - 7 次梁正截面受弯承载力计算

截面	1	B	2, 3	C
M (kN·m)	85.63	−85.63	56.39	−64.45
b 或 b'_f	1917	200	1917	200
$\alpha_s = \dfrac{M}{\alpha_1 f_c b h_0^2}$	0.019	0.178	0.012	0.134
$\xi = 1 - \sqrt{1-2\alpha_s}$	0.019	0.198<0.35 >0.1	0.012	0.144<0.35 >0.1
$A_s = \alpha_1 f_c b h_0 \xi / f_y$ (mm²)	593	645	375	469
实际配筋 (mm²)	2 ⏀ 20 (A_s=628)	2 ⏀ 18 1 ⏀ 16 (A_s=710)	2 ⏀ 16 (A_s=402)	2 ⏀ 18 (A_s=509)

次梁斜截面受剪承载力计算见表 11 - 8。考虑塑性内力重分布时，箍筋数量应增大 20%，且配箍率 $\rho_{sv} \geqslant 0.36 f_t / f_{yv} = 0.22\%$。

表 11 - 8 次梁斜截面受剪承载力计算

截面	A_{in}	B_{ex}	B_{in}, C_{ex}, C_{in}
V (kN)	70.67	94.23	86.30
$0.25\beta_c f_c b h_0$ (kN)	296.73>V	296.73>V	296.73>V
$0.7 f_t b h_0$ (kN)	83.09>V	83.09<V	83.09<V
$\dfrac{A_{sv}}{s} = 1.2\left(\dfrac{V - 0.7 f_t b h_0}{f_{yv} h_0}\right)$	—	0.121	0.035
实配箍筋 $\left(\dfrac{A_{sv}}{s}\right)$	双肢 ⏀ 8@200 (0.505)	双肢 ⏀ 8@200 (0.505)	双肢 ⏀ 8@200 (0.505)
配箍率 $\rho_{sv} = \dfrac{A_{sv}}{bs}$	0.25%>0.22%	0.25%>0.22%	0.25%>0.22%

次梁的 $q/g = 13.20/8.44 = 1.56 < 3$，且跨度相差小于 20%，可按构造要求确定纵向受力钢筋的截断。次梁配筋图见图 11 - 26。

3. 主梁的设计

主梁按弹性理论分析方法计算。设柱截面尺寸为 350mm×350mm，主梁几何尺寸和支承情况如图 11 - 27（a）所示。

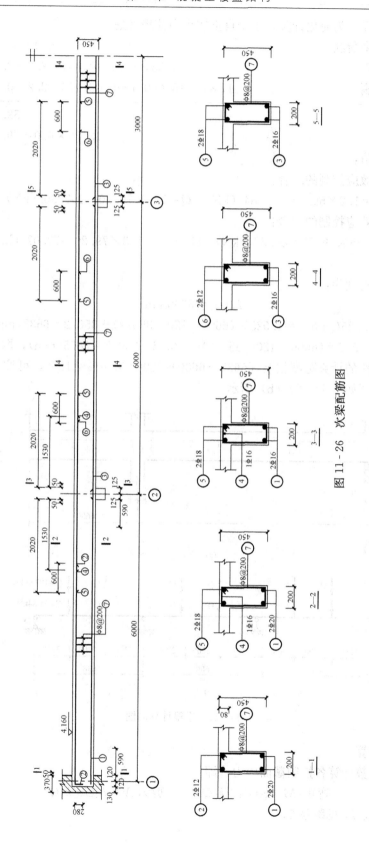

图 11-26　次梁配筋图

（1）荷载计算。为简化计算，主梁自重按集中荷载考虑。

次梁传来荷载	$8.44×6.0=50.64$ （kN）
主梁自重	$25×0.25×(0.7-0.08)×2.2=8.53$ （kN）
主梁粉刷	$17×0.015×(0.7-0.08)×2×2.2=0.70$ （kN）
恒载	59.87 （kN）
活载	$13.20×6.0=79.20$ （kN）

总荷载设计值：

由可变荷载效应控制的组合：

$$G=1.2×59.87=71.84 \text{（kN）}, \quad Q=1.3×79.20=102.96 \text{（kN）}$$

由永久荷载效应控制的组合：

$$G=1.35×59.87=80.82 \text{（kN）}, \quad Q=0.7×1.3×79.20=72.07 \text{（kN）}$$

（2）计算简图。

主梁的计算跨度为：

中间跨：

$$l_0=l_c=6600 \text{mm}$$

边跨：$l_0=1.025l_n+b/2=1.025×(6600-120-350/2)+350/2=6638 \text{（mm）}$

$l_0=l_n+a/2+b/2=(6600-120-350/2)+370/2+350/2=6665 \text{（mm）}$，取 $l_0=6638 \text{mm}$

边跨与中间跨的计算跨度相差 $(6638-6600)/6600=0.6\%<10\%$，可按等跨连续梁计算。主梁计算简图如图 11-27 （b）所示。

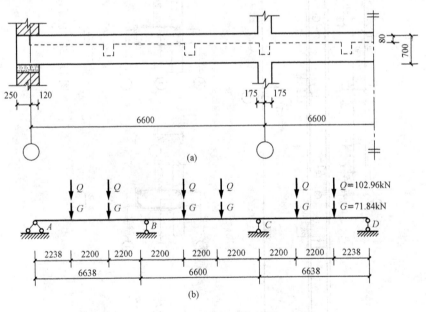

图 11-27　主梁计算简图

（3）内力计算。

查用内力系数计算各控制截面内力，即

$$弯矩：M=k_1Gl_0+k_2Ql_0 \qquad 剪力：V=k_3G+k_4Q$$

式中 k_1、k_2、k_3、k_4 见附录2。

经计算永久荷载效应控制的组合不控制截面设计，所以接下来仅以可变荷载效应控制的组合为例说明计算过程。

边跨：$Gl_0 = 71.84 \times 6.638 = 476.87$（kN·m），$Ql_0 = 102.96 \times 6.638 = 683.45$（kN·m）

中间跨：$Gl_0 = 71.84 \times 6.60 = 474.14$（kN·m），$Ql_0 = 102.96 \times 6.60 = 679.54$（kN·m）

B 支座：$Gl_0 = 71.84 \times 6.619 = 475.51$（kN·m），$Ql_0 = 102.96 \times 6.619 = 681.49$（kN·m）

主梁弯矩计算见表 11-9，剪力计算见表 11-10。

表 11-9 主梁弯矩计算表

项次	荷载简图	$\dfrac{k}{M_1}$	$\dfrac{k}{M_B}$	$\dfrac{k}{M_2}$	$\dfrac{k}{M_C}$
1	$G\ G\ \ G\ G\ \ G\ G$	$\dfrac{0.244}{116.36}$	$\dfrac{-0.267}{-126.96}$	$\dfrac{0.067}{31.77}$	$\dfrac{-0.267}{-126.96}$
2	$Q\ Q\ \ \ \ Q\ Q$	$\dfrac{0.289}{197.52}$	$\dfrac{-0.133}{-90.64}$	$\dfrac{-0.133}{-90.38}$	
3	$Q\ Q$	$\dfrac{-0.044}{-30.07}$	$\dfrac{-0.133}{-90.64}$	$\dfrac{0.200}{135.91}$	
4	$Q\ Q\ \ Q\ Q$	$\dfrac{0.229}{156.51}$	$\dfrac{-0.311}{-211.94}$	$\dfrac{0.170}{115.52}$	$\dfrac{-0.089}{-60.65}$
5	$Q\ Q\ \ Q\ Q$	-20.22	$\dfrac{-0.089}{-60.65}$	$\dfrac{0.170}{115.52}$	$\dfrac{-0.311}{-211.94}$
①+②	M_{1max}，M_{2min}，M_{3max}	313.88	-217.60	-58.61	
①+③	M_{1min}，M_{2max}，M_{3min}	86.29	-217.60	167.68	
①+④	M_{Bmax}	272.87	-338.90	147.29	-187.61
①+⑤	M_{Cmax}	96.14	-187.61	147.29	-338.90

表 11-10 主梁剪力计算表

项次	荷载简图	$\dfrac{k}{V_A}$	$\dfrac{k}{V_{B左}}$	$\dfrac{k}{V_{B右}}$
1	$G\ G\ \ G\ G\ \ G\ G$	$\dfrac{0.733}{52.66}$	$\dfrac{-1.267}{-90.02}$	$\dfrac{1.000}{71.84}$
2	$Q\ Q\ \ \ \ Q\ Q$	$\dfrac{0.866}{89.16}$	$\dfrac{-1.134}{-116.76}$	$\dfrac{0}{0}$
4	$Q\ Q\ \ Q\ Q$	$\dfrac{0.689}{70.94}$	$\dfrac{-1.311}{-134.98}$	$\dfrac{1.222}{125.82}$

项次	荷载简图	$\dfrac{k}{V_A}$	$\dfrac{k}{V_{B左}}$	$\dfrac{k}{V_{B右}}$
5	Q Q Q Q	$\dfrac{-0.089}{-9.16}$	$\dfrac{-0.089}{-9.16}$	$\dfrac{0.778}{80.10}$
①+②	V_{Amax}，V_{Dmax}	141.82	-206.78	71.84
①+④	V_{Bmax}	123.60	-225	197.66
①+⑤	V_{Cmax}	43.50	-99.18	151.94

（4）内力包络图。将各控制截面的组合弯矩和组合剪力绘于同一坐标轴上，即得到内力叠合图，其外包线即为内力包络图。图 11-28（a）和（b）分别为主梁的弯矩包络图和剪力包络图。

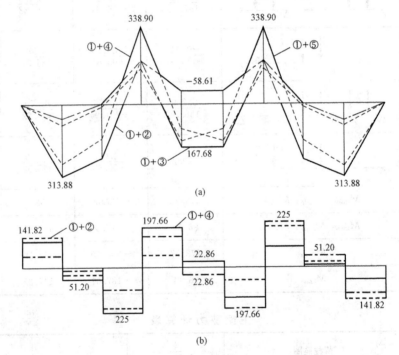

图 11-28　主梁弯矩包络图和剪力包络图

（a）弯矩包络图；（b）剪力包络图

（5）配筋计算（见图 11-29）。主梁跨中在正弯矩作用下按 T 形截面进行计算。由表4-7，边跨及中跨的翼缘宽度取为 2213mm，并取 $h_0 = 700 - 40 = 660$mm，翼缘厚度为 80mm。

计算可得：

$$\alpha_1 f_c b_f' h_f' (h_0 - h_f'/2) = 1.0 \times 11.9 \times 2213 \times 80 \times (660 - 80/2) = 1306.20(\text{kN} \cdot \text{m})$$

大于跨中弯矩设计值 M_1，M_2，因此为第一类 T 形截面。

主梁支座截面及负弯矩作用下的跨中截面按矩形截面进行计算，取 $h_0 = 700 - 80 = 620$（mm）。支座 B 边缘截面弯矩 $M_B = 338.90 - (71.84 + 102.96) \times 0.35/2 = 308.31(\text{kN} \cdot \text{m})$。

主梁正截面及斜截面承载力计算见表 11 - 11 和表 11 - 12。

表 11 - 11　主梁正截面受弯承载力计算

截　面	边跨跨中	支座 B	中跨跨中	
M（kN・m）	313.88	−308.31	167.68	−58.61
b 或 b_f'	2213	250	2213	250
$\alpha_s = \dfrac{M}{\alpha_1 f_c b h_0^2}$	0.022	0.224	0.012	0.042
$\xi = 1 - \sqrt{1-2\alpha_s}$	0.022	0.257<0.518	0.012	0.043
$A_s = \alpha_1 f_c b h_0 \xi / f_y$（mm²）	1276	1684	696	282
实际配筋（mm²）	2 Φ 22（直） 2 Φ 20（弯） （A_s=1388）	3 Φ 20（直） 3 Φ 20（弯） （A_s=1884）	2 Φ 18（直） 1 Φ 20（弯） （A_s=823）	2 Φ 20 （A_s=628）

表 11 - 12　主梁斜截面受剪承载力计算

截　面	A 支座	B 支座（左）	B 支座（右）
V（kN）	141.82	225	197.66
$0.25\beta_c f_c b h_0$（kN）	589.88>V	554.13>V	554.13>V
$0.7 f_t b h_0$（kN）	165.17>V	155.16<V	155.16<V
箍筋选用	双肢 Φ 8@200	双肢 Φ 8@200	双肢 Φ 8@200
$V_{cs} = 0.7 f_t b h_0 + f_{yv} h_0 \dfrac{n A_{sv1}}{s}$	—	239.7	239.7
$A_{sb} = \dfrac{V - V_{cs}}{0.8 f_y \sin\alpha_s}$	—	—	—
实配钢筋	—	鸭筋 2 Φ 16（A_s=402） 双排 1 Φ 20（A_s=314）	2 Φ 16 单排 1 Φ 20（A_s=314）

（6）附加横向钢筋计算。

由次梁传递给主梁的全部集中荷载设计值：

$$F = 1.2 \times 50.64 + 1.3 \times 79.20 = 163.73 \text{(kN)}$$

主梁内支承次梁处附加横向钢筋面积：

$$A_{sv} = \frac{F}{2 f_y \sin\alpha_s} = \frac{163\,730}{2 \times 360 \times \sin 45°} = 322 \text{(mm}^2)$$

选用 2 Φ 16 作为吊筋（图 11 - 30）（A_{sv}=402mm²）。

（7）主梁纵筋的弯起及截断。按相同比例将弯矩包络图和抵抗弯矩图绘制在同一坐标图上，绘制抵抗弯矩图（图 11 - 29）时，弯起钢筋的位置为：弯起点距抗弯承载力充分利用点的距离不小于 $h_0/2$，弯起钢筋之间的距离不超过箍筋的最大间距 s_{max}。同时，在 B 支座处设

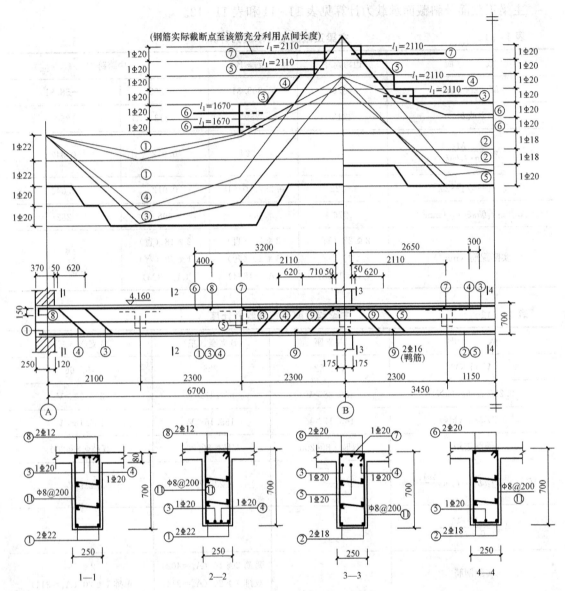

图 11-29　主梁抵抗弯矩图及配筋图

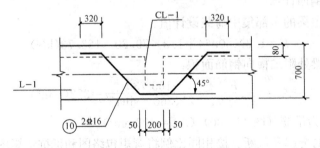

图 11-30　主梁上附加吊筋配置

置抗剪鸭筋，其上弯点距支座边缘的距离为 50mm，从边跨跨中分两次弯起两根钢筋，以承受剪力并满足构造要求。

　　确定钢筋的截断，首先根据每根钢筋的抗弯承载力与弯矩包络图的交点，确定钢筋的充分利用点和理论截断点；钢筋的实际截断点距钢筋的理论截断点的距离应不小于 h_0，且不小于 $20d$，且应满足延伸长度（钢筋的实际截断点至充分利用点的距离）的要求，当 $V>0.7f_tbh_0$ 时，$l_d=1.2l_a+h_0$。

11.5　楼　　梯

　　楼梯是多、高层房屋的竖向通道，是房屋的重要组成部分。钢筋混凝土楼梯由于经久耐用，防火性能好，因而被广泛采用。从施工方法来看，钢筋混凝土楼梯可以分为整体现浇式楼梯和预制装配式楼梯。按其结构形式和受力特点，分为梁式楼梯（图 11 - 31 （a））、板式楼梯（图 11 - 31 （b））、折板悬挑式楼梯（图 11 - 31 （c））及螺旋式楼梯（图 11 - 31 （d））等。本节主要介绍梁式楼梯和板式楼梯的设计。

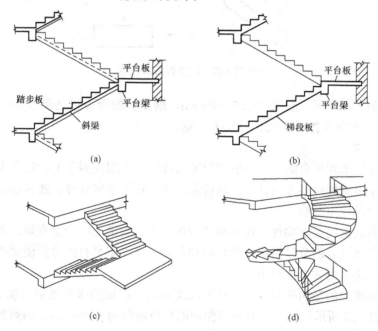

图 11 - 31　楼梯类型

11.5.1　梁式楼梯

　　梁式楼梯由踏步板、斜梁、平台板和平台梁等组成。踏步板支承在斜梁上，斜梁再支承在平台梁上。荷载传递途径为：踏步板→斜梁→平台梁。梁式楼梯传力路径明确，可承受较大荷载，跨度较大，因而广泛应用于办公楼、教学楼等建筑。但这种楼梯施工复杂，外观也比较笨重。

　　1. 踏步板的计算

　　梁式楼梯的踏步板可视为两端支承在斜梁上的单向板。由于每个踏步的受力情况是相同的，计算时取一个踏步作为计算单元，其截面为梯形，如图 11 - 32 所示。为简化计算，将其高度转化为矩形，折算高度为：$h=c/2+d/\cos\alpha$，其中 c 为踏步高度，d 为楼梯板厚。这样踏步板可按截面宽度为 b，高度为 h 的矩形板进行内力与配筋计算。

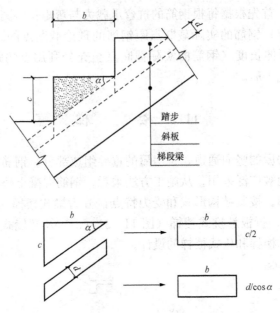

图 11-32　踏步板截面换算

梁式楼梯踏步板厚度一般取 $d=30\sim40\mathrm{mm}$，踏步板的受力钢筋要求每一级踏步不小于 $2\phi8$，并沿梯段方向布置 $\phi8@250$ 的分布钢筋。

2. 斜梁的计算

斜梁的两端支承在平台梁上，一般按简支梁计算。作用在斜梁上的荷载为踏步板传来的均布荷载，其中恒载按倾斜方向计算，活载按水平投影方向计算。通常也将恒载换算成水平投影长度方向的均布荷载。

斜梁是斜向搁置的受弯构件。在外荷载的作用下，斜梁上将产生弯矩、剪力和轴力，其中竖向荷载与斜梁垂直的分量使梁产生弯矩和剪力，与斜梁平行的分量使梁产生轴力。轴向力对梁的影响较小，通常可忽略不计。

若传递到斜梁上的竖向荷载为 p，斜梁长度为 l_1，斜梁的水平投影长度为 l，斜梁的倾角为 α，如图 11-33 所示，则与斜梁垂直作用的均布荷载为 $pl\cos\alpha/l_1$，斜梁的跨中最大正弯矩为及支座剪力分别为：

$$M_{\max}=\frac{1}{8}\left(\frac{pl\cos\alpha}{l_1}\right)l_1^2=\frac{1}{8}pl^2 \tag{11-20}$$

$$V=\frac{1}{2}\left(\frac{pl\cos\alpha}{l_1}\right)l_1=\frac{1}{2}pl\cos\alpha \tag{11-21}$$

可见斜梁的跨中弯矩为按水平简支梁计算所得的弯矩，但其支座剪力为按水平简支梁计算所得的剪力乘以 $\cos\alpha$。

3. 平台板和平台梁的计算

平台板一般为支承在平台梁及外墙上或钢筋混凝土过梁上，承受均布荷载的单向板，其跨中计算弯矩可近似取 $ql^2/8$ 或 $ql^2/10$，其中 l 为板的计算跨度。

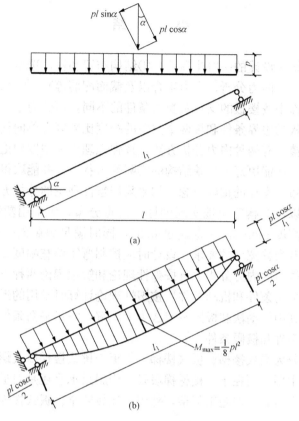

图 11-33　斜梁的弯矩和剪力

平台梁承受平台板传来的均布荷载以及上、下楼梯斜梁传来的集中荷载，一般按简支梁计算内力，按受弯构件计算配筋。

11.5.2　板式楼梯

板式楼梯由一块斜放的板和平台梁组成。板端支承在平台梁上，荷载传递途径为：踏步板→平台梁。板式楼梯的优点是下表面平整，外观轻巧，施工简便。缺点是斜板较厚。当承受荷载较小，或跨度较小时选用板式楼梯较为合适，一般应用于住宅等建筑。

1. 踏步板的计算

梯段斜板计算时，一般取 1m 宽斜向板带作为计算单元。梯段板的受力性能与梁式楼梯的斜梁相似，因此二者计算方法相同。考虑到平台梁对梯段板两端的嵌固作用，跨中弯矩可近似取 $ql^2/10$。

板式楼梯踏步板厚度一般取 $1/30 \sim 1/25$ 板跨，通常为 $100 \sim 120mm$。每级踏步范围内需配置一根 $\phi 8$ 钢筋作为分布钢筋。考虑到支座连接处的整体性，为防止板面出现裂缝，应在斜板上部布置适量的钢筋。

2. 平台梁的计算

板式楼梯中的平台梁按承受均布荷载的简支梁计算内力。配筋计算按倒 L 形截面计算，截面翼缘仅考虑平台板，不考虑梯段斜板参加工作。

小　结

（1）混凝土楼盖结构设计的一般步骤是：①结构布置和构件选型；②结构计算（包括确定计算简图、荷载计算、内力分析、内力组合以及截面配筋等）；③绘制结构施工图。

（2）肋梁楼盖平面中按楼板的支承及受力条件的不同，可分为单向板肋梁楼盖和双向板肋梁楼盖。设计中按板的边界条件和板两个方向的跨度比来区分单向板和双向板。

（3）单向板肋梁楼盖有两种内力分析方法：按弹性理论和塑性理论的分析方法。考虑塑性内力重分布的分析方法能更好地反映结构的实际受力状态，并能取得一定的经济效益。塑性铰、塑性内力重分布是本章的重要概念。如果采用塑性理论的分析方法，为保证塑性铰具有足够的转动能力，以使结构完全地实现塑性内力重分布，应采用塑性较好的混凝土和钢筋，保证截面受压区高度 $\xi=x/h_0$ 不应超过 0.35，同时满足斜截面受剪能力的要求。为满足正常使用阶段变形及裂缝宽度的要求，设计时应控制弯矩调整幅度 β 不超过 0.25。

（4）双向板肋梁楼盖的内力分析也有按弹性理论和塑性理论两种方法。按塑性理论计算时应满足极限条件、平衡条件和机动条件。按塑性理论计算时常用的近似方法为机动法、极限平衡法和板带法，其中机动法和极限平衡法为上限解，满足平衡条件和机动条件；板带法为下限解，满足平衡条件和极限条件。

（5）现浇楼梯可分为梁式楼梯、板式楼梯、折板悬挑式楼梯以及螺旋式楼梯等。其中梁式楼梯和板式楼梯的主要区别在于：楼梯梯段是采用斜梁承重还是斜板承重。梁式楼梯受力较为合理，可承受较大荷载，但施工复杂，外观也比较笨重。板式楼梯与其反之。设计时应按照具体要求合理选型。

思　考　题

（1）常见的楼盖形式有哪些？

（2）什么是单向板和双向板？它们的受力特点有何不同？如何区分单向板和双向板？

（3）现浇单向板肋梁楼盖按弹性理论计算内力时，如何确定板、次梁和主梁的计算简图？按塑性理论计算内力时，如何确定板和次梁的计算简图？

（4）为什么要考虑活荷载的不利布置？说明确定连续梁活荷载不利布置的原则。

（5）按弹性理论计算肋梁楼盖中板与次梁的内力时，为什么要采用折算荷载？如何折算？

（6）单向板肋梁楼盖中，板内应配置哪几种钢筋？

（7）什么是钢筋混凝土受弯构件的塑性铰，它与理想铰有何不同？影响塑性铰转动能力的因素有哪些？

（8）哪些结构不宜按塑性理论方法计算结构内力？

（9）什么叫弯矩调幅法？使用弯矩调幅法时，应注意哪些问题？

（10）简述钢筋混凝土连续双向板按弹性方法计算跨中最大正弯矩时活荷载的布置方式及计算步骤。

（11）双向板达到承载力极限状态的标志是什么？

（12）板式楼梯和梁式楼梯的受力特点有何不同？

第12章　单层厂房结构

12.1　概　　述

工业厂房有多种形式，一般可以建成单层厂房或多层厂房。单层厂房能够形成高大的室内使用空间，而且易于组织生产工艺流程和车间内部运输，有利于较重的生产设备和产品的放置，因此对各种类型的工业生产都具有较大的适应性。例如冶金或机械制造的冶炼、铸造、锻压、金工、装配等车间，一般均采用单层厂房结构。

根据主要承重结构的组成材料，单层厂房可以分为混合结构、钢筋混凝土结构和钢结构。对于无吊车或吊车起重量不超过5t，跨度小于15m，柱顶标高不超过8m，无特殊工艺要求的小型厂房，多采用由砖柱、钢筋混凝土屋架或轻钢屋架组成的混合结构。对厂房内设有重型吊车（吊车起重量超过250t），跨度大于36m，或有特殊工艺要求的大型厂房，可选用全钢结构或者由钢屋架和钢筋混凝土柱组成的结构。除上述情况以外，大部分单层厂房均可采用钢筋混凝土结构。而且除特殊情况外，一般均选用装配式钢筋混凝土结构。

钢筋混凝土单层厂房的常用结构形式有排架结构和刚架结构。排架结构主要由屋架（或屋面梁）、柱和基础组成。排架柱在柱顶与屋架（或屋面梁）铰接，在柱底与基础固接。根据厂房的生产工艺和使用要求，排架结构可以设计成单跨或多跨，多跨排架又可以做成等高排架或不等高排架等多种形式，如图12-1所示。排架结构是目前单层厂房中广泛使用的基本结构形式，本章主要介绍装配式钢筋混凝土单层厂房排架结构设计。

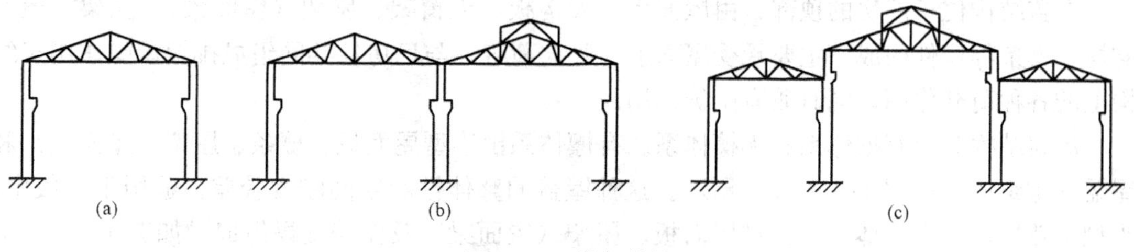

图12-1　排架结构

(a) 单跨排架；(b) 双跨等高排架；(c) 三跨不等高排架

刚架结构通常由横梁、柱和基础组成。柱与横梁刚接为一个构件，柱与基础一般为铰接。门式刚架的顶点做成铰接的称为三铰门式刚架，顶点做成刚接时构成二铰门式刚架，如图12-2所示。门式刚架构件种类少、制作简单，但缺点在于刚度小、易发生跨度变化、施工就位麻烦。一般仅适用于屋盖较轻，无吊车或吊车起重量不超过10t，跨度不超过18m，檐口高度不大于10m的中、小型厂房或仓库等建筑物。

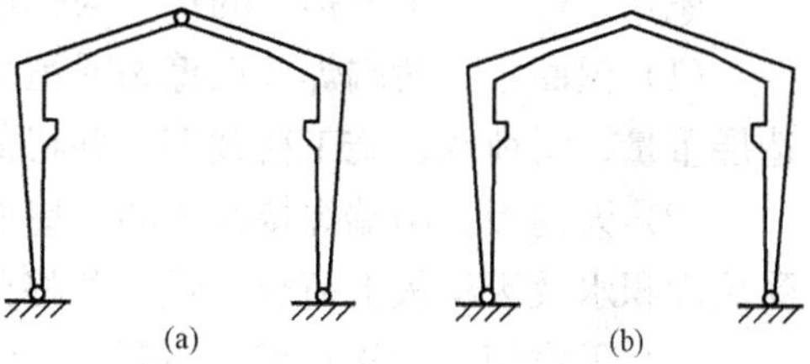

图12-2　刚架结构

(a) 三铰门式刚架；(b) 二铰门式刚架

12.2　单层厂房结构的组成和布置

12.2.1　结构组成及荷载传递

单层装配式钢筋混凝土排架结构厂房通常是由屋盖结构，纵、横向平面排架以及围护结构组成的一个空间受力体系，如图 12-3 所示。

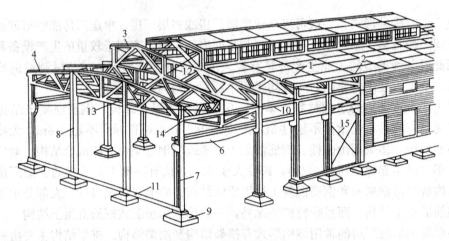

图 12-3　单层厂房结构

1—屋面板；2—天沟板；3—天窗架；4—屋架；5—托架；6—吊车梁；7—排架柱；8—抗风柱；9—基础；10—连系梁；
11—基础梁；12—天窗架垂直支撑；13—屋架下弦横向水平支撑；14—屋架端部垂直支撑；15—柱间支撑

1. 屋盖结构

屋盖结构位于厂房的顶部，由屋面板、天沟板、天窗架、屋架（屋面梁）、托架、屋盖支撑、檩条等构件构成。主要承受屋面上的竖向荷载，与厂房柱共同组成排架承受作用于结构上的各种荷载作用，同时兼有围护作用。

屋盖结构分为有檩体系和无檩体系。有檩体系由小型屋面板、檩条、屋架（屋面梁）和屋盖支撑组成，如图 12-4（a）所示。这种屋盖的整体性和空间刚度较差，适用于一般中、小型工业厂房。无檩体系由大型屋面板、屋架（屋面梁）及屋盖支撑组成，如图 12-4（b）所示，有时还包括天窗架和托架等构件。这种屋盖刚度大，整体性好，施工速度快，使用范围广。

屋盖结构中各主要构件的位置与作用如下：

（1）屋面板。两端焊接在檩条或屋架（屋面梁）、天窗架上，屋面围护用，承受屋面构造层重量、雪荷载、施工荷载等，并将荷载传给其下支承构件。

（2）天沟板。两端焊接在屋架（屋面梁）上，位于屋架的端部，用来组织屋面排水，承受屋面积水及天沟板上荷载重量，并将荷载传给屋架。

（3）天窗架。焊接在屋架（屋面梁）上，形成天窗，承受其上屋面板及天窗传来的荷载，并将它们传递给屋架。

（4）屋架和屋面梁。一般直接支承在排架柱顶，与排架柱形成横向排架结构。承受屋盖上全部荷载，并将荷载传递给柱。

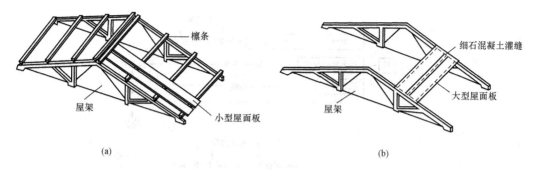

图 12-4 屋盖结构

（a）有檩体系；（b）无檩体系

（5）托架。当柱距大于屋架间距时，用以支托屋架的构件。托架两端支承于柱牛腿上，承受屋架传来的荷载，再传递给柱。

（6）屋盖支撑。包括上弦横向水平支撑、下弦横向水平支撑、纵向支撑、垂直支撑和水平系杆及天窗架支撑。加强屋盖的整体性和空间刚度，保证屋架的稳定性。

（7）檩条。有檩体系设置有檩条，焊接在屋架（屋面梁）上弦，上铺小型屋面板，形成屋面，承受屋面板传来荷载，并将荷载传递给屋架。

2. 横向平面排架

横向平面排架由屋架（屋面梁）、横向柱列和基础组成。它是厂房的主要承重结构，厂房的主要荷载，如竖向荷载（结构自重、屋盖荷载、吊车竖向荷载等）和横向水平荷载（横向风荷载、吊车横向水平荷载、横向地震作用等），都是由横向平面排架承受并传递给基础和地基。图 12-5 为横向平面排架及其承受荷载，图 12-6 为厂房承受的竖向荷载和横向水平荷载通过横向排架传至地基的传力路径。

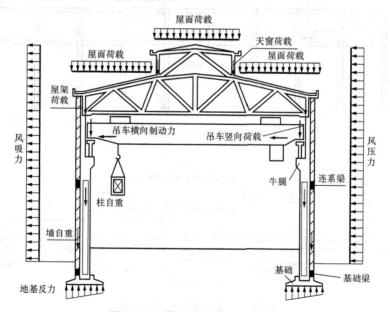

图 12-5 横向平面排架及其荷载

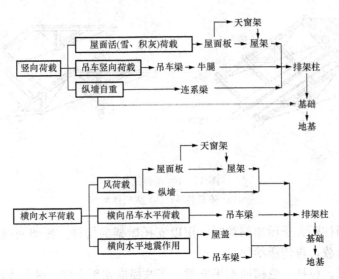

图 12-6　横向平面排架荷载传力路径

3. 纵向平面排架

纵向平面排架由纵向柱列、纵向连系梁、吊车梁、柱间支撑和基础等组成。其作用是与横向平面排架连成整体，形成厂房空间骨架，保证厂房结构的纵向稳定性和刚度，承受沿厂房纵向的水平荷载（山墙传来的纵向风荷载、吊车水平荷载、纵向地震作用等）。图 12-7 为纵向平面排架及所受荷载，图 12-8 为厂房承受的纵向荷载通过纵向排架传至地基的传力路径。

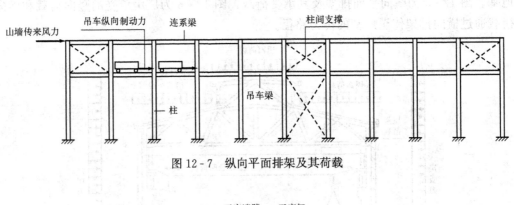

图 12-7　纵向平面排架及其荷载

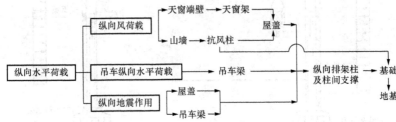

图 12-8　纵向水平荷载传力路径

4. 围护结构

围护结构由外纵墙、山墙、连系梁、基础梁、过梁、圈梁、抗风柱组成。围护结构承受的荷载主要是自身自重以及作用在墙面上的风荷载。

12. 2. 2　结构布置

1. 结构平面布置

结构平面布置即结构构件在平面上的排列方式，包括柱网布置和结构缝的设置。

（1）柱网布置。厂房的横向定位轴线（柱距）和纵向定位轴线（跨度）构成柱网。柱网尺寸确定后，承重柱的位置、屋面板、屋架、吊车梁和基础梁等构件的跨度和位置也随之确定。因此柱网的布置将直接影响到设计的合理性、厂房的使用性能和经济性。

柱网布置的原则首先应满足厂房生产工艺及使用要求，其次还应遵守国家有关厂房建筑统一模数的规定，同时还应兼顾施工条件和生产发展、技术革新的需要。当厂房跨度不大于18m 时，一般以 3m 为模数；厂房跨度大于 18m 时，应以 6m 为模数。但是当工艺布置和技术经济有明显优势时也可采用 21、27、33m 等。厂房柱距一般采用 6m，对工艺有特殊要求时，也可采用 9m 及 12m 柱距。

（2）定位轴线。定位轴线是确定厂房主要承重构件位置及其标志尺寸的基准线，也是施工放线和设备安装定位的依据。通常沿厂房跨度方向的定位轴线为横向定位轴线，沿厂房柱距方向的定位轴线为纵向定位轴线。

1）横向定位轴线。除了靠山墙的端部柱和变形缝两侧的柱之外，横向定位轴线一般通过中间柱的中心线。在厂房尽端，横向定位轴线与山墙内缘重合，端部柱的中心线自横向定位轴线内移 600mm。在变形缝处，一般采用双柱双轴线，横向定位轴线通过屋面板的端部，变形缝两侧的柱中心线均自定位轴线向两侧各移 600mm，两条定位轴线之间的插入距等于所需要的缝宽（图 12 - 9）。

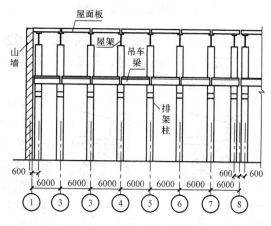

图 12 - 9　厂房的横向定位轴线

2）纵向定位轴线。对无吊车厂房，纵向定位轴线宜与边柱外缘和墙内缘重合，形成封闭结合。对有吊车厂房，为使吊车规格与厂房结构相协调，纵向定位轴线之间的距离 L 与吊车轨距 L_k 之间有如下关系

$$L = L_k + 2e \tag{12 - 1}$$

$$e = B_1 + B_2 + B_3 \tag{12 - 2}$$

式中　e——吊车轨道中心线至纵向定位轴线间的距离，一般取 750mm，当吊车起重量 $Q > 75t$，宜取 1000mm；

　　　B_1——吊车轨道中心线至吊车桥架外边缘的距离；

　　　B_2——吊车桥架外边缘至上柱内边缘的净空宽度，当 $Q \leqslant 50t$，取 $B_2 \geqslant 80mm$，当 $Q > 50t$，取 $B_2 \geqslant 100mm$；

　　　B_3——边柱的上柱截面高度或中柱边缘至其纵向定位轴线的距离。

对厂房的边柱，当计算 $e \leqslant 750mm$ 时，则取 $e = 750mm$，其纵向定位轴线为封闭式（图

12-10（a））。当计算 $e>750\mathrm{mm}$ 时，其纵向定位轴线为非封闭式（图 12-10（b））。轴线与纵墙内边缘之间的距离称为联系尺寸，根据起重量的大小取 150、250mm 或 500mm。

对多跨等高厂房的中柱，当计算 $e\leqslant750\mathrm{mm}$ 时，则取 $e=750\mathrm{mm}$，其纵向定位轴线为封闭式（图 12-11（a））。当计算 $e>750\mathrm{mm}$ 时，需设两条纵向定位轴线，两条定位轴线间的距离称为插入距（图 12-11（b））。

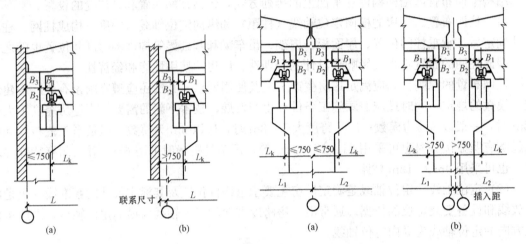

图 12-10　边柱的纵向定位轴线　　　　图 12-11　多跨等高厂房中柱的纵向定位轴线

对多跨不等高厂房的中柱，纵向定位轴线一般与较高部分上柱的外边缘重合（图 12-12（a））。当计算 $e>750\mathrm{mm}$ 时，须增设一条纵向定位轴线（图 12-12（b）），插入距一般可取 150、250mm 等。

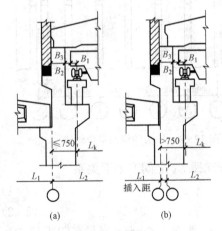

图 12-12　多跨不等高厂房中柱的
纵向定位轴线

（3）结构缝设置。

1）伸缩缝。受气温的影响，厂房的地下部分与地上部分由于热胀冷缩而造成的变形不一致，使结构产生温度应力，引起墙体和屋面等构件产生裂缝，影响结构的正常使用。为了减小温度影响，通常设置伸缩缝，将厂房沿纵向或横向分成若干温度区段。其做法是从基础顶面开始，将相邻温度区段的上部结构完全分开，并留有一定的宽度，使结构能够自由变形，不致产生过大的温度应力以致开裂。温度区段的长度与结构类型、施工方法和结构所处环境有关。《混凝土结构设计规范》（GB 50010—2010）规定，装配式钢筋混凝土排架结构在室内或土中时，伸缩缝最大间距为 100m，在露天时为 70m。

2）沉降缝。单层厂房排架结构对地基不均匀沉降有较好的适应能力，一般只在一些特殊情况下考虑设置沉降缝。如厂房相邻两部分高度差异很大（大于10m），相邻两跨间吊车起重量相差悬殊，地基承载力相差较大以及地基土压缩性有显著差异时应设置沉降缝。沉降缝的做法是将缝两侧的结构从基础到屋顶全部断开，使两侧的结构自由沉降而互不影响。

3）防震缝。防震缝是为了减轻结构震害而采取的措施之一。当厂房的平、立面布置复杂，相邻结构高度或刚度相差较大时，应设置防震缝，将结构分成平、立面简单，刚度和质量分布均匀的若干独立单元。防震缝从基础顶面开始沿厂房全高设置，并且应有足够的宽度，其值由抗震设防烈度和防震缝两侧中较低一侧的厂房高度确定。

2. 结构剖面布置

厂房的剖面设计就是根据生产工艺要求，确定沿厂房高度方向排架柱的尺寸。主要是确定吊车的轨顶标高、屋架下弦底面标高、上柱高度 H_u 和下柱计算高度 H_l，如图 12 - 13 所示。

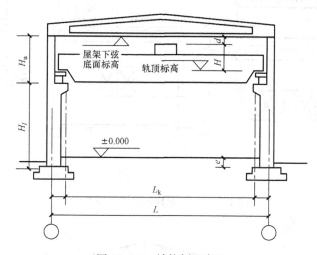

图 12 - 13　结构剖面布置

对于有吊车厂房，首先根据工作需要的净空确定吊车的轨顶标高，然后由吊车轨顶到小车顶面的尺寸和屋架下弦底面与吊车小车顶面间预留安全行车空隙，确定屋架下弦底面标高。

同时厂房的高度还应遵守建筑模数的规定，一般厂房由室内地面至柱顶的高度应为300mm 的倍数。

3. 支撑布置

支撑布置是单层厂房设计的一个主要内容。单层厂房支撑分为屋盖支撑和柱间支撑两类，其主要作用是连系屋架、柱等主要构件，保证施工以及正常使用阶段厂房结构的稳定性和整体性，增强厂房结构的刚度，并将某些水平荷载（如风荷载、吊车水平荷载、纵向地震作用等）传递给主要受力构件。

（1）屋盖支撑。包括横向水平支撑、纵向水平支撑、垂直支撑和水平系杆、天窗架支撑等。

1）横向水平支撑。是由十字交叉角钢与屋架的上弦或下弦组成的水平桁架（分别称为上弦横向水平支撑和下弦横向水平支撑），如图 12 - 14、图 12 - 15 所示。横向水平支撑的作用是加强屋盖的整体刚度，还可以将山墙传来的风荷载和其他纵向水平荷载传给两侧柱列。一般上弦横向水平支撑布置在温度区段的两端和有柱间支撑的开间，下弦横向水平支撑设置在厂房两端及温度区段两端的第一或第二柱间，并最好与上弦水平支撑设置在同一柱间，以形成空间桁架体系。

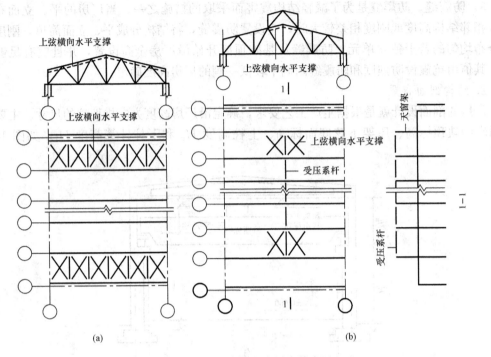

(a)　　　　　　　　　　　(b)

图 12-14　上弦横向水平支撑布置

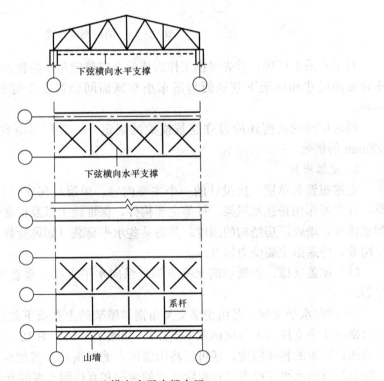

图 12-15　下弦横向水平支撑布置

2）纵向水平支撑。是由交叉角钢和屋架下弦组成的水平桁架，沿厂房纵向布置。纵向水平支撑一般设置在屋架下弦端部的节间内，当屋架为拱形或多边形时也可设置在屋架上弦，如图 12 - 16 所示。其主要作用是加强屋盖在横向水平面内的刚度，保证横向水平荷载的纵向分布，加强厂房的空间工作，并保证托架上弦的侧向稳定。

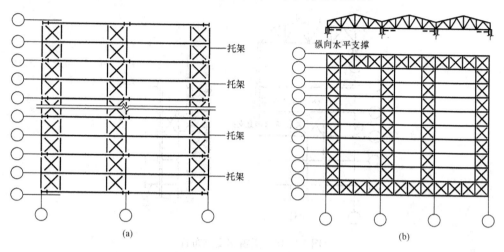

图 12 - 16　纵向水平支撑布置

3）垂直支撑与水平系杆。是由角钢构件与屋架中的直腹杆或天窗架立柱组成的竖向桁架称为屋盖垂直支撑，其形式为十字交叉形或 W 形，如图 12 - 17 所示。垂直支撑和下弦水平系杆的主要作用是保证屋架的整体稳定性，防止吊车工作或其他振动影响时屋架下弦的侧向振动。上弦水平系杆用于防止屋架上弦或屋面梁受压翼缘局部失稳，保证其侧向稳定。一般应在厂房温度区段两端的第一或第二柱间设置垂直支撑，在与垂直支撑相应位置的下弦节点沿厂房纵向设置通长水平系杆。当温度区段长度较长时，应在温度区段中部设有柱间支撑的柱间内增设一道垂直支撑。

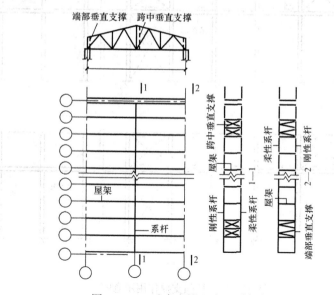

图 12 - 17　垂直支撑和水平系杆布置

4）天窗架支撑。包括上弦横向水平支撑和天窗架间的垂直支撑，一般应设置在天窗的两端及具有柱间支撑的柱间，如图 12-18 所示。天窗架支撑的作用是保证天窗架上弦的侧向稳定和将天窗架端壁上的风荷载传给屋架。

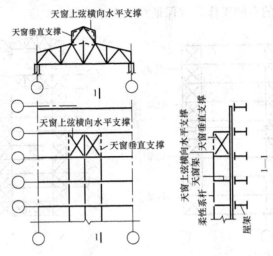

图 12-18　天窗架支撑布置

（2）柱间支撑。是纵向平面排架中最主要的抗侧力构件，其作用是提高厂房的纵向刚度和稳定性，将吊车纵向制动力及作用在山墙、天窗架的风荷载和纵向地震作用传递给基础，如图 12-19 所示。对有吊车的厂房，按其位置可分为上柱柱间支撑和下柱柱间支撑。上柱柱间支撑位于吊车梁上部，用于承受作用在山墙及天窗端壁的风荷载，并保证厂房上部的纵向刚度；下柱柱间支撑位于吊车梁下部，用以承受上柱柱间支撑传来的荷载、吊车纵向制动

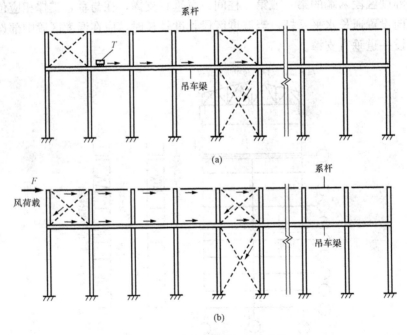

图 12-19　柱间支撑作用示意图

力和纵向水平地震作用等，并将其传递给基础。

　　柱间支撑应设置在伸缩缝区段中央柱间或临近中央的柱间。上柱柱间支撑一般设置在温度区段两端与屋盖横向水平支撑相对应的柱间，以及温度区段中央柱间或临近中央的柱间；下柱柱间支撑设置在温度区段中央并与上柱柱间支撑相应的位置。

　　柱间支撑的形式一般采用交叉钢斜杆，交叉倾角一般在 $35°\sim55°$，取 $45°$ 为宜。

　　4. 围护结构布置

　　厂房围护结构包括屋面板、外纵墙、山墙、抗风柱、圈梁、连系梁、过梁和基础梁等构件。

　　(1) 抗风柱。当厂房端部山墙受风面积较大时，一般需要设置抗风柱将山墙划分为几个区格，使墙面受到的风荷载，一部分直接传递给纵向柱列，另一部分作用于抗风柱，经抗风柱向上传递给屋盖结构进而传递给纵向柱列，向下传递给基础。抗风柱一般与基础刚接，与屋架铰接。与屋架的铰接应保证在水平方向可靠连接，使风荷载能够传递给屋盖系统，在竖直方向允许抗风柱与屋架之间能够产生相对位移，避免由于抗风柱与屋架沉降不均匀时产生的不利影响。抗风柱多采用钢筋混凝土柱，柱外贴砌山墙，当厂房高度和跨度不大时，也可采用砖砌柱。

　　(2) 圈梁、连系梁、过梁和基础梁。单层厂房采用砌体围护墙时，一般需设置圈梁、连系梁、过梁和基础梁。

　　1) 圈梁。设置在墙内，宽度一般与墙厚相等，为现浇钢筋混凝土构件，通过构造钢筋与柱子拉结，以增加厂房的整体刚度，并防止由于地基不均匀沉降或较大振动荷载对厂房产生不利影响。圈梁为现浇构件，应连续地设置在同一水平面上，且尽可能的沿整个厂房形成封闭圈。圈梁的布置与墙体高度，对厂房的刚度要求以及地基情况有关。

　　2) 连系梁。当厂房墙体高度较大，砌体强度不足以承受本身自重时，或设置有高侧悬墙时，需要在墙下布置连系梁，以支承墙体重量，同时连系纵向柱列，增强厂房纵向刚度。连系梁一般为预制梁，搁置在厂房柱的牛腿上，连系梁与柱可采用螺栓连接或焊接连接。

　　3) 过梁。当墙体上开设有门窗洞口时，应在洞口上设置过梁，以承受上部墙体的重量。过梁有现浇和预制两种。在进行围护结构布置时，应尽可能将圈梁、连系梁、过梁结合起来，以简化构造，节约材料，方便施工。

　　4) 基础梁。在单层厂房中，围护系统的重量一般通过基础梁直接传递给基础，而不另做墙基础。基础梁一般为预制梁，直接搁置在基础杯口上。基础梁与其下的土壤之间应预留 100mm 的间隙，使梁可以随柱基础一起沉降。当基础埋置深度较深时，可通过混凝土垫块搁置在柱基础顶面。基础梁顶面应低于室内地面。

12.2.3　构件选型

　　单层装配式钢筋混凝土排架结构厂房中的结构构件，除柱和基础以外，如屋面板、檩条、屋架、天窗架、托架、吊车梁和基础梁等，一般均有相应的标准图集以供选用，不必另行设计。本节仅对这些构件作以简单介绍。

　　1. 屋盖结构构件

　　(1) 屋面板。无檩体系屋盖通常采用预应力混凝土大型屋面板，适用于保温或不保温卷材防水屋面，屋面坡度不应大于 1/5。目前国内经常采用的是规格为 6000mm×1500mm×240mm 的双肋槽形板，每肋两端底部预埋钢板与屋架上弦预埋钢板三点焊接形成水平刚度较大的屋面结构。

有檩体系屋盖常采用预应力槽瓦或波形瓦。

（2）檩条。搁置在屋架上弦或屋面梁上，它与屋架间用预埋钢板焊接。檩条通常采用钢筋混凝土或预应力混凝土构件，长度一般为 4m 和 6m。

（3）屋面梁和屋架。

屋面梁为梁式结构，高度小、重心低、侧向刚度好，便于制作和安装，但自重较大。一般用于跨度不大于 18m 的中、小型厂房。常用的为跨度 12m，15m，18m 的 I 字形变截面预应力混凝土薄腹梁。

屋架为桁架，矢高大，自重轻，适用于跨度较大的大、中型厂房。屋架的种类较多，常用的有三角形、梯形、折线形和多边形等。三角形屋架屋面坡度大，构造简单，适用于跨度不大，有檩体系的中、小型厂房；梯形屋架的上弦由两个坡度不大的斜直线组成，斜腹杆为人字形，屋架的构造简单，刚度大，适用于跨度为 24～36m 的大、中型厂房；折线形和多边形屋架的上弦由几段折线组成，外形合理，屋面坡度适当，自重较轻，适用于跨度为18～36m 的大、中型厂房。

（4）天窗架和托架。

天窗架有钢和混凝土两种，跨度为 6m 或 9m。单层厂房中常用钢筋混凝土三铰刚架式天窗架，由两个三角形刚架在顶节点处及底部与屋架焊接而成。

当柱距大于屋架间距时，设置托架支撑屋架。托架一般为跨度 12m 的预应力混凝土三角形或折线形结构。

2. 吊车梁

吊车梁主要承受吊车的竖向荷载和纵、横向水平荷载，同时与纵向柱列形成纵向排架。

吊车梁一般根据厂房的柱距、跨度、吊车吨位、吊车台数及吊车工作级别等选用。常用的吊车梁类型有钢筋混凝土等截面实腹吊车梁、钢筋混凝土和钢组合式吊车梁、预应力混凝土等截面和变截面吊车梁。一般来说，跨度为 6m，起重量 5～10t 的吊车梁多采用钢筋混凝土等截面构件；跨度 6m，起重量 15/3～30/5t 的吊车梁多采用钢筋混凝土或预应力混凝土等截面构件；跨度为 6m，起重量 30/5t 以上的吊车梁以及 12m 跨度吊车梁一般采用预应力混凝土等截面构件。

12.3　排 架 内 力 分 析

12.3.1　计算简图

单层厂房实际上是空间结构，为了便于计算，一般简化为按纵、横向平面排架分别计算。又由于纵向平面排架一般柱子数量较多，抗侧移刚度大，每根柱所承受的内力不大，所以当不需要进行抗震设计时，一般可不对其进行计算。横向排架是厂房的主要承重结构，而且柱子少，跨度大，必须进行横向平面排架的内力分析与计算。

1. 计算单元

由于厂房的屋面荷载和风荷载以及刚度基本上都是均匀分布的，一般柱距相等时，可以从任意相邻两柱距的中心线截取一个典型的区段，称为计算单元，如图 12 - 20 所示。除吊车荷载外，其他荷载均可按该计算单元范围计算。

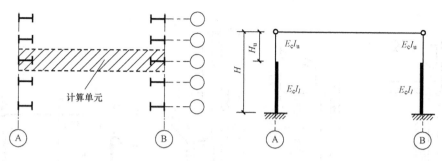

图 12 - 20　计算单元和计算简图

2. 基本假定

根据单层厂房结构的实际工程构造，为了简化计算，作如下假定：

1）排架柱上端与排架横梁（屋架或屋面梁）铰接，下端固接于基础顶端；

2）排架横梁轴向变形忽略不计，即横梁为刚性连杆。

3. 计算简图

根据上述基本假定，可得横向排架的计算简图，如图 12 - 20 所示。在计算简图中，排架的跨度按计算轴线考虑，计算轴线取上、下柱截面的形心线。当柱为变截面时为折线，为简化计算，通常将折线用变截面的形式来表示，跨度以厂房的定位轴线为准。柱的高度为基础顶面到柱顶，上、下柱高度按牛腿面划分。

12.3.2　荷载计算

作用在厂房横向排架上的荷载有恒载、屋面可变荷载、雪荷载、屋面积灰荷载、吊车荷载和风荷载等。

1. 恒载

恒载包括屋盖体系的全部重量、柱自重、吊车梁及吊车轨道自重，当有连系梁支承的围护墙时，还包括围护墙体的重量。

（1）屋盖恒载 G_1。包括屋面板、天窗架、屋架、屋盖支撑及屋面各构造层重量。各构件重量可由有关标准图集查得。G_1 作用于上柱柱顶，一般在厂房纵向定位轴线内侧 150mm 处，对上柱截面几何中心存在偏心距 e_1，对下柱截面几何中心的偏心距为 $e_1 + e_0$，如图 12 - 21 所示。

（2）悬墙自重 G_2。当设有连系梁支承围护墙体时，计算单元范围内的悬墙自重以竖向集中力的形式通过连系梁传给支承连系梁的牛腿顶面，其作用点通过连系梁或墙体截面的形心轴，距下柱截面几何中心距离为 e_2。

（3）吊车梁、吊车轨道及连接件自重 G_3。吊车梁、轨道及连接件自重可从有关标准图集查得。G_3 的作用点一般距纵向定位轴线 750mm，对下柱截面几何中心的偏心距为 e_3。

（4）上柱及下柱自重 G_4，G_5。上、下柱自重分别作用于各自截面的几何中心线上。

2. 屋面可变荷载

屋面可变荷载分为屋面均布活荷载、屋面雪荷载、屋面积灰荷载，其标准值可由《建筑结构荷载规范》（GB 50009—2012）查得。屋面均布活荷载不与屋面雪荷载同时考虑，取两者中较大值进行计算；当有屋面积灰荷载时，积灰荷载应与雪荷载或不上人屋面均布活荷载两者中的较大值同时考虑。屋面可变荷载 Q_1 的计算范围、作用形式和位置同屋盖恒载 G_1。

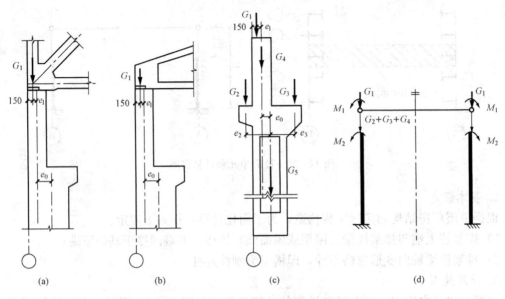

图 12-21　恒载作用位置及相应的排架计算简图

3. 吊车荷载

单层工业厂房中常用的吊车为桥式吊车，按吊车在使用期内要求的总工作循环次数分成 10 个利用等级，按其达到额定值的频繁程度分为 4 个载荷状态（轻、中、重、特重）。根据要求的利用等级和载荷状态，确定 8 个工作级别（A1～A8），作为吊车设计的依据。吊车荷载中作用在横向排架结构上的荷载有吊车竖向荷载、吊车横向水平荷载，作用在纵向排架结构上的荷载为吊车纵向水平荷载。

（1）吊车竖向荷载 D_{max} 与 D_{min}。吊车竖向荷载是指吊车在满载运行时，可能作用在厂房横向排架柱上的最大压力。

当小车吊有额定最大起重量运行至大车一侧极限位置时，该侧大车的每个轮压达到最大轮压 P_{max}，另一侧大车的每个轮压为最小轮压 P_{min}。P_{max} 和 P_{min} 可由吊车产品样本中查得。

由 P_{max} 和 P_{min} 在厂房横向排架柱上产生的吊车最大竖向荷载标准值 D_{max} 和最小竖向荷载标准值 D_{min} 可根据吊车的最不利位置和吊车梁的支座反力影响线计算确定，如图 12-22 所示。

单跨厂房中设有两台吊车时，D_{max} 与 D_{min} 可按下式计算

$$D_{max} = \sum P_{imax} y_i \tag{12-3}$$

$$D_{min} = \sum P_{imin} y_i \tag{12-4}$$

式中，P_{imax} 和 P_{imin} 为第 i 台吊车的最大轮压和最小轮压；y_i 为与吊车轮压相对应的支座反力影响线的竖向坐标值。

当厂房设有多台吊车时，《建筑结构荷载规范》（GB 50009—2012）规定：计算排架考虑多台吊车竖向荷载时，对单跨厂房的每个排架，参与组合的吊车台数不宜多于 2 台；对多跨厂房的每个排架，不宜多于 4 台。

吊车竖向荷载 D_{max} 与 D_{min} 沿吊车梁的中心线作用在牛腿顶面，对下柱截面形心的偏心距为 e_3，e_3'。

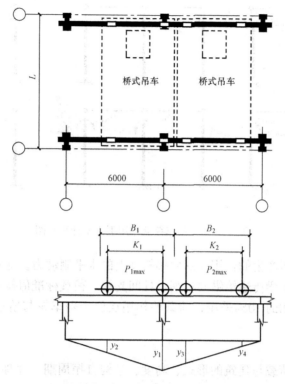

图 12-22 吊车竖向荷载计算简图

（2）吊车横向水平荷载 T_{max}。吊车横向水平荷载是指载有额定最大起重量的小车，在启动或制动时，由于惯性而引起的作用在厂房排架柱上的力。它通过小车制动轮与桥架轨道之间的摩擦力传给大车，由大车轮通过吊车梁轨道传递给吊车梁，再由吊车梁传递给排架柱。

按《建筑结构荷载规范》（GB 50009—2012）规定，对一般的四轮吊车，大车每一车轮引起的横向水平制动力为

$$T = \frac{1}{4}\alpha(Q + Q_1)g \tag{12-5}$$

式中，Q_1 和 Q 分别为小车重量与吊车额定起重量；g 为重力加速度；α 为横向水平荷载系数，或称作小车制动力系数，可按下列规定取值：软钩吊车，Q 不大于 10t 时取 0.12，Q 为 16~50t 时取 0.10，Q 不小于 75t 时取 0.08；硬钩吊车，取 0.20。

作用在排架柱上的吊车横向水平荷载 T_{max} 是每个大车轮子的横向水平制动力 T 通过吊车梁传递给柱的可能的最大横向反力。和计算 D_{max} 的方法类似，可得

$$T_{max} = \sum T_i y_i \tag{12-6}$$

式中，T_i 为第 i 个大车轮子的横向水平制动力。

《建筑结构荷载规范》（GB 50009—2012）规定：考虑多台吊车水平荷载时，对单跨或多跨厂房的每个排架，参与组合的吊车台数不宜多于 2 台。

吊车横向水平荷载以集中力的形式作用在吊车梁顶面标高处，且其作用方向既可向左，又可向右，如图 12-23（b）所示。

（3）吊车纵向水平荷载 T_e。吊车纵向水平荷载是指吊车沿厂房纵向启动或制动时，由

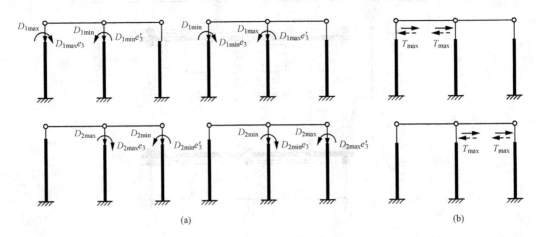

图 12 - 23　吊车荷载作用下排架计算简图

于吊车及吊重的惯性而产生的作用在纵向排架柱上的水平制动力。通过吊车制动轮与吊车轨道之间的摩擦，由吊车梁传递给纵向柱列及柱间支撑。荷载标准值按作用在一边轨道上所有刹车轮的最大轮压之和的 10% 采用；荷载的作用点位于刹车轮与轨道的接触点，方向与轨道方向一致。

4. 风荷载

建筑物受到的风荷载与建筑的形式、高度、结构自振周期、地理环境等有关。《建筑结构荷载规范》（GB 50009—2012）规定，计算主要承重结构时，垂直于建筑物表面的风荷载标准值 w_k 按下式计算

$$w_k = \beta_z \mu_s \mu_z w_0 \tag{12-7}$$

式中，β_z 为高度 z 处的风振系数；μ_s 为风荷载体型系数（图 12-24（a））；μ_z 为风压高度变化系数；w_0 为基本风压值。其具体取值可参见《建筑结构荷载规范》（GB 50009—2012）。

单层厂房横向排架承担的风荷载按计算单元考虑。为了简化计算，将沿厂房高度变化的风荷载分为以下两部分作用于排架，如图 12-24 所示。

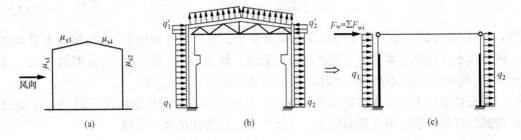

图 12 - 24　排架风荷载计算

（1）柱顶以下的风荷载标准值沿高度取为均匀分布，其值分别为 q_1 和 q_2。此时 μ_z 按柱顶标高确定。

（2）柱顶以上的风荷载标准值取其水平分力之和，并以集中力 F_w 的形式作用于排架柱顶。此时对有天窗的可按天窗檐口标高确定，对无天窗的可按屋盖的平均标高或檐口标高确定。

由于风向是变化的，故在排架内力分析时，要考虑左吹风和右吹风两种情况。

12.3.3　内力分析

排架在各种单独作用荷载下的内力可用结构力学方法进行计算。在计算时，有不考虑厂房的整体空间作用和考虑厂房的整体空间作用两种方法。不考虑厂房整体空间作用时，等高排架（即各柱的柱顶标高相同，或柱顶标高不同但柱顶有斜横梁相连，荷载作用下各柱柱顶水平位移相等的排架）内力分析一般采用剪力分配法，而不等高排架（各柱的柱顶标高不相同，荷载作用下各柱柱顶水平位移不相等的排架）一般采用力法。考虑厂房整体空间作用时，可通过引入空间作用分配系数进行计算。具体计算方法可参阅有关书籍。

12.3.4　内力组合

通过排架结构的内力分析，可以求得所有可能荷载单独作用于排架时排架柱的内力。对结构进行设计时，需要按照荷载同时出现的可能性对这些内力进行组合，以获得排架柱控制截面的最不利内力，作为结构设计的依据。

1. 柱的控制截面

控制截面是指对结构构件的配筋起控制作用的截面。上柱取上柱底面，下柱取牛腿顶面和基础顶面处柱截面。

2. 荷载效应组合

《建筑结构荷载规范》（GB 50009—2012）规定：对于基本组合，荷载效应组合的设计值 S 应从下列组合中取最不利值确定。

（1）由可变荷载效应控制的组合。

$$S = \sum_{j \geqslant 1}^{m} \gamma_{G_j} S_{G_{jk}} + \gamma_{Q_1} \gamma_{L1} S_{Q_{1k}} + \sum_{i>1}^{n} \gamma_{Q_i} \gamma_{Li} \psi_{ci} S_{Q_{ik}} \tag{12-8}$$

（2）由永久荷载效应控制的组合。

$$S = \sum_{j \geqslant 1}^{m} \gamma_{G_j} S_{G_{jk}} + \sum_{i \geqslant 1}^{n} \gamma_{Q_i} \gamma_{Li} \psi_{ci} S_{Q_{ik}} \tag{12-9}$$

式中，符号意义参见第 3 章。

3. 柱的不利内力组合

单层工业厂房柱是偏心受压构件，截面内力有 $\pm M$、N、$\pm V$，一般应考虑四种内力组合：

（1）$+M_{max}$ 及相应的 N，V；

（2）$-M_{max}$ 及相应的 N，V；

（3）N_{max} 及相应的 M，V；

（4）N_{min} 及相应的 M，V。

上述四项不利内力组合中，前两项和第四项可能为大偏心受压情况，而第三项可能发生小偏心受压情况。

4. 组合时应注意的问题

（1）恒载参与每一种组合；

（2）每次组合时，只能以一种内力（$|M|_{max}$ 或 N_{max} 或 N_{min}）为目标来决定可变荷载的取舍，并求得与其相应的其余两种内力；

（3）对于吊车竖向荷载，同一柱的同一侧牛腿上有 D_{max} 或 D_{min} 作用，两者只能选一种参与组合；

（4）吊车横向水平荷载 T_{max} 同时作用在同一跨的两个柱子上，向左或向右，只能选一个方向；

（5）有吊车竖向荷载 D_{max}（D_{min}）时不一定要同时考虑吊车横向水平荷载 T_{max} 的作用；但如果组合时有 T_{max} 则一定要考虑相应的 D_{max}（D_{min}）产生的内力；

（6）当以 N_{max} 或 N_{min} 为目标进行组合时，因为在风荷载及 T_{max} 作用下，轴力为零，将其组合不改变组合目标，但可使弯矩增大或减小，故要取相应可能产生的最大正弯矩或最大负弯矩的内力项；

（7）风荷载向左或向右只能选其中一种参与组合；

（8）当多台吊车参与组合时，吊车竖向荷载和水平荷载作用下的内力应乘以表 12-1 规定的折减系数。

表 12-1 　　　　　　　　　　　**多台吊车的荷载折减系数**

参与组合的吊车台数	吊车工作级别	
	A1～A5	A6～A8
2	0.9	0.95
3	0.85	0.90
4	0.8	0.85

12.4　单层厂房主要构件设计

12.4.1　柱的设计

柱的设计一般包括选择柱截面形式、确定截面尺寸、柱截面配筋计算，吊装验算、牛腿设计等内容。

1. 截面形式和截面尺寸的选择

单层厂房柱的形式通常分为单肢柱和双肢柱两大类。单肢柱常用的截面形式有矩形截面、I形截面等，双肢柱有平腹杆双肢柱、斜腹杆双肢柱等，如图 12-25 所示。

矩形截面柱构造简单，施工方便，但自重大，适用于轴心受压或截面较小的偏心受压柱。I形截面柱省去了受力较小的部分腹部混凝土，减轻了柱自重，形状合理、施工方便，是目前被广泛采用的一种柱型。

双肢柱由两根肢杆及腹杆组成，适用于吊车吨位较大的厂房，其截面高度较大，吊车竖向荷载一般通过肢杆轴线，可省去牛腿，简化构造，但其整体刚度不如I形截面柱。

排架柱的截面尺寸不仅要满足截面承载能力的要求，还要具有足够的刚度，以保证厂房在正常使用过程中不出现过大的变形。柱的截面尺寸一般根据工程经验和实测试验资料进行控制，与柱的高度以及吊车吨位等因素有关。表 12-2 给出了柱距为 6m 的单跨和多跨厂房最小柱截面尺寸的限值。对于一般单层厂房，如柱截面尺寸满足表 12-2 的限值，则厂房的横向刚度可得到保证，其变形满足要求。表 12-3 根据设计经验列出了单层厂房柱常用的截

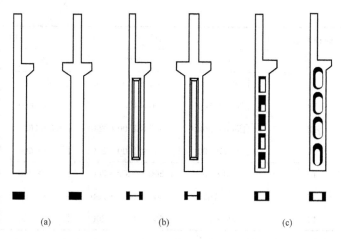

图 12-25　柱的形式

(a) 矩形截面柱；(b) I 形截面柱；(c) 双肢柱

面形式及尺寸，可供设计时参考。

表 12-2　　　　　　　　6m柱距单层厂房矩形、I形柱截面尺寸限值

柱 的 类 型	b 或 b_f	h		
		$Q \leqslant 10t$	$10t < Q < 30t$	$30t \leqslant Q \leqslant 50t$
有吊车厂房下柱	$\geqslant H_1/22$	$\geqslant H_1/14$	$\geqslant H_1/12$	$\geqslant H_1/10$
露天吊车柱	$\geqslant H_1/25$	$\geqslant H_1/10$	$\geqslant H_1/8$	$\geqslant H_1/7$
单跨无吊车厂房柱	$\geqslant H_1/30$	$\geqslant H_1/25$（或 $0.06H$）		
多跨无吊车厂房柱	$\geqslant H_1/30$	$\geqslant H/20$		
仅承受风荷载与自重的山墙抗风柱	$\geqslant H_b/40$	$\geqslant H_1/25$		
同时承受由连系梁传来山墙重的山墙抗风柱	$\geqslant H_b/30$	$\geqslant H_1/25$		

注　H_1 为下柱高度（算至基础顶面）；H 为柱全高（算至基础顶面）；H_b 为山墙抗风柱从基础顶面至柱平面外（宽度）方向支撑点的高度；Q 为吊车起重量。

表 12-3　　　　　　　　6m柱距中级工作级别吊车单层厂房柱截面形式和参考尺寸

吊车起重量 (kN)	轨顶标高 (m)	边　柱		中　柱	
		上柱	下柱	上柱	下柱
≤50	6~8	□400×400	I 400×600×100	□400×400	I 400×600×100
100	8	□400×400	I 400×700×100	□400×600	I 400×800×150
	10	□400×400	I 400×800×150	□400×600	I 400×800×150
150~200	8	□400×400	I 400×800×150	□400×600	I 400×800×150
	10	□400×400	I 400×900×150	□400×600	I 400×1000×150
	12	□500×400	I 500×1000×200	□500×600	I 500×1200×200

续表

吊车起重量 （kN）	轨顶标高 （m）	边　　柱		中　　柱	
		上柱	下柱	上柱	下柱
300	8	□400×400	⊥400×1000×150	□400×600	⊥400×1000×150
	10	□400×500	⊥400×1000×150	□500×600	⊥500×1200×200
	12	□500×500	⊥500×1000×200	□500×600	⊥500×1200×200
	14	□600×500	⊥600×1200×200	□600×600	⊥600×200×200
500	10	□500×500	⊥500×1200×200	□500×700	双500×1600×300
	12	□500×600	⊥500×1400×200	□500×700	双500×1600×300
	14	□600×600	⊥600×1400×200	□600×700	双600×1800×300

注　截面形式采用下述符号：□为矩形截面 $b×h$（宽度×高度）；⊥为工字形截面 $b_f×h×h_f$（h_f 为翼缘厚度）；双为双肢柱 $b×h×h_f$（h_f 为肢杆厚度）。

2. 截面配筋计算

单层厂房排架柱各控制截面的不利内力组合值（M，N，V）是柱配筋计算的依据。由于截面上同时作用有弯矩和轴力，且弯矩有正、负两种情况，故排架柱一般按照对称配筋偏心受压截面进行弯矩作用平面内的受压承载力计算，还应按轴心受压截面进行平面外受压承载力计算。对柱进行偏压承载力计算时，需要考虑偏心距增大系数 η，η 与柱的计算长度 l_0 有关。对单层厂房排架柱，根据弹性分析和工程经验，l_0 可按表 12-4 的规定取值。

表 12-4　　　　　刚性屋盖单层房屋排架柱、露天吊车柱和栈桥柱的计算长度

柱 的 类 型		排架方向	垂直排架方向	
			有柱间支撑	无柱间支撑
无吊车厂房柱	单跨	1.5H	1.0H	1.2H
	两跨及多跨	1.25H	1.0H	1.2H
有吊车厂房柱	上柱	2.0H	1.25H	1.5H
	下柱	1.0H	0.8H	1.0H
露天吊车柱和栈桥柱		2.0H	1.0H	—

注　1. H 为从基础顶面算起的柱子全高；H_1 为从基础顶面至装配式吊车梁底面或现浇式吊车梁顶面的柱子下部高度；H_u 为从装配式吊车梁底面或现浇式吊车梁顶面算起的柱子上部高度；

2. 有吊车房屋排架柱的计算长度，当计算中不考虑吊车荷载时，可按无吊车房屋柱的计算长度采用，但上柱的计算长度仍可按有吊车房屋采用；

3. 有吊车房屋排架柱的上柱在排架方向的计算长度，仅使用于 H_u/H_1 不小于 0.3 的情况；当 H_u/H_1 小于 0.3 时，计算长度宜取 2.5H。

一般情况下，矩形截面和工字形截面柱可直接按照构造要求配置箍筋，不进行受剪承载力计算。

3. 吊装验算

排架柱在施工吊装过程中的受力状态与使用阶段不同，而且此时混凝土的强度可能还未达到设计强度，因此还应根据柱在吊装阶段的受力特点和材料实际强度，对柱进行承载力和裂缝宽度验算。

柱的吊装有平吊和翻身吊两种方式。平吊比翻身吊施工简单，故在满足承载力和裂缝宽度要求的条件下，宜优先采用平吊。根据平吊和翻身吊时的吊点位置，其计算简图见图12-26。计算时一般取上柱柱底、牛腿根部和下柱跨中三个控制截面。

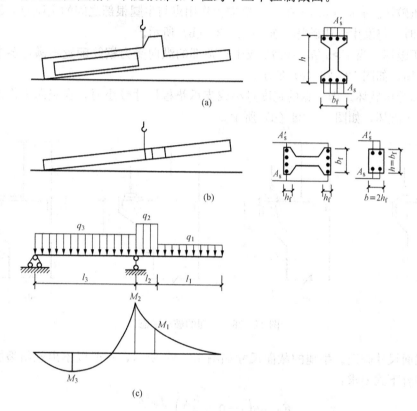

图12-26 柱的吊装方式及计算简图

吊装时的裂缝宽度验算，可按第9章的有关公式计算。

当承载力或裂缝宽度验算不满足要求时，应优先采用调整或增加吊点的方法，以及临时加固措施来解决。当变截面处配筋不足时，可在局部加配短钢筋。

4. 牛腿设计

牛腿是单层工业厂房柱的重要组成部分，用于支承屋架、托架、连系梁、吊车梁等构件。牛腿承受的竖向荷载作用点至牛腿根部的水平距离 a 一般小于牛腿根部处有效高度 h_0，即 $a \leqslant h_0$。

(1) 牛腿的应力状态。对牛腿进行加载试验表明，在混凝土开裂前，牛腿处于弹性阶段，其主拉应力迹线集中分布在牛腿顶部一个较窄的区域内，而主压应力迹线密集分布于竖向力作用点到牛腿根部之间的范围内，在牛腿和上柱相交处有应力集中现象，如图12-27所示。牛腿的这种应力状态对牛腿的设计有重要的影响。

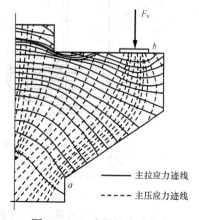

—— 主拉应力迹线
---- 主压应力迹线

图12-27 牛腿的应力状态

（2）牛腿的破坏形态。对牛腿进一步加载，在混凝土出现裂缝后，牛腿主要有以下几种破坏形态：

1）剪切破坏。当 $a/h_0 \leqslant 0.1$，即牛腿的截面尺寸较小或牛腿中箍筋配置过少时，可能发生如图 12-28（a）所示的剪切破坏。

2）斜压破坏。$a/h_0 = 0.1 \sim 0.75$，竖向力作用点与牛腿根部之间的主压应力超过混凝土的抗压强度时，将发生斜压破坏，如图 12-28（b）所示。

3）弯压破坏。当 $1 > a/h_0 > 0.75$ 或牛腿顶部的纵向受力钢筋配置不满足要求时，可能发生弯压破坏，如图 12-28（c）所示。

4）局部受压破坏。当牛腿的宽度过小或支承垫板尺寸较小时，在竖向力作用下，可能发生局部受压破坏，如图 12-28（d）所示。

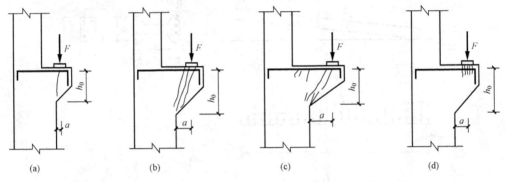

（a）　　　　　（b）　　　　　（c）　　　　　（d）

图 12-28　牛腿的破坏形态

（3）截面尺寸确定。牛腿的截面尺寸如图 12-29 所示，一般以不出现斜裂缝为控制条件，即应符合下式要求：

$$F_{vk} \leqslant \beta \left(1 - 0.5 \frac{F_{hk}}{F_{vk}} \right) \frac{f_{tk} b h_0}{0.5 + \dfrac{a}{h_0}} \tag{12-10}$$

式中　F_{vk}——作用于牛腿顶部按荷载效应标准组合计算的竖向力值；

　　　　F_{hk}——作用于牛腿顶部按荷载效应标准组合计算的水平拉力值；

　　　　f_{tk}——混凝土轴心抗拉强度标准值；

　　　　β——裂缝控制系数；

　　　　a——竖向力的作用点至下柱边缘的水平距离；

　　　　b——牛腿宽度，一般与柱宽相同；

　　　　h_0——牛腿与下柱交接处竖直截面的有效高度。

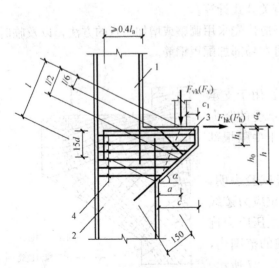

图 12-29　牛腿的截面尺寸和钢筋配置

为了防止牛腿发生局部受压破坏，在牛腿顶部的局部受压面上，由竖向力 F_{vk} 引起的局部压应力不应超过 $0.75 f_c$。

（4）承载力计算。根据牛腿的应力状态和破坏形态，牛腿的工作状态相当于图 12 - 30 所示的三角形桁架，顶部纵向受力钢筋为其水平拉杆，竖向力作用点与牛腿根部之间的受压混凝土为其斜向压杆。

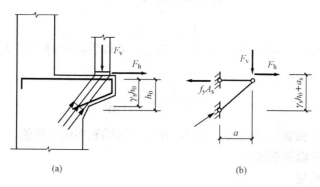

图 12 - 30 牛腿的计算简图

牛腿的纵向受力钢筋总截面面积 A_s，由承受竖向力所需的受拉钢筋截面面积和承受水平拉力所需的钢筋截面面积组成，其计算公式为

$$A_s \geqslant \frac{F_v a}{0.85 f_y h_0} + 1.2 \frac{F_h}{f_y} \qquad (12 - 11)$$

式中 F_v——作用于牛腿顶部的竖向力设计值；

F_h——作用于牛腿顶部的水平拉力设计值；

α——意义同前，当 $a < 0.3 h_0$ 时，取 $a = 0.3 h_0$；

f_y——纵向受拉钢筋强度设计值。

牛腿的斜截面受剪承载力主要与混凝土强度等级和水平箍筋有关。试验研究与设计经验表明，若牛腿的截面尺寸符合式（12 - 10）及构造要求，同时按构造要求配置水平箍筋及弯起筋，即可保证斜截面受剪承载力要求，不必再进行计算。

12.4.2 柱下独立基础设计

单层厂房预制钢筋混凝土柱下常采用单独的杯形基础。柱下独立基础根据受力性能可分为轴心受压基础和偏心受压基础。在基础的形式和埋深确定后，其主要设计内容包括基础底面尺寸的选择、基础高度的确定和基础配筋计算。此外，对一些重要建筑物及土质较为复杂的地基，尚应进行变形或稳定性验算。

1. 基础底面尺寸的选择

基础底面尺寸应根据地基承载力确定。由于独立基础刚度较大，可假定基础底面的压力为线性分布。

轴心受压基础确定基础底面尺寸时应满足

$$p_k = \frac{N_k + G_k}{A} \leqslant f_a \qquad (12 - 12)$$

式中 P_k——相应于荷载效应标准组合时，基础底面处的平均压力值；

N_k——相应于荷载效应标准组合时，上部结构传至基础顶面的竖向力值；

G_k——基础自重和基础上的土重；

A——基础底面面积；

f_a——经过深度和宽度修正后的地基承载力特征值。

偏心受压基础确定基础底面尺寸时应同时满足

$$p_k = \frac{P_{kmax} + P_{kmin}}{2} \leqslant f_a \tag{12-13}$$

$$p_{kmax} \leqslant 1.2 f_a \tag{12-14}$$

其中，P_{kmax}，P_{kmin} 为相应于荷载标准组合时，基础底面边缘的最大和最小压力值，可按下式计算

$$\begin{matrix} p_{kmax} \\ p_{kmin} \end{matrix} = \frac{N_k + G_k}{A} \pm \frac{M_k}{W} \tag{12-15}$$

式中 M_k——相应于荷载效应标准组合时，作用于基础底面的力矩值；

W——基础底面的抵抗矩。

2. 基础高度的确定

试验研究表明，当柱与基础交接处或基础变阶处高度不足时，柱传来的荷载会使基础发生如图 12-31（a）所示的冲切破坏，即沿柱周边或变阶处周边大致成 45°方向的截面被拉开而形成图 12-31（b）所示的角锥体破坏。为避免发生冲切破坏，《建筑地基基础设计规范》（GB 50007—2011）规定，对矩形截面柱的矩形基础，柱与基础交接处以及基础变阶处的受冲切承载力应按下式验算

$$F_l \leqslant 0.7 \beta_{hp} f_t a_m h_0 \tag{12-16}$$

$$a_m = (a_t + a_b)/2 \tag{12-17}$$

$$F_l = p_j A_l \tag{12-18}$$

式中 F_l——冲切荷载设计值；

β_{hp}——受冲切承载力截面高度影响系数，当 h 不大于 800mm 时 β_{hp} 取 1.0，当 h 不小于 2000mm 时 β_{hp} 取 0.9，其间按线形内插法取用；

f_t——混凝土轴心抗拉强度设计值；

h_0——基础冲切破坏锥体的有效高度；

a_m——冲切破坏锥体最不利一侧计算长度；

a_t——冲切破坏锥体最不利一侧斜截面的上边长；

a_b——冲切破坏锥体最不利一侧斜截面在基础底面积范围内的下边长；

p_j——扣除基础自重及其上土重后相应于荷载效应基本组合时的地基土单位面积净反力；

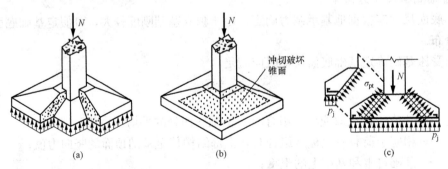

图 12-31 基础冲切破坏示意图

A_l——冲切验算时取用的部分基底面积,即图 12 - 32 中的阴影面积。

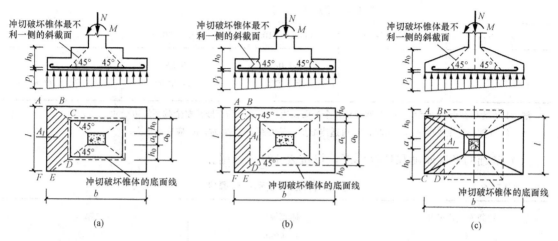

图 12 - 32 基础的受冲切承载力截面位置

在设计中一般根据经验和构造要求拟定基础高度,再根据柱与基础交接处以及基础变阶处的受冲切承载力的要求进行验算,直至满足要求。

3. 基础配筋计算

基础底板的配筋按正截面受弯承载力计算。为简化计算,将基础底面分为四块,各块视为固定在柱子周边的倒置悬臂板,分别按基底净反力在柱与基础交接处以及基础变阶处所产生的弯矩,进行配筋计算。

4. 构造要求

(1) 锥形基础的边缘高度,不宜小于 200mm;阶梯形基础的每阶高度,宜为 300~500mm。

(2) 垫层的厚度不宜小于 70mm,垫层混凝土强度等级应为 C10。

(3) 基础底板受力钢筋的最小直径不宜小于 10mm;间距不宜大于 200mm,也不宜小于 100mm。当有垫层时钢筋保护层的厚度不小于 40mm;无垫层时不小于 70mm。当基础边长大于或等于 2.5m 时,底板受力钢筋的长度可取边长或宽度的 0.9 倍,并宜交错布置(图 12 - 33)。

(4) 基础的混凝土强度等级不应低于 C20。

(5) 预制钢筋混凝土柱与杯口基础的连接,应符合下列要求:

1) 柱的插入深度,可按表 12 - 5 选用,并应满足钢筋锚固长度的要求及吊装时柱的稳定性。

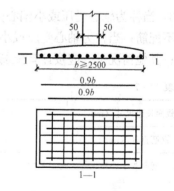

图 12 - 33 基础底板受力
钢筋布置

表 12 - 5　　　　　　　　　　　　　柱的插入深度 h_1　　　　　　　　　　　　　　mm

矩形或工字形柱				双肢柱
$h<500$	$500{\leqslant}h<800$	$800{\leqslant}h<1000$	$h>1000$	
$h\sim1.2h$	h	$0.9h$ 且${\geqslant}800$	$0.8h$ 且${\geqslant}1000$	$(1/3\sim2/3)\,h_a$ $(1.5\sim1.8)\,h_b$

注　1. h 为柱截面长边尺寸；h_a 为双肢柱整个截面长边尺寸；h_b 为双肢柱整个截面短边尺寸。

　　2. 柱轴心受压或小偏心受压时，h_1 可适当减少；偏心距大于 $2h$ 时，h_1 应适当加大。

2）基础的杯底厚度和杯壁厚度，可按表 12 - 6 选用。

表 12 - 6　　　　　　　　　　　基础的杯底厚度和杯壁厚度

柱截面长边尺寸 h（mm）	杯底厚度 a_1（mm）	杯壁厚度 t（mm）
$h<500$	${\geqslant}150$	$150\sim200$
$500{\leqslant}h<800$	${\geqslant}200$	${\geqslant}200$
$800{\leqslant}h<1000$	${\geqslant}200$	${\geqslant}300$
$1000{\leqslant}h<1500$	${\geqslant}250$	${\geqslant}350$
$1500{\leqslant}h<2000$	${\geqslant}300$	${\geqslant}400$

注　1. 双肢柱的杯底厚度值，可适当加大；

　　2. 当有基础梁时，基础梁下的杯壁厚度，应满足其支承宽度的要求；

　　3. 柱子插入杯口部分的表面应凿毛，柱子与杯口之间的空隙，应用比基础混凝土强度等级高一级的细石混凝土充填密实，当达到材料设计强度的 70% 以上时，方能进行上部吊装。

3）当柱为轴心受压或小偏心受压且 $t/h_2{\geqslant}0.65$ 时，或大偏心受压且 $t/h_2{\geqslant}0.75$ 时，杯壁可不配筋；当柱为轴心受压或小偏心受压且 $0.5{\leqslant}t/h_2<0.65$ 时，杯壁可按表 12 - 7 构造配筋；其他情况下，应按计算配筋。其中，h_2 为基础变阶处至基础杯口的距离。

表 12 - 7　　　　　　　　　　　　　杯 壁 构 造 配 筋

柱截面长边尺寸（mm）	$h<1000$	$1000{\leqslant}h<1500$	$1500{\leqslant}h{\leqslant}2000$
钢筋直径（mm）	$8\sim10$	$10\sim12$	$12\sim16$

注　钢筋置于杯口顶部，每边两根。

小　　结

（1）钢筋混凝土单层厂房有排架结构和刚架结构两种型式。排架结构主要由屋面板、屋架（屋面梁）、支撑、吊车梁、柱和基础等构件组成。其中尤其要重视屋盖支撑及柱间支撑的布置。支撑虽然不是主要承重构件，但它对保证厂房的稳定性和整体性，增强厂房结构的刚度，传递水平荷载起着重要的作用。

（2）单层厂房是一个空间受力体系，结构分析时一般将其简化为横向平面排架和纵向平面排架分别计算。横向平面排架是厂房的主要承重结构，承受所有的竖向荷载和横向水平荷载。纵向平面排架承受纵向水平荷载，同时还保证整个结构的纵向稳定性。当不需要进行抗震设计时，一般可不对纵向平面排架进行计算。

（3）构件选型以国家标准图为基础，对屋面板、檩条、屋面梁或屋架、天窗架、托架、吊车梁、连系梁、基础梁等进行选用。柱和基础需要根据计算分析及构造要求设计。

（4）横向平面排架结构分析是为了设计排架柱和基础，其主要内容包括：确定排架计算简图、计算作用在排架上的各种荷载、排架内力分析以及柱控制截面最不利内力组合及配筋计算等。

（5）柱的设计包括柱截面形式和截面尺寸的选择、柱截面配筋计算，吊装验算、牛腿设计等内容。其中牛腿是柱的重要组成部分，牛腿分为长牛腿和短牛腿。长牛腿可按悬臂梁进行设计；短牛腿为一变截面悬臂深梁，一般以不出现斜裂缝为控制条件确定截面高度，根据其受力性能确定计算简图，通过计算配置牛腿顶面水平受拉钢筋，按构造要求配置水平箍筋及弯起筋。

（6）柱下独立基础是单层厂房结构中常用的基础形式。柱下独立基础的底面尺寸可按地基承载力计算确定，基础高度由构造要求和冲切承载力验算确定，底板配筋按固定在柱边的倒置悬臂板计算确定，同时还应满足有关构造要求。

思　考　题

（1）钢筋混凝土排架结构和刚架结构的组成特点是什么？

（2）装配式钢筋混凝土排架结构单层厂房由哪几部分组成？各自的作用是什么？

（3）简述单层厂房结构横向平面排架承受的竖向荷载和水平荷载的传递路线。

（4）单层厂房中有哪些支撑？简述这些支撑的作用和设置原则。

（5）横向平面排架上承受哪些荷载？这些荷载的作用位置如何确定？

（6）确定单层厂房排架结构的计算简图时作了哪些假定？

（7）作用于排架柱上的吊车竖向荷载 D_{max} 与 D_{min} 和吊车横向水平荷载 T_{max} 如何计算？

（8）为什么要进行柱的吊装验算？

（9）排架柱内力组合时，应进行哪些项目的内力组合？

（10）牛腿有哪几种破坏形态？牛腿设计有哪些内容？

（11）柱下单独基础设计包括哪些内容？

第13章 框 架 结 构

13.1 框架结构体系及布置

框架结构是由梁、柱构件通过节点连接构成的杆件体系。如整幢房屋均采用这种结构形式，则称为框架结构体系或框架结构房屋。按施工方法不同，框架结构可分为现浇式、装配式和装配整体式三种。在地震区，多采用梁、柱、板全现浇或梁、柱现浇而板预制方案，在非地震区有时可采用装配式或装配整体式方案。

框架结构体系的优点是建筑平面布置灵活，能够提供较大的室内空间，而且计算理论成熟，施工较为方便。但是，框架结构的侧向刚度较小，水平荷载作用下侧移较大，如果框架结构房屋的高宽比较大，水平荷载作用下侧移也较大，因此设计时应控制房屋的高度和高宽比。

13.1.1 柱网及层高

框架结构布置既要满足建筑功能和使用要求，又要使结构受力合理，施工方便。确定框架基本尺寸主要是柱网的布置和层高的选用。

多层工业厂房的柱网形式有等跨式和内廊式。等跨式的跨度一般为 6～12m，内廊式的边跨跨度一般为 6～8m，中间跨跨度一般为 2～4m。柱距通常为 6m，层高 3.6～5.4m。

民用建筑种类较多，功能要求各有不同，其柱网和层高变化较大。由于建筑体型的多样化，甚至出现了一些非矩形的平面形状，使得柱网布置更为复杂一些，可根据实际需要进行设计。

13.1.2 框架结构的承重方案

框架结构体系是由若干平面框架通过连系梁连接而成的空间结构体系，在这个体系中，平面框架是基本的承重结构，根据承重框架布置方向的不同，可分为三种承重布置方案。

（1）横向框架承重。框架主梁沿房屋横向布置，板和连系梁沿房屋纵向布置，如图 13-1（a）所示。主梁沿横向布置有利于提高结构的横向抗侧移刚度。

（2）纵向框架承重。框架主梁沿房屋纵向布置，板和连系梁沿房屋横向布置，如图 13-1（b）所示。这种方案对于地基较差的狭长房屋较为有利，但房屋横向刚度较差。

（3）纵、横向框架承重。房屋的纵、横向都布置承重框架，楼盖常采用现浇双向板或井字梁楼盖，如图 13-1（c）所示。这种框架体系具有较好的整体工作性能。

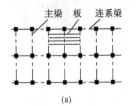
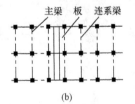
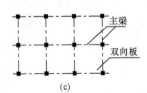

图 13-1 框架结构承重方案

当房屋的平面尺寸较大、地基不均匀或各部分高度和荷载相差较大，以及对重要的混凝土结构，为防止局部破坏引起结构连续倒塌时，还要考虑结构缝的设置问题。

13.1.3 梁、柱截面尺寸的选择

框架梁、柱截面尺寸应根据承载力、刚度以及延性等要求确定。初步设计时，通常由经验先估算截面尺寸，以后再进行承载力、变形等验算，检查所选尺寸是否合适。

1. 梁、柱截面尺寸

框架梁的截面高度 h_b 可根据梁的计算跨度 l_b、活荷载大小等，按 $h_b=(1/8\sim1/10)l_b$ 确定。为了防止梁发生剪切脆性破坏，h_b 不宜大于 1/4 梁净跨。框架梁截面宽度可取 $b_b=(1/3\sim1/2)h_b$，且不宜小于 200mm。为保证梁的侧向稳定性，梁截面高宽比（h_b/b_b）不宜大于 4。

柱截面尺寸可根据其所受轴向力按轴心受压构件估算，再乘以放大系数以考虑弯矩的影响。框架柱的截面宽度和高度均不宜小于 250mm，圆柱截面直径不宜小于 350mm，柱截面高宽比不宜大于 3。为避免柱的剪切破坏，柱净高与截面长边之比宜大于 4，或柱的剪跨比宜大于 2。

2. 梁、柱截面惯性矩

在框架内力与位移计算中，现浇楼板可作为框架梁的翼缘，每一侧翼缘的有效宽度可取至板厚的 6 倍。设计中可近似认为梁截面的惯性矩为 $I=\beta I_0$。其中 I_0 为框架梁矩形部分惯性矩，$\beta=1.3\sim2.0$，为楼面梁刚度增大系数，通常对现浇楼盖的边框架梁取 1.5，中框架梁取 2.0。

框架柱的惯性矩按实际截面尺寸计算。

13.2 现浇钢筋混凝土框架结构内力与位移的近似计算方法

13.2.1 结构计算简图

1. 计算单元

框架结构一般应按三维空间结构进行分析，但对于平面布置较规则的框架结构房屋，为简化计算，可将实际的空间结构简化为若干个横向或纵向平面框架，每榀平面框架为一个计算单元，如图 13-2 所示。

2. 计算简图

将空间框架简化为平面框架后，应进一步将实际的平面框架转化为可以计算的力学模型，在该模型上作用荷载，就成为框架结构的计算简图，如图 13-3 所示。

计算简图以框架梁、柱的轴线表示。梁、柱轴线取各自的形心线，对与钢筋混凝土楼盖整体浇筑的框架梁，一般可取楼板底面作为梁轴线。底层柱的下端一般取至基础顶面，当设有刚度很大的地下室，且地下室的层间刚度不小于相邻上部结构层间刚度的 2 倍时，可取至地下室的顶板处。

当各层柱截面尺寸不同且形心线不重合时，一般取顶层柱的形心线作为柱子轴线。但这时应计入上、下柱截面形心间的偏心距对结构内力的影响。

作用在框架结构上的荷载，按其对框架受力性质的影响可分为竖向荷载和水平荷载。竖向荷载包括恒载和楼（屋）面活荷载、雪荷载等，水平荷载包括风荷载和水平地震作用。接

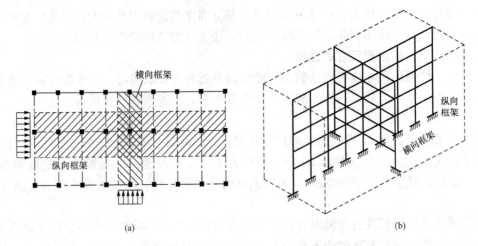

图 13-2　平面框架的计算单元及计算模型

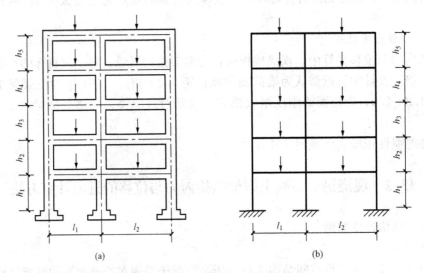

图 13-3　框架结构计算简图

下来分别介绍框架结构在竖向及水平荷载作用下的内力和侧移计算。

13.2.2　竖向荷载作用下的内力近似计算方法

　　框架结构是典型的杆件体系，结构内力可用力法、位移法等结构力学方法计算。这些方法比较精确，但计算多层多跨框架却十分繁琐，计算量很大。通常，多层多跨框架在竖向荷载作用下的侧移并不大，可不考虑侧移对内力的影响，因此可以用弯矩分配法或迭代法进行近似计算。在初步设计时，还可以采用更为简化的分层法计算。下面仅介绍分层法。

　　由精确计算可知，多层多跨框架在竖向荷载作用下，侧移较小，并且每层梁上的荷载主要对本层梁、柱产生影响，对其他层杆件内力（除了柱轴力）影响不大。为简化计算，作如下假定：

　　1）不考虑框架侧移对内力的影响；

　　2）每层梁上的荷载仅对本层梁及其上、下柱的弯矩和剪力产生影响，对其他各层梁、柱的弯矩和剪力的影响可忽略不计。

在上述假定下，可以把一个 n 层框架沿高度分成 n 个单层无侧移的敞口框架，每个敞口框架包括本层梁及与之相连的上、下层柱，且这些柱的远端假定为固定端。原框架的弯矩和剪力即为这 n 个敞口框架的弯矩和剪力的叠加，如图 13 - 4 所示。计算分解后的 n 个敞口框架内力是比较容易的，可以用力矩分配法。

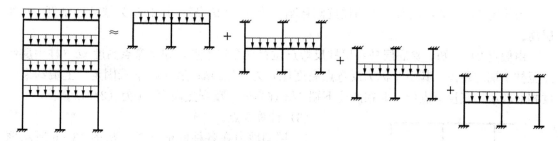

图 13 - 4　竖向荷载作用下分层法计算示意图

实际上除底层柱外，其他层柱的远端并非固定端，应为弹性约束。所以在用力矩分配法计算时，应对除底层外的其他各层柱的线刚度乘以 0.9 的折减系数，并取其弯矩传递系数为 1/3。

用分层法求得的弯矩图，在框架节点上的弯矩可能是不平衡的，但通常不平衡弯矩不会很大。如果不平衡弯矩较大，可对这些节点的不平衡弯矩再做一次分配。

分层法一般用于结构与荷载沿高度分布比较均匀的多层框架的内力计算，对侧移较大与不规则的多层框架不适用。

13. 2. 3　水平荷载作用下的内力近似计算方法

水平荷载（风荷载，水平地震作用）一般都可简化为作用于框架节点上的水平力。规则框架在节点水平力作用下的典型弯矩图，如图 13 - 5 所示，其中弯矩为零的点称为反弯点。如果能求出各柱的剪力和反弯点位置，则梁、柱弯矩都能求得。因此，水平荷载作用下框架的内力近似计算，就是根据不同情况进行必要的简化，确定各柱间的剪力分配和反弯点位置。本节讨论反弯点法和 D 值法两种近似计算方法。

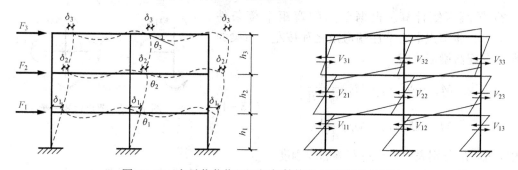

图 13 - 5　水平荷载作用下框架结构的变形图和弯矩图

1. 反弯点法

(1) 基本假定。当框架梁的线刚度 i_b 比柱线刚度 i_c 大很多时（例如 $i_b/i_c > 3$），框架各节点转角很小，为方便计算，作如下假定：

1) 确定各柱间的剪力分配时，假定梁、柱线刚度之比无穷大，即各柱上、下端无转角，只有侧移；

2）确定各柱反弯点位置时，假定除底层外各层上、下柱两端转角相同；

3）忽略轴力引起的各杆件变形，即在同一横梁标高处各柱产生一个相同的水平位移。

（2）柱的抗侧移刚度 d 和反弯点高度 yh。

由假定 1）可知，反弯点法的柱抗侧移刚度为 $d=12i_c/h^2$；其中 i_c 为柱的线刚度，h 为层高。

由假定 2）可知，除底层外各层柱反弯点位置均在柱中点，即反弯点高度 yh（柱中反弯点至柱下端的距离，其中 y 称为反弯点高度比）为 $(1/2)h$；底层柱下端固定，上端约束刚度相对较小，其反弯点位置取在离柱下端 2/3 柱高处，反弯点高度 yh 为 $(2/3)h$。

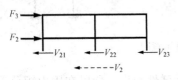

图 13-6　框架第 2 层脱离体

（3）计算要点。

1）层间剪力在各柱间的分配。从图 13-6 所示框架的第 2 层柱反弯点处截取脱离体，由水平方向力的平衡条件，可得该框架第 2 层的层间剪力为 $V_2=F_2+F_3$。一般地，框架结构第 i 层的层间剪力 V_i 可表示为

$$V_i = \sum_{k=i}^{n} F_k \tag{13-1}$$

式中，F_k 表示作用于第 k 层楼面处的水平荷载；n 为结构的总层数。

令 V_{ij} 表示第 i 层第 j 柱分配到的剪力，如该层共有 s 根柱，则由假定 3）可得

$$V_{ij} = \frac{d_{ij}}{\sum_{j=1}^{s} d_{ij}} V_i \tag{13-2}$$

可见，每根柱分配到的剪力值与其侧向刚度成正比。

2）柱端弯矩计算。求出各柱承受的剪力和反弯点高度后，即可求出第 i 层第 j 柱的下端弯矩和上端端弯矩分别为

$$\left.\begin{array}{l} M_{ij}^b = V_{ij}yh \\ M_{ij}^u = V_{ij}(1-y)h \end{array}\right\} \tag{13-3}$$

3）梁端弯矩计算。根据节点的弯矩平衡条件（图 13-7）将节点上、下柱端弯矩之和按左、右梁的线刚度分配给梁端，即

$$\left.\begin{array}{l} M_b^l = (M_{i+1,j}^b + M_{ij}^u)\dfrac{i_b^l}{i_b^l+i_b^r} \\ M_b^r = (M_{i+1,j}^b + M_{ij}^u)\dfrac{i_b^r}{i_b^l+i_b^r} \end{array}\right\} \tag{13-4}$$

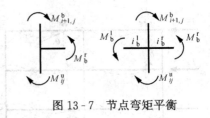

图 13-7　节点弯矩平衡

式中，i_b^l，i_b^r 分别表示节点左右梁的线刚度。

4）根据静力平衡条件由梁端弯矩计算梁端剪力，再由梁端剪力计算柱轴力。

2. D 值法

D 值法又称改进的反弯点法，是对柱的抗侧移刚度和柱的反弯点位置进行修正后的一种计算方法。

（1）基本假定。

1）确定柱抗侧移刚度 D 值时，假定该柱以及与该柱相连的各杆杆端转角均为 θ，且该

柱与上、下相邻两柱的弦转角均为 φ，柱的线刚度均为 i_c；

2）确定各柱反弯点位置时，假定同层各节点的转角相同，即各层横梁的反弯点在梁跨度中央且无竖向位移；

3）忽略各杆件轴向变形。

（2）柱的抗侧移刚度 D 值。

柱的抗侧移刚度按下式计算

$$D = \alpha_c \frac{12 i_c}{h^2} \qquad (13-5)$$

式中，α_c 为柱抗侧移刚度修正系数，对不同情况按表 13-1 计算，其中 $\overline{K}$ 表示梁柱线刚度比。

表 13-1 　　　　　柱抗侧移刚度修正系数 α_c

位置		边柱		中柱		α_c
		简图	$\overline{K}$	简图	$\overline{K}$	
一般层			$\overline{K} = \dfrac{i_2 + i_4}{2 i_c}$		$\overline{K} = \dfrac{i_1 + i_2 + i_3 + i_4}{2 i_c}$	$\alpha_c = \dfrac{\overline{K}}{2 + \overline{K}}$
底层	固结		$\overline{K} = \dfrac{i_2}{i_c}$		$\overline{K} = \dfrac{i_1 + i_2}{i_c}$	$\alpha_c = \dfrac{0.5 + \overline{K}}{2 + \overline{K}}$
	铰结		$\overline{K} = \dfrac{i_2}{i_c}$		$\overline{K} = \dfrac{i_1 + i_2}{i_c}$	$\alpha_c = \dfrac{0.5 \overline{K}}{1 + 2\overline{K}}$

（3）柱的反弯点高度 yh。柱的反弯点高度比 y 可按下式计算：

$$y = y_n + y_1 + y_2 + y_3 \qquad (13-6)$$

式中　y_n——标准反弯点高度比，是指规则框架的反弯点高度比；

y_1——因上、下层梁刚度比变化的修正值；

y_2——因上层层高变化的修正值；

y_3——因下层层高变化的修正值。

y_n，y_1，y_2，y_3 可用结构力学方法精确求得，为设计方便，列成表格，其取值见附录 4。

各层框架侧移刚度 D 值和柱反弯点高度 yh 确定后，即可按与反弯点法相同的步骤进行框架内力分析。

13.2.4　水平荷载作用下侧移的近似计算

水平荷载作用下框架结构的侧移 u 如图 13-8 所示，其侧移由两部分组成：第一部分为由剪力引起的梁、柱本身的弯曲变形所形成的框架的整体剪切变形 u_s；第二部分为由整个框架的悬臂作用引起的柱的轴向变形所形成的框架整体弯曲变形 u_b。对于层数不多的多层框架结构，侧移主要为整体剪切变形，可以采用 D 值法计算。框架第 i 层的层间侧移 $(\Delta u)_i$ 以及结构顶点侧移 u 分别为

$$(\Delta u)_i = V_i / \sum_{j=1}^{s} D_{ij} \qquad (13\text{-}7)$$

$$u_i = \sum_{k=1}^{n} (\Delta u)_k \qquad (13\text{-}8)$$

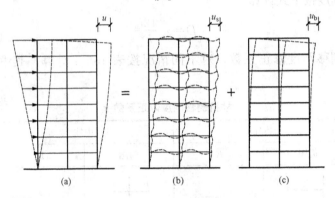

图 13-8   框架结构的侧移

在正常使用条件下，多层框架结构应基本处于弹性受力状态，且具有足够的刚度，避免产生过大的位移。按弹性方法计算的楼层层间最大位移应符合下式要求

$$\Delta u/h \leqslant [\Delta u/h] \qquad (13\text{-}9)$$

式中，$[\Delta u/h]$ 表示层间位移角限值，框架结构取 $1/550$，h 为层高。

13.3   框架结构荷载效应组合及最不利内力

13.3.1   荷载效应组合

荷载效应组合实际上是指内力组合，即将框架结构在各种荷载单独作用下的内力，按照不利和可能的原则进行挑选和叠加，得到框架梁、柱各控制截面的最不利内力。

对持久设计状况和短暂设计状况，当作用与作用效应按线性考虑时，基本组合的效应设计值可按下式计算

$$S = \gamma_G S_{Gk} + \gamma_L \psi_Q \gamma_Q S_{Qk} + \psi_w \gamma_w S_{wk} \qquad (13\text{-}10)$$

式中符号意义参见第 3 章。

13.3.2   控制截面及最不利内力

框架梁一般有三个控制截面：两端支座截面和跨中截面。框架柱有两个控制截面：柱顶和柱底截面。

对于框架梁，一般只需组合支座截面的 $-M_{max}$、V_{max} 以及跨中截面的 $+M_{max}$ 三项内力。对于框架柱，一般采用对称配筋，需进行下列几项不利内力组合：

1）$|M_{max}|$ 及相应的 N，V；

2）N_{max} 及相应的 M，V；

3）N_{min} 及相应的 M，V；

4） $|V_{max}|$ 及相应的 N。

13.3.3 竖向活荷载的最不利布置

作用在框架结构上的竖向荷载有恒载和活载。活载的大小和位置是变化的，因此要将其进行最不利布置，以求得控制截面上的最大内力。

1. 分层分跨布置法

即将楼面和屋面活荷载逐层逐跨单独作用在框架结构上，分别计算其内力，然后再针对各控制截面组合其可能出现的最大内力。这种方法计算量很大，不适合手算。

2. 最不利荷载布置法

对某指定截面的某一种最不利内力，根据影响线方法直接确定产生此最不利内力的活荷载布置，然后计算结构内力。这样对于一个截面的一种内力，就有一种最不利荷载布置，就要进行一次结构内力计算，计算量也很大。

3. 满布荷载法

当活荷载产生的内力远小于恒载以及水平荷载所产生的内力时，可不考虑活荷载不利布置的影响，按活荷载满布各层各跨梁的情况进行计算。这样求得的梁支座弯矩、剪力及柱轴力与按活荷载不利布置求得的相应内力值接近，但梁的跨中弯矩值偏低，实用上可将这样所得的跨中弯矩值乘以 1.1～1.2 的系数。

13.3.4 框架梁弯矩调幅

为了避免框架梁支座截面负弯矩钢筋过多而难以布置，以及为了在抗震结构中形成梁铰破坏机构增加结构的延性，可以考虑梁端塑性变形的内力重分布，对竖向荷载作用下的梁端负弯矩进行调幅。通常是将梁端负弯矩乘以调幅系数，降低支座处的负弯矩。

对现浇框架，调幅系数可为 0.8～0.9。梁端负弯矩减小后，应按平衡条件计算调幅后的跨中弯矩。竖向荷载产生的梁的弯矩应先调幅，再与水平荷载产生的弯矩进行组合。

13.4 框架结构构件设计及构造要求

13.4.1 构件设计

框架梁属于受弯构件，按受弯构件的正截面受弯承载力和斜截面受剪承载力计算所需的纵筋和箍筋数量，并满足相应的构造要求。

框架柱一般为偏心受压构件，通常采用对称配筋，按偏心受压构件的正截面受压承载力和斜截面受剪承载力计算所需的纵筋和箍筋。在柱的配筋计算中，柱的计算长度 l_0 按下列规定确定：一般多层房屋中梁柱为刚接的框架结构，各层柱的计算长度 l_0 可按表 13-2 取用。

表 13-2 框架结构各层柱的计算长度

楼盖类型	柱的类别	l_0
现浇楼盖	底层柱	1.0H
	其余各层柱	1.25H
装配式楼盖	底层柱	1.25H
	其余各层柱	1.5H

13.4.2 构造要求

1. 框架梁

沿梁全长顶面和底面应至少配置两根纵向钢筋，钢筋直径不应小于12mm。纵向受拉钢筋的最小配筋百分率 $\rho_{\min}$（%）不应小于0.2和$45f_t/f_y$中的较大值。

应沿框架梁全长设置箍筋。箍筋的直径、间距和配筋率等要求可参见第5章中的内容。

2. 框架柱

框架柱宜采用对称配筋。柱中全部纵向钢筋的配筋率应符合下列规定：对500MPa级钢筋不应小于0.5%，对400MPa级钢筋不应小于0.55%，对300MPa、335MPa级钢筋不应小于0.6%；当混凝土强度等级大于C60时，上述数值应分别增加0.1%，且柱截面每一侧纵向钢筋配筋率不应小于0.2%。同时，柱全部纵向钢筋的配筋率不宜大于5%。

柱纵向钢筋的净距不应小于50mm，间距不宜大于300mm。柱的纵向钢筋不应与箍筋、拉筋及预埋件等焊接。

柱内常用的箍筋形式有普通箍和复合箍两种，如图13-9所示。柱中箍筋间距不应大于400mm，且不应大于构件截面的短边尺寸和最小纵向受力钢筋直径的15倍；箍筋直径不应小于最大纵向钢筋直径的1/4，且不应小于6mm。当柱中全部纵向受力钢筋的配筋率超过3%时，箍筋直径不应小于8mm，间距不应大于最小纵向钢筋直径的10倍，且不应大于200mm。箍筋末端应做成135°弯钩且弯钩末端平直段长度不应小于10倍箍筋直径。

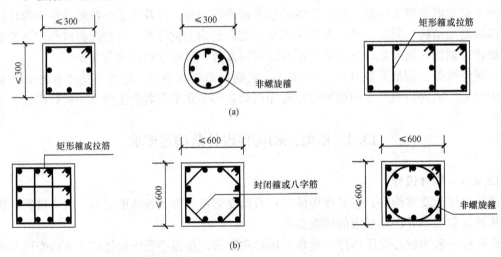

图13-9　柱箍筋形式示例

(a) 普通箍；(b) 复合箍

在纵向受力钢筋搭接长度范围内应配置箍筋，其直径不应小于搭接钢筋较大直径的0.25倍。当纵筋受拉时，箍筋间距不应大于搭接钢筋较小直径的5倍，且不应大于100mm；当纵筋受压时，箍筋间距不应大于搭接钢筋较小直径的10倍，且不应大于200mm。当受压钢筋直径大于25mm时，尚应在搭接接头两个端面外100mm范围内各设置两道箍筋。

3. 梁柱节点

(1) 中间层中间节点。框架梁上部纵向钢筋应贯穿中间节点，如图13-10所示。框架梁下部纵向钢筋在中间节点处应满足下列锚固要求：当梁筋在节点内直锚固时，应满足图

13-10（a）中的要求；梁筋在节点外搭接时，应满足图 13-10（b）中的要求。

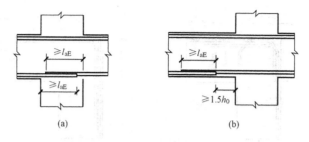

图 13-10　中间层中间节点梁纵向钢筋的锚固
（a）中间层中间节点梁筋在节点内直锚固；（b）中间层中间节点梁筋在节点外搭接

（2）中间层端节点。框架梁上部纵向钢筋伸入中间层端节点的锚固长度，当采用加锚头（锚板）锚固形式时，应满足图 13-11（a）中的要求。当截面尺寸不足时，梁上部纵向钢筋应伸至节点对边并向下弯折，如图 13-11（b）所示。

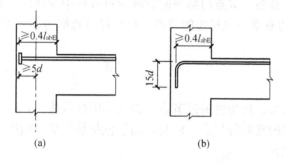

图 13-11　中间层端节点梁纵向钢筋的锚固
（a）中间层端节点梁筋加锚头（锚板）锚固；（b）中间层端节点梁筋 90°弯折锚固

（3）顶层中间节点。柱纵向钢筋和变节点柱内侧纵向钢筋应伸至柱顶；当从梁底边计算的直线锚固长度不小于 l_a 时，可不必水平弯折，否则应向柱内或梁、板内水平弯折，当充分利用柱纵向钢筋的抗拉强度时，其锚固段弯折前的竖向投影长度不应小于 $0.5l_{ab}$，弯折后的水平投影长度不应小于 12 倍的柱纵向钢筋直径，如图 13-12 所示。此处，l_{ab} 为受拉钢筋基本锚固长度。

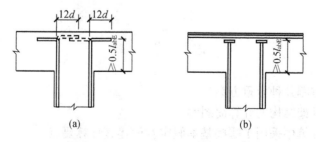

图 13-12　顶层中间节点柱纵向钢筋的锚固
（a）顶层中间节点柱筋 90°弯折锚固；（b）顶层中间节点柱筋加锚头（锚板）锚固

（4）顶层端节点。柱内侧纵向钢筋的锚固要求同顶层中间节点的纵向钢筋。可将柱外侧纵向钢筋的相应部分弯入梁内作梁上部纵向钢筋，也可将梁上部纵向钢筋与柱外侧钢筋在顶层端节点及其附近部位搭接，如图 13-13 所示。

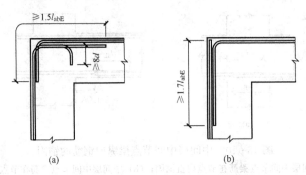

图 13-13　梁上部纵向钢筋与柱外侧纵向钢筋在顶层端节点的锚固
(a) 钢筋在顶层端节点外侧和梁端顶部弯折搭接；(b) 钢筋在顶层端节点外侧直线搭接

（5）梁柱节点处于剪压复合受力状态，为保证节点具有足够的受剪承载力，必须在节点内配置足够数量的水平箍筋。节点内箍筋配置除应符合柱中箍筋的有关规定外，箍筋间距不宜大于 250mm。对四边有梁与之相连的节点，可仅沿节点周边设置矩形箍筋。

小　　结

（1）框架结构是由梁、柱构件通过节点连接构成的杆件体系，具有结构轻巧、平面布置灵活、能够形成较大室内空间等优点。但是，由于框架结构的侧向刚度较小，设计时应注意控制房屋的高度和高宽比。

（2）竖向荷载作用下，框架结构的侧移对内力影响很小，因此可以采用弯矩分配法或分层法来计算结构内力。

（3）水平荷载作用下框架结构的内力近似计算方法有反弯点法和 D 值法。D 值法精度较高，又称为改进的反弯点法。当梁、柱线刚度比大于 3 时，反弯点法也有较好的计算精度。

（4）水平荷载作用下，框架结构各层产生层间剪力和倾覆力矩。层间剪力引起框架的整体剪切变形，倾覆力矩引起整个框架的弯曲变形。当框架结构层数不多时，侧移主要为整体剪切变形。

思　考　题

（1）框架结构有哪几种承重方案？

（2）如何确定框架结构的计算简图？

（3）分层法在计算中采用了哪些基本假定？简述其计算要点。

（4）D 值法和反弯点法有何异同？D 值的物理意义是什么？

（5）框架结构在水平荷载下的侧移包括哪几部分？如何计算水平荷载作用下框架的侧移？

（6）框架结构中如何考虑活荷载的不利布置？

第14章 砌体材料及砌体的力学性能

14.1 砌 体 材 料

14.1.1 块体材料

砌体结构用的块体材料一般分为天然石材和人工砖石两大类。人工砖石有经过焙烧的烧结普通砖、烧结多孔砖以及不经过焙烧的硅酸盐砖、混凝土砖、混凝土小型空心砌块、轻集料混凝土砌块等。

1. 烧结普通砖

以煤矸石、页岩、粉煤灰或黏土为主要原料，经过焙烧而成的实心砖称为烧结普通砖。分烧结煤矸石砖、烧结页岩砖、烧结粉煤灰砖、烧结黏土砖等。其中烧结黏土砖是主要品种，也是目前应用最广泛的块体材料。其他非黏土材料制成的砖，如烧结页岩砖、烧结煤矸石砖、烧结粉煤灰砖等既利用了工业废料，又保护了土地资源，有广阔的发展和应用前景。烧结普通砖有全国统一的规格，其尺寸为 240mm×115mm×53mm。

2. 烧结多孔砖

以煤矸石、页岩、粉煤灰或黏土为主要原料，经焙烧而成、孔洞率不大于 35%，孔的尺寸小而数量多，主要用于承重部位的砖称为烧结多孔砖。

我国生产的烧结多孔砖，其孔型和外形尺寸多种多样，孔洞率多在 15%～35%，主要规格有：KP1 型 240mm×115mm×90mm；KP2 型 240mm×180mm×115mm；KM1 型 190mm×190mm×90mm。上述规格产品还有 1/2 长度或 1/2 宽度的配砖配套使用，以避免砍砖过多及砍砖困难，有的多孔砖可与烧结普通砖配合使用。几种典型的多孔砖规格及孔洞形式如图 14-1 所示。

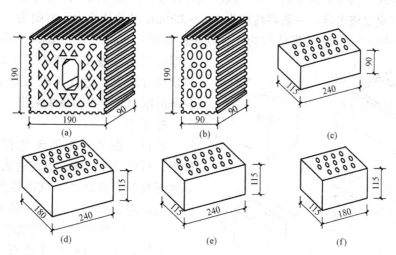

图 14-1 几种多孔砖的规格及孔洞形式

(a) KM1 型；(b) KM1 型配砖；(c) KP1 型；(d) KP2 型；(e)、(f) KP2 型配砖

烧结空心砖的孔洞率可达 35%～60%，因此又称大孔空心砖，一般多作填充墙用，如图 14-2 所示。采用空心砖不仅减轻了结构自重，获得了更好的保温、隔热和隔声性能，还一定程度上节约了土地，因此，近年来得到了越来越多的推广应用。

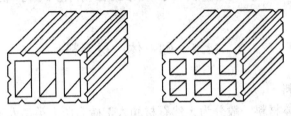

图 14-2　大孔空心砖

3. 非烧结硅酸盐砖

以石灰、消石灰或水泥等钙质材料与砂或粉煤灰等硅质材料为主要原料，经坯料制备、压制排气成型、高压蒸汽养护而成的实心砖称为非烧结硅酸盐砖。常用的非烧结硅酸盐砖有蒸压灰砂普通砖、蒸压粉煤灰普通砖等。其规格尺寸与实心黏土砖相同。蒸压硅酸盐砖均不需焙烧，因此不得用于长期受热 200℃以上、受急冷急热和有酸性介质侵蚀的建筑部位。

4. 混凝土砖

以水泥为胶凝材料，以砂、石等为主要集料，加水搅拌、成型、养护制成的一种多孔的混凝土半盲孔砖或实心砖。多孔砖的主规格尺寸为 240mm×115mm×90mm、240mm×190mm×90mm、190mm×190mm×90mm 等；实心砖的主规格尺寸为 240mm×115mm×53mm、240mm×115mm×90mm 等。

5. 混凝土砌块

由普通混凝土或浮石、火山渣、陶粒等轻集料做成的轻集料混凝土制成，空心率为 25%～50% 的空心砌块，简称混凝土砌块或砌块。这些砌块既能保温又能承重，是比较理想的节能墙体材料。此外，利用工业废料加工生产的各种砌块，如粉煤灰砌块、煤矸石砌块、炉渣混凝土砌块、加气混凝土砌块等，既能代替黏土砖，又能减少环境污染。

混凝土砌块规格多样，一般将高度为 180～350mm 的块体称为小型砌块，如图 14-3 所示；高度为 360～900mm 的砌体称为中型砌块；高度为 900mm 以上的块体称为大型砌块。小型砌块尺寸较小，便于手工砌筑。中大型砌块尺寸较大，适合于机械施工，但受起重设备的限制，在我国较少采用。

6. 石材

石材一般采用重质天然石，如花岗岩、砂岩、石灰岩等，其重力密度大于 $18kN/m^3$。天然石材具有强度高、抗冻性及耐火性能好等优点，因此常用于建筑物的基础、挡土墙等，在石材产地也可用于砌筑承重墙体。

天然石材分为料石和毛石两种。料石按其加工后的外形规则程度又分为细料石、粗料石和毛料石。毛石是指形状不规则、中部

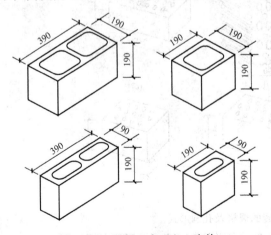

图 14-3　混凝土小型空心砌块

厚度不小于 200mm 的块石。

石砌体中的石材应选用无明显风化的天然石材。

14.1.2 块体的强度等级

块体的强度等级是由标准试验方法得到的以 MPa 表示的块体极限抗压强度按规定的评定方法确定的强度值。它是块体力学性能的基本标志，用符号"MU"表示。

承重结构的块体的强度等级，应按下列规定采用：

（1）烧结普通砖、烧结多孔砖的强度等级：MU30、MU25、MU20、MU15 和 MU10；

（2）蒸压灰砂普通砖、蒸压粉煤灰普通砖的强度等级：MU25、MU20 和 MU15；

（3）混凝土普通砖、混凝土多孔砖的强度等级：MU30、MU25、MU20 和 MU15；

（4）混凝土砌块、轻集料混凝土砌块的强度等级：MU20、MU15、MU10、MU7.5 和 MU5；

（5）石材的强度等级：MU100、MU80、MU60、MU50、MU40、MU30 和 MU20。

需要注意的是，对用于承重的双排孔或多排孔轻集料混凝土砌块砌体的孔洞率不应大于 35%。

自承重墙的空心砖、轻集料混凝土砌块的强度等级，应按下列规定采用：

（1）空心砖的强度等级：MU10、MU7.5、MU5 和 MU3.5；

（2）轻集料混凝土砌块的强度等级：MU10、MU7.5、MU5 和 MU3.5。

14.1.3 砂浆的种类和强度等级

砂浆的作用是将单个块体连成整体，并抹平块体表面使其应力分布均匀。同时，砂浆填满了块体间的缝隙，减少了砌体的透气性，从而提高砌体的隔热、防水和抗冻性能。

1. 普通砂浆

普通砂浆是由砂子和无机胶凝材料（如水泥、石灰、石膏、黏土等）按一定比例加水搅拌而成的黏结材料。普通砂浆按其组成成分的不同可以分为以下三类：

（1）水泥砂浆。纯水泥砂浆中无塑性掺合料，由于它能在潮湿环境中硬化，因此一般多用于含水量较大的地基土中的地下砌体。

（2）混合砂浆。混合砂浆为在水泥砂浆中掺入一定比例的塑化剂，如水泥石灰砂浆、水泥黏土砂浆等。混合砂浆的强度较高、和易性及保水性较好，便于施工砌筑。一般用于地面以上的墙、柱砌体。

（3）非水泥砂浆。为不含水泥的砂浆，如石灰砂浆、黏土砂浆和石膏砂浆等。这类砂浆强度低、耐久性差，只适宜于砌筑地面以上的砌体及简易建筑物等。

2. 蒸压灰砂普通砖、蒸压粉煤灰普通砖专用砂浆

由水泥、砂、水以及根据需要掺入的掺合料和外加剂等组成，按一定比例，采用机械拌和制成，专门用于砌筑蒸压灰砂砖或蒸压粉煤灰砖砌体，且砌体抗剪强度应不低于烧结普通砖砌体的取值的砂浆，称为蒸压灰砂普通砖、蒸压粉煤灰普通砖专用砂浆。

蒸压硅酸盐砖由于其表面光滑，与砂浆黏结力较差，砌体沿灰缝抗剪强度较低，影响了蒸压硅酸盐砖在地震设防区的推广与应用。因此，为了保证砂浆砌筑时的工作性能和砌体抗剪强度不低于用普通砂浆砌筑的烧结普通砖砌体，应采用黏结强度高、工作性能好的专用砂浆。

3. 混凝土砌块（砖）专用砂浆

混凝土砌块（砖）专用砂浆是由水泥、砂、水以及根据需要掺入的掺合料和外加剂等组成，按一定比例，采用机械拌和制成，专门用于砌筑混凝土砌块（砖）的砌筑砂浆，简称砌块专用砂浆。

对于块体高度较高的普通混凝土砖空心砌块，普通砂浆很难保证竖向灰缝的砌筑质量。调查发现，一些砌块建筑墙体灰缝不饱满，有的出现了"瞎缝"，影响了墙体的整体性，因此需采用与砌块相适应的专用砂浆。

4. 砂浆的强度等级

采用边长为 70.7mm 的立方体标准试块，在 20±3℃温度下，水泥砂浆在湿度为 90％以上，水泥石灰砂浆在湿度为 60％～80％环境中养护 28d，然后进行抗压试验，按计算规则得出的以 MPa 表示的砂浆试件强度值，称为砂浆的强度等级。砂浆的强度等级应按下列规定采用：

（1）烧结普通砖、烧结多孔砖、蒸压灰砂普通砖和蒸压粉煤灰普通砖砌体采用的普通砂浆强度等级：M15、M10、M7.5、M5 和 M2.5；蒸压灰砂普通砖和蒸压粉煤灰普通砖砌体采用的专用砌筑砂浆强度等级：Ms15、Ms10、Ms7.5 和 Ms5。

（2）混凝土普通砖、混凝土多孔砖、单排孔混凝土砌块和煤矸石混凝土砌块砌体采用的砂浆强度等级：Mb20、Mb15、Mb10、Mb7.5 和 Mb5。

（3）双排孔或多排孔轻集料混凝土砌块砌体采用的砂浆强度等级：Mb10、Mb7.5 和 Mb5。

（4）毛料石、毛石砌体采用的砂浆强度等级：M7.5、M5 和 M2.5。

在确定砂浆强度等级时应采用同类块体为砂浆强度试块底模。

5. 对砂浆质量的要求

为了满足工程设计需要和施工质量，砂浆应当满足以下要求：

（1）砂浆应有足够的强度，以满足砌体的强度要求；

（2）砂浆应具有较好的和易性，以便于砌筑，保证砌筑质量和提高工效；

（3）砂浆应具有适当的保水性，使其在存放、运输和砌筑过程不出现明显的泌水、分层、离析现象，以保证砌筑质量、砂浆的强度和砂浆与块体之间的黏结力。

14.1.4 混凝土砌块灌孔混凝土

在混凝土小型砌块建筑中，为了提高房屋的整体性、承载力和抗震性能，常在砌块竖向孔洞中设置钢筋并浇筑灌孔混凝土，使其形成钢筋混凝土芯柱。在有些混凝土小型砌块砌体中，虽然孔内并没有配钢筋，但为了增大砌体横截面面积，或为了满足其他功能要求，也需要灌孔。混凝土砌块灌孔混凝土是由水泥、砂子、碎石、水以及根据需要掺入的掺合料和外加剂等组分，按一定比例，采用机械搅拌后，用于浇筑混凝土砌块砌体芯柱或其他需要填实部位孔洞的混凝土，简称砌块灌孔混凝土。砌块灌孔混凝土应具有较大的流动性，其坍落度应控制在 200～250mm 左右，强度等级用"Cb"表示。

14.1.5 砌体材料的选择

砌体结构所用材料应根据以下几方面进行选择：

（1）应符合"因地制宜，就地取材"的原则，尽量选用当地性能良好的块体材料和砂浆，以获得较好的技术经济指标。

（2）应保证砌体的强度和耐久性，选择强度等级适宜的块体和砂浆。对于北方寒冷的地区，块体还必须满足抗冻性要求，以保证在多次冻融循环之后块体不至于剥蚀和强度降低。

（3）应考虑施工队伍的技术条件和设备情况，并应方便施工。

（4）应考虑建筑物的使用性质和所处的环境因素。

14.2　砌体的类型

砌体分为无筋砌体和配筋砌体两大类。仅由块体和砂浆组成的砌体称为无筋砌体。无筋砌体包括砖砌体、砌块砌体和石砌体，它的应用范围广泛，但抗震性能较差。在砌体中配有钢筋或钢筋混凝土的砌体称为配筋砌体。配筋砌体的抗压、抗剪和抗弯承载力较高，且具有良好的抗震性能。

14.2.1　无筋砌体

1. 砖砌体

砖砌体按照采用砖类型的不同，可以分为普通黏土砖砌体、黏土多孔砖砌体和各种硅酸盐砖砌体。

实心砖砌体通常采用一顺一丁、梅花丁和三顺一丁的砌筑方式，如图 14 - 4 所示。烧结普通砖和非烧结硅酸盐砖砌体的墙厚可为 120mm（半砖）、240mm（1 砖）、370mm（1½ 砖）、490mm（2 砖）、620mm（2½砖）和 740mm（3 砖）等。有时为了节约建筑材料，墙厚可不按半砖而采用 1/4 砖进位，那么有些砖则必须侧砌而构成 180、300mm 和 430mm 等厚度。目前国内几种应用较多的多孔砖可砌成 90、180、190、240、290mm 和 390mm 等厚度的砖墙。

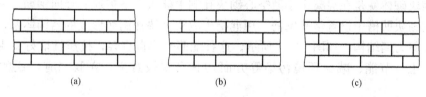

图 14 - 4　砖的砌筑方式
（a）一顺一丁；（b）梅花丁；（c）三顺一丁

2. 砌块砌体

目前我国应用较多的砌块砌体主要为混凝土小型空心砌块砌体。和砖砌体一样，砌块砌体也应分皮错缝搭砌。混凝土小型砌块上、下皮搭砌长度不得小于 90mm，砌筑空心砌块时，一般应孔对孔，肋对肋以利于传力。混凝土小型空心砌块便于手工砌筑，在使用上比较灵活，而且可以利用其孔洞做成配筋芯柱，满足抗震要求。

3. 石砌体

石砌体是由天然石材和砂浆或由天然石材和混凝土砌筑而成，可分为料石砌体、毛石砌体和毛石混凝土砌体。在石材资源丰富的地区，石砌体应用比较广泛且较为经济。料石砌体可用作一般民用房屋的承重墙、柱和基础，还用于建造拱桥、坝和涵洞等工程。毛石砌体可用于建造一般民用房屋及规模不大的构筑物基础，也常用于挡土墙和护坡。毛石混凝土砌体的砌筑方法比较简单，它是在模板内交替地铺设混凝土和毛石层，通常用作一般房屋和构筑物的基础及挡土墙等。

14.2.2　配筋砌体

为了提高砌体的强度或当构件截面尺寸受到限制时，可在砌体内配置适量的钢筋或钢筋混凝土，构成配筋砌体。配筋砌体可分为配筋砖砌体和配筋砌块砌体，其中配筋砖砌体又可分为网状配筋砖砌体、组合砖砌体、砖砌体和钢筋混凝土构造柱组合墙。

1. 网状配筋砖砌体

这种砌体又称横向配筋砌体，是将钢筋网片或水平钢筋配在砌体的水平灰缝内。它主要用于轴心受压和偏心距较小的偏心受压构件。

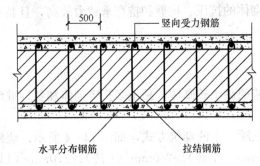

图 14 - 5　外包式组合砖砌体

2. 组合砖砌体

这种砌体分为两类，一类是在砌体外侧配置纵向钢筋，再浇灌混凝土或砂浆面层，故可称为外包式组合砖砌体。如图 14 - 5 所示；另一类是由砖砌体与钢筋混凝土构造柱所组成，因为柱是嵌入在砖墙中，故也可称为内嵌式组合砖砌体。其构造如图 14 - 6 所示。工程实践表明，设置钢筋混凝土构造柱不但可以提高墙体的承载能力，同时构造柱与房屋圈梁连接组成的框体对墙体的约束作用也很明显，可以增强房屋的变形能力和抗倒塌能力。

3. 配筋砌块砌体

配筋砌块砌体就是在混凝土小型空心砌块孔洞中插入上下贯通的竖向钢筋，一般同时在水平灰缝或砌块凹槽中设置水平钢筋，用混凝土灌实砌块孔洞而形成的结构体系，也称为配筋砌块砌体剪力墙结构，如图 14 - 7 所示。这种配筋砌体自重轻，抗震性能好。由于不用黏土砖，在节土、节能、减少环境污染等方面均具有积极意义，在我国有广泛的推广应用前景。

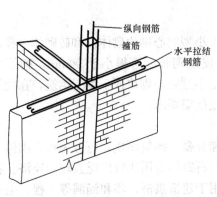

图 14 - 6　内嵌式组合砖砌体

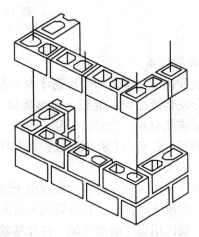

图 14 - 7　配筋混凝土空心砌块砌体

14.3　砌体的物理力学性能

14.3.1　砌体的受压性能

1. 砌体轴心受压时的破坏过程

由大量试验可知，砖砌体在轴心压力作用下的破坏过程大致分为以下三个阶段：

（1）从开始加荷到砌体中个别砖出现裂缝，如图 14 - 8（a）所示。其荷载大致为极限荷载的 50%～70%。如果此时不再继续增大荷载，则单块砖的裂缝停止扩展。

（2）继续加荷，砌体内的单砖裂缝将继续发展，并逐渐形成贯通几皮砖的连续竖向裂缝。其荷载约为极限荷载的 80%～90%。如果此时荷载不再增加，裂缝仍将继续缓慢扩展，如图 14 - 8（b）所示。

（3）如果继续加荷，裂缝很快上下延伸并加宽，砌体被贯通的竖向裂缝分割成若干互不相连的独立小柱，最终因局部砌体被压碎或受压柱体丧失稳定而发生破坏。此时的裂缝分布如图 14 - 8（c）所示。

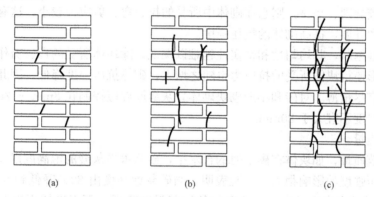

图 14 - 8　砖砌体受压破坏特征
（a）开始出现裂缝；（b）形成贯通竖向裂缝；（c）极限状态

2. 砌体受压时的应力状态

试验表明，砌体的抗压强度总是低于它所用砖的抗压强度。这一现象可用砌体中单块砖所处的应力状态加以说明。

（1）由于砖的表面不平整、砂浆铺砌又不可能十分均匀，使得砖在砌体中并非均匀受压，而同时承受弯曲和剪切作用。但砖的抗弯、抗剪强度又远低于其抗压强度，因此在单块砖的抗压能力还没有被充分利用之前，砌体就在压、弯、剪复合应力作用下而开裂，导致砌体的抗压强度总是比单块砖的抗压强度小。

（2）砌体在竖向受压时要产生横向变形，由于砖与砂浆的弹性模量和横向变形系数均不同，砖的横向变形一般小于砂浆的变形。但由于砖与砂浆之间存在着黏结力以及摩擦力的作用，使二者保持共同的横向变形，这样就在砖内产生横向拉应力，砂浆内产生横向压应力。砖所受的水平拉应力作用促使了砖内裂缝的出现，使砌体的抗压强度降低。

（3）砌体中竖向灰缝不可能完全填满，因而砌体的整体性受到削弱。同时砖和砂浆之间的黏结力也不能充分得到保证，因此在竖向灰缝上的砖内产生横向拉应力和剪应力的集中，加速砌体中砖的开裂，引起砌体抗压强度降低。

　　3. 影响砌体抗压强度的主要因素

　　(1) 块体和砂浆强度。是影响砌体抗压强度的最主要因素。一般来说，砌体的抗压强度随块体和砂浆强度等级的提高而增大，但当砂浆强度等级过高时，砌体抗压强度的提高并不明显。

　　(2) 砂浆的变形性能。对砌体的抗压强度有重要影响。砂浆的强度等级越低，变形越大，块体受到的拉应力和弯、剪应力也越大，导致砌体的抗压强度降低。

　　(3) 砂浆的流动性和保水性。砂浆的流动性和保水性好，容易使铺砌成的水平灰缝饱满，厚度和密实性都较为均匀，从而降低块体在砌体中的弯、剪应力，使砌体的抗压强度提高。但是，如果砂浆的流动性过大，则它在硬化后的变形率也越大，反而会降低砌体的强度。

　　纯水泥砂浆容易失水而降低其流动性，不易保证砌筑时砂浆均匀而降低砌体强度。因此，在工程中宜采用掺有石灰或黏土的混合砂浆砌筑砌体。

　　(4) 块体的形状和灰缝厚度。块体的外形对砌体抗压强度也有明显影响。如果块体的厚度大、外形比较规则、平整，则它在砌体中所受的拉、弯、剪应力较小，这有利于推迟块体中裂缝的出现和开展，提高砌体的抗压强度。

　　砌体中灰缝越厚，其均匀性和密实性越难以保证，除块体所受的弯、剪作用增大外，由于灰缝横向变形使得块体所受的拉应力也随之增大，砌体抗压强度降低。因此当块体的表面平整时，灰缝宜尽量薄。对砖和小型砌块砌体，灰缝厚度应控制在 8mm～12mm；对料石砌体，一般灰缝厚度不宜大于 20mm。

　　(5) 砌筑质量。

　　砌体的砌筑质量，如块体在砌筑时的含水率，砂浆水平灰缝的饱满度以及工人的施工水平等对砌体抗压强度的影响很大。实验表明，当砂浆饱满度由 80% 降低到 65% 时，砌体强度降低 20%。砖的含水率过高，会使砌体的抗剪强度降低；而当砌体干燥时，会产生较大的收缩应力，导致砌体出现垂直裂缝。因此规定，水平裂缝的砂浆饱满度不得低于 80%；烧结普通砖、多孔砖的含水率宜为 10%～15%；蒸压灰砂砖，蒸压粉煤灰砖的含水率宜为 8%～12%。此外，砌体龄期、搭接方式、竖向灰缝饱满程度、试件尺寸等都对砌体的抗压强度有一定影响。

14.3.2　砌体的受拉、受弯和受剪性能

　　砌体通常用于受压构件，但在实际工程中有时也会遇到受拉、受弯和受剪的情况。例如：圆形贮液池由于池内液体对池壁的压力，在垂直池壁截面内产生环向拉力。又如，挡土墙在土侧向压力作用下处于受弯状态。再如砖过梁或拱的支座处，在水平推力的作用下支座截面的砌体受剪。

　　1. 砌体轴心受拉时的性能

　　砌体在轴心拉力作用下，会发生以下三种破坏形式：

　　(1) 当轴心拉力与砌体的水平裂缝平行时，砌体可能发生沿齿缝截面的破坏，如图 14-9 (a) 所示，此时砌体的抗拉强度主要取决于水平灰缝的切向黏结力。

　　(2) 当轴心拉力与砌体的水平灰缝平行时，也可能沿块体和竖向灰缝截面破坏，如图 14-9 (b) 所示，此时砌体的抗拉强度取决于块体本身的抗拉强度。只有块体的强度很低

时，才会发生这种形式的破坏。通常用限制块体最低强度的办法加以防止。

（3）当轴向拉力与砌体的水平灰缝垂直时，砌体发生沿水平通缝截面的破坏，如图 14-9（c）所示。发生这种破坏时，对抗拉承载力起决定作用的是块体和砂浆的法向黏结力，由于法向黏结力很小且无可靠保证，因此在实际工程中不允许采用沿通缝截面的受拉构件。

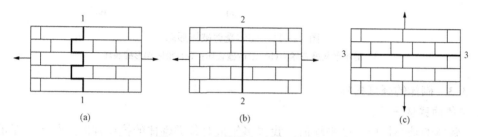

图 14-9　砌体轴心受拉破坏特征
（a）沿齿缝截面破坏；（b）沿块体和竖向灰缝破坏；（c）沿水平通缝截面破坏

2. 砌体的受弯性能

砌体受弯破坏总是从截面受拉一侧开始，主要有以下三种破坏形态：

（1）沿齿缝截面破坏。如图 14-10（a）所示，墙壁的跨中截面直接承受压力的一侧弯曲受压，另一侧弯曲受拉，在受拉侧发生了沿齿缝截面的破坏。

（2）沿块体和竖向灰缝破坏。与轴心受拉构件相似，仅当块体强度过低时发生这种形式的破坏，如图 14-10（b）所示。

（3）沿通缝截面破坏。当弯矩作用时砌体水平通缝受拉时，砌体会在弯矩最大截面的水平灰缝处发生弯曲破坏，如图 14-10（c）所示。

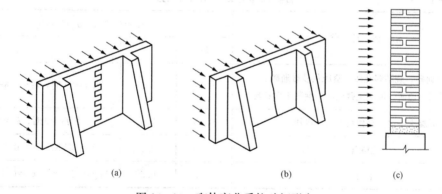

图 14-10　砌体弯曲受拉破坏形态
（a）沿齿缝截面破坏；（b）沿块体和竖向灰缝破坏；（c）沿通缝截面破坏

3. 砌体的受剪性能

砌体在剪力作用下，可能发生沿水平灰缝破坏、沿齿缝破坏或沿阶梯形缝的剪切破坏，如图 14-11，极少数发生沿块体和竖向灰缝的破坏。其中沿阶梯形缝的破坏是地震中墙体最常见的破坏形式。

影响砌体抗剪强度的主要因素有块体与砂浆之间的黏结强度、砌体所受垂直应力及其摩擦系数。试验表明砌体抗剪强度随砂浆强度的提高明显增大，而块体强度对其影响则小。

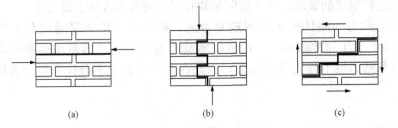

（a）　　　　　　　　　（b）　　　　　　　　　（c）

图 14 - 11　砌体受剪破坏形态

（a）沿水平灰缝破坏；（b）沿齿缝破坏；（c）沿阶梯形缝破坏

14.3.3　砌体的强度指标

1. 砌体的强度平均值

（1）砌体的轴心抗压强度平均值。我国多年来对各类砌体的抗压强度进行了大量的试验研究，取得了非常丰富的试验数据。在对这些数据进行分析研究，并参考国外相关研究成果的基础上，提出了适合于各类砌体的抗压强度平均值的计算公式

$$f_m = k_1 f_1^\alpha (1 + 0.07 f_2) k_2 \tag{14-1}$$

式中　　f_m——砌体轴心抗压强度平均值，MPa；

　　　　f_1——块体的抗压强度等级值，MPa；

　　　　f_2——砂浆的抗压强度平均值，MPa；

　α、k_1——不同类型砌体的块体形状、尺寸、砌筑方法等因素的影响系数；

　　　　k_2——砂浆强度不同对砌体抗压强度的影响系数。

各类砌体的 k_1、α、k_2 取值见表 14 - 1。

表 14 - 1　　　　　　　　　　　　**各类砌体的 k_1、α、k_2 系数**

砌 体 种 类	$f_m = k_1 f_1^\alpha (1 + 0.07 f_2) k_2$		
	k_1	α	k_2
烧结普通砖、烧结多孔砖、蒸压灰砂普通砖、蒸压粉煤灰普通砖、混凝土普通砖、混凝土多孔砖	0.78	0.5	当 $f_2 < 1$ 时，$k_2 = 0.6 + 0.4 f_2$
混凝土砌块、轻集料混凝土砌块	0.46	0.9	当 $f_2 = 0$ 时，$k_2 = 0.8$
毛料石	0.79	0.5	当 $f_2 < 1$ 时，$k_2 = 0.6 + 0.4 f_2$
毛石	0.22	0.5	当 $f_2 < 2.5$ 时，$k_2 = 0.4 + 0.24 f_2$

注　1. k_2 在表列条件以外时均等于 1；

　　2. 混凝土砌块砌体的抗压强度平均值，当 $f_2 > 10$MPa 时，应乘系数 $1.1 - 0.01 f_2$，MU20 的砌体应乘系数 0.95，且满足 $f_1 \geqslant f_2$，$f_1 < 20$MPa。

（2）砌体轴心抗拉强度平均值。

各类砌体轴心抗拉强度平均值应按下式计算

$$f_{t,m} = k_3 \sqrt{f_2} \tag{14-2}$$

式中　　$f_{t,m}$——砌体轴心抗拉强度平均值，MPa；

　　　　k_3——与砌体种类有关的系数（取值见表 14 - 2）；

f_2——砂浆的抗压强度平均值，MPa。

（3）砌体弯曲抗拉强度平均值。砌体发生沿齿缝或沿通缝截面的弯曲破坏时，其弯曲抗拉强度平均值应按下式计算

$$f_{tm,m} = k_4 \sqrt{f_2} \qquad (14-3)$$

式中　$f_{tm,m}$——砌体弯曲抗拉强度平均值，MPa；

　　　　k_4——与砌体种类有关的系数（取值见表 14-2）；

　　　　f_2——砂浆的抗压强度平均值，MPa。

（4）砌体抗剪强度平均值。

忽略竖向灰缝的抗剪作用，仅考虑水平灰缝的切向黏结力。砌体抗剪强度的平均值应按下式计算

$$f_{v,m} = k_5 \sqrt{f_2} \qquad (14-4)$$

式中　$f_{v,m}$——砌体抗剪强度平均值，MPa；

　　　　k_5——与砌体种类有关的系数（取值见表 14-2）；

　　　　f_2——砂浆的抗压强度平均值，MPa。

表 14-2　　　　　　　　　　　　各类砌体的 k_3、k_4、k_5 系数

砌体种类	$f_{t,m} = k_3 \sqrt{f_2}$	$f_{tm,m} = k_4 \sqrt{f_2}$		$f_{v,m} = k_5 \sqrt{f_2}$
	k_3	k_4		k_5
		沿齿缝	沿通缝	
烧结普通砖、烧结多孔砖混凝土普通砖、混凝土多孔砖	0.141	0.250	0.125	0.125
蒸压灰砂普通砖、蒸压粉煤灰普通砖	0.09	0.18	0.09	0.09
混凝土砌块	0.069	0.081	0.056	0.069
毛料石	0.075	0.113	—	0.188

2. 砌体的强度标准值

砌体强度标准值 f_k 是取强度概率密度分布函数的 0.05 分位值，即

$$f_k = f_m(1 - 1.645\delta_f) \qquad (14-5)$$

式中　δ_f——砌体强度的变异系数。

对于除毛石砌体外的各类砌体的抗压强度，δ_f 可取 0.17，则

$$f_k = f_m(1 - 1.645 \times 0.17) = 0.72 f_m$$

对于轴心抗拉强度、弯曲抗拉强度和抗剪强度，δ_f 可取 0.2（毛石砌体 δ_f 为 0.26），将各种强度均值及相应的变异系数代入式（14-5）即可得到各类砌体强度的标准值。

3. 砌体的强度设计值

（1）砌体抗压强度设计值 f。f 是砌体强度标准值 f_k 除以材料性能分项系数 γ_f，即

$$f = \frac{f_k}{\gamma_f} \qquad (14-6)$$

式中，砌体结构的材料性能分项系数 γ_f 在一般情况下，宜按施工质量控制等级为 B 级考虑，取 $\gamma_f = 1.6$；当为 C 级时，取 $\gamma_f = 1.8$。如果取 $\gamma_f = 1.6$，则

$$f = 0.45 f_m \qquad (14-7)$$

　　龄期为 28d 的以毛截面计算的砌体抗压强度设计值，当施工质量控制等级为 B 级时，应根据块体和砂浆的强度等级按表 14-3～表 14-9 采用。

表 14-3　　　　烧结普通砖和烧结多孔砖砌体的抗压强度设计值　　　　MPa

砖强度等级	砂浆强度等级					砂浆强度
	M15	M10	M7.5	M5	M2.5	0
MU30	3.94	3.27	2.93	2.59	2.26	1.15
MU25	3.60	2.98	2.68	2.37	2.06	1.05
MU20	3.22	2.67	2.39	2.12	1.84	0.94
MU15	2.79	2.31	2.07	1.83	1.60	0.82
MU10	—	1.89	1.69	1.50	1.30	0.67

注　当烧结多孔砖的孔洞率大于 30% 时，表中数值应乘以 0.9。

表 14-4　　　　混凝土普通砖和混凝土多孔砖砌体的抗压强度设计值　　　　MPa

砖强度等级	砂浆强度等级					砂浆强度
	Mb20	Mb15	Mb10	Mb7.5	Mb5	0
MU30	4.61	3.94	3.27	2.93	2.59	1.15
MU25	4.21	3.60	2.98	2.68	2.37	1.05
MU20	3.77	3.22	2.67	2.39	2.12	0.94
MU15	—	2.79	2.31	2.07	1.83	0.82

表 14-5　　　　蒸压灰砂普通砖和蒸压粉煤灰普通砖砌体的抗压强度设计值　　　　MPa

砖强度等级	砂浆强度等级				砂浆强度
	M15	M10	M7.5	M5	0
MU25	3.60	2.98	2.68	2.37	1.05
MU20	3.22	2.67	2.39	2.12	0.94
MU15	2.79	2.31	2.07	1.83	0.82

注　当采用专用砂浆砌筑时，其抗压强度设计值按表中数值采用。

表 14-6　　单排孔混凝土砌块和轻集料混凝土砌块对孔砌筑砌体的抗压强度设计值　　　　MPa

砌块强度等级	砂浆强度等级					砂浆强度
	Mb20	Mb15	Mb10	Mb7.5	Mb5	0
MU20	6.30	5.68	4.95	4.44	3.94	2.33
MU15	—	4.61	4.02	3.61	3.20	1.89
MU10	—	—	2.79	2.50	2.22	1.31
MU7.5	—	—	—	1.93	1.71	1.01
MU5	—	—	—	—	1.19	0.70

注　1. 对独立柱或厚度为双排组砌的砌块砌体，应按表中数值乘以 0.7；
　　　2. 对 T 形截面墙体、柱，应按表中数值乘以 0.85。

表 14 - 7　　　　双排孔或多排孔轻集料混凝土砌块砌体的抗压强度设计值　　　　MPa

砌块强度等级	砂浆强度等级			砂浆强度
	Mb10	Mb7.5	Mb5	0
MU10	3.08	2.76	2.45	1.44
MU7.5	—	2.13	1.88	1.12
MU5	—	—	1.31	0.78
MU3.5	—	—	0.95	0.56

注　1. 砌块为火山渣、浮石和陶粒轻集料混凝土砌块，其孔洞率不大于 35%；
　　2. 对厚度方向为双排组砌的轻集料混凝土砌块砌体的抗压强度设计值，应按表中数值乘以 0.8。

表 14 - 8　　　　块体高度为 180～350mm 的毛料石砌体的抗压强度设计值　　　　MPa

毛料石强度等级	砂浆强度等级			砂浆强度
	M7.5	M5	M2.5	0
MU100	5.42	4.80	4.18	2.13
MU80	4.85	4.29	3.73	1.91
MU60	4.20	3.71	3.23	1.65
MU50	3.83	3.39	2.95	1.51
MU40	3.43	3.04	2.64	1.35
MU30	2.97	2.63	2.29	1.17
MU20	2.42	2.15	1.87	0.95

注　对细料石砌体、粗料石砌体和干砌勾缝石砌体，表中数值应分别乘以调整系数 1.4、1.2 和 0.8。

表 14 - 9　　　　毛石砌体的抗压强度设计值　　　　MPa

毛石强度等级	砂浆强度等级			砂浆强度
	M7.5	M5	M2.5	0
MU100	1.27	1.12	0.98	0.34
MU80	1.13	1.00	0.87	0.30
MU60	0.98	0.87	0.76	0.26
MU50	0.90	0.80	0.69	0.23
MU40	0.80	0.71	0.62	0.21
MU30	0.69	0.61	0.53	0.18
MU20	0.56	0.51	0.44	0.15

　　(2) 砌体的轴心抗拉、弯曲抗拉和抗剪强度设计值。龄期为 28d 的以毛截面计算的各类砌体的轴心抗拉强度设计值、弯曲抗拉强度设计值和抗剪强度设计值，当施工质量控制等级为 B 级时，按表 14 - 10 采用。

表 14 - 10　　　　沿砌体灰缝截面破坏时砌体的轴心抗拉强度设计值、

弯曲抗拉强度设计值和抗剪强度设计值　　　　　　　MPa

强度类别	破坏特征及砌体种类		砂浆强度等级			
			≥M10	M7.5	M5	M2.5
轴心抗拉	沿齿缝	烧结普通砖、烧结多孔砖	0.19	0.16	0.13	0.09
		混凝土普通砖、混凝土多孔砖	0.19	0.16	0.13	—
		蒸压灰砂普通砖、蒸压粉煤灰普通砖	0.12	0.10	0.08	—
		混凝土和轻集料混凝土砌块	0.09	0.08	0.07	—
		毛石	—	0.07	0.06	0.04
弯曲抗拉	沿齿缝	烧结普通砖、烧结多孔砖	0.33	0.29	0.23	0.17
		混凝土普通砖、混凝土多孔砖	0.33	0.29	0.23	—
		蒸压灰砂普通砖、蒸压粉煤灰砖	0.24	0.20	0.16	—
		混凝土和轻集料混凝土砌块	0.11	0.09	0.08	—
		毛石	—	0.11	0.09	0.07
	沿通缝	烧结普通砖、烧结多孔砖	0.17	0.14	0.11	0.08
		混凝土普通砖、混凝土多孔砖	0.17	0.14	0.11	—
		蒸压灰砂普通砖、蒸压粉煤灰普通砖	0.12	0.10	0.08	—
		混凝土和轻集料混凝土砌块	0.08	0.06	0.05	—
抗剪	烧结普通砖、烧结多孔砖		0.17	0.14	0.11	0.08
	混凝土普通砖、混凝土多孔砖		0.17	0.14	0.11	—
	蒸压灰砂砖、蒸压粉煤灰砖		0.12	0.10	0.08	—
	混凝土和轻集料混凝土砌块		0.09	0.08	0.06	—
	毛石		—	0.19	0.16	0.11

注　1. 对于用形状规则的块体砌筑的砌体，当搭接长度与块体高度的比值小于 1 时，其轴心抗拉强度设计值 f_t 和弯曲抗拉强度设计值 f_{tm} 应按表中数值乘以搭接长度与块体高度比值后采用；

　　　2. 表中数值是依据普通砂浆砌筑的砌体确定，采用经研究性试验且通过技术鉴定的专用砂浆砌筑的蒸压灰砂普通砖、蒸压粉煤灰普通砖砌体，其抗剪强度设计值按相应普通砂浆强度等级砌筑的烧结普通砖砌体采用；

　　　3. 对混凝土普通砖、混凝土多孔砖、混凝土和轻集料混凝土砌块砌体，表中的砂浆强度等级分别为：≥Mb10、Mb7.5 和 Mb5。

（3）灌孔混凝土砌块砌体的抗压强度和抗剪强度设计值。单排孔混凝土砌块对孔砌筑时，灌孔混凝土砌块砌体的抗压强度设计值 f_g 应按下列公式计算

$$f_g = f + 0.6\alpha f_c \tag{14-8}$$

$$\alpha = \delta\rho \tag{14-9}$$

式中　f_g——灌孔混凝土砌块砌体的抗压强度设计值，该值不应大于未灌孔砌体抗压强度设计值的 2 倍；

　　　f——未灌孔混凝土砌块砌体的抗压强度设计值，应按表 14-6 采用；

　　　f_c——灌孔混凝土的轴心抗压强度设计值；

α——混凝土砌块砌体中灌孔混凝土面积和砌体毛面积的比值；

δ——混凝土砌块的孔洞率；

ρ——混凝土砌块砌体的灌孔率，系截面灌孔混凝土面积与截面孔洞面积的比值，灌孔率应根据受力或施工条件确定，且不应小于 33%。

同时规定混凝土砌块砌体的灌孔混凝土强度等级不应低于 Cb20，且不应低于 1.5 倍的块体强度等级。灌孔混凝土强度指标取同强度等级的混凝土强度指标。

单排孔混凝土砌块对孔砌筑时，灌孔混凝土砌块砌体的抗剪强度设计值 f_{vg} 应按下式计算

$$f_{vg}=0.2f_g^{0.55} \tag{14-10}$$

式中　f_g——灌孔混凝土砌块砌体的抗压强度设计值（MPa）。

4. 砌体强度设计值的调整

下列情况的各类砌体，其砌体强度设计值应乘以调整系数 γ_a。

（1）对无筋砌体构件，其截面面积小于 $0.3m^2$ 时，γ_a 为其截面面积加 0.7；对配筋砌体构件，当其中砌体截面面积小于 $0.2m^2$ 时，γ_a 为其截面面积加 0.8；构件截面面积以"m^2"计；

（2）当砌体用强度等级小于 M5.0 的水泥砂浆砌筑时，对抗压强度设计值，γ_a 为 0.9；对轴心抗拉强度设计值、弯曲抗拉强度设计值、抗剪强度设计值，γ_a 为 0.8；

（3）当验算施工中房屋的构件时，γ_a 为 1.1。

施工阶段砂浆尚未硬化的新砌砌体的强度和稳定性，可按砂浆强度为零进行验算。对于冬期施工采用掺盐砂浆法施工的砌体，砂浆强度等级按常温施工的强度等级提高一级时，砌体强度和稳定性可不验算。配筋砌体不得用掺盐砂浆法施工。

14.3.4　砌体的变形性能

1. 砌体的应力-应变关系

砌体是弹塑性材料，当荷载较小时，应力与应变近似呈直线关系，随着荷载的增加，变形增长速度逐渐加快，表现出明显的塑性性质。在接近破坏时，荷载增加很少，而变形急剧增长。根据国内外有关资料，砌体的应力-应变关系可以表达为如下形式

$$\varepsilon=-\frac{1}{\xi}\ln\left(1-\frac{\sigma}{f_m}\right) \tag{14-11}$$

式中　ξ——弹性特征值，可根据试验或由式 $\xi=460\sqrt{f_m}$ 确定；

f_m——砌体的抗压强度平均值，MPa。

2. 砌体的变形模量

砌体的变形模量反映了砌体应力与应变之间的关系，其表达方式通常有以下三种。

（1）切线模量。砌体应力-应变曲线上任一点切线（见图 14-12）与横坐标夹角 α 的正切，称为该点的切线模量。由式（14-11）可得

$$E_t=\frac{d\sigma}{d\varepsilon}=\xi f_m\left(1-\frac{\sigma}{f_m}\right) \tag{14-12}$$

（2）初始弹性模量。砌体应力-应变曲线在原点切线的斜率，称为初始弹性模量。以 $\frac{\sigma}{f_m}=0$ 代入式（14-12），可得

$$E_0 = \xi f_m \qquad (14\text{-}13)$$

（3）割线模量。是指应力-应变曲线上某点（如图 14-12 中 A 点）与坐标原点所连割线的斜率，即

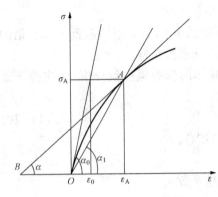

图 14-12　砌体受压时的变形模量

$$E_b = \frac{\sigma_A}{\varepsilon_A} = \tan\alpha_1 \qquad (14\text{-}14)$$

工程应用时一般取 $\sigma = 0.43 f_m$ 时的割线模量作为砌体的弹性模量 E（石砌体除外），即

$$E = \frac{\sigma_{0.43}}{\varepsilon_{0.43}} = \frac{0.43 f_m}{-\dfrac{1}{\xi}\ln 0.57} = 0.765 \xi f_m \qquad (14\text{-}15)$$

$$\approx 0.8 \xi f_m$$

上式可简写为

$$E \approx 0.8 E_0$$

对于砖砌体，ξ 值可取 $460\sqrt{f_m}$，则

$$E \approx 370 f_m \sqrt{f_m} \qquad (14\text{-}16)$$

为便于应用，《砌体结构设计规范》（GB 50003—2011）采用了更为简化的形式，按不同强度等级砂浆，取砌体的弹性模量与砌体的抗压强度设计值 f 成正比。对于石砌体，由于石材抗压强度和弹性模量均远高于砂浆的抗压强度和弹性模量，砌体受压变形主要由灰缝内砂浆的变形所引起，因此石砌体的弹性模量可仅按砂浆强度等级确定。各类砌体的弹性模量见表 14-11。

表 14-11　　　　　　　　　　砌体的弹性模量　　　　　　　　　　　　MPa

砌 体 种 类	砂浆强度等级			
	≥M10	M7.5	M5	M2.5
烧结普通砖、烧结多孔砖砌体	1600f	1600f	1600f	1390f
混凝土普通砖、混凝土多孔砖砌体	1600f	1600f	1600f	—
蒸压灰砂普通砖、蒸压粉煤灰普通砖砌体	1060f	1060f	1060f	—
非灌孔混凝土砌块砌体	1700f	1600f	1500f	—
粗料石、毛料石、毛石砌体		5650	4000	2250
细料石砌体		17 000	12000	6750

注　1. 对轻集料混凝土砌块砌体的弹性模量可按表中混凝土砌块砌体的弹性模量采用；

　　2. 表中砌体抗压强度设计值不需进行调整；

　　3. 表中砂浆为普通砂浆，采用专用砂浆砌筑的砌体的弹性模量也按此表取值；

　　4. 对混凝土普通砖、混凝土多孔砖、混凝土和轻集料混凝土砌块砌体，表中的砂浆强度等级分别为：≥Mb10、Mb7.5 及 Mb5；

　　5. 对蒸压灰砂普通砖和蒸压粉煤灰普通砖砌体，当采用专用砂浆砌筑时，其强度设计值按表中数值采用。

单排孔且对孔砌筑的混凝土砌块灌孔砌体的弹性模量应按下式计算

$$E = 2000 f_g \qquad (14\text{-}17)$$

式中　f_g——灌孔砌体的抗压强度设计值。

3．砌体的剪变模量

砌体的剪变模量与砌体的弹性模量及泊松比有关，根据材料力学公式

$$G=\frac{E}{2(1+\nu)} \tag{14-18}$$

式中　G——砌体的剪变模量；

　　　E——砌体的弹性模量；

　　　ν——砌体的泊松比，对砖砌体，ν 取 0.15；对砌块砌体，ν 取 0.3。

则砌体的剪变模量 $G=(0.38\sim0.43)E$，《砌体结构设计规范》（GB 50003—2011）按 $G=0.4E$ 采用。

4．砌体的其他物理力学性能

（1）砌体的线膨胀系数。温度变化引起砌体热胀、冷缩变形。当这种变形受到约束时，砌体会产生附加内力、附加变形及裂缝。当计算这种附加内力及变形裂缝时，砌体的线膨胀系数是重要的参数。《砌体结构设计规范》（GB 50003—2011）规定的各类砌体的线膨胀系数 α_T 见表 14-12。

（2）砌体的收缩率。砌体材料当含水量降低时，会产生较大的干缩变形，当这种变形受到约束时，砌体中会出现干燥收缩裂缝，这种裂缝有时是相当严重的，在设计、施工以及使用过程中，均不可忽视砌体干燥收缩造成的危害。《砌体结构设计规范》（GB 50003—2011）规定的各类砌体的收缩率见表 14-12。应当指出，表中的收缩率系由达到收缩允许标准的块体砌筑 28d 的砌体收缩率，当地方有可靠的砌体收缩试验数据时，亦可采用当地的试验数据。

表 14-12　　　　　　　　　　砌体的线膨胀系数和收缩率

砌 体 类 别	线膨胀系数（10^{-6}/℃）	收缩率（mm/m）
烧结普通砖、烧结多孔砖砌体	5	—0.1
蒸压灰砂普通砖、蒸压粉煤灰普通砖砌体	8	—0.2
混凝土普通砖、混凝土多孔砖、混凝土砌块砌体	10	—0.2
轻集料混凝土砌块砌体	10	—0.3
料石和毛石砌体	8	—

小　　结

（1）常用的块体有烧结普通砖、烧结多孔砖、非烧结硅酸盐砖、混凝土砖、混凝土砌块和石材。砂浆按其组成成分的不同可以分为普通砂浆和专用砂浆。应根据结构构件的不同受力情况及使用条件合理选择块体和砂浆类型及其强度等级。

（2）砌体按其配筋与否分为无筋砌体和配筋砌体两大类。无筋砌体又分为各种砖砌体、混凝土小型砌块砌体及石砌体。配筋砌体可分为配筋砖砌体和配筋砌块砌体。配筋砖砌体又分为横向配筋砌体和组合砖砌体。

（3）砌体主要用于受压构件，因此轴心抗压强度是砌体最重要的力学性能指标。砌体轴

心受压破坏的全过程可分为单个块体开裂、裂缝贯穿若干块体以及砌体局部压碎或形成的独立小柱失稳破坏三个主要阶段。

（4）影响砌体抗压强度的因素很多，其中主要有块体的强度及外形尺寸、砂浆的强度和变形性能、砂浆的流动性、保水性和施工质量等。

（5）砌体受压时的抗压强度均小于块体均匀受压时的抗压强度，这主要是由于砌体中单个块体处于压、弯、剪等不利的复合受力状态，块体与砂浆之间的作用使块体承受水平拉应力，以及水平灰缝处产生的应力集中所造成的。

（6）砌体抗压强度的平均值主要与块体和砂浆抗压强度平均值的大小有关。砌体的轴心抗拉、弯曲抗拉和抗剪强度平均值主要与块体与砂浆之间的切向黏结力有关，而切向黏结力的大小主要取决于砂浆的抗压强度平均值。

（7）砌体的变形模量是反映砌体力学性能的重要物理量，可分为切线模量、初始弹性模量和割线模量。在工程中，一般取砌体应力为 $0.43f_m$ 时的割线模量作为砌体的弹性模量（石砌体除外）。此外，剪变模量、线膨胀系数和收缩率等都是砌体重要的性能参数。

思　考　题

（1）分别叙述块体和砂浆的分类，其强度等级分别是如何确定的？

（2）工程中在选择块体和砂浆时，应考虑哪些因素？

（3）轴心受压砌体的受力可分为哪几个阶段？其破坏特征是什么？

（4）影响砌体抗压强度的主要因素有哪些？

（5）为什么砌体的抗压强度一般远小于块体的抗压强度？

（6）砌体轴心受拉、弯曲受拉和受剪时各有哪几种破坏形态？影响其破坏形态的主要因素是什么？

（7）砌体的弹性模量是如何确定的？它主要与哪些因素有关？

第 15 章   无筋砌体构件承载力的计算

15.1   受 压 构 件

无筋砌体的抗拉、抗弯和抗剪强度远低于其抗压强度，所以在工程应用中主要用作受压构件。无筋砌体受压构件的承载力主要取决于构件的截面面积、砌体的抗压强度、轴向压力的偏心距及构件的高厚比。砌体墙、柱的高厚比是砌体墙、柱的计算高度 H_0 与规定厚度 h 的比值，用 β 表示，即 $\beta = \dfrac{H_0}{h}$。规定厚度对墙取墙厚，对柱取对应的边长，对带壁柱墙取截面的折算厚度。当砌体受压构件的 $\beta \leqslant 3$ 时称为短柱，反之称为长柱。

15.1.1   受压短柱的承载力分析

对图 15-1 所示的承受轴向压力 N 的砌体受压短柱构件，随着 N 的偏心距的增大，构件截面受力特征逐渐变化。当轴向压力 N 作用在截面重心时，构件截面的应力是均匀分布的如图 15-1（a）所示，破坏时截面所能承受的最大压应力即为砌体的轴心抗压强度；当轴向压力偏心距 e 较小时，截面的压应力为不均匀分布，破坏将从压应力较大一侧开始，由于砌体的弹塑性性能，该侧的压应变和应力均比轴心受压时略有增加，如图 15-1（b）所示；当偏心距增大后，远离轴向压力一侧的部分截面逐渐出现拉应力，如图 15-1（c）所示；一旦拉应力超过砌体沿通缝的弯曲抗拉强度，将出现水平裂缝，且随着荷载的增大，水平裂缝向压力偏心方向延伸发展，实际受压截面也将减小，如图 15-1（d）所示，最后导致该侧块体被压碎，构件破坏。

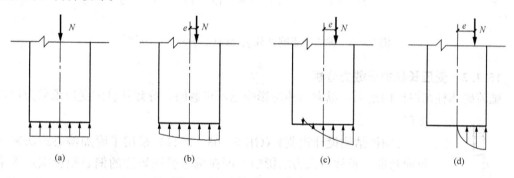

图 15-1   砌体受压时截面应力图

我国对矩形、T 形、十字形和环形截面偏心受压短柱做过大量的试验，对比不同偏心受压构件短柱试验发现，随着偏心距的增大，构件的极限承载力较轴心受压构件明显下降。试验表明偏心受压短柱的承载力 N_u^s 可用下式表示

$$N_u^s = \varphi_1 f A \tag{15-1}$$

式中 φ_1——偏心距影响系数，指偏心受压短柱承载力与轴心受压短柱承载力（fA）的比值；

f——砌体抗压强度设计值；

A——构件截面面积。

　　图 15-2 给出了偏心距影响系数 φ_1 与偏心率 e/i 之间关系的试验点和《砌体结构设计规范》（GB 50003—2011）规定的关系曲线。偏心距影响系数 φ_1 与偏心率 e/i 的关系式为

$$\varphi_1 = \frac{1}{1 + \left(\dfrac{e}{i}\right)^2} \tag{15-2}$$

式中　e——轴向压力偏心距；

　　　i——截面的回转半径，$i = \sqrt{\dfrac{I}{A}}$，I 为截面沿偏心方向的惯性矩，A 为截面面积。

　　对于矩形截面，$i = \dfrac{h}{\sqrt{12}}$，则矩形截面的 φ_1 可写成

$$\varphi_1 = \frac{1}{1 + 12\left(\dfrac{e}{h}\right)^2} \tag{15-3}$$

式中　h——矩形截面在偏心方向的边长。

　　当截面为 T 形或其他形状时，可用截面折算厚度 $h_T \approx 3.5i$ 代替 h，仍按式（15-3）计算。

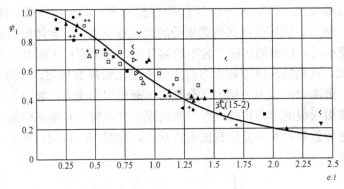

图 15-2　偏心距影响系数 φ_1 与偏心率 e/i 的关系图

15.1.2　受压长柱的承载力分析

随着砌体柱高厚比的增大，纵向弯曲的影响已不可忽略，导致长柱的受压承载力比短柱要低。

　　《砌体结构设计规范》（GB 50003—2011）采用了附加偏心距法来考虑纵向弯曲对长柱承载力的影响，即在偏心受压短柱的偏心距影响系数中将偏心距增加一项由纵向弯曲产生的附加偏心距 e_i，如图 15-3 所示，即

$$\varphi = \frac{1}{1 + \left(\dfrac{e + e_i}{i}\right)^2} \tag{15-4}$$

图 15-3　偏心受压构件的附加偏心距

　　附加偏心距 e_i 可以根据边界条件来确定，即 $e = 0$ 时 $\varphi = \varphi_0$，φ_0 为轴心受压长柱的纵向弯曲系数。则

$$\varphi_0 = \frac{1}{1 + \left(\dfrac{e_i}{i}\right)^2}$$

可以得到

$$e_i = i\sqrt{\frac{1}{\varphi_0} - 1} \tag{15-5}$$

轴心受压长柱的纵向弯曲系数 φ_0 可按下式计算

$$\varphi_0 = \frac{1}{1 + \alpha\beta^2} \tag{15-6}$$

式中 α——与砂浆强度等级有关的系数，当砂浆强度等级大于或等于 M5 时，$\alpha = 0.0015$；当砂浆强度等级为 M2.5 时，$\alpha = 0.002$；当砂浆强度为零时，$\alpha = 0.009$。

对于矩形截面，有 $i = \frac{h}{\sqrt{12}}$ 代入式（15-4），得

$$\varphi = \frac{1}{1 + 12\left[\frac{e}{h} + \sqrt{\frac{1}{12}\left(\frac{1}{\varphi_0} - 1\right)}\right]^2} \tag{15-7}$$

再将式（15-6）代入式（15-7），可得 φ 的另一种表达形式为

$$\varphi = \frac{1}{1 + 12\left(\frac{e}{h} + \beta\sqrt{\frac{\alpha}{12}}\right)^2} \tag{15-8}$$

式（15-7）和式（15-8）也适用于 T 形截面，只需以折算厚度 h_T 代替 h。

这样，受压长柱的承载力 N_u^l 可表达为

$$N_u^l = \varphi f A \tag{15-9}$$

式中 φ——高厚比 β 和轴向力的偏心距 e 对受压构件承载力的影响系数。

15.1.3 无筋砌体受压构件承载力的计算

在上述分析的基础上，对无筋砌体受压构件，无论是短柱还是长柱，也不论是轴心受压或偏心受压，《砌体结构设计规范》（GB 50003—2011）规定受压构件的承载力应符合下式的要求

$$N \leqslant \varphi f A \tag{15-10}$$

式中 N——轴向力设计值；

φ——高厚比 β 和轴向力的偏心距 e 对受压构件承载力的影响系数，可按式（15-8）计算，也可按表 15-1～表 15-3 查用；

f——砌体抗压强度设计值，按表 14-3～表 14-9 采用；

A——截面面积，对各类砌体均应按毛截面计算。

为了反应不同砌体类型受压性能的差异，《砌体结构设计规范》（GB 50003—2011）规定计算影响系数 φ 或查 φ 表时，构件高厚比 β 应按下列公式确定

对矩形截面

$$\beta = \gamma_\beta \frac{H_0}{h} \tag{15-11}$$

对 T 形截面

$$\beta = \gamma_\beta \frac{H_0}{h_T} \tag{15-12}$$

式中 γ_β——不同砌体材料构件的高厚比修正系数，烧结普通砖、烧结多孔砖砌体，取

1.0；混凝土普通砖、混凝土多孔砖砌体、混凝土及轻集料混凝土砌块砌体，取 1.1；蒸压灰砂普通砖、蒸压粉煤灰普通砖、细料石砌体，取 1.2；粗料石、毛石砌体，取 1.5；对灌孔混凝土砌块砌体，取 1.0；

H_0——受压构件的计算高度，按表 16-5 确定；

h——矩形截面轴向力偏心方向的边长，当轴心受压时为截面较小边长；

h_T——T 形截面的折算厚度，可近似按 $3.5i$ 计算；

i——截面回转半径。

对矩形截面构件，当轴向力偏心方向的截面边长大于另一方向的边长时，除按偏心受压计算外，还应对较小边长方向，按轴心受压进行验算。

偏心受压构件的偏心距过大，构件的承载力明显下降，既不经济又不合理。另外，偏心距过大，可使截面受拉边出现过大水平裂缝，给人以不安全感。因此，《砌体结构设计规范》（GB 50003—2011）规定，按内力设计值计算的轴向力的偏心距 e 不应超过 $0.6y$，y 为截面重心到轴向力所在偏心方向截面边缘的距离。当轴向力的偏心距超过上述规定时，可采取修改构件截面尺寸的方法；当梁或屋架端部支承反力的偏心距较大时，可在其端部下的砌体上设置有中心装置的垫块或缺口垫块，如图 15-4 所示，中心装置的位置或缺口垫块的缺口尺寸，可视需要减小的偏心距而定。

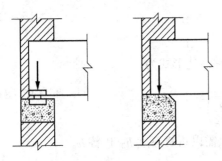

图 15-4　减小偏心距的措施

表 15-1　　　　　　　　　　影响系数 φ（砂浆强度等级≥M5）

β	$\dfrac{e}{h}$ 或 $\dfrac{e}{h_T}$												
	0	0.025	0.05	0.075	0.1	0.125	0.15	0.175	0.2	0.225	0.25	0.275	0.3
≤3	1	0.99	0.97	0.94	0.89	0.84	0.79	0.73	0.68	0.62	0.57	0.52	0.48
4	0.98	0.95	0.90	0.85	0.80	0.74	0.69	0.64	0.58	0.53	0.49	0.45	0.41
6	0.95	0.91	0.86	0.81	0.75	0.69	0.64	0.59	0.54	0.49	0.45	0.42	0.38
8	0.91	0.86	0.81	0.76	0.70	0.64	0.59	0.54	0.50	0.46	0.42	0.39	0.36
10	0.87	0.82	0.76	0.71	0.65	0.60	0.55	0.50	0.46	0.42	0.39	0.36	0.33
12	0.82	0.77	0.71	0.66	0.60	0.55	0.51	0.47	0.43	0.39	0.36	0.33	0.31
14	0.77	0.72	0.66	0.61	0.56	0.51	0.47	0.43	0.40	0.36	0.34	0.31	0.29
16	0.72	0.67	0.61	0.56	0.52	0.47	0.44	0.40	0.37	0.34	0.31	0.29	0.27
18	0.67	0.62	0.57	0.52	0.48	0.44	0.40	0.37	0.34	0.31	0.29	0.27	0.25
20	0.62	0.57	0.53	0.48	0.44	0.40	0.37	0.34	0.32	0.29	0.27	0.25	0.23
22	0.58	0.53	0.49	0.45	0.41	0.38	0.35	0.32	0.30	0.27	0.25	0.24	0.22
24	0.54	0.49	0.45	0.41	0.38	0.35	0.32	0.30	0.28	0.26	0.24	0.22	0.21
26	0.50	0.46	0.42	0.38	0.35	0.33	0.30	0.28	0.26	0.24	0.22	0.21	0.19
28	0.46	0.42	0.39	0.36	0.33	0.30	0.28	0.26	0.24	0.22	0.21	0.19	0.18
30	0.42	0.39	0.36	0.33	0.31	0.28	0.26	0.24	0.22	0.21	0.20	0.18	0.17

表 15 - 2　　　　　　　　　　　影响系数 φ（砂浆强度等级 M2.5）

β	$\dfrac{e}{h}$ 或 $\dfrac{e}{h_T}$												
	0	0.025	0.05	0.075	0.1	0.125	0.15	0.175	0.2	0.225	0.25	0.275	0.3
≤3	1	0.99	0.97	0.94	0.89	0.84	0.79	0.73	0.68	0.62	0.57	0.52	0.48
4	0.97	0.94	0.89	0.84	0.78	0.73	0.67	0.62	0.57	0.52	0.48	0.44	0.40
6	0.93	0.89	0.84	0.78	0.73	0.67	0.62	0.57	0.52	0.48	0.44	0.40	0.37
8	0.89	0.84	0.78	0.72	0.67	0.62	0.57	0.52	0.48	0.44	0.40	0.37	0.34
10	0.83	0.78	0.72	0.67	0.61	0.56	0.52	0.47	0.43	0.40	0.37	0.34	0.31
12	0.78	0.72	0.67	0.61	0.56	0.52	0.47	0.43	0.40	0.37	0.34	0.31	0.29
14	0.72	0.66	0.61	0.56	0.51	0.47	0.43	0.40	0.36	0.34	0.31	0.29	0.27
16	0.66	0.61	0.56	0.51	0.47	0.43	0.40	0.36	0.34	0.31	0.29	0.26	0.25
18	0.61	0.56	0.51	0.47	0.43	0.40	0.36	0.33	0.31	0.29	0.26	0.24	0.23
20	0.56	0.51	0.47	0.43	0.39	0.36	0.33	0.31	0.28	0.26	0.24	0.23	0.21
22	0.51	0.47	0.43	0.39	0.36	0.33	0.31	0.28	0.26	0.24	0.23	0.21	0.20
24	0.46	0.43	0.39	0.36	0.33	0.31	0.28	0.26	0.24	0.23	0.21	0.20	0.18
26	0.42	0.39	0.36	0.33	0.31	0.28	0.26	0.24	0.22	0.21	0.20	0.18	0.17
28	0.39	0.36	0.33	0.30	0.28	0.26	0.24	0.22	0.21	0.20	0.18	0.17	0.16
30	0.36	0.33	0.30	0.28	0.26	0.24	0.22	0.21	0.20	0.18	0.17	0.16	0.15

表 15 - 3　　　　　　　　　　　影响系数 φ（砂浆强度 0）

β	$\dfrac{e}{h}$ 或 $\dfrac{e}{h_T}$												
	0	0.025	0.05	0.075	0.1	0.125	0.15	0.175	0.2	0.225	0.25	0.275	0.3
≤3	1	0.99	0.97	0.94	0.89	0.84	0.79	0.73	0.68	0.62	0.57	0.52	0.48
4	0.87	0.82	0.77	0.71	0.66	0.60	0.55	0.51	0.46	0.43	0.39	0.36	0.33
6	0.76	0.70	0.65	0.59	0.54	0.50	0.46	0.42	0.39	0.36	0.33	0.30	0.28
8	0.63	0.58	0.54	0.49	0.45	0.41	0.38	0.35	0.32	0.30	0.28	0.25	0.24
10	0.53	0.48	0.44	0.41	0.37	0.34	0.32	0.29	0.27	0.25	0.23	0.22	0.20
12	0.44	0.40	0.37	0.34	0.31	0.29	0.27	0.25	0.23	0.21	0.20	0.19	0.17
14	0.36	0.33	0.31	0.28	0.26	0.24	0.23	0.21	0.20	0.18	0.17	0.16	0.15
16	0.30	0.28	0.26	0.24	0.22	0.21	0.19	0.18	0.17	0.16	0.15	0.14	0.13
18	0.26	0.24	0.22	0.21	0.19	0.18	0.17	0.16	0.15	0.14	0.13	0.12	0.12
20	0.22	0.20	0.19	0.18	0.17	0.16	0.15	0.14	0.13	0.12	0.12	0.11	0.10
22	0.19	0.18	0.16	0.15	0.14	0.14	0.13	0.12	0.12	0.11	0.10	0.10	0.09
24	0.16	0.15	0.14	0.13	0.13	0.12	0.11	0.11	0.10	0.10	0.09	0.09	0.08
26	0.14	0.13	0.13	0.12	0.11	0.11	0.10	0.10	0.09	0.09	0.08	0.08	0.07
28	0.12	0.12	0.11	0.11	0.10	0.10	0.09	0.09	0.08	0.08	0.08	0.07	0.07
30	0.11	0.10	0.10	0.09	0.09	0.09	0.08	0.08	0.07	0.07	0.07	0.07	0.06

【例 15 - 1】 截面尺寸为 $bh=370\text{mm}\times490\text{mm}$ 的砖柱，计算高度为 $H_0=3600\text{mm}$（等于实际高度），采用 MU10 烧结普通砖和 M7.5 混合砂浆砌筑，施工质量控制等级为 B 级，柱顶截面承受轴心压力设计值 $N=200\text{kN}$。试验算该柱的承载力是否满足要求？

解 （1）计算轴心压力设计值。

因柱底截面所受压力最大，故取柱底截面为验算截面。

砖砌体的重力密度 $\rho=18\text{kN/m}^3$，则柱底轴心压力设计值为（永久荷载分项系数取 1.2）

$$N=200+1.2\times18\times370\times490\times3600\times10^{-9}=214(\text{kN})$$

（2）确定计算参数。

采用烧结普通砖砌体，γ_β 取 1.0

砖柱高厚比

$$\beta=\gamma_\beta\frac{H_0}{h}=1.0\times\frac{3600}{370}=9.73$$

砖柱为轴心受压，即偏心距 $e=0$

由公式（15 - 8）可得（也可查表 15 - 1 确定）

$$\varphi=\frac{1}{1+12\left(\dfrac{e}{h}+\beta\sqrt{\dfrac{\alpha}{12}}\right)^2}=\frac{1}{1+12\times\left(0+9.73\times\sqrt{\dfrac{0.0015}{12}}\right)^2}=0.88$$

柱截面面积 $A=370\times490=0.18\times10^6(\text{mm}^2)=0.18\text{m}^2<0.3\text{m}^2$，取 $\gamma_a=0.7+A=0.88$

查表 14 - 3，砌体抗压强度设计值 $f=1.69\text{MPa}$。

（3）受压承载力验算。

调整后砌体抗压强度设计值为

$$f=0.88\times1.69=1.49(\text{MPa})$$

则　　　$\varphi fA=0.88\times1.49\times0.18\times10^6=236\times10^3(\text{N})=236\text{kN}>N=214\text{kN}$

故该柱承载力满足要求。

【例 15 - 2】 一带壁柱窗间墙，截面尺寸见图 15 - 5，计算高度为 $H_0=5200\text{mm}$，采用 MU15 烧结多孔砖和 M7.5 混合砂浆砌筑，施工质量控制等级为 B 级。试计算当轴向压力分别作用于该墙截面重心 O 点及 A 点时的承载力。

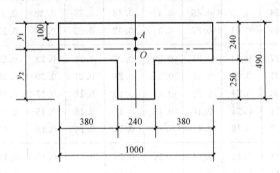

图 15 - 5 ［例 15 - 2］带壁柱砖墙截面

解 （1）截面几何特征值计算。

截面面积：

$$A=1000\times240+240\times250=0.30\times10^6(\text{mm}^2)$$

截面重心位置：

$$y_1 = \frac{1000 \times 240 \times 120 + 240 \times 250 \times \left(240 + \frac{250}{2}\right)}{0.30 \times 10^6} = 169 \text{(mm)}$$

$$y_2 = 490 - 169 = 321 \text{(mm)}$$

截面惯性矩：

$$I = \frac{1000 \times 240^3}{12} + 1000 \times 240 \times \left(169 - \frac{240}{2}\right)^2 + \frac{240 \times 250^3}{12} + 240 \times 250 \times \left(321 - \frac{250}{2}\right)^2$$

$$= 0.43 \times 10^{10} \text{(mm}^4\text{)}$$

截面回转半径：

$$i = \sqrt{\frac{I}{A}} = \sqrt{\frac{0.43 \times 10^{10}}{0.30 \times 10^6}} = 120 \text{(mm)}$$

T 形截面的折算厚度：

$$h_T = 3.5i = 3.5 \times 120 = 420 \text{(mm)}$$

（2）轴向压力作用于截面重心 O 点时的承载力计算。

1）确定计算参数。

此时属轴心受压构件，偏心距 $e = 0$

采用烧结多孔砖砌体，γ_β 取 1.0

$$\text{高厚比 } \beta = \gamma_\beta \frac{H_0}{h_T} = 1.0 \times \frac{5200}{420} = 12.38$$

由式（15 - 8）可得（也可查表 15 - 1 确定）

$$\varphi = \frac{1}{1 + 12\left(\frac{e}{h} + \beta\sqrt{\frac{\alpha}{12}}\right)^2} = \frac{1}{1 + 12 \times \left(0 + 12.38 \times \sqrt{\frac{0.0015}{12}}\right)^2} = 0.81$$

查表 14 - 3，砌体抗压强度设计值 $f = 2.07$MPa，无需调整。

2）受压承载力计算。

则该窗间墙的截面受压承载力为

$$N_u = \varphi f A = 0.81 \times 2.07 \times 0.30 \times 10^6 = 503 \times 10^3 \text{(N)} = 503 \text{kN}$$

（3）轴向压力作用于截面 A 点时的承载力计算

1）确定计算参数。

此时属偏心受压。

$$e = y_1 - 0.1 = 169 - 100 = 69 \text{(mm)} < 0.6y_1 = 0.6 \times 169 = 101 \text{mm}$$

$$\frac{e}{h_T} = \frac{69}{420} = 0.16$$

由式（15 - 8）可得（也可查表 15 - 1 确定）

$$\varphi = \frac{1}{1 + 12\left(\frac{e}{h} + \beta\sqrt{\frac{\alpha}{12}}\right)^2} = \frac{1}{1 + 12 \times \left(0.16 + 12.38 \times \sqrt{\frac{0.0015}{12}}\right)^2} = 0.48$$

2）受压承载力计算。

则该窗间墙的截面受压承载力为

$$N_u = \varphi f A = 0.48 \times 2.07 \times 0.30 \times 10^6 = 298 \times 10^3 \text{(N)} = 298 \text{kN}$$

15.2 局 部 受 压

局部受压是砌体结构中常见的一种受力状态，其特点在于轴向力仅作用于砌体的部分截面上。当砌体截面上作用局部均匀压力时，称为局部均匀受压，如承受上部柱或墙传来压力的基础顶面，如图 15-6（a）所示；当砌体截面上作用局部非均匀压力时，则称为局部不均匀受压，如支承梁或屋架的墙柱在梁或屋架端部支承处的砌体顶面，如图 15-6（b）所示。

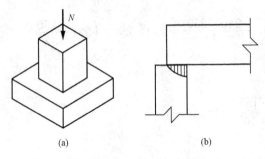

图 15-6 砌体的局部受压
（a）均匀局压；（b）不均匀局压

15.2.1 砌体局部均匀受压

1. 砌体局部均匀受压的破坏形态

试验研究结果表明，砌体局部均匀受压大致有三种破坏形态。

（1）因竖向裂缝发展引起的破坏。这种破坏的特点是：当局部压力达到一定数值时，在离局压垫板下 2～3 皮砖处首先出现竖向裂缝；随着局部压力的增大，竖向裂缝数量增多的同时，在局压垫两侧附近还出现斜向裂缝；部分竖向裂缝向上、向下延伸并开展形成一条明显的主裂缝使砌体丧失承载力而破坏，如图 15-7（a）所示。这是砌体局压破坏中较常见也较为基本的破坏形态。

（2）劈裂破坏。当砌体面积与局部受压面积之比很大时，在局部压应力的作用下产生的竖向裂缝少而集中，砌体一旦出现竖向裂缝，就很快成为一条主裂缝而发生劈裂破坏，开裂荷载与破坏荷载很接近，如图 15-7（b）所示。这种破坏为突然发生的脆性破坏，设计中应避免出现。

（3）与垫板直接接触的砌体局部破坏。这种破坏在试验时很少出现，但在工程中当墙梁的梁高与跨度之比较大，砌体强度较低时，有可能产生梁支承处附近砌体被压碎的现象，如图 15-7（c）所示。

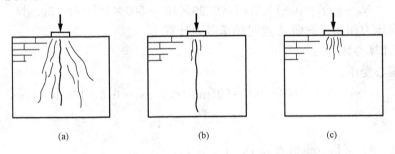

图 15-7 砌体局部均匀受压的破坏形态
（a）因竖向裂缝发展引起的破坏；（b）劈裂破坏；（c）与垫板直接接触的局部破坏

局部受压试验证明，砌体局部受压的承载力大于砌体抗压强度与局部受压面积的乘积，即砌体局部受压强度较普通受压强度有所提高。一般认为这是由于存在"套箍强化"和"应力扩散"的作用。在局部压应力的作用下，局部受压的砌体在产生纵向变形的同时还产生横向变形，当局部受压部分的砌体四周或对边有砌体包围时，未直接承受压力的部分像套箍一样约束其横向变形，使与加载板接触的砌体处于三向受压或双向受压的应力状态。试验实测和有限元分析得到的一般墙段在中部局压荷载作用下试件中线上横向和纵向的应力分布如图 15-8 所示，抗压能力大大提高。但"套箍强化"作用并不是所有的局部受压情况都有，当局部受压面积位于构件边缘或端部时，"套箍强化"作用则不明显甚至没有，但按"应力扩散"的概念加以分析，只要在砌体内存在未直接承受压力的面积，就有应力扩散的现象，就可以在一定程度上提高砌体的抗压强度。

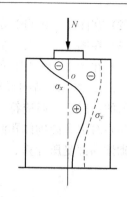

图 15-8　局压试件应力分布

2. 砌体局部抗压强度提高系数

当砌体抗压强度设计值为 f 时，砌体局部均匀受压时的抗压强度可取为 γf，γ 称为砌体局部抗压强度提高系数。试验结果表明，γ 的大小与周边约束局部受压面积的砌体截面面积的大小以及局部受压砌体所处的位置有关，可按下式确定

$$\gamma = 1 + \xi \sqrt{\frac{A_0}{A_1} - 1} \qquad (15-13)$$

式中　A_0——影响砌体局部抗压强度的计算面积；

　　　A_1——局部受压面积；

　　　ξ——与局部受压砌体所处位置有关的系数。

式（15-13）等号右边第一项可视为局部受压面积范围内砌体自身的单轴抗压强度，第二项可视为非直接受压砌体对局部受压砌体所提供侧向压力的"套箍强化"作用和"应力扩散"作用的综合影响。根据中心局部受压的试验结果，ξ 值可达 0.7～0.75，但当局部受压面积位于构件边缘或端部时，ξ 值将降低较多。为简化计算且偏于安全，《砌体结构设计规范》（GB 50003—2011）规定砌体的局部抗压强度提高系数 γ 可按下式计算

$$\gamma = 1 + 0.35 \sqrt{\frac{A_0}{A_1} - 1} \qquad (15-14)$$

影响砌体局部抗压强度的计算面积 A_0 可按下列规定采用：

（1）在图 15-9 (a) 的情况下，$A_0 = (a+c+h)h$；

（2）在图 15-9 (b) 的情况下，$A_0 = (b+2h)h$；

（3）在图 15-9 (c) 的情况下，$A_0 = (a+h)h + (b+h_1-h)h_1$；

（4）在图 15-9 (d) 的情况下，$A_0 = (a+h)h$；

式中　a、b——矩形局部受压面积 A_1 的边长；

　　　h、h_1——墙厚或柱的较小边长，墙厚；

　　　c——矩形局部受压面积的外边缘至构件边缘的较小距离，当大于 h 时，应取为 h。

为了避免 $\dfrac{A_0}{A_1}$ 大于某一限值时会出现危险的劈裂破坏，规定对按式（15-14）计算所得的 γ 值，尚应符合下列规定：

（1）在图 15-9 (a) 的情况下，$\gamma \leqslant 2.5$；

（2）在图 15-9（b）的情况下，$\gamma \leqslant 2.0$；

（3）在图 15-9（c）的情况下，$\gamma \leqslant 1.5$；

（4）在图 15-9（d）的情况下，$\gamma \leqslant 1.25$；

（5）按《砌体结构设计规范》（GB 50003—2011）的要求灌孔的砌块砌体，在（1）、（2）款的情况下，尚应符合 $\gamma \leqslant 1.5$。未灌孔混凝土砌块砌体，$\gamma = 1.0$；

（6）对多孔砖砌体孔洞难以灌实时，应按 $\gamma = 1.0$ 取用；当设置混凝土垫块时，按垫块下的砌体局部受压计算。

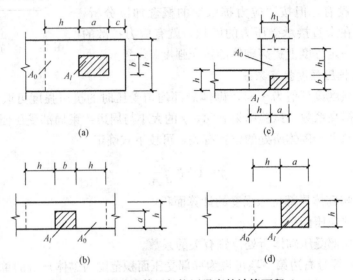

图 15-9　影响砌体局部抗压强度的计算面积 A_0

3. 砌体截面中受局部均匀压力时承载力的计算

砌体截面中受局部均匀压力时的承载力应满足下式的要求

$$N_l \leqslant \gamma f A_l \tag{15-15}$$

式中　N_l——局部受压面积上的轴向力设计值；

γ——砌体局部抗压强度提高系数；

f——砌体的抗压强度设计值，局部受压面积小于 0.3m^2，可不考虑强度调整系数 γ_a 的影响；

A_l——局部受压面积。

15.2.2　梁端支承处砌体的局部受压

1. 梁端有效支承长度

梁端支承在砌体上时，由于梁的挠曲变形和支承处砌体的压缩变形的影响，梁端的支承长度将由实际支承长度 a 变为有效支承长度 a_0，因而砌体局部受压面积应为 $A_l = a_0 b$（b 为梁的截面宽度），而且梁下砌体的局部压应力也非均匀分布，如图 15-10 所示。

试验证明梁端有效支承长度与梁端局部受压荷载的大小、梁的刚度、砌体强度、砌体变形性能及局压

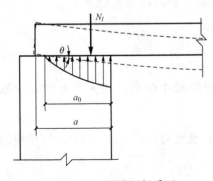

图 15-10　梁端局部受压

面积的相对位置等因素有关。为简化计算，假定梁端砌体的压缩变形与压应力成正比。设梁端转角为 θ，则支承内边缘的压缩变形为 $a_0\tan\theta$，该处的压应力为 $Ka_0\tan\theta$，K 为梁端支承处砌体的压缩变形系数，即砌体发生单位变形所需的应力。由于梁端砌体内实际的压应力为曲线分布，设压应力图形的完整系数为 η，取平均压应力为 $\sigma = \eta Ka_0\tan\theta$，由竖向力的平衡条件可得

$$N_1 = \sigma a_0 b = \eta K a_0^2 b\tan\theta \qquad (15\text{-}16)$$

通过大量试验结果的反算，发现 $\dfrac{\eta K}{f}$ 变化幅度不大，可近似取为 $0.7\,\text{mm}^{-1}$；对于均布荷载 q 作用下的简支梁，取 $N_1 = \dfrac{1}{2}ql$，$\tan\theta = \dfrac{1}{24B_c}ql^3$；考虑到混凝土梁裂缝以及长期荷载对刚度的影响，混凝土梁的刚度近似取 $B_c = 0.3E_c I_c$；取混凝土强度等级为 C20，其弹性模量 $E_c = 2.55\times10^4\,\text{MPa}$；$I_c = \dfrac{1}{12}bh_c^3$；近似取 $\dfrac{h_c}{l} = \dfrac{1}{11}$，由式（15-16）可得的 a_0 近似计算公式为

$$a_0 = 10\sqrt{\dfrac{h_c}{f}} \qquad (15\text{-}17)$$

式中　a_0——梁端有效支承长度（mm），当 $a_0 > a$ 时，应取 $a_0 = a$；

　　　a——梁端实际支承长度（mm）；

　　　h_c——梁的截面高度（mm）；

　　　f——砌体的抗压强度设计值（MPa）。

2. 上部荷载对局部抗压的影响

多层砌体房屋作用在梁端砌体上的轴向压力除了有梁端支承压力 N_1 外，还有由上部荷载传来的压力 N_0，如图 15-11（a）所示。设上部砌体内作用的平均压应力为 σ_0，假设梁与墙上下界面紧密接触，则梁端承受的上部荷载传来的压力 $N_0 = \sigma_0 A_1$。

由于一般梁不可避免要发生弯曲变形，梁端下部砌体局部受压区在不均匀压应力作用下发生压缩变形，梁顶面局部和砌体脱开，使上部砌体传来的荷载逐渐通过砌体内形成的卸载（内）拱卸至两边砌体向下传递，如图 15-11（b）所示，从而减小了梁端直接传递的压力，这种内力重分布现象对砌体的局部受压是有利的，将这种工作机理称为砌体的内拱作用。

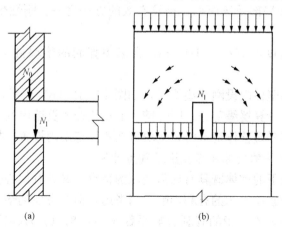

图 15-11　上部荷载对局部抗压的影响

将考虑内拱卸载作用的梁端底部承受的上部荷载传来的压力用 ψN_0 表示。内拱的卸载作用与 A_0/A_1 的大小有关，试验表明，当 $A_0/A_1 \geqslant 2$ 时，内拱的卸荷作用很明显，可不考虑上部荷载对砌体局部抗压强度的影响，即取 $\psi = 0$。偏于安全，《砌体结构设计规范》（GB 50003—2011）规定当 $A_0/A_1 \geqslant 3$ 时，不考虑上部荷载的影响。

3. 梁端支承处砌体的局部受压承载力计算

梁端支承处砌体的局部受压承载力应按下列公式计算

$$\psi N_0 + N_1 \leqslant \eta \gamma f A_1 \qquad (15\text{-}18a)$$

$$\psi = 1.5 - 0.5 \frac{A_0}{A_1} \qquad (15\text{-}18b)$$

$$N_0 = \sigma_0 A_1 \qquad (15\text{-}18c)$$

$$A_1 = a_0 b \qquad (15\text{-}18d)$$

式中　ψ——上部荷载的折减系数，当 A_0/A_1 大于或等于 3 时，应取 ψ 等于 0；

N_0——局部受压面积内上部轴向力设计值（N）；

N_1——梁端支承压力设计值（N）；

σ_0——上部平均压应力设计值（N/mm²）；

η——梁端底面压应力图形的完整系数，应取 0.7，对于过梁和墙梁应取 1.0；

b——梁的截面宽度（mm）；

f——砌体的抗压强度设计值（MPa）。

15.2.3　梁端设有刚性垫块的砌体局部受压

由于梁端支承压力通常较大，梁端支承处砌体的局部受压承载力大多不满足要求，故梁下一般应设置刚性垫块或扩大端头或垫梁以扩大局部受压面积，提高局部受压承载力。《砌体结构设计规范》（GB 50003—2011）规定：屋架跨度大于 6m 和梁跨度大于 4.8m（支承于砖砌体）、4.2m（支承于砌块和料石砌体）、3.9m（支承于毛石砌体），应在支承处砌体上设置混凝土或钢筋混凝土垫块；当墙中设有圈梁时，垫块与圈梁宜浇成整体。

1. 刚性垫块的构造要求

当梁端局部受压承载力不满足时，在梁端下设置预制或现浇混凝土垫块，如图 15-12、图 15-13 所示，以扩大局部受压面积，是较有效的方法之一。刚性垫块的构造应符合下列规定：

（1）刚性垫块的高度不应小于 180mm，自梁边算起的垫块挑出长度不应大于垫块高度 t_b；

（2）在带壁柱墙的壁柱内设刚性垫块时，如图 15-12（b）所示，其计算面积应取壁柱范围内的面积，而不应计算翼缘部分，同时壁柱上垫块伸入翼墙内的长度不应小于 120mm；

（3）当现浇垫块与梁端整体浇筑时，垫块可在梁高范围内设置，如图 15-13（a）所示。

2. 梁端设有刚性垫块的砌体局部受压承载力计算

试验表明刚性垫块下的砌体既具有局部受压的特点，又具有偏心受压的特点。由于处于局部受压状态，垫块外砌体面积的有利影响应当考虑，但是考虑到垫块底面压应力的不均匀性，偏于安全取垫块外砌体面积的有利影响系数 $\gamma_1 = 0.8\gamma$（γ 为砌体局部抗压强度提高系数）。由于垫块下的砌体又处于偏心受压状态，所以刚性垫块下砌体的局部受压可采用砌体偏心受压的公式计算，但须注意不需考虑高厚比 β 的影响。

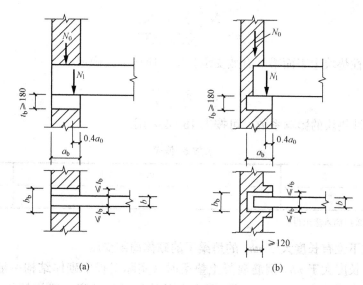

图 15 - 12　梁端下预制刚性垫块

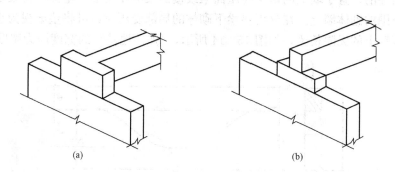

图 15 - 13　梁端现浇整体垫块

刚性垫块下的砌体局部受压承载力应按下列公式计算

$$N_0 + N_1 \leqslant \varphi \gamma_1 f A_{\mathrm{b}} \qquad (15\text{-}19\mathrm{a})$$

$$N_0 = \sigma_0 A_{\mathrm{b}} \qquad (15\text{-}19\mathrm{b})$$

$$A_{\mathrm{b}} = a_{\mathrm{b}} b_{\mathrm{b}} \qquad (15\text{-}19\mathrm{c})$$

式中　N_0——垫块面积 A_{b} 内上部轴向力设计值（N）；

γ_1——垫块外砌体面积的有利影响系数，应为 0.8γ，但不小于 1.0，γ 为砌体局部抗压强度提高系数，按式（15-14）以 A_{b} 代替 A_1 计算得出；

A_{b}——垫块面积（mm^2）；

a_{b}——垫块伸入墙内的长度（mm）；

b_{b}——垫块的宽度（mm）；

φ——垫块上 N_0 及 N_1 合力的影响系数，应采用表15-1～表15-3中当 $\beta \leqslant 3$ 及相应的 e/h 的值，这里 h 为垫块伸入墙体内的长度（即 a_{b}）；e 为 N_0 及 N_1 合力对垫块形心的偏心距，垫块上 N_1 作用点的位置可取 $0.4a_0$ 处，则 e 可按下式计算

$$e = \frac{N_1\left(\dfrac{a_b}{2} - 0.4a_0\right)}{N_0 + N_1} \qquad (15-20)$$

式中 a_0——刚性垫块上表面梁端有效支承长度，应按下式确定

$$a_0 = \delta_1 \sqrt{\frac{h_c}{f}} \qquad (15-21)$$

式中 δ_1——刚性垫块的影响系数，可按表 15-4 采用。

表 15-4   系数 δ_1 值表

σ_0/f	0	0.2	0.4	0.6	0.8
δ_1	5.4	5.7	6.0	6.9	7.8

注 表中数值可采用插入法求得。

15.2.4 梁下设有长度大于 πh_0 的垫梁下的砌体局部受压

当梁下设有长度大于 πh_0 钢筋混凝土垫梁时（实际工程中砌体结构一般各层均设有圈梁，大梁和圈梁多浇注在一起，故圈梁即为大梁的垫梁且长度一般均较长，多大于 πh_0），由于垫梁是柔性的，置于墙上的垫梁在屋面梁或楼面梁的作用下，垫梁可将梁端传来的压力分散到较大范围的砌体墙上。在分析垫梁下砌体的局部受压时，可将垫梁视为承受集中荷载的"弹性地基"上的无限长梁，如图 15-14 所示，"弹性地基"的宽度即为墙厚 h。

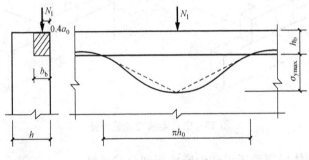

图 15-14 垫梁局部受压

假设垫梁上作用的局部荷载沿墙厚均匀分布，按照弹性力学的平面应力问题求解，可得梁下压应力图形分布如图 15-14 中实线所示，其最大压应力 σ_{ymax} 为

$$\sigma_{ymax} = 0.306 \frac{N_1}{b_b} \sqrt[3]{\frac{Eh}{E_b I_b}} \qquad (15-22)$$

式中 N_1——梁端支承压力设计值（N）；

$\quad\quad b_b$——垫梁在墙厚方向的宽度（mm）；

$\quad\quad E$——砌体的弹性模量；

$\quad\quad h$——墙厚（mm）；

E_b、I_b——垫梁的混凝土弹性模量和截面惯性矩。

为简化计算，用三角形压应力图形代替曲线形压应力图形，并假定应力分布长度为 $s = \pi h_0$，则由静力平衡条件可得

$$N_1 = \frac{1}{2}\pi h_0 b_b \sigma_{ymax} \qquad (15-23)$$

将式（15-23）代入式（15-22），则可得到垫梁的折算高度 h_0 为

$$h_0 \approx 2\sqrt[3]{\frac{E_b I_b}{Eh}} \tag{15-24}$$

试验结果表明，在荷载作用下由于钢筋混凝土垫梁先开裂，垫梁的刚度在减小。砌体临近破坏时，砌体内实际最大应力比按上述弹性力学分析的结果要大得多，σ_{ymax}/f 均大于 1.5。《砌体结构设计规范》（GB 50003—2011）建议按下式验算：

$$\sigma_{ymax} \leqslant 1.5f \tag{15-25}$$

考虑上部荷载设计值产生的压应力 σ_0，则有：

$$\sigma_0 + \frac{N_1}{\frac{1}{2}\pi b_b h_0} \leqslant 1.5f$$

$$\sigma_0 \frac{\pi b_b h_0}{2} + N_1 \leqslant \frac{\pi b_b h_0}{2} \times 1.5f = 2.356 b_b h_0 f \approx 2.4 b_b h_0 f \tag{15-26}$$

考虑荷载沿墙厚方向分布不均匀的影响后，《砌体结构设计规范》（GB 50003—2011）规定梁下设有长度大于 πh_0 的垫梁下的砌体局部受压承载力应按下列公式计算：

$$N_0 + N_1 \leqslant 2.4\delta_2 f b_b h_0 \tag{15-27a}$$

$$N_0 = \frac{\pi b_b h_0 \sigma_0}{2} \tag{15-27b}$$

$$h_0 = 2\sqrt[3]{\frac{E_b I_b}{Eh}} \tag{15-27c}$$

式中　N_0——垫梁上部轴向力设计值（N）；

b_b——垫梁在墙厚方向的宽度（mm）；

δ_2——垫梁底面压应力分布系数，当荷载沿墙厚方向均匀分布时可取 1.0，不均匀分布时可取 0.8；

h_0——垫梁折算高度（mm）；

E_b、I_b——分别为垫梁的混凝土弹性模量和截面惯性矩；

h_b——垫梁的高度（mm）；

E——砌体的弹性模量；

h——墙厚（mm）。

计算中，垫梁上梁端有效支承长度 a_0 可按式（15-21）计算。

【例 15-3】　截面尺寸为 $bh=200mm\times450mm$ 的钢筋混凝土楼面梁，支承在截面尺寸为 $1200mm\times240mm$ 的窗间墙上，支承长度 $a=240mm$，梁端荷载设计值产生的支座反力 $N_1=60kN$，梁底墙体截面由上部荷载产生的轴向力设计值为 180kN，如图 15-15 所示。窗间墙采用 MU15 烧结多孔砖和 M7.5 混合砂浆砌筑，施工质量控制等级为 B 级。试验算梁端下部砌体的局部受压承载力。

解　（1）确定计算参数。

查表 14-3 得砌体抗压强度设计值 $f=2.07MPa$

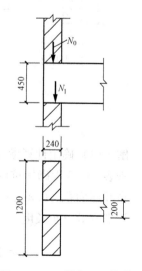

图 15-15　[例 15-3] 简图

梁端有效支承长度

$$a_0=10\sqrt{\frac{h_c}{f}}=10\sqrt{\frac{450}{2.07}}=147(\text{mm})<a=240\text{mm}$$

局部受压面积 $A_1=a_0b=147\times200=0.29\times10^5(\text{mm}^2)<0.3\text{mm}^2$，可不考虑强度调整系数 γ_a 的影响。

影响砌体局部抗压强度的计算面积：

$$A_0=(200+2\times240)\times240=0.16\times10^6(\text{mm}^2)$$

因 $\dfrac{A_0}{A_1}=\dfrac{0.16\times10^6}{0.29\times10^5}=5.52>3$，故取 $\psi=0$，即不考虑上部荷载的影响。

局部抗压强度提高系数为

$$\gamma=1+0.35\times\sqrt{\frac{A_0}{A_1}-1}=1+0.35\times\sqrt{5.52-1}=1.74<2.0,\ \text{取}\ \gamma=1.74$$

（2）局部受压承载力验算。

$$\eta\gamma fA_1=0.7\times1.74\times2.07\times0.29\times10^5=73\times10^3(\text{N})=73\text{kN}>60\text{kN}=N_l$$

满足要求。

【例15-4】 一截面尺寸为 $bh=250\text{mm}\times550\text{mm}$ 的钢筋混凝土梁，支承在带壁柱的窗间墙上，截面尺寸如图15-16（a）所示，支承长度 $a=370\text{mm}$，梁端荷载设计值产生的支座反力 $N_l=120\text{kN}$，梁底窗间墙截面由上部荷载产生的轴向力设计值为200kN，窗间墙采用MU15烧结普通砖和M7.5混合砂浆砌筑，施工质量控制等级为B级。试验算梁端支承处砌体的局部受压承载力。如不满足要求，试设置预制刚性垫块使其满足局部受压承载力要求。

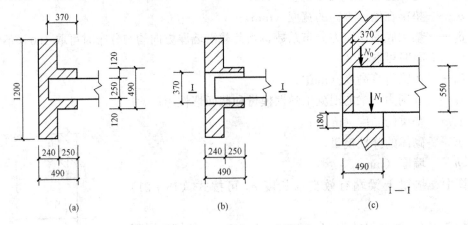

图15-16 ［例15-4］简图

解 （1）确定计算参数。

查表14-3得砌体抗压强度设计值 $f=2.07\text{MPa}$

窗间墙面积 $>0.3\text{mm}^2$，f 值不调整。

梁端有效支承长度

$$a_0=10\sqrt{\frac{h_c}{f}}=10\sqrt{\frac{550}{2.07}}=163(\text{mm})<a=370\text{mm}$$

局部受压面积　　　　$A_1=a_0b=163\times250=0.41\times10^5(\text{mm}^2)$

影响砌体局部抗压强度的计算面积

$$A_0 = 490 \times 490 = 0.24 \times 10^6 (\text{mm}^2)$$

因 $\dfrac{A_0}{A_1} = \dfrac{0.24 \times 10^6}{0.41 \times 10^5} = 5.85 > 3$，故取 $\psi = 0$，即不考虑上部荷载的影响。

局部抗压强度提高系数为

$$\gamma = 1 + 0.35 \times \sqrt{\dfrac{A_0}{A_1} - 1} = 1 + 0.35 \times \sqrt{5.85 - 1} = 1.77 < 2.0$$

取 $\gamma = 1.77$。

（2）梁端支承处砌体的局部受压承载力验算。

$$\eta \gamma f A_1 = 0.7 \times 1.77 \times 2.07 \times 0.41 \times 10^5 = 105 \times 10^3 (\text{N}) = 105\text{kN} < N_1 = 120\text{kN}$$

故梁端支承处砌体的局部受压承载力不满足要求。

（3）刚性垫块下的砌体局部受压承载力验算。

1）确定计算参数。

设置截面尺寸为 $a_b b_b t_b = 490\text{mm} \times 370\text{mm} \times 180\text{mm}$ 的预制刚性垫块，如图 15-16（b）、（c）所示，其尺寸满足构造要求。

局部受压面积为

$$A_1 = A_b = a_b b_b = 490 \times 370 = 0.18 \times 10^6 (\text{mm}^2)$$

影响砌体局部抗压强度的计算面积为

$$A_0 = 490 \times 490 = 0.24 \times 10^6 (\text{mm}^2)$$

$$\dfrac{A_0}{A_1} = \dfrac{0.24 \times 10^6}{0.18 \times 10^6} = 1.33$$

$$\gamma = 1 + 0.35 \times \sqrt{\dfrac{A_0}{A_1} - 1} = 1 + 0.35 \times \sqrt{1.33 - 1} = 1.20 < 2.0,\ \text{取}\ \gamma = 1.20$$

垫块外砌体面积的有利影响系数

$$\gamma_1 = 0.8\gamma = 0.8 \times 1.20 = 0.96 < 1.0,\ \text{取}\ \gamma_1 = 1.0$$

上部荷载产生的平均压应力

$$\sigma_0 = \dfrac{200 \times 10^3}{240 \times 1200 + 250 \times 490} = 0.49 (\text{MPa})$$

$\dfrac{\sigma_0}{f} = \dfrac{0.49}{2.07} = 0.24$，查表 15-4，得 $\delta_1 = 5.76$，则刚性垫块上表面梁端有效支承长度

$$a_0 = \delta_1 \sqrt{\dfrac{h_c}{f}} = 5.76 \times \sqrt{\dfrac{550}{2.07}} = 94 (\text{mm})$$

N_1 合力点至墙边的距离为

$$0.4 a_0 = 0.4 \times 94 = 38 (\text{mm})$$

N_1 对垫块重心的偏心距为

$$e_1 = \dfrac{490}{2} - 38 = 207 (\text{mm})$$

垫块承受的上部荷载

$$N_0 = \sigma_0 A_b = 0.49 \times 0.18 \times 10^6 = 88 \times 10^3 (\text{N}) = 88\text{kN}$$

作用在垫块上的轴向力

$$N=N_0+N_1=88+120=208(kN)$$

轴向力对垫块重心的偏心距为

$$e=\frac{N_1e_1}{N_0+N_1}=\frac{120\times207}{208}=119\ (mm)，\quad\frac{e}{a_b}=\frac{119}{490}=0.24$$

查表 15 - 1（$\beta\leqslant3$），$\varphi=0.57$

2）受压承载力计算。

$$\varphi\gamma_1fA_b=0.57\times1.0\times2.07\times0.18\times10^6=212\times10^3(N)=212kN>N=N_0+N_1=208kN$$

设置预制刚性垫块后，砌体局部受压承载力满足要求。

15.3 轴心受拉、受弯和受剪构件

15.3.1 轴心受拉构件

砌体的抗拉强度很低，工程上很少采用砌体轴心受拉构件。如容积较小的圆形水池或筒仓，在液体或松散物料的侧压力作用下，池壁或筒壁内只产生环向拉力时，有时采用砌体结构，如图 15 - 17 所示。

轴心受拉构件的承载力应按下式计算：

$$N_t\leqslant f_tA \tag{15 - 28}$$

式中　N_t——轴心拉力设计值；

　　　f_t——砌体的轴心抗拉强度设计值，按表 14 - 10 采用；

　　　A——轴心受拉构件截面面积。

15.3.2 受弯构件

图 15 - 17　圆形水池壁
受拉示意图

砌体过梁和不计墙自重的砌体挡土墙均属受弯构件。受弯构件除应进行正截面受弯承载力计算外，还应进行斜截面受剪承载力计算。

受弯构件的受弯承载力应按下式计算

$$M\leqslant f_{tm}W \tag{15 - 29}$$

式中　M——弯矩设计值；

　　　f_{tm}——砌体弯曲抗拉强度设计值，按表 14 - 10 采用；

　　　W——截面抵抗矩。

受弯构件的受剪承载力应按下列公式计算

$$V\leqslant f_vbz \tag{15 - 30a}$$

$$z=\frac{I}{S} \tag{15 - 30b}$$

式中　V——剪力设计值；

　　　f_v——砌体抗剪强度设计值，按表 14 - 10 采用；

　　　b、h——分别为截面宽度和高度；

　　　z——内力臂，当截面为矩形截面时取 $z=\frac{2h}{3}$；

　　　I、S——截面惯性矩和面积矩。

15.3.3　受剪构件

砌体结构中单纯受剪的情况很少，通常是剪压复合受力状态，即砌体在受剪的同时还承受竖向压力。如砌体墙在水平地震作用下同时还承担竖向荷载，或在无拉杆的拱支座截面，由于拱的水平推力将使支座砌体受剪，如图 15-18 所示。

无筋砌体在剪压复合受力情况下，可能发生沿水平通缝截面或沿阶梯形截面的受剪破坏，其受剪承载力与砌体的抗剪强度 f_v 及竖向荷载在截面上产生的压应力 σ_0 的大小有关。试验结果表明：压应力 σ_0 增大，内摩阻力也增大，但摩擦系数并非一个定值，而是随着 σ_0 的增大而逐渐减小。因此《砌体结构设计规范》（GB 50003—2011）采用了变摩擦系数的计算公式。

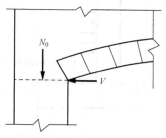

图 15-18　无拉杆拱支座
截面受剪

沿通缝或沿阶梯形截面破坏时受剪构件的承载力应按下列公式计算

$$V \leqslant (f_v + \alpha\mu\sigma_0)A \qquad (15\text{-}31a)$$

当 $\gamma_G = 1.2$ 时　　　　　$$\mu = 0.26 - 0.082\frac{\sigma_0}{f} \qquad (15\text{-}31b)$$

当 $\gamma_G = 1.35$ 时　　　　$$\mu = 0.23 - 0.065\frac{\sigma_0}{f} \qquad (15\text{-}31c)$$

式中　V——截面剪力设计值；

　　　A——水平截面面积；

　　　f_v——砌体抗剪强度设计值，按表 14-10 采用，对灌孔的混凝土砌块砌体取 f_{vg}；

　　　α——修正系数，当 $\gamma_G = 1.2$ 时，砖（含多孔砖）砌体取 0.60，混凝土砌块砌体取 0.64；当 $\gamma_G = 1.35$ 时，砖（含多孔砖）砌体取 0.64，混凝土砌块砌体取 0.66；

　　　μ——剪压复合受力影响系数，α 与 μ 的乘积可查表 15-5；

　　　f——砌体的抗压强度设计值；

　　　σ_0——永久荷载设计值产生的水平截面平均压应力，其值不应大于 $0.8f$。

表 15-5　　　　　　　　　当 $\gamma_G = 1.2$ 及 $\gamma_G = 1.35$ 时 $\alpha\mu$ 值

γ_G	$\dfrac{\sigma_0}{f}$	0.1	0.2	0.3	0.4	0.5	0.6	0.7	0.8
1.2	砖砌体	0.15	0.15	0.14	0.14	0.13	0.13	0.12	0.12
	砌块砌体	0.16	0.16	0.15	0.14	0.13	0.13	0.13	0.12
1.35	砖砌体	0.14	0.14	0.13	0.13	0.13	0.12	0.12	0.11
	砌块砌体	0.15	0.14	0.14	0.13	0.13	0.13	0.12	0.12

【例 15-5】　一浅矩形水池，如图 15-19 所示，池壁高 $H = 1200\text{mm}$，池壁厚 $h = 490\text{mm}$，采用 MU10 烧结普通砖和 M10 水泥砂浆砌筑，施工质量控制等级为 B 级。忽略池壁自重产生的垂直压力，试验算池壁的承载力。（取水的重力密度 $\rho = 10\text{kN/m}^3$）

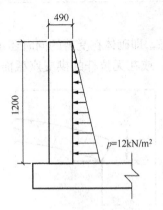

图 15 - 19 ［例 15 - 5］简图

解 沿竖向取宽度 $b=1000\text{mm}$ 的池壁进行计算。忽略池壁自重产生的垂直压力，该池壁为竖向悬臂受弯构件。

（1）受弯承载力验算。

池壁底端弯矩设计值

$$M=\gamma_G\frac{pbH^2}{6}=1.2\times\frac{12\times10^{-3}\times1000\times1200^2}{6}$$
$$=3.46\times10^6(\text{N}\cdot\text{mm})$$

截面抵抗矩为

$$W=\frac{bh^2}{6}=\frac{1000\times490^2}{6}=0.40\times10^8(\text{mm}^3)$$

查表 14 - 10 得沿通缝弯曲抗拉强度设计值 $f_{tm}=0.17\text{MPa}$

$$f_{tm}W=0.17\times0.40\times10^8=6.80\times10^6(\text{N}\cdot\text{mm})>3.46\times10^6\text{N}\cdot\text{mm}$$

受弯承载力满足要求。

（2）受剪承载力验算。

池壁底端剪力设计值

$$V=\gamma_G\frac{pbH}{2}=1.2\times\frac{12\times10^{-3}\times1000\times1200}{2}=8.64\times10^3(\text{N})$$

查表 14 - 10 得抗剪强度设计值 $f_v=0.17\text{MPa}$

$$f_vbz=0.17\times1000\times\frac{2}{3}\times490=55.53\times10^3(\text{N})>V=8.64\times10^3\text{N}$$

受剪承载力满足要求。

小　结

（1）无筋砌体受压构件按照高厚比的不同可分为短柱和长柱。在截面尺寸、材料强度等级和施工质量相同的情况下，影响无筋砌体受压构件承载力的主要因素是构件的高厚比和相对偏心距，《砌体结构设计规范》（GB 50003—2011）用承载力影响系数来考虑这两种因素的影响，对短柱、长柱、轴心受压构件和偏心受压构件采用统一的承载力计算公式。

（2）局部受压是砌体结构中常见的一种受力状态，分为局部均匀受压和局部非均匀受压两种情况。局部均匀受压可能发生三种破坏形态：竖向裂缝发展引起的破坏、劈裂破坏和与垫板直接接触的砌体的局部破坏。由于"套箍强化"和"应力扩散"作用，局部受压范围内的砌体抗压强度有较大程度的提高，采用砌体局部抗压强度提高系数来反映。

（3）梁端下砌体局部受压时，由于梁的挠度变形和支承处砌体的压缩变形，梁端的有效支承长度将不同于实际支承长度，梁端下砌体为非均匀局部受压，需考虑压应力图形的完整性。在承载力计算时还需考虑"内拱作用"对砌体局部受压的有利影响。当梁端局部受压承载力不满足要求时，应设置刚性垫块或垫梁。

（4）砌体受拉、受弯构件的承载力按材料力学公式进行计算。砌体沿水平通缝或阶梯形截面破坏时的受剪承载力，与砌体的抗剪强度及作用在砌体上的正应力的大小有关。

思　考　题

（1）砌体构件受压承载力计算中，系数 φ 表示什么意义？与哪些因素有关？

（2）受压构件中为什么要控制轴向力偏心距？《砌体结构设计规范》（GB 50003—2011）规定限值是多少？设计中如超过该限值时，可采取什么措施进行调整？

（3）砌体局部受压可能发生哪几种破坏形态？为什么砌体局部抗压强度有较大程度的提高？

（4）什么是砌体局部抗压强度提高系数？它与哪些因素有关？《砌体结构设计规范》（GB 50003—2011）为什么对其取值给以限制？

（5）什么是梁端砌体的内拱作用？在什么情况下应考虑内拱作用？

（6）什么是梁端有效支承长度？如何计算？

（7）当梁端支承处砌体局部受压承载力不满足要求时，可采取哪些措施？

（8）砌体受弯构件和受剪构件在计算受剪承载力时有何不同？

习　　题

（1）一截面尺寸为 $bh=490\text{mm}\times620\text{mm}$ 无筋砌体砖柱，计算高度为 $H_0=7.2\text{m}$，采用 MU10 烧结普通砖和 M5 混合砂浆砌筑，施工质量控制等级为 B 级，柱顶截面承受轴心压力设计值 $N=300\text{kN}$。试验算该柱的承载力是否满足要求？

（2）一截面尺寸 $bh=370\text{mm}\times490\text{mm}$ 砖柱，计算高度为 $H_0=3.3\text{m}$，采用 MU10 蒸压灰砂砖和 M5 水泥砂浆砌筑，施工质量控制等级为 B 级，承受轴向压力设计值 $N=150\text{kN}$，弯矩设计值 $M=20\text{kN}\cdot\text{m}$（沿长边方向）。试验算该柱的承载力是否满足要求？

（3）某单层厂房纵墙窗间墙截面尺寸如图 15-20 所示，计算高度为 $H_0=7.2\text{m}$，采用 MU10 烧结普通砖和 M5 混合砂浆砌筑，施工质量控制等级为 B 级，承受轴向压力设计值 $N=300\text{kN}$，弯矩设计值 $M=25\text{kN}\cdot\text{m}$（偏心压力偏向肋部）。试验算该窗间墙的承载力是否满足要求？

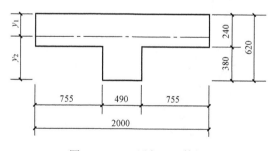

图 15-20　习题（3）简图

（4）某窗间墙截面尺寸为 $1000\text{mm}\times240\text{mm}$，采用 MU10 混凝土砌块和 M5 混合砂浆砌筑，施工质量控制等级为 B 级，墙上支承钢筋混凝土梁，支承长度为 240mm，梁截面尺寸 $bh=200\text{mm}\times450\text{mm}$，梁端支承压力的设计值为 50kN，窗间墙截面由上部荷载传来轴向力设计值为 120kN，试验算梁端局部受压承载力。

（5）截面尺寸 $bh=200\text{mm}\times550\text{mm}$ 钢筋混凝土梁，支承在带壁柱的窗间墙上，截面尺寸如图 15-21 所示，支承长度 $a=370\text{mm}$，梁端荷载设计值产生的支座反力 $N_l=100\text{kN}$，梁底窗间墙截面由上部荷载产生的轴向力设计值为 180kN，窗间墙采用 MU10 烧结普通砖和 M5 混合砂浆砌筑，施工质量控制等级为 B 级。试验算梁端支承处砌体的局部受压承载力。如不满足要求，试设置预制刚性垫块使其满足局部受压承载力要求。

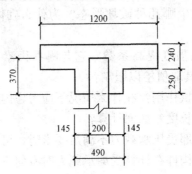

图 15-21 习题（5）简图

第16章 混合结构房屋墙体设计

混合结构房屋通常是指主要承重构件由不同材料组成的房屋。如房屋的楼（屋）盖采用钢筋混凝土结构、轻钢结构或木结构，而墙体、柱和基础等承重构件采用砌体结构（砖、石、砌块砌体结构）。

进行混合结构房屋设计时，首先进行结构布置，接着确定房屋的静力计算方案，然后进行墙、柱内力分析并验算其承载力，最后采取相应的构造措施。

16.1 混合结构房屋的结构布置

16.1.1 混合结构房屋的组成

混合结构房屋中，板、梁、屋架等构件组成的楼（屋）盖是混合结构的水平承重结构，墙、柱和基础组成了混合结构的竖向承重结构。通常称位于房屋外围的墙为外墙，位于房屋内部的墙为内墙；沿房屋平面较短方向布置的墙为横墙，沿房屋平面较长方向布置的墙为纵墙，房屋两端的横墙又称为山墙。

混合结构房屋中的楼盖、屋盖、纵墙、横墙、柱、基础及楼梯等主要承重构件互相连接共同构成承重体系，组成空间结构。墙、柱、梁、板等构件的结构布置应满足建筑功能、使用功能和结构合理、经济的要求。

16.1.2 混合结构房屋的承重体系

混合结构房屋的承重体系根据其结构布置方式和荷载传递路径的不同可分为：横墙承重体系、纵墙承重体系、纵横墙承重体系、内框架承重体系和底层框架承重体系。

1. 横墙承重体系

当房屋横墙承担屋盖、各层楼盖传来的绝大部分荷载，纵墙仅起围护作用时，相应的承重体系称为横墙承重体系，如图 16-1 所示。其荷载的传递路径是：楼（屋）面荷载→板→横墙→横墙基础→地基。

横墙承重体系的特点是：

（1）横墙数量多，间距小（一般为 3~4.5m），又有纵墙拉结，因此房屋横向刚度较大，整体性好，抵抗风荷载、地震作用及调整地基不均匀沉降的能力较强；

（2）外纵墙不承重，承载力有富余，门窗的布置及大小较灵活，建筑立面易处理；

（3）楼（屋）盖结构较简单、施工较方便，但墙体材料用量较多；

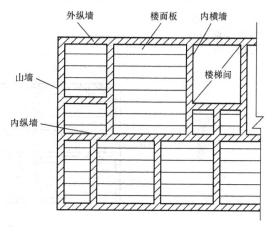

图 16-1 横墙承重体系

（4）因横墙较密，建筑平面布局不灵活，今后欲改变房屋用途、拆除横墙较困难。

横墙承重体系适用于开间较小、开间尺寸相差不大的旅馆、宿舍、住宅等民用建筑。

2. 纵墙承重体系

当房屋纵墙承担楼（屋）盖传来的绝大部分荷载时，相应的承重体系称为纵墙承重体系，如图 16-2 所示。其荷载的传递路径是：楼（屋）面荷载$\rightarrow$ $\begin{matrix}板\\板\rightarrow梁\end{matrix}$ $\rightarrow$纵墙$\rightarrow$纵墙基础$\rightarrow$地基。

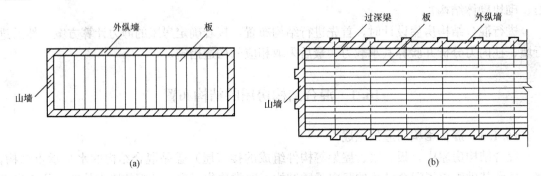

图 16-2 纵墙承重体系
(a) 板直接搁置于纵墙；(b) 设置进深梁

纵墙承重体系的特点是：

（1）横墙间距大、数量少，建筑平面布局较灵活，但房屋横向刚度较弱；

（2）纵墙承受的荷载较大，纵墙上门窗洞口的布置与大小受到一定限制；

（3）与横墙承重体系相比，墙体材料用量较少，楼（屋）盖用料较多。

纵墙承重体系适用于使用上要求较大空间的教学楼、图书馆及空旷的中小型工业厂房、仓库、食堂等单层房屋。

3. 纵横墙承重体系

当楼（屋）盖上的荷载由横墙和纵墙共同承担时，相应的承重体系称为纵横墙承重体系，如图 16-3 所示。其荷载的传递路径是：楼（屋）面荷载$\rightarrow$板$\rightarrow$（梁$\rightarrow$）$\begin{matrix}纵墙\\横墙\end{matrix}$ $\rightarrow$ $\begin{matrix}纵墙基础\\横墙基础\end{matrix}$ $\rightarrow$地基。

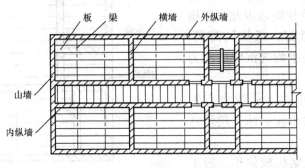

图 16-3 纵横墙承重体系

纵横墙承重体系的特点是：

（1）房屋纵横墙均承重，沿纵、横向刚度均较大，墙体材料利用率高，墙体应力较均匀；

（2）房屋建筑平面布局灵活，且具有较大的空间刚度和整体性。

纵横墙承重体系适用于教学楼、办公楼、医院及点式住宅等建筑。

4．内框架承重体系

当楼（屋）盖上的荷载由房屋内部的钢筋混凝土框架和外部砌体墙、柱共同承担时，相应的承重体系称为内框架承重体系，如图 16-4 所示。其荷载的传递路径是：楼（屋）面荷载→板→内框架梁→$\begin{matrix}外纵墙\\内框架柱\end{matrix}$→$\begin{matrix}纵墙基础\\柱基础\end{matrix}$→地基。

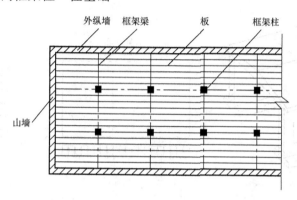

图 16-4 内框架承重体系

内框架承重体系的特点是：

（1）内部形成大空间，平面布置灵活，易满足使用要求；

（2）与全框架相比，可充分利用外墙的承载力，节约钢材和水泥，降低房屋造价；

（3）横墙较少，房屋的空间刚度和整体性较差；

（4）由于钢筋混凝土柱和砖墙的压缩性不一致，且基础沉降也不一致，因而结构易产生不均匀的竖向变形，使构件产生较大的附加内力，设计时应特别注意。

内框架承重体系适用于层数不多的工业厂房、仓库、商场等需要较大空间的房屋。

5．底部框架承重体系

房屋有时由于建筑使用功能的要求而底部需设置大空间，则可采用底部为钢筋混凝土框架，上部为砌体结构，这样的承重体系称为底部框架承重体系，如图 16-5 所示。其荷载的传递路径是：上部砌体结构墙体重量、楼（屋）面荷载→框架梁→框架柱→基础→地基。

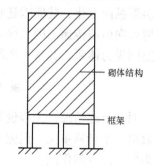

图 16-5 底部框架承重体系

底部框架承重体系房屋为上部刚度较大，底部刚度较小的上刚下柔的多层房屋，竖向抗侧刚度在底部发生突变，因此其抗震性能较差。

底部框架承重体系适用于底部为商店、展览厅、食堂而上部各层为宿舍、办公室的房屋。

16.2　房屋的静力计算方案

16.2.1　房屋的空间工作性能

砌体结构房屋由屋盖、楼盖、墙、柱、基础等主要承重构件组成空间受力体系，共同承担作用在房屋上的各种竖向荷载（结构的自重、楼面和屋面的活荷载）、水平风荷载和地震作用。

现以受风荷载作用的单层房屋为例来分析混合结构房屋的空间工作性能。图 16 - 6 是一单层房屋，外纵墙承重，屋盖为装配式钢筋混凝土屋盖，两端没有山墙，中间也不设横墙。房屋的水平风荷载传递路径为：风荷载→纵墙→纵墙基础→地基。

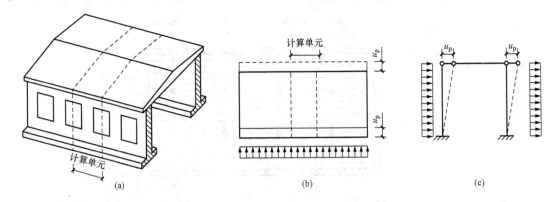

图 16 - 6　两端无山墙的单层房屋

图 16 - 6 所示房屋承受纵向均布荷载，房屋的横向刚度沿纵向没有变化，墙顶水平位移沿房屋纵向处处相等（用 u_p 表示），因此其纵墙计算可简化为平面问题来处理，取两相邻窗口中线间的区段作为计算单元。如果把计算单元的纵墙比拟为排架柱，屋盖结构比拟为横梁，把基础看成柱的固定端支座，屋盖结构和墙的连接点看成铰接点，则计算单元可按平面排架计算。

事实上，混合结构房屋通常设有横墙或山墙，如图 16 - 7 所示。由于两端山墙的约束，在水平风荷载的作用下，整个房屋墙顶的水平位移不再相同，墙顶水平位移 u 较 u_p 要小且沿房屋纵向变化。其原因是水平风荷载不仅在纵墙和屋盖组成的平面排架内传递，而且还通过屋盖向山墙传递。因此房屋的受力体系已不再是平面受力体系，纵墙通过屋盖和山墙组成了空间受力体系。其水平风荷载传递路径是：

$$\text{风荷载}\rightarrow\text{纵墙}\begin{array}{c}\text{屋盖结构}\rightarrow\text{山墙}\rightarrow\text{山墙基础}\\ \text{纵墙基础}\end{array}\Bigg\}\rightarrow\text{地基}$$

对于上述情况，工程设计中仍然将其转化为平面问题处理。计算墙柱内力时，按前述方法取出一个计算单元，但应考虑房屋空间受力的影响。房屋空间受力对平面计算单元的影响称为房屋的空间作用。

设 u 为计算单元纵墙顶点的水平位移，u_w 为山墙顶点的水平位移，u_f 为屋盖的平面内弯曲变形，根据变形协调条件有

$$u = u_w + u_f \tag{16 - 1}$$

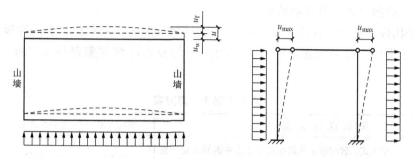

图 16 - 7 两端有山墙的单层房屋

若以中间单元水平位移最大的墙顶为例，其顶点水平位移为

$$u_{max} = u_w + u_{fmax} \leqslant u_p \qquad (16-2)$$

式中 u_{max}——中间计算单元墙顶的水平位移，也即房屋的最大水平位移；

         u_w——山墙顶点的水平位移，取决于山墙的刚度，山墙刚度越大，u_w 越小；

         u_{fmax}——中间计算单元处屋盖的平面内弯曲变形，取决于屋盖刚度及横（山）墙间距，屋盖刚度越大，横（山）墙间距越小，u_{fmax} 越小；

         u_p——无山墙房屋墙顶的水平位移。

以上分析表明，由于山墙或横墙的存在，改变了水平荷载的传递路径，使房屋有了空间作用。而且两端山墙的距离越近或增加越多的横墙，屋盖的水平刚度越大，房屋的空间作用越大，即空间工作性能越好，则最大水平位移 u_{max} 越小。

房屋空间作用的大小可以用空间性能影响系数 η 表示，假定屋盖为在水平面内支承于横墙上的剪切型弹性地基梁，纵墙（柱）为弹性地基，由理论分析可以得到空间性能影响系数 η 为

$$\eta = \frac{u_{max}}{u_p} = 1 - \frac{1}{\mathrm{ch}\,ks} \leqslant 1 \qquad (16-3)$$

式中 k——弹性常数；

         s——横墙间距。

k 与屋（楼）盖类型有关（屋盖或楼盖类别见表 16 - 2），根据理论分析和工程经验，对于 1 类屋盖，取 $k=0.03$；对于 2 类屋盖，取 $k=0.05$；对于 3 类屋盖，取 $k=0.065$。

η 值越大，表示整体房屋的最大水平位移与平面排架的水平位移越接近，即房屋空间作用越小。反之 η 越小，房屋的最大水平位移越小，房屋的空间作用越大。因此，η 又称为考虑空间工作后的侧移折减系数。它可作为衡量房屋空间刚度大小的尺度，同时也是确定房屋静力计算方案的依据。

房屋各层的空间性能影响系数可按表 16 - 1 采用。

表 16 - 1   房屋各层的空间性能影响系数 η_i

屋盖或楼盖类别	横墙间距 s（m）														
	16	20	24	28	32	36	40	44	48	52	56	60	64	68	72
1	—	—	—	—	0.33	0.39	0.45	0.50	0.55	0.60	0.64	0.68	0.71	0.74	0.77
2	—	0.35	0.45	0.54	0.61	0.68	0.73	0.78	0.82	—	—	—	—	—	—
3	0.37	0.49	0.60	0.68	0.75	0.81									

注 i 取 $1 \sim n$，n 为房屋的层数。

16.2.2 房屋静力计算方案的划分

《砌体结构设计规范》（GB 50003—2011）根据影响房屋空间工作性能的两个主要因素即屋盖或楼盖类别和横墙间距，将混合结构房屋的静力计算方案划分为三种，按表 16 - 2 确定。

表 16 - 2   房屋的静力计算方案

	屋 盖 或 楼 盖 类 别	刚性方案	刚弹性方案	弹性方案
1	整体式、装配整体和装配式无檩体系钢筋混凝土屋盖或钢筋混凝土楼盖	$s<32$	$32\leqslant s\leqslant 72$	$s>72$
2	装配式有檩体系钢筋混凝土屋盖、轻钢屋盖和有密铺望板的木屋盖或木楼盖	$s<20$	$20\leqslant s\leqslant 48$	$s>48$
3	瓦材屋面的木屋盖和轻钢屋盖	$s<16$	$16\leqslant s\leqslant 36$	$s>36$

注 1. s 为房屋横墙间距，其长度单位为 m；
    2. 上柔下刚多层房屋的顶层可按单层房屋确定静力计算方案；
    3. 对无山墙或伸缩缝处无横墙的房屋，应按弹性方案考虑。

1. 刚性方案

房屋的空间刚度很大，在荷载作用下，房屋的水平位移很小，可以忽略不计，这类房屋称为刚性方案房屋。其计算简图是将承重墙视为一竖向构件，屋盖或楼盖为墙体的不动铰支座，如图 16 - 8（a）所示。通过计算分析，当房屋的空间性能影响系数 $\eta<0.33$ 时，均可按刚性方案计算。

2. 弹性方案

房屋的空间刚度很差，在荷载作用下，房屋的水平位移较大，接近平面排架或框架，这类房屋称为弹性方案房屋。其墙柱内力计算按不考虑空间作用的平面排架或框架计算，如图 16 - 8（b）所示。当房屋的空间性能影响系数 $\eta>0.77$ 时，均可按弹性方案计算。

3. 刚弹性方案

房屋的空间刚度介于刚性方案与弹性方案之间，在荷载作用下，房屋的水平位移比弹性方案要小，但又不可忽略不计，这类房屋称为刚弹性方案房屋。其墙柱内力计算可根据房屋空间刚度的大小，将其水平荷载作用下的反力进行折减，然后按平面排架或框架计算，如图 16 - 8（c）所示。

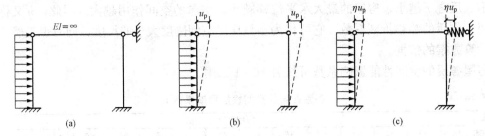

图 16 - 8 单层混合结构房屋的计算简图
（a）刚性方案；（b）弹性方案；（c）刚弹性方案

16.2.3　刚性和刚弹性方案房屋的横墙要求

由以上分析可知，刚性方案和刚弹性方案房屋中的横墙应具有足够的刚度，在荷载作用下不致变形过大。为此，《砌体结构设计规范》（GB 50003—2011）规定了作为刚性和刚弹性方案房屋的横墙应符合下列规定：

（1）横墙中开有洞口时，洞口的水平截面面积不应超过横墙截面面积的 50%；

（2）横墙的厚度不宜小于 180mm；

（3）单层房屋的横墙长度不宜小于其高度，多层房屋的横墙长度不宜小于 $H/2$（H 为横墙总高度）。

当横墙不能同时符合上述要求时，应对横墙的刚度进行验算。如其最大水平位移值 $u_{max} \leqslant H/4000$ 时，仍可视作刚性或刚弹性方案房屋的横墙。凡符合此刚度要求的一段横墙或其他结构构件（如框架等），也可视作刚性或刚弹性方案房屋的横墙。

单层房屋横墙在水平集中力 P_1 作用下的最大水平位移 u_{max}，由弯曲变形和剪切变形两部分组成，其计算简图如图 16-9 所示。u_{max} 可按下式计算

$$u_{max} = \frac{P_1 H^3}{3EI} + \frac{\tau}{G}H = \frac{nPH^3}{6EI} + \frac{2.5nPH}{EA} \tag{16-4}$$

式中　P_1——作用于横墙顶端的水平集中力，$P_1 = nP/2$；

n——与该横墙相邻的两横墙的开间数，如图 16-9 所示；

P——假定排架无侧移时，每开间柱顶反力（包括作用于屋架下弦的集中荷载产生的反力）；

H——横墙高度；

E——砌体的弹性模量；

I——横墙截面惯性矩，为简化计算，近似地取横墙毛截面惯性矩，当横墙与纵墙连接时可按工字形或 [形截面考虑；与横墙共同工作的纵墙部分的计算长度 s，每边近似地取 $s = 0.3H$；

τ——水平截面上的剪应力，$\tau = \zeta P_1/A$；

ζ——应力分布不均匀系数，当考虑洞口影响时，可近似取 $\zeta = 2.0$；

G——砌体的剪变模量，近似取 $G = 0.4E$；

A——横墙截面面积，不考虑纵墙的作用。

多层房屋也可仿照上述方法进行计算，u_{max} 计算公式为

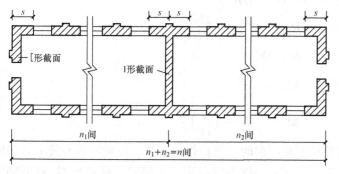
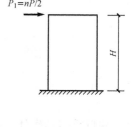

图 16-9　单层房屋横墙简图

$$u_{\max} = \frac{n}{6EI}\sum_{i=1}^{m}P_iH_i^3 + \frac{2.5n}{EA}\sum_{i=1}^{m}P_iH_i \qquad (16-5)$$

式中　m——房屋总层数；

　　　P_i——假定每开间框架各层均为不动铰支座时，第 i 层的支座反力；

　　　H_i——第 i 层楼面至基础顶面的高度。

16.3　刚性方案房屋墙、柱的计算

16.3.1　单层刚性方案房屋承重纵墙计算

1. 计算简图

一般取一个开间为计算单元。单层刚性方案房屋承重纵墙计算采用下列假定：

（1）纵墙、柱下端在基础顶面处固接，上端与屋面大梁或屋架铰接；

（2）屋盖结构可作为纵墙、柱上端的不动铰支座。

按照上述假定，每片纵墙可以按下端固定、上端支承在不动铰支座的竖向构件单独进行计算，其计算简图如图 16-10 所示。

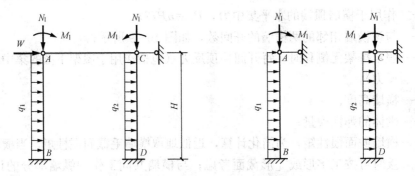

图 16-10　单层刚性方案房屋计算简图

2. 竖向荷载作用下的计算

竖向荷载包括屋盖荷载（屋盖自重、屋面活荷载或雪荷载）和墙、柱自重。屋盖荷载通过屋架或屋面梁作用于墙、柱顶端。通常情况下，屋架支承反力 N_1 作用点对墙体截面形心有一个偏心距 e_1，所以墙体顶端的屋盖荷载有轴心压力 N_1 和弯矩 $M_1 = N_1 e_1$ 组成，则屋盖荷载作用下墙、柱内力为（如图 16-11（a）所示）

$$\left.\begin{array}{l} R_A = -R_B = -\dfrac{3M_1}{2H} \\[2mm] M_A = M_1 \\[2mm] M_B = -\dfrac{M_1}{2} \\[2mm] M_x = \dfrac{M_1}{2}\left(2 - 3\dfrac{x}{H}\right) \end{array}\right\} \qquad (16-6)$$

墙、柱自重包括砌体、内外粉刷和门窗的自重，作用于墙、柱截面形心线上。当墙、柱为等截面时，自重不会产生弯矩。但当墙、柱为变截面，上部墙、柱自重 G_1 对下部墙、柱截面将产生弯矩 $M_1 = G_1 e_0$（e_0 为上下截面形心线距离）。因 M_1 在屋架就位之前就已存在，

故 M_1 在墙、柱产生的内力按悬臂构件计算。

3. 风荷载作用下的计算

风荷载由屋面（包括女儿墙）风荷载和墙面风荷载两部分组成。对于刚性方案房屋，屋面风荷载以集中力直接通过屋架传至横墙，再由横墙传至基础和地基，因此不会对墙、柱的内力造成影响。墙面风荷载为均布荷载 q，按迎风面（压力）、背风面（吸力）分别考虑。在墙面风荷载 q 作用下，墙、柱内力为（图 16-11（b））

$$\left.\begin{aligned} R_A &= \frac{3q}{8}H \\ R_B &= \frac{5q}{8}H \\ M_B &= \frac{q}{8}H^2 \\ M_x &= -\frac{qHx}{8}\left(3-4\frac{x}{H}\right) \end{aligned}\right\} \tag{16-7}$$

当 $x=\frac{3}{8}H$ 时，$M_{max}=-\frac{9qH^2}{128}$。对迎风面，$q=q_1$；对背风面，$q=q_2$。

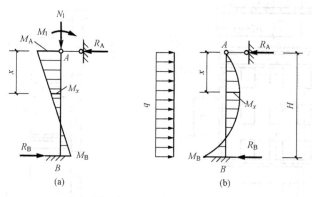

图 16-11 单层刚性方案房屋墙柱内力
(a) 竖向荷载作用下；(b) 风荷载作用下

4. 控制截面承载力验算

截面承载力验算时，应先求出各种荷载单独作用下的内力，然后按照《建筑结构荷载规范》（GB 50009—2012）考虑使用过程中可能同时作用的荷载效应进行组合，并取控制截面的最不利内力进行验算。

墙截面宽度取窗间墙宽度。单层房屋纵墙控制截面一般为基础顶面、墙顶截面和墙中部弯矩最大处截面。各控制截面既有轴力又有弯矩，均按偏心受压进行承载力验算。墙上有梁时，墙顶截面还应验算砌体局部受压承载力。对于变截面墙、柱，还应视情况在变截面处增加两个控制截面，分别在变截面上、下位置。

16.3.2 多层刚性方案房屋承重纵墙计算

1. 计算单元的选取

与单层房屋一样，一般取一个开间为计算单元。计算单元的受荷宽度为 $s=(s_1+s_2)/2$，如图 16-12 所示。对于带壁柱的墙，墙体计算截面翼缘宽度 B 为：

（1）有门窗洞口时，B 一般取一个开间的门间墙或窗间墙；

（2）无门窗洞口时，B 取壁柱高度（层高）H 的 1/3，但不应大于相邻壁柱间的距离。

2. 竖向荷载作用下的计算

在竖向荷载作用下，多层刚性方案房屋的承重纵墙如同一根竖向放置的连续梁，而屋盖、各层楼盖及基础则是连续梁的支点。

考虑到屋盖、楼盖的梁或板嵌置于承重墙内，致使墙体的连续性受到削弱，而被削弱的墙体所能传递的弯矩很小，因此为简化计算，假定墙体在屋盖、楼盖处为铰接。另外，在基础顶面处墙体的轴力远比弯矩大，所引起的偏心距 $e = M/N$ 也很小，按轴心受压和偏心受压的计算结果相差不大，因此墙体在基础顶面处也可假定为铰接。这样，多层刚性方案房屋在竖向荷载作用下，墙体在每层高度范围内均可近似地视为两端铰支的竖向构件，其计算简图如图 16 - 13 所示。

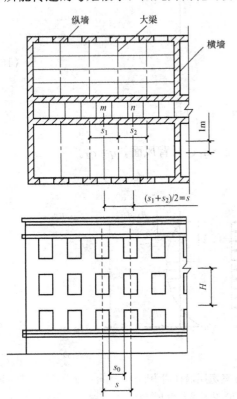

图 16 - 12　多层刚性方案房屋计算单元

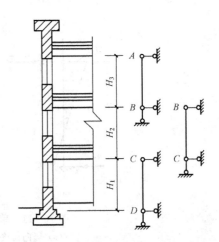

图 16 - 13　竖向荷载作用下计算简图

将多层刚性方案房屋中的任一层取出进行内力计算，如图 16 - 14 所示。则可得上端 Ⅰ-Ⅰ 截面内力为

$$\left.\begin{array}{l} N_{\text{Ⅰ}} = N_{\text{u}} + N_1 \\ M_{\text{Ⅰ}} = N_1 e_1 - N_{\text{u}} e_0 \end{array}\right\} \tag{16 - 8a}$$

下端 Ⅱ-Ⅱ 截面内力为

$$\left.\begin{array}{l} N_{\text{Ⅱ}} = N_{\text{u}} + N_1 + G \\ M_{\text{Ⅱ}} = 0 \end{array}\right\} \tag{16 - 8b}$$

式中　N_{u}——上面楼层传来的荷载，可视作作用于上一楼层的墙、柱的截面重心处；

N_1——本层墙顶楼盖（屋盖）的梁或板传来的荷载，《砌体结构设计规范》（GB 50003—2011）规定：当梁支撑于墙上时，梁端支承压力 N_1 到墙内边的距离应取梁端有效支承长度的 0.4 倍，即取 $0.4a_0$；当板支撑于墙上时，板端支承

压力 N_1 到墙内边的距离可取板的实际支承长度 a 的 0.4 倍；

　　G——本层墙体自重（包括内外粉刷、门窗自重等）；

　　e_1——N_1 对本层墙体截面形心的偏心距；

　　e_0——上、下墙体形心线之间的距离，当上、下层墙体厚度相同时，$e_0 = 0$。

3. 风荷载作用下的计算

水平荷载作用下，墙、柱可视作竖向连续梁，如图 16-15 所示。为简化计算，刚性方案多层房屋的外墙，风荷载引起的各层上、下端的弯矩可按两端固定梁计算，即

$$M = \frac{1}{12} q H_i^2 \qquad (16-9)$$

式中　q——沿楼层高均布风荷载设计值（kN/m）；

　　　　H_i——第 i 层层高（m）。

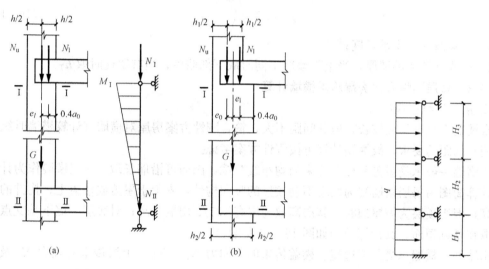

图 16-14　墙体荷载与内力　　　　　　　图 16-15　风荷载作用下计算简图

《砌体结构设计规范》（GB 50003—2011）规定：当刚性方案多层房屋的外墙符合下列要求时，静力计算可不考虑风荷载的影响，而仅按竖向荷载验算墙体的承载力：①洞口水平截面面积不超过全截面面积的 2/3；②层高和总高不超过表 16-3 的规定；③屋面自重不小于 0.8kN/m²。

表 16-3　　　　　　　　　　外墙不考虑风荷载影响时的最大高度

基本风压值（kN/m²）	层高（m）	总高（m）
0.4	4.0	28
0.5	4.0	24
0.6	4.0	18
0.7	3.5	18

注　对于多层混凝土砌块房屋，当外墙厚度不小于 190mm、层高不大于 2.8m、总高不大于 19.6m、基本风压不大于 0.7kN/m² 时，可不考虑风荷载的影响。

4. 控制截面承载力验算

每层墙取两个控制截面，Ⅰ-Ⅰ截面弯矩较大，Ⅱ-Ⅱ截面轴力较大。Ⅰ-Ⅰ截面位于墙体顶部大梁（或板）底面，按偏心受压和梁下局部受压验算承载力；Ⅱ-Ⅱ截面位于该层墙体下部大梁（或板）底面，按轴心受压验算承载力；对于底层墙，Ⅱ-Ⅱ截面取基础顶面。

若多层砌体房屋中各层墙体的截面和材料强度相同时，只需验算最下一层即可。

当楼面梁支承于墙上时，梁端上下的墙体对梁端转动有一定的约束作用，因而梁端也有一定的约束弯矩。当梁的跨度较小时，约束弯矩可以忽略；但当梁的跨度较大时，约束弯矩将在梁端上下墙体内产生弯矩，使墙体偏心距增大。因此，《砌体结构设计规范》（GB 50003—2011）规定：对于梁跨度大于9m的墙承重的多层房屋，按上述方法计算时，应考虑梁端约束弯矩的影响。可按梁两端固结计算梁端弯矩，再将其乘以修正系数 γ 后，按墙体线性刚度分到上层墙底部和下层墙顶部，修正系数 γ 可按下式计算

$$\gamma = 0.2\sqrt{\frac{a}{h}} \tag{16-10}$$

式中　　a——梁端实际支承长度；

　　　　h——支承墙体的墙厚，当上下墙厚不同时取下部墙厚，当有壁柱时取 h_T。

16.3.3 多层刚性方案房屋承重横墙计算

1. 计算单元和计算简图

通常情况下纵墙长度较长，但其间距不大，符合刚性方案房屋对横墙（计算横墙时纵墙为其横墙）间距的要求，故横墙计算可按刚性方案考虑。

由于横墙一般承受屋盖和楼盖传来的均布线荷载，因而可沿墙长取1m宽横墙作为计算单元。计算简图为每层横墙视为两端不动铰接的竖向构件，支承于屋盖或楼盖上；构件的高度为层高，但当顶层为坡屋顶时，其层高取为层高加1/2山墙尖高；对底层，墙下端支点的位置可取在基础顶面。其计算简图如图16-16所示。

除山墙外，横墙承受其两边屋、楼盖传来的竖向力 N_{l1}、N_{l2}，上层传来的轴力 N_u 及本层墙自重 G，如图16-17所示。

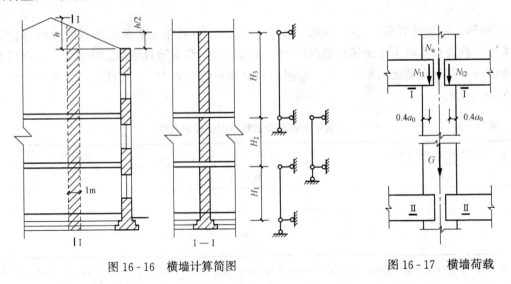

图 16-16　横墙计算简图　　　　　　　　　　　图 16-17　横墙荷载

2. 控制截面承载力验算

当 $N_{l1} = N_{l2}$ 时，沿整个横墙高度仅承受轴心压力，横墙的控制截面取该层墙体的底部Ⅱ-Ⅱ截面，此处轴力最大。当 $N_{l1} \neq N_{l2}$ 时，顶部截面将产生弯矩，则需验算Ⅰ-Ⅰ截面的偏心受压承载力。当墙体支承梁时，还需验算砌体的局部受压承载力。

当横墙上有洞口时应考虑洞口削弱的影响。

16.4　弹性与刚弹性方案房屋墙、柱的计算

16.4.1　单层弹性方案房屋墙、柱的计算

1. 计算简图

取一个开间为计算单元。单层弹性方案房屋的内力计算按有侧移的平面排架计算，并假定：①屋架（或屋面梁）与墙柱顶端铰接，下端嵌固与基础顶面；②屋架（或屋面梁）视为刚度无限大的系杆，在轴力作用下柱顶水平位移相等。其计算简图如图 16-18（a）所示。计算步骤如下：

（1）在排架上端加一不动水平铰支座，形成无侧移的平面排架，其内力分析同刚性方案，求出支座反力 R 及内力；

（2）把已求出的反力 R 反向作用于排架顶端，求出其内力；

（3）将上述两步求出的内力进行叠加，则可得到按有侧移平面排架的结果。

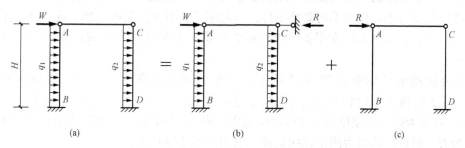

图 16-18　单层弹性方案房屋计算简图及风荷载作用下内力计算方法

2. 屋盖荷载作用下的内力

当屋盖荷载对称时，排架柱顶将不产生侧移，因此内力计算与刚性方案相同。以单层单跨等截面墙为例，如图 16-19 所示，其内力为

$$\begin{cases} M_A = M_C = M \\ M_B = M_D = -\dfrac{M}{2} \\ M_x = \dfrac{M}{2}\left(2 - 3\dfrac{x}{H}\right) \end{cases} \qquad (16-11)$$

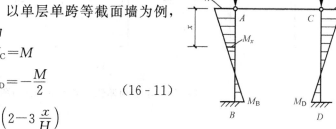

图 16-19　屋盖荷载作用下内力

3. 风荷载作用下的内力

在风荷载作用下排架产生侧移。

（1）假定在排架顶端加一个不动铰支座，与刚性方案相同。由图 16-18（b）可得

$$\begin{cases} R = W + \dfrac{3}{8}(q_1 + q_2)H \\[2mm] M_B = \dfrac{1}{8}q_1 H^2 \\[2mm] M_D = -\dfrac{1}{8}q_2 H^2 \end{cases} \tag{16-12a}$$

（2）将反力 R 反向作用于排架顶端，由图 16-18（c）可得

$$\begin{cases} M_B^2 = \dfrac{1}{2}RH = \dfrac{W}{2}H + \dfrac{3}{16}(q_1 + q_2)H^2 \\[2mm] M_D^2 = -\dfrac{1}{2}RH = -\left[\dfrac{W}{2}H + \dfrac{3}{16}(q_1 + q_2)H^2\right] \end{cases} \tag{16-12b}$$

（3）叠加上述两步求出的内力可得

$$\begin{cases} M_B = M_B^1 + M_B^2 = \dfrac{W}{2}H + \dfrac{5}{16}q_1 H^2 + \dfrac{3}{16}q_2 H^2 \\[2mm] M_D = M_D^1 + M_D^2 = -\left(\dfrac{W}{2}H + \dfrac{3}{16}q_1 H^2 + \dfrac{5}{16}q_2 H^2\right) \end{cases} \tag{16-12c}$$

由于弹性方案房屋不考虑房屋的空间作用，按排架（或框架）计算时，通常厚度的多层房屋墙、柱不易满足承载力要求，故多层混合结构房屋应避免设计成弹性方案房屋。

16.4.2 单层刚弹性方案房屋墙、柱的计算

刚弹性方案房屋的空间刚度介于刚性方案与弹性方案之间，在荷载作用下，房屋的水平位移比弹性方案要小，但又不可忽略不计。因此刚弹性方案房屋按考虑空间工作的平面排架进行分析，其计算简图采用在平面排架（弹性方案）的柱顶加一个弹性支座，如图 16-20（a）所示。

假设在顶点水平集中力 W 的作用下，产生的弹性支座反力为 X，柱顶水平位移为 $u = \eta u_p$，较无弹性支座时柱顶水平位移 u_p 小，如图 16-20（a）、（b），减小的水平位移 $(1-\eta)u_p$ 可视为弹性支座反力 X 引起的，如图 16-20（c）所示。假设排架柱顶的不动铰支座反力为 R，根据位移与力成正比的关系可求出弹性支座反力。

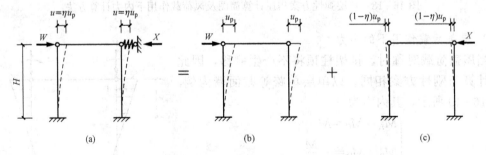

图 16-20 单层刚弹性方案房屋计算简图

即，由

$$\frac{X}{R} = \frac{(1-\eta)u_p}{u_p} = 1 - \eta$$

则

$$X = (1-\eta)R \tag{16-13}$$

考虑弹性支座反力 X 后，即可与弹性方案房屋计算相似，按以下步骤进行内力计算，如图 16-21 所示：

（1）在排架柱顶附加一个不动铰支座，如图 16-21（b）所示，计算出支座反力 R 和相应的内力；

（2）为消除附加的不动铰支座的影响，将不动铰支座反力 R 反向作用于排架柱顶，并与弹性支座反力 $(1-\eta)R$ 进行叠加，得到排架柱顶实际承受的水平力为 $R-(1-\eta)R=\eta R$，因此计算时只需将 ηR 反向作用于排架柱顶，如图 16-21（c）所示，求得各柱的内力；

（3）将上述两步所得的柱内力进行叠加，则可得到排架柱的实际内力。

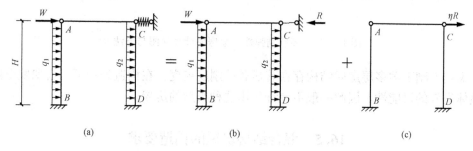

图 16-21　单层刚弹性方案房屋计算方法

控制截面一般为墙、柱顶和基础顶面。如墙、柱变截面，变截面处也应作为控制截面。截面承载力验算时，根据使用过程中可能出现的荷载组合，取其不利者进行验算。

16.4.3　多层刚弹性方案房屋墙、柱的计算

1. 多层刚弹性方案房屋的内力分析方法

多层房屋除了在同一层各开间之间存在类似于单层房屋的空间作用之外，层与层之间也有相互影响的空间作用。

在水平荷载作用下，多层刚弹性方案房屋的内力分析可仿照单层刚弹性方案房屋，取一个开间的多层房屋为计算单元，按考虑空间工作的平面排架（或框架）计算，其计算简图如图 16-22（a）所示。计算步骤如下：

（1）在平面计算简图的多层横梁与柱联结处加一水平铰支杆，如图 16-22（b）所示，计算其在水平荷载作用下无侧移时的内力和各杆支反力 $R_i(i=1, 2, \cdots, n)$；

（2）将支杆反力 R_i 乘以相应的 η_i，反向作用排架（或框架）的各横梁处，如图 16-22（c）所示，计算出有侧移排架内力；

（3）将上述两步所得的相应内力叠加，则可得到实际内力。

2. 上柔下刚多层房屋计算

对于多层房屋，当房屋下部各层横墙间距较小、横墙较密，符合刚性方案房屋要求，而顶层的使用空间大、横墙少，不符合刚性方案房屋要求，这种房屋称为上柔下刚多层房屋。

计算上柔下刚多层房屋时，顶层可按单层房屋进行计算，其空间性能影响系可根据屋盖类别按表 16-1 采用。下部各层仍按刚性方案进行计算。

3. 上刚下柔多层房屋

对于多层房屋，当房屋底层的使用空间大、横墙少，不符合刚性方案房屋要求，而上部各层横墙间距较小、横墙较密，符合刚性方案房屋要求，这种房屋称为上刚下柔多层房屋。

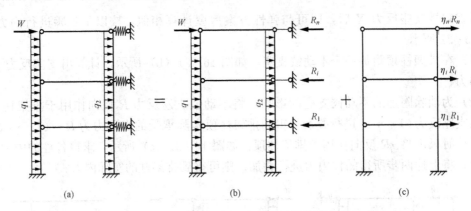

图 16-22　多层刚弹性方案房屋计算简图与方法

考虑到上刚下柔多层房屋结构存在着显著的刚度突变，在构造处理不当或偶发事件中存在着整体失效的可能性，因此一般不允许采用这种类型的房屋。

16.5　混合结构房屋的构造要求

16.5.1　墙、柱的高厚比验算

对于混合结构房屋中的墙、柱受压构件，除要满足承载力要求外，还须满足稳定性要求。《砌体结构设计规范》（GB 50003—2011）用验算墙、柱高厚比的方法来保证在施工和使用阶段墙、柱的稳定性，即要求墙、柱高厚比不超过允许高厚比。

墙、柱高厚比验算包括两方面：允许高厚比；墙、柱高厚比的确定。

1. 允许高厚比 $[\beta]$

允许高厚比 $[\beta]$ 与墙、柱的承载力计算无关，主要是根据墙、柱的稳定性由实践经验确定的。而砂浆的强度等级直接影响砌体的弹性模量，进而影响墙、柱稳定性。《砌体结构设计规范》（GB 50003—2011）给出了墙、柱的允许高厚比 $[\beta]$ 值，应按表 16-4 采用。

表 16-4　　　　　　　　　　　墙、柱的允许高厚比 $[\beta]$ 值

砌体类型	砂浆强度等级	墙	柱
无筋砌体	M2.5	22	15
	M5.0 或 Mb5.0、Ms5.0	24	16
	≥M7.5 或 Mb7.5、Ms7.5	26	17
配筋砌块砌体	—	30	21

注　1. 毛石墙、柱允许高厚比应按表中数值降低 20%；

　　2. 带有混凝土或砂浆面层的组合砖砌体构件的允许高厚比，可按表中数值提高 20%，但不得大于 28；

　　3. 验算施工阶段砂浆尚未硬化的新砌砌体高厚比时，允许高厚比对墙取 14，对柱取 11。

2. 墙、柱的计算高度 H_0

理论分析和工程经验指出，与墙体可靠连接的横墙间距越小，墙体的稳定性越好；带壁柱墙和带构造柱墙的局部稳定随壁柱间距、构造柱间距、圈梁间距的减小而提高；刚性方案

房屋的墙、柱在屋、楼盖支承处侧移小，其稳定性好。这些因素在墙、柱的计算高度 H_0 中考虑。

墙、柱的计算高度 H_0，应根据房屋类别和构件支承条件等按表 16-5 采用。表中的构件高度 H，应按下列规定采用：

(1) 在房屋底层，为楼板顶面到构件下端支点的距离。下端支点的位置，可取在基础顶面。当埋置较深且有刚性地坪时，可取室外地面下 500mm 处；

(2) 在房屋其他层，为楼板或其他水平支点间的距离；

(3) 对于无壁柱的山墙，可取层高加山墙尖高度的 1/2；对于带壁柱的山墙，可取壁柱处的山墙高度。

表 16-5 受压构件的计算高度 H_0

房 屋 类 别			柱		带壁柱墙或周边拉结的墙		
			排架方向	垂直排架方向	$s>2H$	$2H \geqslant s>H$	$s \leqslant H$
有吊车的单层房屋	变截面柱上段	弹性方案	$2.5H_u$	$1.25H_u$	$2.5H_u$		
		刚性、刚弹性方案	$2.0H_u$	$1.25H_u$	$2.0H_u$		
	变截面柱下段		$1.0H_l$	$0.8H_l$	$1.0H_l$		
无吊车的单层和多层房屋	单跨	弹性方案	$1.5H$	$1.0H$	$1.5H$		
		刚弹性方案	$1.2H$	$1.0H$	$1.2H$		
	多跨	弹性方案	$1.25H$	$1.0H$	$1.25H$		
		刚弹性方案	$1.10H$	$1.0H$	$1.1H$		
	刚性方案		$1.0H$	$1.0H$	$1.0H$	$0.4s+0.2H$	$0.6s$

注 1. H_u 为变截面柱的上段高度；H_l 为变截面柱的下段高度；

2. 对于上端为自由端的构件，$H_0=2H$；

3. 独立砖柱，当无柱间支撑时，柱在垂直排架方向的 H_0 应按表中数值乘以 1.25 后采用；

4. s 为房屋横墙间距；

5. 自承重墙的计算高度应根据周边支承或拉接条件确定。

对有吊车的房屋，当荷载组合不考虑吊车作用时，变截面柱上段的计算高度可按上述规定采用；变截面柱下段的计算高度，可按下列规定采用：

(1) 当 $H_u/H \leqslant 1/3$ 时，取无吊车房屋的 H_0；

(2) 当 $1/3<H_u/H<1/2$ 时，取无吊车房屋的 H_0 乘以修正系数，修正系数可按下式计算

$$\mu=1.3-0.3I_u/I_l \tag{16-14}$$

(3) 当 $H_u/H \geqslant 1/2$ 时，取无吊车房屋的 H_0。但在确定 β 值时，应采用上柱截面。

对无吊车房屋的变截面柱也可按上述规定采用。

3. 一般墙、柱的高厚比验算

墙、柱的高厚比应按下式验算：

$$\beta=\frac{H_0}{h} \leqslant \mu_1\mu_2[\beta] \tag{16-15}$$

式中 H_0——墙、柱的计算高度，按表 16-5 采用；

h——墙厚或矩形柱与 H_0 相对应的边长；

μ_1——自承重墙允许高厚比的修正系数；

μ_2——有门窗洞口墙允许高厚比的修正系数；

$[\beta]$——墙、柱的允许高厚比，按表 16-4 采用。

当与墙连接的相邻两横墙间的距离 $s \leqslant \mu_1\mu_2[\beta]h$ 时，墙的高度可不受式（16-15）限制。变截面柱的高厚比可按上、下截面分别验算，验算上柱的高厚比时，墙、柱的允许高厚比可按表 16-4 的数值乘以 1.3 后采用。

厚度 $h \leqslant 240\text{mm}$ 的自承重墙，允许高厚比修正系数 μ_1，应按下列规定采用：

（1）$h=240\text{mm}$，$\mu_1=1.2$；$h=90\text{mm}$，$\mu_1=1.5$；$240\text{mm}>h>90\text{mm}$，$\mu_1$ 可按插入法取值；

（2）上端为自由端墙的允许高厚比，除按上述规定提高外，尚可提高 30%；

（3）对厚度小于 90mm 的墙，当双面用不低于 M10 的水泥砂浆抹面，包括抹面层的墙厚不小于 90mm 时，可按墙厚等于 90mm 验算高厚比。

对有门窗洞口的墙，允许高厚比修正系数，应符合下列要求：

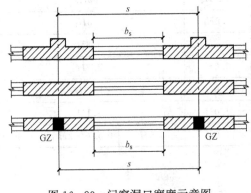

图 16-23　门窗洞口宽度示意图

（1）允许高厚比修正系数 μ_2 应按下式计算

$$\mu_2=1-0.4\frac{b_s}{s} \qquad (16-16)$$

式中　b_s——在宽度 s 范围内的门窗洞口总宽度，见图 16-23；

s——相邻横墙或壁柱（构造柱）之间的距离。

（2）当按式（16-16）计算的 μ_2 的值小于 0.7 时，应采用 0.7。当洞口高度等于或小于墙高的 1/5 时，可取 μ_2 等于 1.0。

（3）当洞口高度大于或等于墙高的 4/5 时，可按独立墙段验算高厚比。

4. 带壁柱墙的高厚比验算

带壁柱墙或下述的带构造柱墙的高厚比验算应按两部分分别进行：横墙之间整片墙的高厚比验算及壁柱间墙或构造柱间墙的高厚比验算。

（1）整片墙的高厚比验算。

$$\beta=\frac{H_0}{h_T}\leqslant\mu_1\mu_2[\beta] \qquad (16-17)$$

式中　H_0——带壁柱墙的计算高度，按表 16-5 采用，此时 s 应取与之相交相邻横墙间的距离 s_w，如图 16-24 所示；

h_T——带壁柱墙截面的折算厚度，$h_T=3.5i$；

i——带壁柱墙截面的回转半径，$i=\sqrt{I/A}$；

I、A——分别为带壁柱墙截面的惯性矩和截面面积。此时带壁柱墙的计算截面翼缘宽度 b_f 可按下列规定采用：①多层房屋，当有门窗洞口时，可取窗间墙宽度；当无门窗洞口时，每侧翼墙宽度可取壁柱高度的 1/3；②单层房屋，可取壁柱宽加 2/3 墙高，但不大于窗间墙宽度和相邻壁柱间距离；③计算带壁柱墙的条形基础时，可取相邻壁柱间的距离。

（2）壁柱间墙的高厚比验算。按式（16-15）验算壁柱间墙的高厚比，此时壁柱可视为壁柱间墙的不动铰支座。确定 H_0 时，s 应取相邻壁柱间的距离，如图 16-24 所示，且不论带壁柱墙体的房屋属何种静力计算方案，均按刚性方案考虑。

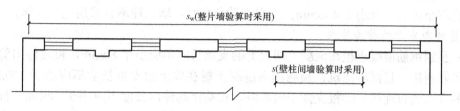

图 16-24　带壁柱墙高厚比验算图

5. 带构造柱墙的高厚比验算

（1）整片墙的高厚比验算。

当构造柱截面宽度不小于墙厚时，可按下式验算带构造柱墙的高厚比

$$\beta = \frac{H_0}{h} \leqslant \mu_1 \mu_2 \mu_c [\beta] \tag{16-18}$$

式中　H_0——带壁柱墙的计算高度，按表 16-5 采用，此时 s 应取相邻横墙间的距离 s_w；

　　　　h——墙厚；

　　　　μ_c——带构造柱墙的允许高厚比 $[\beta]$ 提高系数，可按下式计算

$$\mu_c = 1 + \gamma \frac{b_c}{l} \tag{16-19}$$

式中　γ——系数。对细料石、半细料石砌体，$\gamma=0$；对混凝土砌块、混凝土多孔砖、粗料石、毛料石及毛石砌体，$\gamma=1.0$；其他砌体，$\gamma=1.5$；

　　　　b_c——构造柱沿墙长方向的宽度；

　　　　l——构造柱的间距。

当 $b_c/l > 0.25$ 时，取 $b_c/l = 0.25$；当 $b_c/l < 0.05$（即 $l/b_c > 20$）时，表明构造柱间距过大，对提高墙体稳定性和刚度作用已很小，取 $b_c/l = 0$。

应当注意，由于在施工过程中大多是先砌筑墙体后浇筑构造柱，因此考虑构造柱有利作用的高厚比验算不适用于施工阶段，应注意采取措施保证设构造柱墙在施工阶段的稳定性。

（2）构造柱间墙的高厚比验算。仍按式（16-15）验算构造柱间墙的高厚比，此时构造柱可视为构造柱间墙的不动铰支座。确定 H_0 时，s 应取相邻构造柱间的距离，且不论带构造柱墙体的房屋属何种静力计算方案，均按刚性方案考虑。

对壁柱间墙或构造柱间墙的高厚比验算，是为了保证壁柱间墙和构造柱间墙的局部稳定。如高厚比验算不满足要求，可在墙中设置钢筋混凝土圈梁。《砌体结构设计规范》（GB 50003—2011）规定：设有钢筋混凝土圈梁的带壁柱墙或带构造柱墙，当 $b/s \geqslant 1/30$ 时，圈梁可视作壁柱间墙或构造柱间墙的不动铰支点（b 为圈梁宽度）。当不满足上述条件且不允许增加圈梁宽度，可按墙体平面外等刚度原则增加圈梁高度，此时，圈梁仍可视为壁柱间墙或构造柱间墙的不动铰支点。

16.5.2　一般构造要求

砌体结构的设计，除要进行墙、柱承载力计算和高厚比验算外，还必须满足一定的构造要求，以保证房屋有足够的耐久性和良好的整体工作性能。

1. 墙、柱尺寸要求

承重的独立砖柱截面尺寸不应小于 240mm×370mm。毛石墙的厚度不宜小于 350mm，毛料石柱较小边长不宜小于 400mm。当有振动荷载时，墙、柱不宜采用毛石砌体。

2. 连接与支承的构造要求

(1) 预制钢筋混凝土板在混凝土圈梁上的支承长度不应小于 80mm，板端伸出的钢筋应与圈梁可靠连接，且同时浇筑；预制钢筋混凝土板在墙上的支承长度不应小于 100mm，并应按下列方法进行连接：①板支撑于内墙时，板端钢筋伸出长度不应小于 70mm，且与支座处沿墙配置的纵筋绑扎，用强度等级不应低于 C25 的混凝土浇筑成板带；②板支撑于外墙时，板端钢筋伸出长度不应小于 100mm，且与支座处沿墙配置的纵筋绑扎，并用强度等级不应低于 C25 的混凝土浇筑成板带；③预制钢筋混凝土板与现浇板对接时，预制板端钢筋应伸入现浇板中进行连接后，再浇筑现浇板。

(2) 墙体转角处和纵横向交接处应沿竖向每隔 400～500mm 设拉结钢筋，其数量为每 120mm 墙厚不少于 1 根直径 6mm 的钢筋；或采用焊接钢筋网片，埋入长度从墙的转角或交接处算起，对实心砖墙每边不小于 500mm，对多孔砖墙和砌块墙不小于 700mm。

(3) 填充墙、隔墙应分别采取措施与周边主体结构构件可靠连接，连接构造和嵌缝材料应能满足传力、变形、耐久和防护要求。

(4) 山墙处的壁柱或构造柱宜砌至山墙顶部，且屋面构件应与山墙可靠拉结。

(5) 支承在墙、柱上的吊车梁、屋架及跨度大于或等于下列数值的预制梁的端部（对砖砌体为 9m；对砌块和料石砌体为 7.2m），应采用锚固件与墙、柱上的垫块锚固。

(6) 跨度大于 6m 的屋架和跨度大于下列数值的梁（对砖砌体为 4.8m；对砌块和料石砌体为 4.2m；对毛石砌体为 3.9m），应在支承处砌体上设置混凝土或钢筋混凝土垫块；当墙中设有圈梁时，垫块与圈梁宜浇成整体。

(7) 当梁跨度大于或等于下列数值时（对 240mm 厚的砖墙为 6m，对 180mm 厚的砖墙为 4.8m；对砌块、料石墙为 4.8m），其支承处宜加设壁柱，或采取其他加强措施。

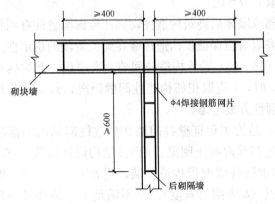

图 16-25　砌块墙与后砌隔墙交接处钢筋网片

3. 混凝土砌块墙体的构造要求

(1) 砌块砌体应分皮错缝搭砌，上、下皮搭砌长度不应小于 90mm。当搭砌长度不满足上述要求时，应在水平灰缝内设置不少于 2 根直径不小于 4mm 的焊接钢筋网片（横向钢筋的间距不应大于 200mm，网片每端应伸出该垂直缝不小于 300mm）。

(2) 砌块墙与后砌隔墙交接处，应沿墙高每 400mm 在水平灰缝内设置不少于 2 根直径不小于 4mm、横筋间距不应大于 200mm 的焊接钢筋网片，如图 16-25 所示。

（3）混凝土砌块房屋，宜将纵横墙交接处，距墙中心线每边不小于 300mm 范围内的孔洞，采用不低于 Cb20 灌孔混凝土沿全高灌实。

（4）混凝土砌块墙体的下列部位，如未设圈梁或混凝土垫块，应采用不低于 Cb20 灌孔混凝土将孔洞灌实：搁栅、檩条和钢筋混凝土楼板的支承面下，高度不应小于 200mm 的砌体；屋架、梁等构件的支承面下，高度不应小于 600mm，长度不应小于 600mm 的砌体；挑梁支承面下，距墙中心线每边不应小于 300mm，高度不应小于 600mm 的砌体。

4. 砌体中留槽洞及埋设管道的构造要求

在砌体中留槽洞及埋设管道时，应遵守下列规定：不应在截面长边小于 500mm 的承重墙体、独立柱内埋设管线；不宜在墙体中穿行暗线或预留、开凿沟槽，无法避免时应采取必要的措施或按削弱后的截面验算墙体的承载力。对受力较小或未灌孔的砌块砌体，允许在墙体的竖向孔洞中设置管线。

16.5.3　框架填充墙的构造要求

框架填充墙是指在框架结构中砌筑的墙体。框架（含框剪）结构填充墙等非结构构件在历次大地震中均遭到不同程度破坏，有的损害甚至超出了主体结构，导致不必要的经济损失，尤其高级装修条件下的高层建筑的损失更为严重。同样也曾发生过受较大水平风荷载作用而导致墙体毁坏并殃及地面建筑、行人的案例。因此有必要采取措施防止或减轻该类墙体的震害或强风作用。

1. 基本构造要求

（1）框架填充墙墙体除应满足稳定要求外，尚应考虑水平风荷载及地震作用的影响。地震作用可按现行国家标准《建筑抗震设计规范》（GB 50011—2010）中非结构构件的规定计算。

（2）在正常使用和正常维护条件下，填充墙的使用年限宜与主体结构相同，结构的安全等级可按二级考虑。

2. 填充墙的构造设计

填充墙的构造设计，应符合下列规定：

（1）填充墙宜选用轻质块体材料，其强度等级应符合《砌体结构设计规范》（GB 50003—2011）自承重墙的规定。

（2）填充墙砌筑砂浆的强度等级不宜低于 M5（Mb5、Ms5）。

（3）填充墙墙体墙厚不应小于 90mm。

（4）用于填充墙的夹心复合砌块，其两肢块体之间有拉结。

3. 填充墙与框架的连接

填充墙与框架的连接，可根据设计要求采用脱开或不脱开方法。有抗震设防要求时宜采用填充墙与框架脱开的方法。

（1）当填充墙与框架采用脱开的方法时，宜符合下列规定：

1）填充墙两端与框架柱，填充墙顶面与框架梁之间留出不小于 20mm 的间隙。

2）填充墙端部应设置构造柱，柱间距宜不大于 20 倍墙厚且不大于 4000mm，柱宽度不小于 100mm；柱竖向钢筋不宜小于 A10，箍筋宜为 A^R5，竖向间距不宜大于 400mm。竖向钢筋与框架梁或其挑出部分的预埋件或预留钢筋连接，绑扎接头时不小于 30d，焊接时（单面焊）不小于 10d（d 为钢筋直径）。柱顶与框架梁（板）应预留不小于 15mm 的缝隙，用硅酮胶或其他弹性密封材料封缝。当填充墙有宽度大于 2100mm 的洞口时，洞口两侧应加设宽度不小于 50mm 的单筋混凝土柱。

3）填充墙两端宜卡入设在梁、板底及柱侧的卡口铁件内，墙侧卡口板的竖向间距不宜大于 500mm，墙顶卡口板的水平间距不宜大于 1500mm。

4）墙体高度超过 4m 时宜在墙高中部设置与柱连通的水平系梁。水平系梁的截面高度不小于 6mm。填充墙高不宜大于 6m。

5）填充墙与框架柱、梁的缝隙可采用聚苯乙烯泡沫塑料板条或聚氨酯发泡材料填充，并用硅酮胶或其他弹性密封材料封缝。

6）所有连接用钢筋、金属配件、铁件、预埋件等均应作防腐处理，并应符合《砌体结构设计规范》（GB 50003—2011）耐久性要求的规定；嵌缝材料应能满足变形和防护要求。

（2）当填充墙与框架采用不脱开的方法时，宜符合下列规定：

1）沿柱高每隔 500mm 配置 2 根直径 6mm 的拉结钢筋（墙厚大于 240mm 时配置 3 根直径 6mm），钢筋伸入填充墙长度不宜小于 700mm，且拉结钢筋应错开截断，相距不宜小于 200mm；填充墙墙顶应与框架梁紧密结合；顶部与上部结构接触处宜用一皮砖或配砖斜砌楔紧。

2）当填充墙有洞口时，宜在窗洞口的上端或下端、门洞口的上端设置钢筋混凝土带，钢筋混凝土带应与过梁的混凝土同时浇筑，其过梁的断面及配筋由设计确定；钢筋混凝土带的混凝土强度等级不小于 C20。当有洞口的填充墙尽段至门窗洞口边距离小于 240mm 时，宜采用钢筋混凝土门窗框。

3）填充墙长度超过 5m 或墙长大于 2 倍层高时，墙顶与梁宜有拉接措施，墙体中部应加设构造柱；墙高度超过 4m 时宜在墙高中部设置与柱连接的水平系梁，墙高超过 6m 时，宜沿墙高每 2m 设置与柱连接的水平系梁，梁的截面高度不小于 60mm。

16.5.4　夹心墙的构造要求

夹心墙是指墙体中预留的连续空腔内填充保温或隔热材料，并在墙的内叶和外叶之间用防锈的金属拉结件连接形成的墙体。

（1）夹心墙的基本构造要求：

1）夹心墙的夹层厚度，不宜大于 120mm。

2）外叶墙的砖及混凝土砌块的强度等级，不应低于 MU10。

3）夹心墙的有效面积，应取承重或主叶墙的面积。高厚比验算时，夹心墙的有效厚度，按下式计算

$$h_1 = \sqrt{h_1^2 + h_2^2} \qquad (16-20)$$

式中　h_1——夹心复合墙的有效厚度；

　h_1、h_2——内、外叶墙的厚度。

4）夹心墙外叶墙的最大横向支承间距，宜按下列规定采用：设防烈度为 6 度时不宜大于 9m，7 度时不宜大于 6m，8、9 度时不宜大于 3m。

（2）夹心墙的内、外叶墙间应由拉结件可靠拉结，拉结件宜符合下列规定：

1）当采用环形拉结件时，钢筋直径不应小于 4mm，当为 Z 形拉结件时，钢筋直径不应小于 6mm；拉结件应沿竖向梅花形布置，拉结件的水平和竖向最大间距分别不宜大于 800mm 和 600mm；对有振动或有抗震设防要求时，其水平和竖向最大间距分别不宜大于

600mm 和 400mm。

2）当采用可调拉结件（指预埋在夹心墙内、外叶墙的灰缝内，利用可调节特性，消除内外叶墙竖向变形不一致而产生不利影响的拉结件）时，钢筋直径不应小于 4mm，拉结件的水平和竖向最大间距均不宜大于 400mm；叶墙间灰缝的高差不大于 3mm，可调拉结件中孔眼和扣钉间的公差不大于 1.5mm。

3）当采用钢筋网片作拉结件时，网片横向钢筋的直径不应小于 4mm，其间距不应大于 400mm；网片的竖向间距不宜大于 600mm，对有振动或有抗震设防要求时，不宜大于 400mm。

4）拉结件在叶墙上的搁置长度，不应小于叶墙厚度的 2/3，并不应小于 60mm。

5）门窗洞口周边 300mm 范围内应附加间距不大于 600mm 的拉结件。

（3）夹心墙的拉结件或网片的选择与设置，应符合下列规定：

1）夹心墙宜用不锈钢拉结件。拉结件用钢筋制作或采用钢筋网片时，应先进行防腐处理，并应符合耐久性要求的有关规定。

2）非抗震设防地区的多层房屋，或风荷载较小地区的高层的夹心墙可采用环形或 Z 形拉结件；风荷载较大地区的高层建筑房屋宜采用焊接钢筋网片。

3）抗震设防地区的砌体房屋（含高层建筑房屋）夹心墙应采用焊接钢筋网作为拉结件；焊接网应沿夹心墙连续通长设置，外叶墙至少有一根纵向钢筋；钢筋网片可计入内叶墙的配筋率，其搭接与锚固长度应符合有关规范的规定。

4）可调节拉结件宜用于多层房屋的夹心墙，其竖向和水平间距均不应大于 400mm。

16.5.5 防止或减轻墙体开裂的主要措施

混合结构房屋墙体在使用过程中常常出现裂缝，这些裂缝不仅有损房屋外观，给使用者造成心理不安感，还会影响房屋的刚度、整体性和耐久性，严重时会危及房屋的安全。

引起墙体开裂的原因很多，除了设计质量、材料性能、施工质量达不到要求等内在因素外，主要外部因素有两方面：温度和收缩变形、地基不均匀沉降。

当气温变化或材料收缩时，钢筋混凝土屋盖、楼盖和墙体将产生变形，但由于钢筋混凝土的线膨胀系数和收缩率与砖砌体的不同，将产生各自不同的变形，从而引起彼此间的约束作用而产生内应力。当温度升高时，由于钢筋混凝土温度变形大而砖砌体温度变形小，砖墙阻碍了屋盖或楼盖的伸长，墙体受水平推力，内外纵墙和横墙因受剪出现正八字形裂缝，外纵墙因受剪在屋盖下出现水平裂缝和包角裂缝，当房屋空间高大时，墙体因受弯在截面薄弱处（如窗间墙处）出现水平裂缝。当温度降低时，钢筋混凝土屋盖或楼盖产生的冷缩或硬化过程中产生的干缩，将在屋盖或楼盖中引起拉应力。当房屋较长时，拉应力可能产生的贯通裂缝将屋盖、楼盖分隔成两个或多个区段。墙体会由于相邻区段屋盖、楼盖朝相反方向收缩而产生竖向裂缝。

当房屋过长、地基土较软，或地基土层分布不均匀、土质差别较大，或房屋体型复杂、高差较大而导致荷载分布不均匀时，都可能产生过大的不均匀沉降而在墙体中产生附加应力，从而引起墙体开裂。当沉降曲线呈凹形时，房屋纵墙上部受压、下部受拉，裂缝出现在房屋下部，呈八字形分布；当沉降曲线呈凸形时，房屋纵墙下部受压、上部受拉，裂缝出现在房屋上部，呈上宽下窄趋势。

在进行混合结构房屋设计时，应综合考虑提高墙体的抗裂能力，采取有效措施防止或减轻墙体的开裂。

1. 防止或减轻由地基不均匀沉降引起墙体开裂的主要措施

防止或减轻由地基不均匀沉降引起的墙体开裂，可根据情况采取下列措施：

（1）设置沉降缝。沉降缝将房屋从上部结构至下部基础全部断开，分成若干个独立的沉降单元。沉降缝宽度可按《建筑地基基础设计规范》（GB 50007—2011）的规定取用。高压缩性地基上的房屋可在下列部位设置沉降缝：地基压缩性有显著差异处；房屋的相邻部分高差较大或荷载、结构刚度、地基的处理方法和基础类型有显著差异处；平面形状复杂的房屋转角处和过长房屋的适当部位；分期建造的房屋交接处。

（2）采用合理的建筑和结构形式。软土地基上的房屋体型避免立面高低起伏和平面凹凸曲折。否则宜用沉降缝将其分割成若干平面或立面形状简单的单元。软土地基上房屋的长高比控制在 2.5 以内。

（3）加强房屋整体刚度和强度。合理布置承重墙体，尽可能将纵墙拉通；隔一定距离（不大于房屋宽度的 1.5 倍）设置一道横墙且与纵墙可靠连接；适当设置钢筋混凝土圈梁，圈梁是增强房屋整体刚度的有效措施，特别是基础圈梁和屋顶檐口部位的圈梁对抵抗不均匀沉降最为有效。

（4）合理安排施工顺序，分期施工。先建较重单元，后建较轻单元；埋置较深的基础先施工，易受相邻建筑屋影响的基础后施工等，都可减少建筑物各部分的不均匀沉降。

2. 设置伸缩缝

在正常使用条件下，应在墙体中设置伸缩缝。伸缩缝应设在因温度和收缩变形引起应力集中、砌体产生裂缝可能性最大处。伸缩缝的间距可按表 16-6 采用。

表 16-6　　　　　　　　砌体房屋伸缩缝的最大间距

屋盖或楼盖类别		间距（m）
整体式或装配整体式钢筋混凝土结构	有保温层或隔热层的屋盖、楼盖	50
	无保温层或隔热层的屋盖	40
装配式无檩体系钢筋混凝土结构	有保温层或隔热层的屋盖、楼盖	60
	无保温层或隔热层的屋盖	50
装配式有檩体系钢筋混凝土结构	有保温层或隔热层的屋盖	75
	无保温层或隔热层的屋盖	60
瓦材屋盖、木屋盖或楼盖、轻钢屋盖		100

注　1. 对烧结普通砖、烧结多孔砖、配筋砌块砌体房屋，取表中数值；对石砌体、蒸压灰砂普通砖、蒸压粉煤灰普通砖、混凝土砌块、混凝土普通砖和混凝土多孔砖房屋，取表数值乘以 0.8 的系数，当墙体有可靠外保温措施时，其间距可取表中数值。

　　2. 在钢筋混凝土屋面上挂瓦的屋盖应按钢筋混凝土屋盖采用。

　　3. 层高大于 5m 的烧结普通砖、烧结多孔砖、配筋砌块砌体结构单层房屋，其伸缩缝间距可按表中数值乘以 1.3。

　　4. 温差较大且变化频繁地区和严寒地区不采暖的房屋及构筑物墙体的伸缩缝的最大间距，应按表中数值予以适当减小。

　　5. 墙体的伸缩缝应与结构的其他变形缝相重合，缝宽度应满足各种变形缝的变形要求；在进行立面处理时，必须保证缝隙的变形作用。

3. 防止或减轻房屋顶层墙体的裂缝

房屋顶层墙体，宜根据情况采取下列措施：

（1）屋面应设置保温、隔热层。

（2）屋面保温（隔热）层或屋面刚性面层及砂浆找平层应设置分隔缝，分隔缝间距不宜大于 6m，其缝宽不小于 300mm，并与女儿墙隔开。

（3）采用装配式有檩体系钢筋混凝土屋盖和瓦材屋盖。

（4）顶层屋面板下设置现浇钢筋混凝土圈梁，并沿内外墙拉通，房屋两端圈梁下的墙体内宜设置水平钢筋。

（5）顶层墙体有门窗等洞口时，在过梁上的水平灰缝内设置 2～3 道焊接钢筋网片或 2 根 ϕ6mm 钢筋，焊接钢筋网片或钢筋应伸入洞口两端墙内不小于 600mm。

（6）顶层及女儿墙砂浆强度等级不低于 M7.5（Mb7.5、Ms7.5）。

（7）女儿墙应设置构造柱，构造柱间距不宜大于 4m，构造柱应伸至女儿墙顶并与现浇钢筋混凝土压顶整浇在一起。

（8）对顶层墙体施加竖向预应力。

4. 防止或减轻房屋底层墙体裂缝

房屋底层墙体，宜根据情况采取下列措施：

（1）增大基础圈梁的刚度。

（2）在底层的窗台下墙体灰缝内设置 3 道焊接钢筋网片或 2 根 ϕ6mm 钢筋，并应伸入两边窗间墙内不小于 600mm。

5. 防止或减轻房屋两端和底层第一、第二开间门窗洞处裂缝的构造措施

（1）在门窗洞口两边的墙体的水平灰缝中，设置长度不小于 900mm、竖向间距为 400mm 的 2 根直径 4mm 的焊接钢筋网片。

（2）在顶层和底层设置通长钢筋混凝土窗台梁，窗台梁的高度宜为块高的模数，梁内纵筋不少于 4 根，直径不小于 10mm，箍筋直径不小于 6mm，间距不大于 200，混凝土强度等级不低于 C20。

（3）在混凝土砌块房屋门窗洞口两侧不少于一个孔洞中设置直径不小于 12mm 的竖向钢筋，竖向钢筋应在楼层圈梁或基础内锚固，孔洞用不低于 Cb20 灌孔混凝土灌实。

6. 防止或减轻房屋门、窗洞口上、下墙体裂缝

在每层门、窗过梁上方的水平灰缝内及窗台下第一和第二道水平灰缝内，宜设置焊接钢筋网片或 2 根直径 6mm 钢筋，焊接钢筋网片或钢筋应伸入两边窗间墙内不小于 600mm；当墙长大于 5m 时，宜在每层墙高度中部设置 2～3 道焊接钢筋网片或 3 根直径 6mm 的通常水平钢筋，竖向间距为 500mm。

7. 防止或减轻填充墙裂缝

填充墙砌体与梁、柱或混凝土墙体结合的界面处（包括内、外墙），宜在粉刷前设置钢丝网片，网片宽度可取 400mm，并沿界面缝两侧各延伸 200mm，或采取其他有效的防裂、盖缝措施。

8. 设置控制缝

控制缝是指将墙体分割成若干个独立墙肢的缝，允许墙肢在其平面内自由变形，并对外力有足够的抵抗能力。

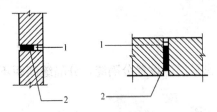

图 16-26　控制缝构造
1—不吸水的、闭孔发泡聚乙烯实心圆棒；
2—柔软、可压缩的填充物

（1）当房屋刚度较大时，可在窗台下或窗台角处墙体内、在墙体高度或厚度突然变化处设置竖向控制缝。竖向控制缝宽度不宜小于 25mm，缝内填以压缩性能好的填充材料，且外部用密封材料密封，并采用不吸水、闭孔发泡聚乙烯实心圆棒（背衬）作为密封膏的隔离物，如图 16-26 所示。

（2）夹心复合墙的外叶墙宜在建筑墙体适当部位设置控制缝，其间距宜为 6～8m。

16.5.6　耐久性规定

砌体结构的耐久性包括两个方面，一是对配筋砌体结构构件的钢筋的保护；二是对砌体材料保护。

（1）砌体结构的耐久性应根据表 16-7 的环境类别和设计使用年限进行设计。

表 16-7　　　　　　　　　　　　　　砌体结构的环境类别

环境类别	条　件
1	正常居住及办公建筑的内部干燥环境
2	潮湿的室内或室外环境，包括与无侵蚀土和水接触的环境
3	严寒和使用化冰盐的潮湿环境（室内或室外）
4	与海水直接接触的环境，或出于滨海地区的盐饱和的气体环境
5	有化学侵蚀的气体、液体或固态形式的环境，包括有侵蚀性土壤的环境

（2）当设计使用年限为 50 年时，砌体中钢筋的耐久性选择应符合表 16-8 的规定。

表 16-8　　　　　　　　　　　　　　砌体中钢筋耐久性选择

环境类别	钢筋种类和最大保护要求	
	位于砂浆中的钢筋	位于灌孔混凝土中的钢筋
1	普通钢筋	普通钢筋
2	重镀锌或有等效保护的钢筋	当采用混凝土灌孔时，可为普通钢筋；当采用砂浆灌孔时应为重镀锌或有等效保护的钢筋
3	不锈钢或有等效保护的钢筋	重镀锌或有等效保护的钢筋
4 和 5	不锈钢或等效保护的钢筋	不锈钢或等效保护的钢筋

注　1. 对夹心墙的外叶墙，应采用重镀锌或有等效保护的钢筋；
　　2. 表中的钢筋即为国家现行标准《混凝土结构设计规范》（GB 50010—2010）和《冷轧带肋钢筋混凝土结构技术规程》JGJ 95 等标准规定的普通钢筋或非预应力钢筋。

（3）设计使用年限为 50 年时，砌体中钢筋的保护层厚度，应符合下列规定：

1）配筋砌体中钢筋的最小混凝土保护层应符合表 16-9 的规定。

2）灰缝中钢筋外露砂浆保护层的厚度不应小于 15mm。

3）所有钢筋端部均应有与对应钢筋的环境类别条件相同的保护层厚度。

4）对填实的夹心墙或特别的墙体构造，钢筋的最小保护层厚度，应符合下列规定：

a. 用于环境类别 1 时，应取 20mm 厚砂浆或灌孔混凝土与钢筋直径较大者；

b. 用于环境类别 2 时，应取 20mm 厚灌孔混凝土与钢筋直径较大者；

c. 采用重镀锌钢筋时，应取 20mm 厚砂浆或灌孔混凝土与钢筋直径较大者；

d. 采用不锈钢筋时，应取钢筋的直径。

表 16 - 9　　　　　　　　　　　　　钢筋的最小保护层厚度

环境类别	混凝土强度等级			
	C20	C25	C30	C35
	最低水泥含量（kg/m³）			
	260	280	300	320
1	20	20	20	20
2	—	25	25	25
3	—	40	40	30
4	—	—	40	40
5	—	—	—	40

注　1. 材料中最大氯离子和最大碱含量应符合现行国家标准《混凝土结构设计规范》GB 50010 的规定；

　　2. 当采用防渗砌体块体和防渗砂浆时，可以考虑部分砌体（含抹灰层）的厚度作为保护层，但对环境类别 1、

　　　2、3，其混凝土保护层的厚度相应不应小于 10、15 和 20mm；

　　3. 钢筋砂浆面层的组合砌体构件的钢筋保护层厚度宜比表 16 - 9 规定的混凝土保护层厚度数值增加 5～10mm；

　　4. 对安全等级为一级或设计使用年限为 50 年以上的砌体结构，钢筋保护层的厚度应至少增加 10mm。

（4）设计使用年限为 50 年时，夹心墙的钢筋连接件或钢筋网片、连接钢板、锚固螺栓或钢筋，应采用重镀锌或等效的防护涂层，镀锌层的厚度不应小于 290g/m²；当采用环氧涂层时，灰缝钢筋涂层厚度不应小于 290μm，其余部件涂层厚度不应小于 450μm。

（5）设计使用年限为 50 年时，砌体材料的耐久性应符合下列规定：

1）地面以下或防潮层以下的砌体、潮湿房间的墙或环境类别 2 的砌体，所用材料的最低强度等级应符合表 16 - 10 的规定。

表 16 - 10　　　地面以下或防潮层以下的砌体、潮湿房间的墙所用材料的最低强度等级

潮湿程度	烧结普通砖	混凝土普通砖、蒸压普通砖	混凝土砌块	石材	水泥砂浆
稍潮湿的	MU15	MU20	MU7.5	MU30	M5
很潮湿的	MU20	MU20	MU10	MU30	M7.5
含水饱和的	MU20	MU25	MU15	MU40	MU10

注　1. 在冻胀地区，地面以下或防潮层以下的砌体，不宜采用多孔砖，如采用时，其孔洞应用不低于 M10 的水泥砂浆预先灌实。当采用混凝土空心砌块时，其孔洞应采用强度等级不低于 Cb20 的混凝土预先灌实；

　　2. 对安全等级为一级或设计使用年限大于 50 年的房屋，表中材料强度等级应至少提高一级。

2）处于环境类别 3～5 等有侵蚀性介质的砌体材料应符合下列规定：

a. 不用采用蒸压灰砂普通砖、蒸压粉煤灰普通砖；

b. 应采用实心砖，砖的强度等级不应低于 MU20，水泥砂浆的强度等级不应低于 M10；

c. 混凝土砌块的强度等级不应低于 MU15，灌孔混凝土的强度等级不应低于 Cb30，砂浆的强度等级不应低于 Mb10；

d. 应根据环境条件对砌体材料的抗冻指标、耐酸、碱性能提出要求，或符合有关规范的规定。

小　　结

（1）混合结构房屋设计的步骤是：先进行结构布置，接着确定房屋的静力计算方案，然后进行墙、柱内力分析并验算其承载力，最后采取相应的构造措施。

（2）混合结构房屋的承重体系可分为：横墙承重体系、纵墙承重体系、纵横墙承重体系、内框架承重体系和底部框架承重体系。

（3）混合结构房屋根据空间作用的大小，可分为三种静力计算方案：刚性方案、弹性方案和刚弹性方案。

（4）单层刚性方案房屋的计算简图是：下端固接于基础顶面，上端与屋面梁为不动铰支座。多层刚性方案房屋的计算简图是：在竖向荷载作用下，墙体在每层高度范围内均可简化为两端铰支的竖向构件；在水平荷载作用下，墙体视为以屋盖、各层楼盖为不动水平铰支座的多跨连续梁。

（5）单层弹性方案房屋的计算简图是：下端嵌固于基础顶面，上端与屋架铰接的有侧移平面排架。由于弹性方案房屋不考虑房屋的空间作用，通常厚度的多层房屋墙、柱不易满足承载力要求，故多层混合结构房屋应避免设计成弹性方案房屋。

（6）单层刚弹性方案房屋的计算简图是：在弹性方案基础上，考虑空间作用，在平面排架柱顶处加一弹性支座。多层刚弹性方案房屋的计算简图类似于单层刚弹性方案房屋，在每层横梁与柱顶联结处加一弹性支座。

（7）为了保证墙、柱在施工和使用阶段的稳定性，需验算墙、柱高厚比，即要求墙、柱高厚比不超过允许高厚比。在具体验算时需考虑自承重墙、门窗洞口、壁柱和构造柱的对允许高厚比的影响。

（8）引起墙体开裂的主要原因是温度收缩变形和地基的不均匀沉降。为了防止或减轻墙体的开裂，除了在房屋的适当部位设置沉降缝和伸缩缝外，还可根据房屋的实际情况采取有效地构造措施。

（9）砌体结构应根据环境类别和设计使用年限满足耐久性规定，砌体结构的耐久性包括两个方面，一是对配筋砌体结构构件的钢筋的保护；二是对砌体材料保护。

思　考　题

（1）混合结构房屋的承重体系分为哪几种？各有何特点？

（2）如何确定房屋的静力计算方案？主要影响因素有哪些？

（3）《砌体结构设计规范》（GB 50003—2011）对刚性、刚弹性方案房屋的横墙为什么要作要求，有哪些要求？

（4）多层刚性方案房屋的计算单元及简图如何选取？

（5）刚性方案与弹性方案房屋墙体的内力分析方法有何异同点？

（6）地下室墙体设计与上部墙体设计有何异同点？

（7）墙、柱高厚比验算的目的是什么？如何验算？

（8）引起墙体开裂的原因有哪些？采取哪些措施可防止或减轻墙体开裂？

（9）砌体材料的耐久性应符合哪些要求？

习　　题

（1）某单层单跨无吊车厂房采用装配式无檩体系屋盖。厂房长 24m、宽 12m，自基础顶面算起墙高 5m，纵横墙采用 MU10 烧结多孔砖和 M5 混合砂浆砌筑，墙厚为 240mm，壁柱截面为 370mm×490mm，壁柱间距为 6m，构造柱为 240mm×240mm，纵墙上窗洞为 3200mm×3000mm，横墙上窗洞为 1800mm×3000mm，门洞为 2100mm×3000mm，详细尺寸见图 16 - 27。试验算纵墙和横墙的高厚比。

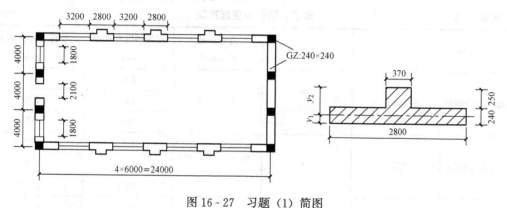

图 16 - 27　习题（1）简图

（2）若习题（1）中房屋层高为 4.5m，窗洞高为 2.1m，其他条件不变，试验算外纵墙的高厚比。

附录1 《混凝土结构设计规范》（GB 50010—2010）附表

附表 1 - 1   普通钢筋强度标准值   N/mm²

牌　号	符　号	公称直径 d（mm）	屈服强度标准值 f_{yk}	极限强度标准值 f_{stk}
HPB300	φ	6～22	300	420
HRB335 HRBF335	φ φ^F	6～50	335	455
HRB400 HRBF400 RRB400	φ φ^F φ^R	6～50	400	540
HRB500 HRBF500	φ φ^F	6～50	500	630

附表 1 - 2   预应力钢筋强度标准值   N/mm²

种　类		符　号	公称直径 d（mm）	屈服强度标准值 f_{pyk}	极限强度标准值 f_{ptk}
中强度预应力钢丝	光面螺旋肋	φ^{PM} φ^{HM}	5，7，9	620 780 980	800 970 1270
预应力螺纹钢筋	螺纹	φ^T	18，25，32，40，50	785 930 1080	980 1080 1230
消除应力钢丝	光面螺旋肋	φ^P φ^H	5	— —	1570 1860
			7	—	1570
			9	— —	1470 1570
钢绞线	1×3（三股）	φ^S	8.6，10.8，12.9	— — —	1570 1860 1960
	1×7（七股）		9.5，12.7，15.2，17.8	— — —	1720 1860 1960
			21.6	—	1860

注 极限强度标准值为1960MPa的钢绞线作后张预应力配筋时，应有可靠的工程经验。

附表 1-3   普通钢筋强度设计值 N/mm^2

牌 号	f_y	f'_y
HPB300	270	270
HRB335、HRBF335	300	300
HRB400、HRBF400、RRB400	360	360
HRB500、HRBF500	435	410

注 用作受剪、受扭、受冲动承载力计算的箍筋,抗拉强度设计值 f_{yv} 按表中 f_y 的数值取用,但其数值不应大于 $360N/mm^2$。

附表 1-4   预应力钢筋强度设计值 N/mm^2

种 类	极限强度标准值 f_{ptk}	抗拉强度设计值 f_{py}	抗压强度设计值 f'_{py}
中强度预应力钢丝	800	510	410
	970	650	
	1270	810	
消除应力钢丝	1470	1040	410
	1570	1110	
	1860	1320	
钢绞线	1570	1110	390
	1720	1220	
	1860	1320	
	1960	1390	
预应力螺纹钢筋	980	650	410
	1080	770	
	1230	900	

注 当预应力筋的强度标准值不符合附表 4 的规定时,其强度设计值应进行相应的比例换算。

附表 1-5   普通钢筋及预应力筋在最大力下的总伸长率限值

钢筋品种	普通钢筋			预应力筋
	HPB300	HRB335,HRBF335,HRB400,HRBF400,HRB500,HRBF500	RRB400	
δ_{gt} (%)	10.0	7.5	5.0	3.5

附表 1-6   钢筋的弹性模量 $\times10^5 N/mm^2$

牌号或种类	弹性模量 E_s
HPB300 钢筋	2.10
HRB335、HRB400、HRB500 钢筋 HRBF335、HRBF400、HRBF500 钢筋 HRB400 钢筋 预应力螺纹钢筋	2.00
消除应力钢丝、中强度预应力钢丝	2.05
钢绞线	1.95

注 必要时可采用实测的弹性模量。

附表 1-7　　　　　　　　普通钢筋疲劳应力幅限值　　　　　　　N/mm²

疲劳应力比值 ρ_s^f	疲劳应力幅限值 Δf_y^f	
	HRB335	HRB400
0	175	175
0.1	162	162
0.2	154	156
0.3	144	149
0.4	131	137
0.5	115	123
0.6	97	106
0.7	77	85
0.8	54	60
0.9	28	31

注　当纵向受拉钢筋采用闪光接触对焊连接时，其接头处的钢筋疲劳应力幅限值应按表中数值乘以系数 0.80 取用。

附表 1-8　　　　　　　　预应力钢筋疲劳应力幅限值　　　　　　　N/mm²

疲劳应力比值 ρ_p^f	钢绞线 $f_{ptk}=1570$	消除应力钢丝 $f_{ptk}=1570$
0.7	144	240
0.8	118	168
0.9	70	88

注　1. 当 ρ_p^f 不小于 0.9 时，可不作预应力筋疲劳验算；
　　2. 当有充分依据时，可对表中规定的疲劳应力幅限值作适当调整。

附表 1-9　　　　　　　　混凝土强度标准值　　　　　　　N/mm²

强度种类	混凝土强度等级													
	C15	C20	C25	C30	C35	C40	C45	C50	C55	C60	C65	C70	C75	C80
f_{ck}	10.0	13.4	16.7	20.1	23.4	26.8	29.6	32.4	35.5	38.5	41.5	44.5	47.4	50.2
f_{tk}	1.27	1.54	1.78	2.01	2.20	2.39	2.51	2.64	2.74	2.85	2.93	2.99	3.05	3.11

附表 1-10　　　　　　　　混凝土强度设计值　　　　　　　N/mm²

强度种类	混凝土强度等级													
	C15	C20	C25	C30	C35	C40	C45	C50	C55	C60	C65	C70	C75	C80
f_c	7.2	9.6	11.9	14.3	16.7	19.1	21.1	23.1	25.3	27.5	29.7	31.8	33.8	35.9
f_t	0.91	1.10	1.27	1.43	1.57	1.71	1.80	1.89	1.96	2.04	2.09	2.14	2.18	2.22

注　1. 计算现浇钢筋混凝土轴心受压及偏心受压构件时，如截面的长边或直径小于300mm，则表中混凝土的强度设计值应乘以系数0.8；当构件质量（如混凝土成型、截面和轴线尺寸等）确有保证时，可不受此限制。
　　2. 离心混凝土的强度设计值应按专门标准取用。

附表 1-11　　　　　　　　　混凝土弹性模量　　　　　　　$\times 10^4 \text{N/mm}^2$

混凝土强度等级	C15	C20	C25	C30	C35	C40	C45	C50	C55	C60	C65	C70	C75	C80
E_c	2.20	2.55	2.80	3.00	3.15	3.25	3.35	3.45	3.55	3.60	3.65	3.70	3.75	3.80

附表 1-12 (a)　　　　　　混凝土受压疲劳强度修正系数

ρ_c^f	$0 \leqslant \rho_c^f < 0.1$	$0.1 \leqslant \rho_c^f < 0.2$	$0.2 \leqslant \rho_c^f < 0.3$	$0.3 \leqslant \rho_c^f < 0.4$	$0.4 \leqslant \rho_c^f < 0.5$	$\rho_c^f \geqslant 0.5$
γ_p	0.68	0.74	0.80	0.86	0.93	1.00

附表 1-12 (b)　　　　　　混凝土受拉疲劳强度修正系数

ρ_c^f	$0 < \rho_c^f < 0.1$	$0.1 \leqslant \rho_c^f < 0.2$	$0.2 \leqslant \rho_c^f < 0.3$	$0.3 \leqslant \rho_c^f < 0.4$	$0.4 \leqslant \rho_c^f < 0.5$
γ_p	0.63	0.66	0.69	0.72	0.74
ρ_c^f	$0.5 \leqslant \rho_c^f < 0.6$	$0.6 \leqslant \rho_c^f < 0.7$	$0.7 \leqslant \rho_c^f < 0.8$	$\rho_c^f \leqslant 0.8$	—
γ_p	0.76	0.80	0.90	1.00	—

附表 1-13　　　　　　　　混凝土的疲劳变形模量　　　　　　$\times 10^4 \text{N/mm}^2$

混凝土强度等级	C30	C35	C40	C45	C50	C55	C60	C65	C70	C75	C80
E_c^f	1.30	1.40	1.50	1.55	1.60	1.65	1.70	1.75	1.80	1.85	1.90

附表 1-14　　　　　　　　　受弯构件的挠度限制

构 件 类 型		挠 度 限 值
吊车梁	手动吊车	$l_0/500$
	电动吊车	$l_0/600$
屋盖、楼盖及楼梯构件	当 $l_0 < 7\text{m}$ 时	$l_0/200(l_0/250)$
	当 $7\text{m} \leqslant l_0 \leqslant 9\text{m}$ 时	$l_0/250(l_0/300)$
	当 $l_0 > 9\text{m}$ 时	$l_0/300(l_0/400)$

注　1. 表中 l_0 为构件的计算跨度;计算悬臂构件的挠度限值时,其计算跨度 l_0 按实际悬臂长度的 2 倍取用。

　　2. 表中括号内的数值适用于使用上对挠度有较高要求的构件。

　　3. 如果构件制作时预先起拱,且使用上也允许,则在验算挠度时,可将计算所得的挠度值减去起拱值;对预应力混凝土构件,尚可减去预加力所产生的反拱值。

　　4. 构件制作时的起拱值和预加力所产生的反拱值,不宜超过构件在相应荷载组合作用下的计算挠度值。

附表 1-15　　　　　　　　混凝土结构的环境类别

环境类别	条 件
一	室内干燥环境; 无侵蚀性静水浸没环境

续表

环境类别	条　　件
二 a	室内潮湿环境； 非严寒和非寒冷地区的露天环境； 非严寒和非寒冷地区与无侵蚀性的水或土壤直接接触的环境； 严寒和寒冷地区的冰冻线以下与无侵蚀性的水或土壤直接接触的环境
二 b	干湿交替环境； 水位频繁变动环境； 严寒和寒冷地区的露天环境； 严寒和寒冷地区冰冻线以上与无侵蚀性的水或土壤直接接触的环境
三 a	严寒和寒冷地区冬季水位变动区环境； 受除冰盐影响环境； 海风环境
三 b	盐渍土环境； 受除冰盐作用环境； 海岸环境
四	海水环境
五	受人为或自然的侵蚀性物质影响的环境

注　1. 室内潮湿环境是指构件表面经常处于结露或湿润状态的环境。

　　2. 严寒和寒冷地区的划分应符合国家现行标准《民用建筑热工设计规程》（GB 50176）的有关规定。

　　3. 海岸环境和海风环境宜根据当地情况，考虑主导风向及结构所处迎风、背风部位等因素的影响，由调查研究和工程经验确定。

　　4. 受除冰盐影响环境是指受到除冰盐盐雾影响的环境；受除冰盐作用环境指被除冰盐溶液溅射的环境以及使用除冰盐地区的洗车房、停车楼等建筑物。

　　5. 暴露的环境是指混凝土结构表面所处的环境。

附表 1 - 16　　　　　　　　　**结构构件的裂缝控制等级及最大裂缝宽度限制**

环境类别	钢筋混凝土结构		预应力混凝土结构	
	裂缝控制等级	w_{lim}	裂缝控制等级	w_{lim}
一	三级	0.30(0.40)	三级	0.20
二 a				0.10
二 b		0.20	二级	—
三 a、三 b			一级	—

注　1. 对处于年平均相对湿度小于 60% 地区一类环境下的受弯构件，其最大裂缝宽度限值可采用括号内的数值。

　　2. 在一类环境下，对钢筋混凝土屋架、托架及需作疲劳验算的吊车梁，其最大裂缝宽度限值应取为 0.20mm；对钢筋混凝土屋面梁和托梁，其最大裂缝宽度限值应取为 0.30mm。

　　3. 在一类环境下，对预应力混凝土屋架、托架及双向板体系，应按二级裂缝控制等级进行验算；对一类环境下的预应力混凝土屋面梁、托梁、单向板，按表中二 a 类环境的要求进行验算；在一类和二 a 类环境下需作疲劳验算的预应力混凝土吊车梁，应按裂缝控制等级不低于二级的构件进行验算。

　　4. 表中规定的预应力混凝土构件的裂缝控制等级和最大裂缝宽度限值仅适用于正截面的验算；预应力混凝土构件的斜截面裂缝控制验算应符合本书 10.5.2 小节的有关规定。

　　5. 对于烟囱、筒仓和处于液体压力下的结构，其裂缝控制要求应符合专门标准的有关规定。

　　6. 对于处于四、五类环境下的结构构件，其裂缝控制要求应符合专门标准的有关规定。

　　7. 表中的最大裂缝宽度限值为用于验算荷载作用引起的最大裂缝宽度。

附表 1 - 17 　　　　　　　　混凝土保护层的最小厚度　　　　　　　　　　　mm

环境类别	板、墙、壳	梁、柱
一	15	20
二 a	20	25
二 b	25	35
三 a	30	40
三 b	40	50

注　1. 混凝土强度等级不大于 C25 时，表中保护层厚度数值应增加 5mm；

　　2. 钢筋混凝土基础宜设置混凝土垫层，基础中钢筋的混凝土保护层厚度应从垫层顶面算起，且不应小于 40mm。

附表 1 - 18 　　　　　　纵向受力钢筋的最小配筋百分率　　　　　　　　　%

受 力 类 型		最小配筋百分率
受压构件	全部纵向钢筋 强度等级 500N/mm²	0.50
	全部纵向钢筋 强度等级 400N/mm²	0.55
	全部纵向钢筋 强度等级 300N/mm²、335N/mm²	0.60
	一侧纵向钢筋	0.20
受弯构件、偏心受拉、轴心受拉构件一侧的受拉钢筋		0.20 和 $45f_t/f_y$ 中的较大值

注　1. 受压构件全部纵向钢筋最小配筋百分率，当采用 C60 及以上强度等级的混凝土时，应按表中规定增加 0.1；

　　2. 板类受弯构件（不包括悬臂板）的受拉钢筋，当采用强度等级 400N/mm²、500N/mm² 的钢筋时，其最小配筋百分率应允许采用 0.15 和 $45f_t/f_y$ 中的较大值；

　　3. 偏心受拉构件中的受压钢筋，应按受压构件一侧纵向钢筋考虑；

　　4. 受压构件的全部纵向钢筋和一侧纵向钢筋的配筋率以及轴心受拉构件和小偏心受拉构件一侧受拉钢筋的配筋率均应按构件的全截面面积计算；

　　5. 受弯构件、大偏心受拉构件一侧受拉钢筋的配筋率应按全截面面积扣除受压翼缘面积 $(b_f'-b)h_f'$ 后的截面面积计算；

　　6. 当钢筋沿构件截面周边布置时，"一侧纵向钢筋"系指沿受力方向两个对边中一边布置的纵向钢筋。

附表 1 - 19 　　　　　　结构混凝土材料的耐久性基本要求

环境类别	最大水胶比	最低强度等级	最大氯离子含量（%）	最大碱含量（kg/m³）
一	0.60	C20	0.30	不限制
二 a	0.55	C25	0.20	
二 b	0.50（0.55）	C30（C25）	0.15	
三 a	0.45（0.50）	C35（C30）	0.15	3.0
三 b	0.40	C40	0.10	

注　1. 氯离子含量系指其占胶凝材料总量的百分比。

　　2. 预应力构件混凝土中的最大氯离子含量为 0.05%；最低混凝土强度等级应按表中的规定提高两个等级。

　　3. 素混凝土构件的水胶比及最低强度等级的要求可适当放松。

　　4. 有可靠工程经验时，二类环境中的最低混凝土强度等级可降低一个等级。

　　5. 处于严寒和寒冷地区二 b、三 a 类环境中的混凝土应使用引气剂，并可采用括号中的有关参数。

　　6. 当使用非碱活性骨料时，对混凝土中的碱含量可不作限制。

附表 1 - 20　　　　　　**截面抵抗矩塑性影响系数基本值**

项次	1	2	3		4		5
截面形状	矩形截面	翼缘位于受压区的 T 形截面	对称 I 形截面或箱形截面		翼缘位于受拉区的倒 T 形截面		圆形和环形截面
			$b_f/b \leqslant 2$、h_f/h 为任意值	$b_f/b < 2$、$h_f/h > 0.2$	$b_f/b \leqslant 2$、h_f/h 为任意值	$b_f/b > 2$、$h_f/h < 0.2$	
γ_m	1.55	1.50	1.45	1.35	1.50	1.40	$1.6 - 0.24 r_1/r$

注　1. 对 $b'_f > b_f$ 的 I 形截面，可按项次 2 与项次 3 之间的数值采用；对 $b'_f < b_f$ 的 I 形截面，可按项次 3 与项次 4 之间的数值采用。

　　2. 对于箱形截面，b 系指各肋宽度的总和。

　　3. r_1 为环形截面的内环半径，对圆形截面取 r_1 为零。

附表 1 - 21　　　　　　　　**钢 筋 截 面 面 积 表**　　　　　　　　　mm²

直径 (mm)	钢筋截面面积 A_s (mm²) 及钢筋排列成一排时梁的最小宽度 b (mm)												u (mm) (面积 A_s/周长 s)	单根钢筋公称质量 (kg/m)
	1根	2根	3根		4根		5根		6根	7根	8根	9根		
	A_s	A_s	A_s	b	A_s	b	A_s	b	A_s	A_s	A_s	A_s		
6	28.3	57	85		113		142		170	198	226	255	1.50	0.222
8	50.3	101	151		201		252		302	352	402	453	2.00	0.395
10	78.5	157	236		314		393		471	550	628	707	2.50	0.617
12	113.1	226	339	150	452	200/180	565	250/220	678	791	904	1017	3.00	0.888
14	153.9	308	462	150	615	200/180	769	250/220	923	1077	1230	1387	3.50	1.21
16	201.1	402	603	180/150	804	200	1005	250	1206	1407	1608	1809	4.00	1.58
18	254.5	509	763	180/150	1018	220/200	1272	300/250	1526	1780	2036	2290	4.50	2.00 (2.11)
20	314.2	628	942	180	1256	220	1570	300/250	1884	2200	2513	2827	5.00	2.47
22	380.1	760	1140	180	1520	250/220	1900	300	2281	2661	3041	3421	5.50	2.98
25	490.9	982	1473	200/180	1964	250	2454	300	2945	3436	3927	4418	6.25	3.85 (4.10)
28	615.8	1232	1847	200	2463	250	3079	350/300	3695	4310	4926	5542	7.00	4.83
30	706.9	1414	2121		2827		3534		4241	4948	5655	6362	7.50	5.55
32	804.3	1609	2413	220	3217	300	4021	350	4826	5630	6434	7238	8.00	6.31 (6.65)
36	1017.9	2036	3054		4072		5089		6107	7125	8143	9161	9.00	7.99
40	1256.6	2513	3770		5027		6283		7540	8796	10 053	11 310	10.00	9.87 (10.34)
50	1963.5	3928	3892		7856		9820		11 784	13 748	15 712	17 676		15.42 (16.28)

注　1. 括号内为预应力螺纹钢筋的数值；

　　2. 表中梁最小宽度 b 为分数时，斜线以上数字表示钢筋在梁顶部时所需宽度，斜线以下数字表示钢筋在梁底部时所需宽度 (mm)。

附表 1 - 22　　　　　　　　　　每米板宽内的钢筋截面面积表

钢筋间距 (mm)	当钢筋直径（mm）为下列数值时的钢筋截面面积（mm²）													
	3	4	5	6	6/8	8	8/10	10	10/12	12	12/14	14	14/16	16
70	101	179	281	404	561	719	920	1121	1369	1616	1908	2199	2536	2872
75	94.3	167	262	377	524	671	859	1047	1277	1508	1780	2053	2367	2681
80	88.4	157	245	354	491	629	805	981	1198	1414	1669	1924	2218	2513
85	83.2	148	231	333	462	592	758	924	1127	1331	1571	1811	2088	2365
90	78.5	140	218	314	437	559	716	872	1064	1257	1484	1710	1972	2234
95	74.5	132	207	298	414	529	678	826	1008	1190	1405	1620	1868	2116
100	70.5	126	196	283	393	503	644	785	958	1131	1335	1539	1775	2011
110	64.2	114	178	257	357	457	585	714	871	1028	1214	1399	1614	1828
120	58.9	105	163	236	327	419	537	654	798	942	1112	1283	1480	1676
125	56.5	100	157	226	314	402	515	628	766	905	1068	1232	1420	1608
130	54.4	96.6	151	218	302	387	495	604	737	870	1027	1184	1366	1547
140	50.5	89.7	140	202	281	359	460	561	684	808	954	1100	1268	1436
150	47.1	83.8	131	189	262	335	429	523	639	754	890	1026	1183	1340
160	44.1	78.5	123	177	246	314	403	491	599	707	834	962	1110	1257
170	41.5	73.9	115	166	231	296	379	462	564	665	786	906	1044	1183
180	39.2	69.8	109	157	218	279	358	436	532	628	742	855	985	1117
190	37.2	66.1	103	149	207	265	339	413	504	595	702	810	934	1058
200	35.3	62.8	98.2	141	196	251	322	393	479	565	668	770	888	1005
220	32.1	57.1	89.3	129	178	228	292	357	436	514	607	700	807	914
240	29.4	52.4	81.9	118	164	209	268	327	399	471	556	641	740	838
250	28.3	50.2	78.5	113	157	201	258	314	383	452	534	616	710	804
260	27.2	48.3	75.5	109	151	193	248	302	368	435	514	592	682	773
280	25.2	44.9	70.1	101	140	180	230	281	342	404	477	550	634	718
300	23.6	41.9	65.5	94	131	168	215	262	320	377	445	513	592	670
320	22.1	39.2	61.4	88	123	157	201	245	299	353	417	481	554	628

注　表中钢筋直径中的 6/8，8/10，…系指两种直径的钢筋间隔放置。

附表 1-23 钢绞线的公称直径、公称截面面积及理论重量

种　　类	公称直径（mm）	公称截面面积（mm²）	理论重量（kg/m）
1×3	8.6	37.7	0.296
1×3	10.8	58.9	0.462
1×3	12.9	84.8	0.666
1×7 标准型	9.5	54.8	0.430
1×7 标准型	12.7	98.7	0.775
1×7 标准型	15.2	140	1.101
1×7 标准型	17.8	191	1.500
1×7 标准型	21.6	285	2.237

附表 1-24 钢丝的公称直径、公称截面面积及理论重量

公称直径（mm）	公称截面面积（mm²）	理论重量（kg/m）
5.0	19.63	0.154
7.0	38.48	0.302
9.0	63.62	0.499

附录 2　等截面等跨连续梁在常用荷载作用下的内力系数表

1. 在均布及三角形荷载作用下

$$M=表中系数\times ql_0^2$$
$$V=表中系数\times ql_0$$

2. 在集中荷载作用下

$$M=表中系数\times Pl_0$$
$$V=表中系数\times P$$

3. 内力正负号规定

M——使截面上部受压、下部受拉为正；

V——对邻近截面所产生的力矩沿顺时针方向者为正。

附表 2 - 1　　　　　　　　　　　**两　跨　梁**

荷　载　图	跨内最大弯矩		支座弯矩	剪　力		
	M_1	M_2	M_B	V_A	V_{BL} V_{BR}	V_C
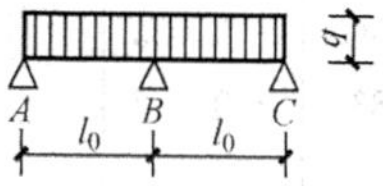	0.070	0.070	−0.125	0.375	−0.652 0.625	−0.375
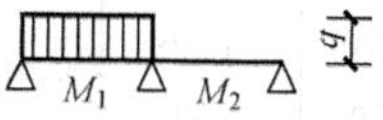	0.096	—	−0.063	0.437	−0.563 0.063	0.063
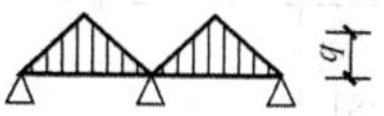	0.048	0.048	−0.078	0.172	−0.328 0.328	−0.172
	0.064	—	0.039	0.211	−0.289 0.039	0.039
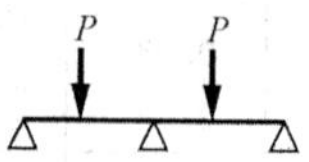	0.156	0.156	−0.188	0.312	−0.688 0.688	−0.312
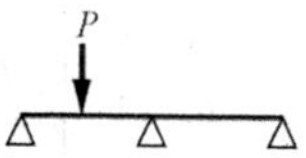	0.203	—	−0.094	0.406	−0.594 0.094	0.094
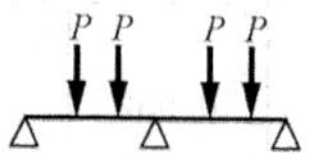	0.222	0.222	−0.333	0.667	−1.333 1.333	−0.667
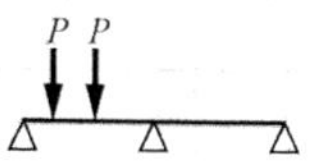	0.278	—	−0.167	0.833	−1.167 0.167	0.167

附表 2 - 2　　　　　　　　　三　跨　梁

荷载图	跨内最大弯矩		支座弯矩		剪力			
	M_1	M_2	M_B	M_C	V_A	V_{BL} / V_{BR}	V_{CL} / V_{CR}	V_D
	0.080	0.025	−0.100	−0.100	0.400	−0.600 / 0.500	−0.500 / 0.600	0.400
	0.101	—	−0.050	−0.050	0.450	−0.550 / 0	0 / 0.550	−0.450
	—	0.075	−0.050	−0.050	0.050	−0.050 / 0.500	−0.500 / 0.050	0.050
	0.073	0.054	−0.117	−0.033	0.383	−0.617 / 0.583	−0.417 / 0.033	0.033
	0.094	—	−0.067	0.017	0.433	−0.567 / 0.083	−0.083 / −0.017	−0.017
	0.054	0.021	−0.063	−0.063	0.183	−0.313 / 0.250	−0.250 / 0.313	−0.188
	0.068	—	−0.031	−0.031	0.219	−0.281 / 0	0 / 0.281	−0.219
	—	0.052	−0.031	−0.031	0.031	−0.031 / 0.250	−0.250 / 0.031	0.031
	0.050	0.038	−0.073	−0.021	0.177	−0.323 / 0.302	−0.198 / 0.021	0.021
	0.063	—	−0.042	0.010	0.208	0.292 / 0.052	0.052 / −0.010	−0.010

荷 载 图	跨内最大弯矩		支座弯矩		剪　力			
	M_1	M_2	M_B	M_C	V_A	V_{BL} V_{BR}	V_{CL} V_{CR}	V_D
(荷载图)	0.175	0.100	−0.150	−0.150	0.350	−0.650 0.500	−0.500 0.650	−0.350
(荷载图)	0.213	—	−0.075	0.075	0.425	−0.575 0	0 0.575	−0.425
(荷载图)	—	0.175	−0.075	−0.075	−0.075	−0.075 0.500	−0.500 0.075	0.075
(荷载图)	0.162	0.137	−0.175	−0.050	0.325	−0.675 0.625	−0.375 0.050	0.050
(荷载图)	0.200	—	−0.100	0.025	0.400	−0.600 0.125	0.125 −0.025	−0.025
(荷载图)	0.244	0.067	−0.267	−0.267	0.733	−1.267 1.000	−1.000 1.267	−0.733
(荷载图)	0.289	—	−0.133	−0.133	0.866	−1.134 0	0 1.134	−0.866
(荷载图)	—	0.200	−0.133	−0.133	−0.133	−0.133 1.000	−1.000 0.133	0.133
(荷载图)	0.229	0.170	−0.311	−0.089	0.689	−1.311 1.222	−0.778 0.089	0.089
(荷载图)	0.274	—	−0.178	0.044	0.822	−1.178 0.222	0.222 −0.044	−0.044

附表 2 - 3　　四　跨　梁

荷载图	跨内最大弯矩				支座弯矩			剪　　力				
	M_1	M_2	M_3	M_4	M_B	M_C	M_D	V_A	V_{BL}/V_{BR}	V_{CL}/V_{CR}	V_{DL}/V_{DR}	V_E
	0.077	0.036	0.036	0.077	−0.107	−0.071	−0.107	0.393	−0.607 / 0.536	−0.464 / 0.464	−0.536 / 0.067	−0.393
	0.100	—	0.081	—	−0.054	−0.036	−0.054	0.446	−0.554 / 0.018	0.018 / 0.482	−0.518 / 0.054	0.054
	0.072	0.061	—	0.098	−0.121	−0.018	−0.058	0.380	−0.620 / 0.603	−0.397 / −0.040	−0.040 / 0.558	−0.442
	—	0.056	0.056	—	−0.036	−0.107	−0.036	−0.036	−0.036 / 0.429	−0.571 / 0.571	−0.429 / 0.036	0.036
	0.094	0.074	0.028	0.052	−0.067	0.018	−0.004	0.433	−0.567 / 0.085	0.085 / −0.022	−0.022 / 0.004	0.004
	0.052	0.028	0.055	—	−0.049	−0.054	0.013	−0.049	−0.049 / 0.496	−0.504 / 0.067	0.067 / −0.013	−0.013
	0.067	—	—	0.066	−0.067	−0.045	−0.067	0.183	−0.317 / 0.272	−0.228 / 0.223	−0.272 / 0.317	−0.183
	0.049	0.042	0.040	—	−0.034	−0.022	−0.034	0.217	−0.284 / 0.011	0.011 / 0.239	−0.261 / 0.034	0.034
	—	0.040	—	—	−0.075	−0.011	−0.036	0.175	−0.325 / 0.314	−0.186 / −0.025	−0.025 / 0.286	−0.214
	0.063	—	—	—	−0.022	−0.067	−0.022	−0.022	−0.022 / 0.205	−0.295 / 0.295	−0.205 / 0.022	0.022
	—	0.051	—	—	−0.042	0.011	−0.003	0.208	−0.292 / 0.053	0.053 / −0.014	−0.014 / 0.003	0.003
	—	—	—	—	−0.031	−0.034	0.008	−0.031	−0.031 / 0.247	−0.253 / 0.042	0.042 / −0.008	−0.008
	0.169	0.116	0.116	0.169	−0.161	−0.107	−0.161	0.339	−0.661 / 0.554	−0.446 / 0.446	−0.554 / 0.661	−0.339

续表

荷载图	跨内最大弯矩 M_1	M_2	M_3	M_4	支座弯矩 M_B	M_C	M_D	剪力 V_A	V_{BL} / V_{BR}	V_{CL} / V_{CR}	V_{DL} / V_{DR}	V_E
	0.210	—	0.183	—	−0.080	−0.054	−0.080	0.420	−0.580 / 0.027	0.027 / 0.473	−0.527 / 0.080	0.080
	0.159	0.146	—	0.206	−0.181	−0.027	−0.087	0.319	−0.681 / 0.654	−0.346 / −0.060	−0.060 / 0.587	−0.413
	—	0.142	0.142	—	−0.054	−0.161	−0.054	0.054	−0.054 / 0.393	−0.607 / 0.607	−0.393 / 0.054	0.054
	0.200	—	—	—	−0.100	0.027	−0.007	0.400	−0.600 / 0.127	0.127 / −0.033	−0.033 / 0.007	0.007
	—	0.173	—	—	−0.074	−0.080	0.020	−0.074	−0.074 / 0.493	−0.507 / 0.100	0.100 / −0.020	−0.020
	0.238	0.111	0.111	0.238	−0.286	−0.191	−0.286	0.714	−1.286 / 1.095	−0.905 / 0.905	−1.095 / 1.286	−0.714
	0.286	—	0.222	—	−0.143	−0.095	−0.143	0.857	−1.143 / 0.048	0.048 / 0.952	−1.048 / 0.143	0.143
	0.226	0.194	—	0.282	−0.321	−0.048	−0.155	0.679	−1.321 / 1.274	−0.726 / −0.107	−0.107 / 1.115	−0.845
	—	0.175	0.175	—	−0.095	−0.286	−0.095	−0.095	−0.095 / 0.810	−1.190 / 1.190	−0.810 / 0.095	0.095
	0.274	—	—	—	−0.178	0.048	−0.012	0.822	−1.178 / 0.226	0.226 / −0.060	−0.060 / 0.012	0.012
	—	0.198	—	—	−0.131	−0.143	0.036	−0.131	−0.131 / 0.988	−1.012 / 0.178	0.178 / −0.036	−0.036

附表 2-4　五跨梁

荷载图	跨内最大弯矩 M_1	M_2	M_3	支座弯矩 M_B	M_C	M_D	M_E	剪力 V_A	V_{BL} / V_{BR}	V_{CL} / V_{CR}	V_{DL} / V_{DR}	V_{EL} / V_{ER}	V_F
$A\ B\ C\ D\ E\ F$	0.078	0.033	0.046	−0.105	−0.079	−0.079	−0.105	0.394	−0.606 / 0.526	−0.474 / 0.500	−0.500 / 0.474	−0.526 / 0.606	−0.394
	0.100	—	0.085	−0.053	−0.040	−0.040	−0.053	0.447	−0.553 / 0.013	0.013 / 0.500	−0.500 / −0.013	−0.013 / 0.553	−0.447
	—	0.079	—	−0.053	−0.040	−0.040	−0.053	−0.053	−0.053 / 0.513	−0.487 / 0	0 / 0.487	−0.513 / 0.053	0.053
	0.073	②0.059 / 0.078	0.064	−0.119	−0.022	−0.044	−0.051	0.380	−0.620 / 0.598	−0.402 / −0.023	−0.023 / 0.493	−0.507 / 0.052	0.052
	①／0.098	0.055	—	−0.035	−0.111	−0.020	−0.057	−0.035	−0.035 / 0.424	−0.576 / 0.591	−0.409 / −0.037	−0.037 / 0.557	−0.443
	0.094	—	—	−0.067	0.018	−0.005	0.001	0.433	−0.567 / 0.085	0.085 / −0.023	−0.023 / 0.006	0.006 / −0.001	−0.001
	—	0.074	—	−0.049	−0.054	0.014	−0.004	−0.049	−0.049 / 0.495	−0.505 / 0.068	0.068 / −0.018	−0.018 / 0.004	0.004
	—	—	0.072	0.013	−0.053	−0.053	0.013	0.013	0.013 / −0.066	−0.066 / 0.500	−0.500 / 0.066	0.066 / −0.013	−0.013
	0.053	0.026	0.034	−0.066	−0.049	0.049	−0.066	0.184	−0.316 / 0.266	−0.234 / 0.250	−0.250 / 0.234	−0.266 / 0.316	−0.184
	0.067	—	0.059	−0.033	−0.025	−0.025	−0.033	0.217	−0.283 / 0.008	0.008 / 0.250	−0.250 / −0.008	−0.250 / 0.283	−0.217
	—	0.055	—	−0.033	−0.025	−0.025	−0.033	−0.033	−0.033 / 0.258	−0.242 / 0	0 / 0.242	−0.258 / 0.033	0.033
	0.049	②0.041 / 0.053	—	−0.075	−0.014	−0.028	−0.032	0.175	−0.325 / 0.311	−0.189 / −0.014	−0.014 / 0.246	−0.255 / 0.032	0.032

续表

荷载图	跨内最大弯矩			支座弯矩				剪力					
	M_1	M_2	M_3	M_B	M_C	M_D	M_E	V_A	V_{BL} / V_{BR}	V_{CL} / V_{CR}	V_{DL} / V_{DR}	V_{EL} / V_{ER}	V_F
	①—/0.066	0.039	0.044	-0.022	-0.070	-0.013	-0.036	-0.022	-0.022 / 0.202	-0.298 / 0.307	-0.193 / -0.023	-0.023 / 0.286	-0.214
	0.063	—	—	-0.042	0.011	-0.003	0.001	0.208	-0.292 / 0.053	0.053 / -0.014	-0.014 / 0.004	0.004 / -0.001	-0.001
	—	0.051	—	-0.031	-0.034	0.009	-0.002	-0.031	-0.031 / 0.247	-0.253 / 0.043	0.043 / -0.011	-0.011 / 0.002	0.002
	—	—	0.050	0.008	-0.033	-0.033	0.008	0.008	0.008 / -0.041	-0.041 / 0.250	-0.250 / 0.041	0.041 / -0.008	-0.008
	0.171	0.112	0.132	-0.158	-0.118	-0.118	-0.158	0.342	-0.658 / 0.540	-0.460 / 0.500	-0.500 / 0.460	-0.540 / 0.658	-0.342
	0.211	—	0.191	-0.079	-0.059	-0.059	-0.079	0.421	-0.579 / 0.020	0.020 / 0.500	-0.500 / -0.020	-0.020 / 0.579	-0.421
	—	0.181	—	-0.079	-0.059	-0.059	-0.079	-0.079	-0.079 / 0.520	-0.480 / 0	0 / 0.480	-0.520 / 0.079	0.079
	0.160	②0.144/0.178	0.151	-0.179	-0.032	-0.066	-0.077	0.321	-0.679 / 0.647	-0.353 / -0.034	-0.034 / 0.489	-0.511 / 0.077	0.077
	①—/0.207	0.140	—	-0.052	-0.167	-0.031	-0.086	-0.052	-0.052 / 0.385	-0.615 / 0.637	-0.363 / -0.056	-0.056 / 0.586	-0.414
	0.200	—	—	-0.100	0.027	-0.007	0.002	0.400	-0.600 / 0.127	0.127 / -0.034	-0.034 / 0.009	0.009 / -0.002	-0.002
	—	0.173	—	-0.073	-0.081	0.022	-0.005	-0.073	-0.073 / 0.493	-0.507 / 0.102	0.102 / -0.027	-0.027 / 0.005	0.005

续表

荷载图	跨内最大弯矩 M_1	M_2	M_3	支座弯矩 M_B	M_C	M_D	M_E	剪力 V_A	$\dfrac{V_{BL}}{V_{BR}}$	$\dfrac{V_{CL}}{V_{CR}}$	$\dfrac{V_{DL}}{V_{DR}}$	$\dfrac{V_{EL}}{V_{ER}}$	V_F
	—	—	0.171	0.020	-0.079	-0.079	0.020	0.020	$\dfrac{0.020}{-0.099}$	$\dfrac{-0.099}{0.500}$	$\dfrac{-0.500}{0.099}$	$\dfrac{0.099}{-0.020}$	-0.020
	0.240	0.100	0.122	-0.281	-0.211	-0.211	-0.281	0.719	$\dfrac{-1.281}{1.070}$	$\dfrac{-0.930}{1.000}$	$\dfrac{-1.000}{0.930}$	$\dfrac{1.070}{1.281}$	-0.719
	0.287	—	0.228	-0.140	-0.105	-0.105	-0.140	0.860	$\dfrac{-1.140}{0.035}$	$\dfrac{0.035}{1.000}$	$\dfrac{1.000}{-0.035}$	$\dfrac{-0.035}{1.140}$	-0.860
	—	0.216	—	-0.140	-0.105	-0.105	-0.140	-0.140	$\dfrac{-0.140}{1.035}$	$\dfrac{-0.965}{0}$	$\dfrac{0.000}{0.965}$	$\dfrac{-1.035}{0.140}$	0.140
	0.227	②$\dfrac{0.189}{0.209}$	0.198	-0.319	-0.057	-0.118	-0.137	0.681	$\dfrac{1.319}{1.262}$	$\dfrac{-0.738}{-0.061}$	$\dfrac{-0.061}{0.981}$	$\dfrac{-1.019}{0.137}$	0.137
	①$\dfrac{—}{0.282}$	0.172	—	-0.093	-0.297	-0.054	-0.153	-0.093	$\dfrac{-0.093}{0.796}$	$\dfrac{-1.204}{1.243}$	$\dfrac{-0.757}{-0.099}$	$\dfrac{-0.099}{1.153}$	0.847
	0.274	—	—	-0.179	0.048	-0.013	0.003	0.821	$\dfrac{-1.179}{0.227}$	$\dfrac{0.227}{-0.061}$	$\dfrac{-0.061}{0.016}$	$\dfrac{0.016}{-0.003}$	-0.003
	—	0.198	—	-0.131	-0.144	0.038	-0.010	-0.131	$\dfrac{-0.131}{0.987}$	$\dfrac{-1.013}{0.182}$	$\dfrac{0.182}{-0.048}$	$\dfrac{-0.048}{0.010}$	0.010
	—	—	0.193	0.035	-0.140	-0.140	0.035	0.035	$\dfrac{0.035}{-0.175}$	$\dfrac{-0.175}{1.000}$	$\dfrac{-1.000}{0.175}$	$\dfrac{0.175}{-0.035}$	-0.035

①分子及分母分别为 M_1 及 M_5 的弯矩系数；
②分子及分母分别为 M_2 及 M_4 的弯矩系数。

附录 3 双向板计算系数表符号说明

$$B_c = \frac{Eh^3}{12(1-\nu^2)}$$

式中　　B_c——刚度；

E——弹性模量；

h——板厚；

ν——泊松比。

α_f，$\alpha_{f,max}$——分别为板中心点的挠度和最大挠度；

α_{fox}，α_{foy}——分别为平行于 l_x 和 l_y 方向自由边的中心挠度；

m_x，$m_{x,max}$——分别为平行于 l_x 方向板中心点单位板宽内的弯矩和板跨内最大弯矩；

m_y，$m_{y,max}$——分别为平行于 l_y 方向板中心点单位板宽内的弯矩和板跨内最大弯矩；

m'_x——固定边中点沿 l_x 方向单位板宽内的弯矩；

m'_y——固定边中点沿 l_y 方向单位板宽内的弯矩。

图中，————— 代表自由边；

= = = = = = = 代表简支边；

⊥⊥⊥⊥⊥⊥⊥ 代表固定边。

正负号的规定：

弯矩——使板的受荷面受压者为正；

挠度——变位方向与荷载方向相同者为正。

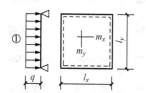

挠度＝表中系数$\times \dfrac{ql^4}{B_c}$；

$\nu=0$，弯矩＝表中系数$\times ql^2$

式中 l 取用 l_x 和 l_y 中之较小者。

附表 3-1　　　　　　　　　　　四 边 简 支

l_x/l_y	a_f	m_x	m_y	l_x/l_y	a_f	m_x	m_y
0.50	0.010 13	0.0965	0.0174	0.80	0.006 03	0.0561	0.0334
0.55	0.009 40	0.0892	0.0210	0.85	0.005 47	0.0506	0.0348
0.60	0.008 67	0.0820	0.0242	0.90	0.004 96	0.0456	0.0358
0.65	0.007 96	0.0750	0.0271	0.95	0.004 49	0.0410	0.0364
0.70	0.007 27	0.0683	0.0296	1.00	0.004 06	0.0368	0.0368
0.75	0.006 63	0.0620	0.0317				

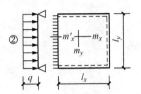

② 挠度＝表中系数 $\times \dfrac{ql^4}{B_c}$；

$\nu=0$，弯矩＝表中系数 $\times ql^2$

式中 l 取用 l_x 和 l_y 中之较小者。

附表 3-2　　　　　　　　　　　一边固定，三边简支

l_x/l_y	l_y/l_x	a_f	$a_{f,max}$	m_x	$M_{x,max}$	m_y	$m_{y,max}$	m'_x
0.50		0.004 88	0.005 04	0.0583	0.0646	0.0060	0.0063	−0.1212
0.55		0.004 71	0.004 92	0.0563	0.0618	0.0081	0.0087	−0.1187
0.60		0.004 53	0.004 72	0.0539	0.0589	0.0104	0.0111	−0.1158
0.65		0.004 32	0.004 48	0.0513	0.0559	0.0126	0.0133	−0.1124
0.70		0.004 10	0.004 22	0.0485	0.0529	0.0148	0.0154	−0.1087
0.75		0.003 88	0.003 99	0.0457	0.0496	0.0168	0.0174	−0.1048
0.80		0.003 65	0.003 76	0.0428	0.0463	0.0187	0.0193	−0.1007
0.85		0.003 43	0.003 52	0.0400	0.0431	0.0204	0.0211	−0.0965
0.90		0.003 21	0.003 29	0.0372	0.0400	0.0219	0.0226	−0.0922
0.95		0.002 99	0.003 06	0.0345	0.0369	0.0232	0.0239	−0.0880
1.00	1.00	0.002 79	0.002 85	0.0319	0.0340	0.0243	0.0249	−0.0839
	0.95	0.003 16	0.003 24	0.0324	0.0345	0.0280	0.0287	−0.0882
	0.90	0.003 60	0.003 68	0.0328	0.0347	0.0322	0.0330	−0.0926
	0.85	0.004 09	0.004 17	0.0329	0.0347	0.0370	0.0378	−0.0970
	0.80	0.004 64	0.004 73	0.0326	0.0343	0.0424	0.0433	−0.1014
	0.75	0.005 26	0.005 36	0.0319	0.0335	0.0485	0.0494	−0.1056
	0.70	0.005 95	0.006 05	0.0308	0.0323	0.0553	0.0562	−0.1096
	0.65	0.006 70	0.006 80	0.0291	0.0306	0.0627	0.0637	−0.1133
	0.60	0.007 52	0.007 62	0.0268	0.0289	0.0707	0.0717	−0.1166
	0.55	0.008 38	0.008 48	0.0239	0.0271	0.0792	0.0801	−0.1193
	0.50	0.009 27	0.009 35	0.0205	0.0249	0.0880	0.0888	−0.1215

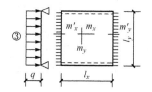

挠度＝表中系数×$\dfrac{ql^4}{B_c}$；

$\nu=0$，弯矩＝表中系数×ql^2

式中 l 取用 l_x 和 l_y 中之较小者。

附表 3-3　　　　　　　　二对边固定，二对边简支

l_x/l_y	l_y/l_x	a_f	m_x	m_y	m_x'
0.50		0.002 61	0.0416	0.0017	−0.0843
0.55		0.002 59	0.0410	0.0028	−0.0840
0.60		0.002 55	0.0402	0.0042	−0.0834
0.65		0.002 50	0.0392	0.0057	−0.0826
0.70		0.002 43	0.0379	0.0072	−0.0814
0.75		0.002 36	0.0366	0.0088	−0.0799
0.80		0.002 28	0.0351	0.0103	−0.0782
0.85		0.002 20	0.0335	0.0118	−0.0763
0.90		0.002 11	0.0319	0.0133	−0.0743
0.95		0.002 01	0.0302	0.0146	−0.0721
1.00	1.00	0.001 92	0.0285	0.0158	−0.0698
	0.95	0.002 23	0.0296	0.0189	−0.0746
	0.90	0.002 60	0.0306	0.0224	−0.0797
	0.85	0.003 03	0.0314	0.0266	−0.0850
	0.80	0.003 54	0.0319	0.0316	−0.0904
	0.75	0.004 13	0.0321	0.0374	−0.0959
	0.70	0.004 82	0.0318	0.0441	−0.1013
	0.65	0.005 60	0.0308	0.0518	−0.1066
	0.60	0.006 47	0.0292	0.0604	−0.1114
	0.55	0.007 43	0.0267	0.0698	−0.1156
	0.50	0.008 44	0.0234	0.0798	−0.1191

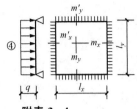

挠度＝表中系数×$\dfrac{ql^4}{B_c}$；

$\nu=0$，弯矩＝表中系数×ql^2

式中 l 取用 l_x 和 l_y 中之较小者。

附表 3-4　　　　　　　　　　　四　边　固　定

l_x/l_y	a_f	m_x	m_y	m_x'	m_y'
0.50	0.002 53	0.0400	0.0038	−0.0829	−0.0570
0.55	0.002 46	0.0385	0.0056	−0.0814	−0.0571
0.60	0.002 36	0.0367	0.0076	−0.0793	−0.0571
0.65	0.002 24	0.0345	0.0095	−0.0766	−0.0571
0.70	0.002 11	0.0321	0.0113	−0.0735	−0.0569
0.75	0.001 97	0.0296	0.0130	−0.0701	−0.0565
0.80	0.001 82	0.0271	0.0144	−0.0664	−0.0559
0.85	0.001 68	0.0246	0.0156	−0.0626	−0.0551
0.90	0.001 53	0.0221	0.0165	−0.0588	−0.0541
0.95	0.001 40	0.0198	0.0172	−0.0550	−0.0528
1.00	0.001 27	0.0176	0.0176	−0.0513	−0.0513

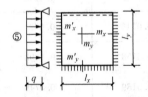

挠度＝表中系数×$\dfrac{ql^4}{B_c}$；

$\nu=0$，弯矩＝表中系数×ql^2

式中 l 取用 l_x 和 l_y 中之较小者。

附表 3-5　　　　　　　　　二邻边固定，二邻边简支

l_x/l_y	a_f	$a_{f,max}$	m_x	$M_{x,max}$	m_y	$m_{y,max}$	m_x'	m_y'
0.50	0.004 68	0.004 71	0.0559	0.0562	0.0079	0.0135	−0.1179	−0.0786
0.55	0.004 45	0.004 54	0.0529	0.0530	0.0104	0.0153	−0.1140	−0.0735
0.60	0.004 19	0.004 29	0.0496	0.0498	0.0129	0.0169	−0.1095	−0.0782
0.65	0.003 91	0.003 99	0.0461	0.0465	0.0151	0.0183	−0.1045	−0.0777
0.70	0.003 63	0.003 68	0.0426	0.0432	0.0172	0.0195	−0.0992	−0.0770
0.75	0.003 35	0.003 40	0.0399	0.0396	0.0189	0.0206	−0.0938	−0.0760
0.80	0.003 08	0.003 13	0.0356	0.0361	0.0204	0.0218	−0.0883	−0.0748
0.85	0.002 81	0.002 86	0.0322	0.0328	0.0215	0.0229	−0.0829	−0.0733
0.90	0.002 56	0.002 61	0.0291	0.0297	0.0224	0.0238	−0.0776	−0.0716
0.95	0.002 32	0.002 37	0.0261	0.0267	0.0230	0.0244	−0.0726	−0.0698
1.00	0.002 10	0.002 15	0.0234	0.0240	0.0234	0.0249	−0.0677	−0.0677

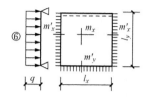

挠度 = 表中系数 × $\dfrac{ql^4}{B_c}$；

$\nu = 0$，弯矩 = 表中系数 × ql^2

式中 l 取用 l_x 和 l_y 中之较小者。

附表 3 - 6　　　　　　　　　　　　　　三边固定，一边简支

l_x/l_y	l_y/l_x	a_f	$a_{f,max}$	m_x	$M_{x,max}$	m_y	$m_{y,max}$	m'_x	m'_y
0.50		0.002 57	0.002 58	0.0408	0.0409	0.0028	0.0089	−0.0836	−0.0569
0.55		0.002 52	0.002 55	0.0398	0.0399	0.0042	0.0093	−0.0827	−0.0570
0.60		0.002 45	0.002 49	0.0384	0.0386	0.0059	0.0105	−0.0814	−0.0571
0.65		0.002 37	0.002 40	0.0368	0.0371	0.0076	0.0116	−0.0796	−0.0572
0.70		0.002 27	0.002 29	0.0350	0.0354	0.0093	0.0127	−0.0774	−0.0572
0.75		0.002 16	0.002 19	0.0331	0.0335	0.0109	0.0137	−0.0750	−0.0572
0.80		0.002 05	0.002 08	0.0310	0.0314	0.0124	0.0147	−0.0722	−0.0570
0.85		0.001 93	0.001 96	0.0289	0.0293	0.0138	0.0155	−0.0693	−0.0567
0.90		0.001 81	0.001 84	0.0268	0.0273	0.0159	0.0163	−0.0663	−0.0563
0.95		0.001 69	0.001 72	0.0247	0.0252	0.0160	0.0172	−0.0631	−0.0558
1.00	1.00	0.001 57	0.001 60	0.0227	0.0231	0.0168	0.0180	−0.0600	−0.0550
	0.95	0.001 78	0.001 82	0.0229	0.0234	0.0194	0.0207	−0.0629	−0.0599
	0.90	0.002 01	0.002 06	0.0228	0.0234	0.0223	0.0238	−0.0656	−0.0653
	0.85	0.002 27	0.002 33	0.0225	0.0231	0.0255	0.0273	−0.0683	−0.0711
	0.80	0.002 56	0.002 62	0.0219	0.0224	0.0290	0.0311	−0.0707	−0.0772
	0.75	0.002 86	0.002 94	0.0208	0.0214	0.0329	0.0354	−0.0729	−0.0837
	0.70	0.003 19	0.003 27	0.0194	0.0200	0.0370	0.0400	−0.0748	−0.0903
	0.65	0.003 52	0.003 65	0.0175	0.0182	0.0412	0.0446	−0.0762	−0.0970
	0.60	0.003 86	0.004 03	0.0153	0.0160	0.0454	0.0493	−0.0773	−0.1033
	0.55	0.004 19	0.004 37	0.0127	0.0133	0.0496	0.0541	−0.0780	−0.1093
	0.50	0.004 49	0.004 63	0.0099	0.0103	0.0534	0.0588	−0.0784	−0.1146

附录 4 框架柱反弯点高度比

附表 4 - 1 均布水平荷载下各层柱标准反弯点高度比 y_n

m	n \ $\overline{K}$	0.1	0.2	0.3	0.4	0.5	0.6	0.7	0.8	0.9	1.0	2.0	3.0	4.0	5.0
1	1	0.80	0.75	0.70	0.65	0.65	0.60	0.60	0.60	0.60	0.55	0.55	0.55	0.55	0.55
2	2	0.45	0.40	0.35	0.35	0.35	0.35	0.40	0.40	0.40	0.40	0.45	0.45	0.45	0.45
	1	0.95	0.80	0.75	0.70	0.65	0.65	0.65	0.60	0.60	0.60	0.55	0.55	0.55	0.50
3	3	0.15	0.20	0.20	0.25	0.30	0.30	0.30	0.35	0.35	0.35	0.40	0.45	0.45	0.45
	2	0.55	0.50	0.45	0.45	0.45	0.45	0.45	0.45	0.45	0.45	0.45	0.50	0.50	0.50
	1	1.00	0.85	0.80	0.75	0.70	0.70	0.65	0.65	0.65	0.60	0.55	0.55	0.55	0.55
4	4	−0.05	0.05	0.15	0.20	0.25	0.30	0.30	0.35	0.35	0.35	0.40	0.45	0.45	0.45
	3	0.25	0.30	0.30	0.35	0.35	0.40	0.40	0.40	0.40	0.45	0.45	0.50	0.50	0.50
	2	0.65	0.55	0.50	0.50	0.45	0.45	0.45	0.45	0.45	0.45	0.50	0.50	0.50	0.50
	1	1.10	0.90	0.80	0.75	0.70	0.70	0.65	0.65	0.65	0.60	0.55	0.55	0.55	0.55
5	5	−0.20	0.00	0.15	0.20	0.25	0.30	0.30	0.30	0.35	0.35	0.40	0.45	0.45	0.45
	4	0.10	0.20	0.25	0.30	0.35	0.35	0.40	0.40	0.40	0.40	0.45	0.45	0.50	0.50
	3	0.40	0.40	0.40	0.40	0.40	0.45	0.45	0.45	0.45	0.45	0.50	0.50	0.50	0.50
	2	0.65	0.55	0.50	0.50	0.50	0.50	0.50	0.50	0.50	0.50	0.50	0.50	0.50	0.50
	1	1.20	0.95	0.80	0.75	0.75	0.70	0.70	0.65	0.65	0.65	0.55	0.55	0.55	0.55
6	6	−0.30	0.00	0.10	0.20	0.25	0.25	0.30	0.30	0.35	0.35	0.40	0.45	0.45	0.45
	5	0.00	0.20	0.25	0.30	0.35	0.35	0.40	0.40	0.40	0.40	0.45	0.45	0.50	0.50
	4	0.20	0.30	0.35	0.35	0.40	0.40	0.40	0.45	0.45	0.45	0.45	0.50	0.50	0.50
	3	0.40	0.40	0.40	0.45	0.45	0.45	0.45	0.45	0.45	0.45	0.50	0.50	0.50	0.50
	2	0.70	0.60	0.55	0.50	0.50	0.50	0.50	0.50	0.50	0.50	0.50	0.50	0.50	0.50
	1	1.20	0.95	0.85	0.80	0.75	0.70	0.70	0.65	0.65	0.65	0.55	0.55	0.55	0.55
7	7	−0.35	−0.05	0.10	0.20	0.20	0.25	0.30	0.30	0.35	0.35	0.40	0.45	0.45	0.45
	6	−0.10	0.15	0.25	0.30	0.35	0.35	0.35	0.40	0.40	0.40	0.45	0.45	0.50	0.50
	5	0.10	0.25	0.30	0.35	0.40	0.40	0.40	0.45	0.45	0.45	0.50	0.50	0.50	0.50
	4	0.30	0.35	0.40	0.40	0.40	0.45	0.45	0.45	0.45	0.45	0.50	0.50	0.50	0.50
	3	0.50	0.45	0.45	0.45	0.45	0.45	0.45	0.45	0.45	0.45	0.50	0.50	0.50	0.50
	2	0.75	0.60	0.55	0.50	0.50	0.50	0.50	0.50	0.50	0.50	0.50	0.50	0.50	0.50
	1	1.20	0.95	0.85	0.80	0.75	0.70	0.70	0.65	0.65	0.65	0.55	0.55	0.55	0.55
8	8	−0.35	−0.15	0.10	0.10	0.25	0.25	0.30	0.30	0.35	0.35	0.40	0.45	0.45	0.45
	7	−0.10	0.15	0.25	0.30	0.35	0.35	0.40	0.40	0.40	0.40	0.45	0.50	0.50	0.50
	6	0.05	0.25	0.30	0.35	0.40	0.40	0.40	0.45	0.45	0.45	0.45	0.50	0.50	0.50
	5	0.20	0.30	0.35	0.40	0.40	0.45	0.45	0.45	0.45	0.45	0.50	0.50	0.50	0.50
	4	0.35	0.40	0.40	0.45	0.45	0.45	0.45	0.45	0.45	0.45	0.50	0.50	0.50	0.50
	3	0.50	0.45	0.45	0.45	0.45	0.45	0.45	0.50	0.50	0.50	0.50	0.50	0.50	0.50
	2	0.75	0.60	0.55	0.55	0.50	0.50	0.50	0.50	0.50	0.50	0.50	0.50	0.50	0.50
	1	1.20	1.00	0.85	0.80	0.75	0.70	0.70	0.65	0.65	0.65	0.55	0.55	0.55	0.55

续表

m	n	0.1	0.2	0.3	0.4	0.5	0.6	0.7	0.8	0.9	1.0	2.0	3.0	4.0	5.0
											($\overline{K}$)				
9	9	−0.40	−0.05	0.10	0.20	0.25	0.25	0.30	0.30	0.35	0.35	0.45	0.45	0.45	0.45
	8	−0.15	0.15	0.25	0.30	0.35	0.35	0.35	0.40	0.40	0.40	0.45	0.45	0.50	0.50
	7	0.05	0.25	0.30	0.35	0.40	0.40	0.40	0.45	0.45	0.45	0.45	0.50	0.50	0.50
	6	0.15	0.30	0.35	0.40	0.40	0.45	0.45	0.45	0.45	0.45	0.50	0.50	0.50	0.50
	5	0.25	0.35	0.40	0.40	0.45	0.45	0.45	0.45	0.45	0.45	0.50	0.50	0.50	0.50
	4	0.40	0.40	0.40	0.45	0.45	0.45	0.45	0.45	0.45	0.45	0.50	0.50	0.50	0.50
	3	0.55	0.45	0.45	0.45	0.45	0.45	0.45	0.45	0.50	0.50	0.50	0.50	0.50	0.50
	2	0.80	0.65	0.55	0.55	0.50	0.50	0.50	0.50	0.50	0.50	0.50	0.50	0.50	0.50
	1	1.20	1.00	0.85	0.80	0.75	0.70	0.70	0.65	0.65	0.65	0.55	0.55	0.55	0.55
10	10	−0.40	−0.05	0.10	0.20	0.25	0.30	0.30	0.30	0.30	0.35	0.40	0.45	0.45	0.45
	9	−0.15	0.15	0.25	0.30	0.35	0.35	0.40	0.40	0.40	0.40	0.45	0.45	0.50	0.50
	8	−0.00	0.25	0.30	0.35	0.40	0.40	0.40	0.45	0.45	0.45	0.45	0.50	0.50	0.50
	7	−0.10	0.30	0.35	0.40	0.40	0.40	0.45	0.45	0.45	0.45	0.50	0.50	0.50	0.50
	6	0.20	0.35	0.40	0.40	0.45	0.45	0.45	0.45	0.45	0.45	0.50	0.50	0.50	0.50
	5	0.30	0.40	0.40	0.45	0.45	0.45	0.45	0.45	0.45	0.50	0.50	0.50	0.50	0.50
	4	0.40	0.40	0.45	0.45	0.45	0.45	0.45	0.45	0.45	0.50	0.50	0.50	0.50	0.50
	3	0.55	0.50	0.45	0.45	0.45	0.50	0.50	0.50	0.50	0.50	0.50	0.50	0.50	0.50
	2	0.80	0.65	0.55	0.55	0.55	0.50	0.50	0.50	0.50	0.50	0.50	0.50	0.50	0.50
	1	1.30	1.00	0.85	0.80	0.75	0.70	0.70	0.65	0.65	0.65	0.60	0.55	0.55	0.55
11	11	−0.40	0.05	0.10	0.20	0.25	0.30	0.30	0.30	0.35	0.35	0.40	0.45	0.45	0.45
	10	−0.15	0.15	0.25	0.30	0.35	0.35	0.40	0.40	0.40	0.40	0.45	0.45	0.50	0.50
	9	0.00	0.25	0.30	0.35	0.40	0.40	0.40	0.45	0.45	0.45	0.45	0.50	0.50	0.50
	8	0.10	0.30	0.35	0.40	0.40	0.45	0.45	0.45	0.45	0.45	0.50	0.50	0.50	0.50
	7	0.20	0.35	0.40	0.45	0.45	0.45	0.45	0.45	0.45	0.45	0.50	0.50	0.50	0.50
	6	0.25	0.35	0.40	0.45	0.45	0.45	0.45	0.45	0.45	0.45	0.50	0.50	0.50	0.50
	5	0.35	0.40	0.40	0.45	0.45	0.45	0.45	0.45	0.45	0.50	0.50	0.50	0.50	0.50
	4	0.40	0.45	0.45	0.45	0.45	0.45	0.45	0.50	0.50	0.50	0.50	0.50	0.50	0.50
	3	0.55	0.50	0.50	0.50	0.50	0.50	0.50	0.50	0.50	0.50	0.50	0.50	0.50	0.50
	2	0.80	0.65	0.60	0.55	0.55	0.50	0.50	0.50	0.50	0.50	0.50	0.50	0.50	0.50
	1	1.30	1.00	0.85	0.80	0.75	0.70	0.70	0.65	0.65	0.65	0.60	0.55	0.55	0.55
12 以上	自上 1	−0.40	−0.05	0.10	0.20	0.25	0.30	0.30	0.30	0.35	0.35	0.40	0.45	0.45	0.45
	2	−0.15	0.15	0.25	0.30	0.35	0.35	0.40	0.40	0.40	0.40	0.45	0.45	0.50	0.50
	3	0.00	0.25	0.30	0.35	0.40	0.40	0.40	0.45	0.45	0.45	0.50	0.50	0.50	0.50
	4	0.10	0.30	0.35	0.40	0.40	0.45	0.45	0.45	0.45	0.45	0.50	0.50	0.50	0.50
	5	0.20	0.35	0.40	0.40	0.45	0.45	0.45	0.45	0.45	0.45	0.50	0.50	0.50	0.50
	6	0.25	0.35	0.40	0.45	0.45	0.45	0.45	0.45	0.45	0.45	0.50	0.50	0.50	0.50
	7	0.30	0.40	0.40	0.45	0.45	0.45	0.45	0.45	0.50	0.50	0.50	0.50	0.50	0.50
	8	0.35	0.40	0.45	0.45	0.45	0.45	0.45	0.50	0.50	0.50	0.50	0.50	0.50	0.50
	中间	0.40	0.40	0.45	0.45	0.45	0.45	0.50	0.50	0.50	0.50	0.50	0.50	0.50	0.50
	4	0.45	0.45	0.45	0.45	0.50	0.50	0.50	0.50	0.50	0.50	0.50	0.50	0.50	0.50
	3	0.60	0.50	0.50	0.50	0.50	0.50	0.50	0.50	0.50	0.50	0.50	0.50	0.50	0.50
	2	0.80	0.65	0.60	0.55	0.55	0.50	0.50	0.50	0.50	0.50	0.50	0.50	0.50	0.50
	自下 1	1.30	1.00	0.85	0.80	0.75	0.70	0.70	0.65	0.65	0.55	0.55	0.55	0.55	0.55

附表 4-2　　　　倒三角形分布水平荷载下各层柱标准反弯点高度比 y_n

m	n	$\overline{K}$ 0.1	0.2	0.3	0.4	0.5	0.6	0.7	0.8	0.9	1.0	2.0	3.0	4.0	5.0
1	1	0.80	0.75	0.70	0.65	0.65	0.60	0.60	0.60	0.60	0.55	0.55	0.55	0.55	0.55
2	2	0.50	0.45	0.40	0.40	0.40	0.40	0.40	0.40	0.40	0.45	0.45	0.45	0.45	0.50
	1	1.00	0.85	0.75	0.70	0.70	0.65	0.65	0.65	0.60	0.60	0.55	0.55	0.55	0.55
3	3	0.25	0.25	0.25	0.30	0.30	0.35	0.35	0.35	0.40	0.40	0.45	0.45	0.45	0.50
	2	0.60	0.50	0.50	0.50	0.50	0.45	0.45	0.45	0.45	0.45	0.50	0.50	0.50	0.50
	1	1.15	0.90	0.80	0.75	0.75	0.70	0.70	0.65	0.65	0.65	0.60	0.55	0.55	0.55
4	4	0.10	0.15	0.20	0.25	0.30	0.30	0.35	0.35	0.35	0.40	0.45	0.45	0.45	0.45
	3	0.35	0.35	0.35	0.40	0.40	0.40	0.40	0.45	0.45	0.45	0.45	0.50	0.50	0.50
	2	0.70	0.60	0.55	0.50	0.50	0.50	0.50	0.50	0.50	0.50	0.50	0.50	0.50	0.50
	1	1.20	0.95	0.85	0.80	0.75	0.70	0.70	0.70	0.65	0.65	0.55	0.55	0.55	0.50
5	5	−0.05	0.10	0.20	0.25	0.30	0.30	0.35	0.35	0.35	0.35	0.40	0.45	0.45	0.45
	4	0.20	0.25	0.35	0.35	0.40	0.40	0.40	0.40	0.40	0.45	0.45	0.50	0.50	0.50
	3	0.45	0.40	0.45	0.45	0.45	0.45	0.45	0.45	0.45	0.45	0.50	0.50	0.50	0.50
	2	0.75	0.60	0.55	0.55	0.50	0.50	0.50	0.60	0.50	0.50	0.50	0.50	0.50	0.50
	1	1.30	1.00	0.85	0.80	0.75	0.70	0.70	0.65	0.65	0.65	0.55	0.55	0.55	0.55
6	6	−0.15	0.05	0.15	0.20	0.25	0.30	0.30	0.35	0.35	0.35	0.40	0.45	0.45	0.45
	5	0.10	0.25	0.30	0.35	0.35	0.40	0.40	0.40	0.45	0.45	0.45	0.50	0.50	0.50
	4	0.30	0.35	0.40	0.40	0.45	0.45	0.45	0.45	0.45	0.45	0.50	0.50	0.50	0.50
	3	0.50	0.45	0.45	0.45	0.45	0.45	0.45	0.45	0.45	0.50	0.50	0.50	0.50	0.50
	2	0.80	0.65	0.55	0.55	0.55	0.55	0.50	0.50	0.50	0.50	0.50	0.50	0.50	0.50
	1	1.30	1.00	0.85	0.80	0.75	0.70	0.70	0.65	0.65	0.65	0.60	0.55	0.55	0.55
7	7	−0.20	0.05	0.15	0.20	0.25	0.30	0.30	0.35	0.35	0.35	0.45	0.45	0.45	0.45
	6	0.05	0.20	0.30	0.35	0.35	0.40	0.40	0.40	0.40	0.45	0.45	0.50	0.50	0.50
	5	0.20	0.30	0.35	0.40	0.40	0.45	0.45	0.45	0.45	0.45	0.50	0.50	0.50	0.50
	4	0.35	0.40	0.40	0.45	0.45	0.45	0.45	0.45	0.45	0.45	0.50	0.50	0.50	0.50
	3	0.55	0.50	0.50	0.50	0.50	0.50	0.50	0.50	0.50	0.50	0.50	0.50	0.50	0.50
	2	0.80	0.65	0.60	0.55	0.55	0.55	0.50	0.50	0.50	0.50	0.50	0.50	0.50	0.50
	1	1.30	1.00	0.90	0.80	0.75	0.70	0.70	0.70	0.65	0.65	0.60	0.55	0.55	0.55
8	8	−0.20	0.05	0.15	0.20	0.25	0.30	0.30	0.35	0.35	0.35	0.45	0.45	0.45	0.45
	7	0.00	0.20	0.30	0.35	0.35	0.40	0.40	0.40	0.40	0.45	0.45	0.50	0.50	0.50
	6	0.15	0.30	0.35	0.40	0.40	0.45	0.45	0.45	0.45	0.45	0.50	0.50	0.50	0.50
	5	0.30	0.45	0.40	0.45	0.45	0.45	0.45	0.45	0.45	0.45	0.50	0.50	0.50	0.50
	4	0.40	0.45	0.45	0.45	0.45	0.45	0.45	0.50	0.50	0.50	0.50	0.50	0.50	0.50
	3	0.60	0.50	0.50	0.50	0.50	0.50	0.50	0.50	0.50	0.50	0.50	0.50	0.50	0.50
	2	0.85	0.65	0.60	0.55	0.55	0.55	0.50	0.50	0.50	0.50	0.50	0.50	0.50	0.50
	1	1.30	1.00	0.90	0.80	0.75	0.70	0.70	0.70	0.65	0.65	0.60	0.55	0.55	0.55

续表

m	n	0.1	0.2	0.3	0.4	0.5	0.6	0.7	0.8	0.9	1.0	2.0	3.0	4.0	5.0
9	9	−0.25	0.00	0.15	0.20	0.25	0.30	0.30	0.35	0.35	0.40	0.45	0.45	0.45	0.45
	8	0.00	0.20	0.30	0.35	0.35	0.40	0.40	0.40	0.40	0.45	0.45	0.50	0.50	0.50
	7	0.15	0.30	0.35	0.40	0.40	0.45	0.45	0.45	0.45	0.45	0.50	0.50	0.50	0.50
	6	0.25	0.35	0.40	0.40	0.45	0.45	0.45	0.45	0.45	0.50	0.50	0.50	0.50	0.50
	5	0.35	0.40	0.45	0.45	0.45	0.45	0.45	0.45	0.50	0.50	0.50	0.50	0.50	0.50
	4	0.45	0.45	0.45	0.45	0.45	0.50	0.50	0.50	0.50	0.50	0.50	0.50	0.50	0.50
	3	0.65	0.50	0.50	0.50	0.50	0.50	0.50	0.50	0.50	0.50	0.50	0.50	0.50	0.50
	2	0.80	0.65	0.65	0.55	0.55	0.55	0.55	0.50	0.50	0.50	0.50	0.50	0.50	0.50
	1	1.35	1.00	1.00	0.80	0.75	0.75	0.70	0.70	0.65	0.65	0.60	0.55	0.55	0.55
10	10	−0.25	0.00	0.15	0.20	0.25	0.30	0.30	0.35	0.35	0.40	0.45	0.45	0.45	0.45
	9	−0.05	0.20	0.30	0.35	0.35	0.40	0.40	0.40	0.40	0.45	0.45	0.50	0.50	0.50
	8	0.10	0.30	0.35	0.40	0.40	0.40	0.45	0.45	0.45	0.45	0.50	0.50	0.50	0.50
	7	0.20	0.35	0.40	0.40	0.45	0.45	0.45	0.45	0.45	0.50	0.50	0.50	0.50	0.50
	6	0.30	0.40	0.40	0.45	0.45	0.45	0.45	0.45	0.45	0.50	0.50	0.50	0.50	0.50
	5	0.40	0.45	0.45	0.45	0.45	0.45	0.45	0.50	0.50	0.50	0.50	0.50	0.50	0.50
	4	0.50	0.45	0.45	0.45	0.50	0.50	0.50	0.50	0.50	0.50	0.50	0.50	0.50	0.50
	3	0.60	0.55	0.50	0.50	0.50	0.50	0.50	0.50	0.50	0.50	0.50	0.50	0.50	0.50
	2	0.85	0.65	0.60	0.55	0.55	0.55	0.55	0.50	0.50	0.50	0.50	0.50	0.50	0.50
	1	1.35	1.00	0.90	0.80	0.75	0.75	0.70	0.70	0.65	0.65	0.60	0.55	0.55	0.55
11	11	−0.25	0.00	0.15	0.20	0.25	0.30	0.30	0.30	0.35	0.35	0.45	0.45	0.45	0.45
	10	−0.05	0.20	0.25	0.30	0.35	0.40	0.40	0.40	0.40	0.45	0.45	0.50	0.50	0.50
	9	0.10	0.30	0.35	0.40	0.40	0.40	0.45	0.45	0.45	0.45	0.50	0.50	0.50	0.50
	8	0.20	0.35	0.40	0.40	0.45	0.45	0.45	0.45	0.45	0.45	0.50	0.50	0.50	0.50
	7	0.25	0.40	0.40	0.45	0.45	0.45	0.45	0.45	0.45	0.50	0.50	0.50	0.50	0.50
	6	0.35	0.40	0.45	0.45	0.45	0.45	0.45	0.50	0.50	0.50	0.50	0.50	0.50	0.50
	5	0.40	0.44	0.45	0.45	0.45	0.50	0.50	0.50	0.50	0.50	0.50	0.50	0.50	0.50
	4	0.50	0.50	0.50	0.50	0.50	0.50	0.50	0.50	0.50	0.50	0.50	0.50	0.50	0.50
	3	0.65	0.55	0.50	0.50	0.50	0.50	0.50	0.50	0.50	0.50	0.50	0.50	0.50	0.50
	2	0.85	0.65	0.60	0.55	0.55	0.55	0.55	0.50	0.50	0.50	0.50	0.50	0.50	0.50
	1	1.35	1.00	0.90	0.80	0.75	0.75	0.70	0.70	0.65	0.65	0.60	0.55	0.55	0.55
12 以上	自上1	−0.30	0.00	0.15	0.20	0.25	0.30	0.30	0.30	0.35	0.35	0.40	0.45	0.45	0.45
	2	−0.10	0.20	0.25	0.30	0.35	0.40	0.40	0.40	0.40	0.40	0.45	0.45	0.45	0.50
	3	0.05	0.25	0.35	0.40	0.40	0.40	0.45	0.45	0.45	0.45	0.45	0.50	0.50	0.50
	4	0.15	0.30	0.40	0.40	0.45	0.45	0.45	0.45	0.45	0.45	0.45	0.50	0.50	0.50
	5	0.25	0.30	0.40	0.45	0.45	0.45	0.45	0.45	0.45	0.50	0.50	0.50	0.50	0.50
	6	0.30	0.40	0.40	0.45	0.45	0.45	0.45	0.50	0.50	0.50	0.50	0.50	0.50	0.50
	7	0.35	0.40	0.40	0.45	0.45	0.45	0.50	0.50	0.50	0.50	0.50	0.50	0.50	0.50
	8	0.35	0.45	0.45	0.45	0.50	0.50	0.50	0.50	0.50	0.50	0.50	0.50	0.50	0.50
	中间	0.45	0.45	0.45	0.50	0.50	0.50	0.50	0.50	0.50	0.50	0.50	0.50	0.50	0.50
	4	0.55	0.50	0.50	0.50	0.50	0.50	0.50	0.50	0.50	0.50	0.50	0.50	0.50	0.50
	3	0.65	0.55	0.50	0.50	0.50	0.50	0.50	0.50	0.50	0.50	0.50	0.50	0.50	0.50
	2	0.70	0.70	0.60	0.55	0.55	0.55	0.55	0.50	0.50	0.50	0.50	0.50	0.50	0.50
	自下1	1.35	1.05	0.90	0.80	0.75	0.70	0.70	0.70	0.65	0.65	0.60	0.55	0.55	0.55

附表 4 - 3　　　　　顶点集中水平荷载作用下各层柱标准反弯点高度比 y_n

m	n	$\overline{K}$ 0.1	0.2	0.3	0.4	0.5	0.6	0.7	0.8	0.9	1.0	2.0	3.0	4.0	5.0
1	1	0.80	0.75	0.70	0.65	0.65	0.60	0.60	0.60	0.60	0.55	0.55	0.55	0.55	0.55
2	2	0.55	0.50	0.45	0.45	0.45	0.45	0.45	0.45	0.45	0.45	0.45	0.50	0.50	0.50
	1	1.15	0.95	0.85	0.80	0.75	0.70	0.70	0.65	0.65	0.65	0.60	0.55	0.55	0.55
3	3	0.40	0.40	0.40	0.40	0.40	0.40	0.45	0.45	0.45	0.45	0.50	0.50	0.50	0.50
	2	0.75	0.60	0.55	0.55	0.55	0.50	0.50	0.50	0.50	0.50	0.50	0.50	0.50	0.50
	1	1.30	1.00	0.90	0.80	0.75	0.70	0.70	0.70	0.65	0.65	0.60	0.55	0.55	0.55
4	4	0.35	0.35	0.35	0.40	0.40	0.40	0.40	0.45	0.45	0.45	0.45	0.50	0.50	0.50
	3	0.60	0.50	0.50	0.50	0.50	0.50	0.50	0.50	0.50	0.50	0.50	0.50	0.50	0.50
	2	0.85	0.65	0.60	0.55	0.55	0.55	0.55	0.55	0.50	0.50	0.50	0.50	0.50	0.50
	1	1.35	1.05	0.90	0.80	0.75	0.75	0.70	0.70	0.65	0.65	0.60	0.55	0.55	0.55
5	5	0.30	0.35	0.35	0.40	0.40	0.40	0.40	0.45	0.45	0.45	0.45	0.50	0.50	0.50
	4	0.50	0.45	0.45	0.50	0.50	0.50	0.50	0.50	0.50	0.50	0.50	0.50	0.50	0.50
	3	0.65	0.55	0.50	0.50	0.50	0.50	0.50	0.50	0.50	0.50	0.50	0.50	0.50	0.50
	2	0.90	0.70	0.60	0.55	0.55	0.55	0.55	0.55	0.50	0.50	0.50	0.50	0.50	0.50
	1	1.40	1.05	0.90	0.80	0.75	0.75	0.70	0.70	0.65	0.65	0.60	0.55	0.55	0.55
6	6	0.30	0.35	0.35	0.40	0.40	0.40	0.40	0.45	0.45	0.45	0.45	0.50	0.50	0.50
	5	0.45	0.45	0.45	0.45	0.50	0.50	0.50	0.50	0.50	0.50	0.50	0.50	0.50	0.50
	4	0.55	0.50	0.50	0.50	0.50	0.50	0.50	0.50	0.50	0.50	0.50	0.50	0.50	0.50
	3	0.65	0.55	0.55	0.50	0.50	0.50	0.50	0.50	0.50	0.50	0.50	0.50	0.50	0.50
	2	0.90	0.70	0.60	0.60	0.55	0.55	0.55	0.55	0.50	0.50	0.50	0.50	0.50	0.50
	1	1.40	1.05	0.90	0.80	0.75	0.75	0.70	0.70	0.65	0.65	0.60	0.55	0.55	0.55
7	7	0.30	0.35	0.35	0.40	0.40	0.40	0.40	0.45	0.45	0.45	0.45	0.50	0.50	0.50
	6	0.40	0.45	0.45	0.45	0.50	0.50	0.50	0.50	0.50	0.50	0.50	0.50	0.50	0.50
	5	0.50	0.50	0.50	0.50	0.50	0.50	0.50	0.50	0.50	0.50	0.50	0.50	0.50	0.50
	4	0.55	0.50	0.50	0.50	0.50	0.50	0.50	0.50	0.50	0.50	0.50	0.50	0.50	0.50
	3	0.70	0.55	0.55	0.50	0.50	0.50	0.50	0.50	0.50	0.50	0.50	0.50	0.50	0.50
	2	0.90	0.70	0.60	0.60	0.55	0.55	0.55	0.55	0.50	0.50	0.50	0.50	0.50	0.50
	1	1.40	1.05	0.90	0.80	0.75	0.75	0.70	0.70	0.65	0.65	0.60	0.55	0.55	0.55
8	8	0.30	0.35	0.35	0.40	0.40	0.40	0.40	0.45	0.45	0.45	0.45	0.50	0.50	0.50
	7	0.40	0.40	0.45	0.45	0.50	0.50	0.50	0.50	0.50	0.50	0.50	0.50	0.50	0.50
	6	0.45	0.50	0.50	0.50	0.50	0.50	0.50	0.50	0.50	0.50	0.50	0.50	0.50	0.50
	5	0.50	0.50	0.50	0.50	0.50	0.50	0.50	0.50	0.50	0.50	0.50	0.50	0.50	0.50
	4	0.60	0.50	0.50	0.50	0.50	0.50	0.50	0.50	0.50	0.50	0.50	0.50	0.50	0.50
	3	0.70	0.55	0.55	0.50	0.50	0.50	0.50	0.50	0.50	0.50	0.50	0.50	0.50	0.50
	2	0.90	0.70	0.60	0.60	0.55	0.55	0.55	0.55	0.50	0.50	0.50	0.50	0.50	0.50
	1	1.40	1.05	0.90	0.80	0.75	0.75	0.70	0.70	0.65	0.65	0.60	0.55	0.55	0.55

m	n	0.1	0.2	0.3	0.4	0.5	0.6	0.7	0.8	0.9	1.0	2.0	3.0	4.0	5.0
9	9	0.25	0.35	0.35	0.40	0.40	0.40	0.40	0.45	0.45	0.45	0.45	0.50	0.50	0.50
	8	0.40	0.45	0.45	0.45	0.50	0.50	0.50	0.50	0.50	0.50	0.50	0.50	0.50	0.50
	7	0.45	0.50	0.50	0.50	0.50	0.50	0.50	0.50	0.50	0.50	0.50	0.50	0.50	0.50
	6	0.50	0.50	0.50	0.50	0.50	0.50	0.50	0.50	0.50	0.50	0.50	0.50	0.50	0.50
	5	0.55	0.50	0.50	0.50	0.50	0.50	0.50	0.50	0.50	0.50	0.50	0.50	0.50	0.50
	4	0.60	0.50	0.50	0.50	0.50	0.50	0.50	0.50	0.50	0.50	0.50	0.50	0.50	0.50
	3	0.70	0.55	0.50	0.50	0.50	0.50	0.50	0.50	0.50	0.50	0.50	0.50	0.50	0.50
	2	0.90	0.70	0.60	0.60	0.50	0.50	0.50	0.50	0.50	0.50	0.50	0.50	0.50	0.50
	1	1.40	1.05	0.90	0.80	0.75	0.75	0.70	0.70	0.65	0.60	0.60	0.55	0.55	0.55
10	10	0.25	0.35	0.35	0.40	0.40	0.40	0.40	0.45	0.45	0.45	0.45	0.50	0.50	0.50
	9	0.40	0.45	0.45	0.45	0.50	0.50	0.50	0.50	0.50	0.50	0.50	0.50	0.50	0.50
	8	0.45	0.50	0.50	0.50	0.50	0.50	0.50	0.50	0.50	0.50	0.50	0.50	0.50	0.50
	7	0.50	0.55	0.50	0.50	0.50	0.50	0.50	0.50	0.50	0.50	0.50	0.50	0.50	0.50
	6	0.50	0.50	0.50	0.50	0.50	0.50	0.50	0.50	0.50	0.50	0.50	0.50	0.50	0.50
	5	0.55	0.50	0.50	0.50	0.50	0.50	0.50	0.50	0.50	0.50	0.50	0.50	0.50	0.50
	4	0.60	0.50	0.50	0.50	0.50	0.50	0.50	0.50	0.50	0.50	0.50	0.50	0.50	0.50
	3	0.70	0.55	0.55	0.50	0.50	0.50	0.50	0.50	0.50	0.50	0.50	0.50	0.50	0.50
	2	0.90	0.70	0.60	0.60	0.55	0.55	0.55	0.55	0.50	0.50	0.50	0.50	0.50	0.50
	1	1.40	1.05	0.90	0.80	0.75	0.75	0.70	0.70	0.65	0.65	0.60	0.55	0.55	0.50
11	11	0.25	0.35	0.35	0.40	0.40	0.40	0.40	0.45	0.45	0.45	0.45	0.50	0.50	0.50
	10	0.40	0.45	0.45	0.45	0.50	0.50	0.50	0.50	0.50	0.50	0.50	0.50	0.50	0.50
	9	0.45	0.50	0.50	0.50	0.50	0.50	0.50	0.50	0.50	0.50	0.50	0.50	0.50	0.50
	8	0.50	0.50	0.50	0.50	0.50	0.50	0.50	0.50	0.50	0.50	0.50	0.50	0.50	0.50
	7	0.50	0.50	0.50	0.50	0.50	0.50	0.50	0.50	0.50	0.50	0.50	0.50	0.50	0.50
	6	0.50	0.50	0.50	0.50	0.50	0.50	0.50	0.50	0.50	0.50	0.50	0.50	0.50	0.50
	5	0.55	0.50	0.50	0.50	0.50	0.50	0.50	0.50	0.50	0.50	0.50	0.50	0.50	0.50
	4	0.60	0.50	0.50	0.50	0.50	0.50	0.50	0.50	0.50	0.50	0.50	0.50	0.50	0.50
	3	0.70	0.55	0.55	0.50	0.50	0.50	0.50	0.50	0.50	0.50	0.50	0.50	0.50	0.50
	2	0.90	0.70	0.60	0.60	0.55	0.55	0.55	0.55	0.50	0.50	0.50	0.50	0.50	0.50
	1	1.40	1.05	0.90	0.80	0.75	0.75	0.70	0.70	0.65	0.65	0.60	0.55	0.55	0.60
12	12	0.25	0.35	0.35	0.40	0.40	0.40	0.40	0.45	0.45	0.45	0.45	0.50	0.50	0.50
	11	0.40	0.45	0.45	0.45	0.50	0.50	0.50	0.50	0.50	0.50	0.50	0.50	0.50	0.50
	10	0.45	0.50	0.50	0.50	0.50	0.50	0.50	0.50	0.50	0.50	0.50	0.50	0.50	0.50
	9	0.50	0.50	0.50	0.50	0.50	0.50	0.50	0.50	0.50	0.50	0.50	0.50	0.50	0.50
	8	0.50	0.50	0.50	0.50	0.50	0.50	0.50	0.50	0.50	0.50	0.50	0.50	0.50	0.50
	7	0.50	0.50	0.50	0.50	0.50	0.50	0.50	0.50	0.50	0.50	0.50	0.50	0.50	0.50
	6	0.50	0.50	0.50	0.50	0.50	0.50	0.50	0.50	0.50	0.50	0.50	0.50	0.50	0.50
	5	0.55	0.50	0.50	0.50	0.50	0.50	0.50	0.50	0.50	0.50	0.50	0.50	0.50	0.50
	4	0.60	0.50	0.50	0.50	0.50	0.50	0.50	0.50	0.50	0.50	0.50	0.50	0.50	0.50
	3	0.70	0.55	0.50	0.50	0.50	0.50	0.50	0.50	0.50	0.50	0.50	0.50	0.50	0.50
	2	0.90	0.70	0.60	0.60	0.55	0.55	0.50	0.50	0.50	0.50	0.50	0.50	0.50	0.50
	1	1.40	1.05	0.90	0.80	0.75	0.75	0.70	0.65	0.65	0.65	0.60	0.55	0.55	0.55

注　$\overline{K}$ 为梁柱线刚度比，m 为框架的总层数，n 为该柱所在楼层数。

附表 4 - 4　　　　　　上、下层梁相对线刚度变化的修正值 y_1

α_1 \ $\overline{K}$	0.1	0.2	0.3	0.4	0.5	0.6	0.7	0.8	0.9	1.0	2.0	3.0	4.0	5.0
0.4	0.55	0.40	0.30	0.25	0.20	0.20	0.20	0.15	0.15	0.15	0.05	0.05	0.05	0.05
0.5	0.45	0.30	0.20	0.20	0.20	0.15	0.15	0.10	0.10	0.10	0.05	0.05	0.05	0.05
0.6	0.30	0.20	0.15	0.15	0.10	0.10	0.10	0.05	0.05	0.05	0.05	0.05	0.00	0.00
0.7	0.20	0.15	0.10	0.10	0.10	0.05	0.05	0.05	0.05	0.05	0.05	0.00	0.00	0.00
0.8	0.15	0.10	0.05	0.05	0.05	0.05	0.05	0.05	0.00	0.00	0.00	0.00	0.00	0.00
0.9	0.05	0.05	0.05	0.05	0.00	0.00	0.00	0.00	0.00	0.00	0.00	0.00	0.00	0.00

注　α_1 为上下横梁线刚度之比。令 i_1、i_2 分别为柱上横梁的线刚度，i_3、i_4 分别为柱下横梁的线刚度，则

当 $i_1+i_2<i_3+i_4$ 时，取 $\alpha_1=(i_1+i_2)/(i_3+i_4)$，这时反弯点应向上移，$y_1$ 取正值；

当 $i_1+i_2>i_3+i_4$ 时，取 $\alpha_1=(i_3+i_4)/(i_1+i_2)$，这时反弯点应向下移，$y_1$ 取负值；

对于底层，不考虑 y_1 修正值，即取 $y_1=0$。

附表 4 - 5　　　　　　上、下层层高不同的修正值 y_2 和 y_3

α_2	α_1 \ $\overline{K}$	0.1	0.2	0.3	0.4	0.5	0.6	0.7	0.8	0.9	1.0	2.0	3.0	4.0	5.0
2.0		0.25	0.15	0.15	0.10	0.10	0.10	0.10	0.10	0.05	0.05	0.05	0.05	0.0	0.0
1.8		0.20	0.15	0.10	0.10	0.10	0.05	0.05	0.05	0.05	0.05	0.05	0.0	0.0	0.0
1.6	0.4	0.15	0.10	0.10	0.05	0.05	0.05	0.05	0.05	0.05	0.05	0.0	0.0	0.0	0.0
1.4	0.6	0.10	0.05	0.05	0.05	0.05	0.05	0.05	0.05	0.05	0.0	0.0	0.0	0.0	0.0
1.2	0.8	0.05	0.05	0.05	0.0	0.0	0.0	0.0	0.0	0.0	0.0	0.0	0.0	0.0	0.0
1.0	1.0	0.0	0.0	0.0	0.0	0.0	0.0	0.0	0.0	0.0	0.0	0.0	0.0	0.0	0.0
0.8	1.2	−0.05	−0.05	−0.05	0.0	0.0	0.0	0.0	0.0	0.0	0.0	0.0	0.0	0.0	0.0
0.6	1.4	−0.10	−0.05	−0.05	−0.05	−0.05	−0.05	−0.05	−0.05	−0.05	0.0	0.0	0.0	0.0	0.0
	1.6	−0.15	−0.10	−0.10	−0.10	−0.05	−0.05	−0.05	−0.05	−0.05	−0.05	0.0	0.0	0.0	0.0
0.4	1.8	−0.20	−0.15	−0.10	−0.10	−0.10	−0.05	−0.05	−0.05	−0.05	−0.05	−0.05	0.0	0.0	0.0
	2.0	−0.25	−0.15	−0.15	−0.10	−0.10	−0.10	−0.10	−0.10	−0.05	−0.05	−0.05	−0.05	0.0	0.0

注　1. y_2 为上层层高变化修正值，按照 α_2 求得，α_2 为上层层高与本层层高之比。

当 $\alpha_2>1.0$ 时，y_2 为正值，反弯点向上移；

当 $\alpha_2<1.0$ 时，y_2 为负值，反弯点向下移。对顶层不考虑修正值 y_2。

2. y_3 为下层层高变化的修正值，按照 α_3 求得，α_3 为下层层高与本层层高之比。

当 $\alpha_3>1.0$ 时，y_3 为负值，反弯点向下移；

当 $\alpha_3<1.0$ 时，y_3 为正值，反弯点向上移。对底层不考虑修正值 y_3。

参 考 文 献

[1] 梁兴文，史庆轩. 混凝土结构设计原理. 2版. 北京：中国建筑工业出版社，2011.

[2] 王铁成. 混凝土结构原理. 4版. 天津：天津大学出版社，2011.

[3] 周坚. 钢筋混凝土与砌体结构. 2版. 北京：清华大学出版社，2011.

[4] 王文睿. 混凝土结构与砌体结构. 北京：中国建筑工业出版社，2011.

[5] 邓夕胜，蔺新艳. 混凝土结构设计原理. 北京：中国水利水电出版社，2011.

[6] 东南大学，同济大学，天津大学. 混凝土结构设计原理. 3版. 北京：中国建筑工业出版社，2005.

[7] 沈蒲生，梁兴文. 混凝土结构设计原理. 2版. 北京：高等教育出版社，2006.

[8] 过镇海. 钢筋混凝土原理. 北京：清华大学出版社，2006.

[9] 哈尔滨工业大学，大连理工大学，北京建筑工程学院等. 混凝土及砌体结构. 北京：中国建筑工业出版社，2002.

[10] 叶列平. 混凝土结构：上册. 2版. 北京：清华大学出版社，2005.

[11] 徐有邻，周氏. 混凝土结构设计规范理解与应用. 北京：中国建筑工业出版社，2002.

[12] 童岳生，梁兴文. 钢筋混凝土构件设计. 北京：科学技术文献出版社，1995.

[13] 许成祥，何培玲. 混凝土结构设计原理. 北京：北京大学出版社，2006.

[14] 杨晓光，张颂娟. 混凝土结构与砌体结构. 北京：清华大学出版社，2006.

[15] 侯志国. 混凝土结构. 2版. 武汉：武汉理工大学出版社，2002.

[16] 中国建筑科学研究院. 混凝土结构设计原理. 北京：中国建筑工业出版社，2003.

[17] 罗向荣. 钢筋混凝土结构. 北京：高等教育出版社，2005.

[18] 蓝宗建. 混凝土结构设计原理. 南京：东南大学出版社，2002.

[19] 周志祥. 高等钢筋混凝土结构. 北京：人民交通出版社，2002.

[20] 丁大钧. 现代混凝土结构学. 北京：中国建筑工业出版社，2000.

[21] 曹双寅. 工程结构设计原理 ［M］. 南京：东南大学出版社，2002.

[22] 叶见曙. 结构设计原理 ［M］. 北京：中国建筑工业出版社，2003.

[23] 包世华，张铜生. 高层建筑结构设计和计算 ［M］. 北京：清华大学出版社，1985.

[24] 王传志，腾智明. 钢筋混凝土结构设计 ［M］. 北京：中国建筑工业出版社，1985.

[25] R. Park, T. Pauley. Reinforced Concrete Structures. John Wiley & Son. New York，1975.

[26] A. H. Nilson and G. Winter，Design of Concretes ［M］. New York：Eleventh Edition，McGraw Hill Co.，1991.

[27] S. U. Pillai and D. W. Krick，Reinforced Concrete Design ［M］. Canada：Second Edition，McGraw Hill Co.，1988.

[28] 薛伟辰. 现代预应力结构设计 ［M］. 北京：中国建筑工业出版社，2003.

[29] 卢树圣. 现代预应力混凝土理论与应用 ［M］. 北京：中国铁道出版社，2000.

[30] 李国平. 预应力混凝土结构设计原理 ［M］. 北京：人民交通出版社，2002.

[31] 王有志. 预应力混凝土结构 ［M］. 北京：中国水利水电出版社，1999.

[32] 许淑芳，熊仲明. 砌体结构 ［M］. 北京：科学出版社，2004.

[33] 唐岱新. 砌体结构（第二版） ［M］. 北京：高等教育出版社，2009.

[34] 刘立新. 砌体结构（第三版） ［M］. 武汉：武汉理工大学出版社，2007.